中等职业教育教材

化学基础

第二版

贺红举　主编

王　智　张伟松　副主编

化学工业出版社

·北京·

内容简介

本教材有机融入党的二十大精神，遵循"实用为主，够用为度，应用为本"的原则，内容与生产和生活联系紧密，语言通俗易懂，体现了中等职业教育的特点。

全书内容包括：化学基本概念与基本计算、重要元素及其化合物、物质结构与元素周期律、化学反应速率与化学平衡、溶液、氧化还原反应与电化学、沉淀反应、配合物、烃、烃的重要衍生物、人类重要的营养物质、学生实验等内容。根据需要还配有部分阅读材料，以拓宽学生视野。

本书适合作为中等职业教育分析检验技术专业和化学工艺专业的教材，也可供开设化学基础课程的其他专业选用。

图书在版编目（CIP）数据

化学基础 / 贺红举主编；王智，张伟松副主编 .
2 版 . — 北京：化学工业出版社，2025. 3. — ISBN
978-7-122-47300-4

Ⅰ. O6

中国国家版本馆 CIP 数据核字第 2025K39N37 号

责任编辑：刘心怡　　　　　　文字编辑：陈　雨
责任校对：王鹏飞　　　　　　装帧设计：关　飞

出版发行：化学工业出版社
　　　　　（北京市东城区青年湖南街 13 号　邮政编码 100011）
印　　装：北京云浩印刷有限责任公司
787mm×1092mm　1/16　印张 20　彩插 1　字数 368 千字
2025 年 4 月北京第 2 版第 1 次印刷

购书咨询：010-64518888　　　　售后服务：010-64518899
网　　址：http://www.cip.com.cn
凡购买本书，如有缺损质量问题，本社销售中心负责调换。

定　　价：46.00 元　　　　　　版权所有　违者必究

前言

《化学基础》第一版自 2007 年出版以来，受到了相关职业学校的关注和好评，已成为化学工艺、分析检验技术、生物药物检验、药品食品检验等专业的中级工、高级工、预备技师及其他开设化学基础课程专业学生的良师益友。

修订后的教材仍然分为十二章，主要介绍：化学基本概念与基本计算、重要元素及其化合物、物质结构与元素周期律、化学反应速率与化学平衡、溶液、氧化还原反应与电化学、沉淀反应、配合物、烃、烃的重要衍生物、人类重要的营养物质、学生实验等内容。

在保留原版教材的特色的基础上，为适应当前职业教育对学生的要求及大多数职业院校面临的现状，笔者本着"实用为主，够用为度，应用为本"的原则，对原版教材中的部分内容和习题进行了修改、删减和完善，进一步明确了每章节的学习目标，体现"学生中心，能力本位"的教学理念。此次修订还新增了二维码，增加了信息技术融入和综合职业能力培养的内容，注重学生职业素养的培养；通过科海拾贝和趣味实验有机融入党的二十大精神，渗透劳模精神和工匠精神，培养学生的学习兴趣，引导学生走大国工匠成才之路。在教材内容的基础上有拓宽的习题以 * 标出，可以选做。同时为方便教学，将大部分习题的答案附于教材后面。

本次修订工作，由贺红举负责绪论、第一章、第二章的修订；王智负责第三章、第四章的修订；李瑞雪负责第五章、第六章的修订；张迎新负责第七章、第八章的修订；张伟松负责第九～十二章及附录内容的修订。全书由贺红举整理并统稿。

在此，对参加第一版教材编写、审稿及指导工作的陈启文、古丽、师玉荣、吴丽文、单月楠、董树清等老师表示由衷的感谢。

本次修订得到了化学工业出版社的大力支持和协助，在此一并表示感谢。

由于编者水平有限，在修订过程中难免出现不妥之处，敬请读者批评指正。

编者

2024 年 6 月

第一版前言

本书是为适应不断发展的职业技术教育而编写的。全书包括绪论，化学基本概念与基本计算，重要元素及其化合物，原子结构与元素周期律，化学反应速率与化学平衡，溶液，氧化还原反应与电化学，沉淀反应，配合物，烃，烃的重要衍生物，人类重要的营养物质，学生实验等内容。每章开始有学习目标，章后有阅读材料；每节均编有思考与练习题；同时在学生实验后附有两个趣味实验。书中标有"＊"的为选学内容。

本教材充分体现了对技工教育的培养目标，体现了最新的教育教学理念，紧扣素质教育这条主线。以学生为本，以能力培养为主，遵循了技工教材"实用为主，够用为度，应用为本"的原则，删减了同类教材中偏深偏难的内容，又能满足后续专业课程的需要，语言通俗易懂。做到了理论与实验结合，有利于学生对基础实验的理解和掌握；做到了理论与生产和生活实际结合，在介绍化学及其发展的同时，也指出了某些化学物质给人们的生产和生活带来的危害，强化了环保与安全防护意识。

本教材适用于三年制化学检验专业和化工工艺专业的中级工，也可供开设有化学基础课程的其他专业选用及有关人员学习和参考。

全书由贺红举统稿并担任主编，陈启文主审。绪论，第一章、第九章、第十章、第十一章及学生实验由贺红举编写；第二章、第七章由古丽编写；第三章、第四章分别由单月楠、董树清编写；第五章由吴丽文编写；第六章、第八章由师玉荣编写。在编写过程中，得到了很多专家的指导，在此一并表示感谢。

由于编者水平有限，加之时间仓促，书中难免有不妥之处，敬请读者批评指正。

编者
2007 年 3 月

目 录

第六章　氧化还原反应与电化学 / 125

第七章　沉淀反应 / 151

第八章　配合物 / 169

第九章　烃 / 178

第十章　烃的重要衍生物 / 206

第十一章 人类重要的营养物质 / 242

第十二章 学生实验 / 259

习题答案 / 279

附 录 / 296

绪论

化学研究的对象是各种各样的物质。浩瀚的宇宙和地球上人类用肉眼能见到的和不能直接观察到的以原子或分子形态存在的物质，都是我们要了解和研究的对象。

随着科学技术的发展，人们已能通过先进的科学仪器探测到一些物质中的原子排列状况。1990年前后，美国等少数国家的科学实验室在－269℃（4K）的低温下实现了原子的移动。1993年，中国科学院北京真空物理实验室的研究人员，在常温下以超真空扫描隧道显微镜为手段，通过用探针拨出硅晶体表面的硅原子的方法，在硅晶体的表面形成了一定规整的图形。2025年3月，北京大学研究人员通过设计催化剂，实现了复杂分子骨架精准编辑。

化学成为一门独立学科的时间虽然不长，但早在史前时期就得到了应用，如用火烧制陶器等。化学的发展经历了古代、近代和现代等不同的时期。铜、铁等金属以及合金的冶炼、酒的酿造等都是化学的早期成就。煤、石油、天然气等化石燃料的开采和利用、造纸术的发明和发展等，对人类社会的进步都发挥了重要的作用。在近代化学发展的历程中，人们相继发现了大量的元素，同时也提示了物质世界的一项根本性的规律——元素周期律。

我国是世界四大文明古国之一，在化学发展史上有过极其辉煌的业绩。冶金、陶瓷、酿造、造纸、火药等都是在世界上发明和应用得比较早的国家。如商代的后母戊鼎是目前已知的最大的古青铜器；1972年在河北出土的商代铁刃青铜钺（yuè）是我国目前发现的最早的铁器。我国古代的一些书籍中很早就有关于化学的记载。著名医药学家李时珍的巨著《本草纲目》中，还记载了许多有关于化学鉴定的试验方法。中华人民共和国成立以后，我国的化学和化学工业以及化学基础理论研究等方面，都取得了长足的进步。1965年，我国的科学工作者在世界上第一次用化学方法合成了具有生物活性的蛋白质——结晶牛胰岛素，到了20世纪80年代，又在世界上首次用人工方法合成了一种具有与天然分子相同的化学结构和完整生物活性的核糖核酸，为人类揭开生命奥妙做出了贡献。此外，我国还人工合成了许多结构复杂的天然有机化合物，如叶绿素、血红素、维生素 B_{12}、青蒿素以及一些特效药物等。

如今，化学和一些与国民经济和社会生活联系紧密的材料、能源、环境、生命等学科之间的关系越来越密切，并已成为这些学科的基础之一。反过来，这些学科的发展，对化学的发展也起着重要的促进作用。

（1）化学与材料　人类很早就开始使用材料，从石器时代到现代，人类所使用的材料不断地发生变化，材料的种类越来越多，用途也越来越广。我们对于材料的认识，应该包括为人类社会所需要并能用于制造有用器物的物质这两层含义。也就是说，并不是所有的物质都可以称为材料。材料按其化学组成或状态、性质、效应、用途等可以分为若干类。例如，按化学组成分类，陶瓷属于非金属材料；合金属于金属材料；橡胶、化纤等属于有机高分子材料。历史的发展表明：新材料的出现，不仅为高新技术的发展提供了必要的物质基础，而且是构想许多科学发明方案的前提。例如，适应科技迅猛发展所需的耐腐蚀、耐高温、耐辐射、耐磨损的结构材料，敏感、记录、光导纤维、液晶高分子等信息材料，以及超导体、离子交换树脂和交换膜等功能材料，它们的制取都是需要化学参与研究的重要课题。

（2）化学与能源　位于北京周口店的北京猿人遗址中的炭层，表明人类使用能源的历史已非常久远。人类社会的发展与能源消费的增长是密切相关的，我们现在使用的能源主要来自化石燃料——煤、石油和天然气等，但化石燃料是一种不可再生并且储藏量有限的能源，而且在开采和燃烧过程中还会对自然环境造成污染。为了更好地解决能源问题，人们一方面在研究如何提高燃料的燃烧效率，另一方面也在寻找新的能源。这些都离不开化学工作者的努力。例如，核能和太阳能的发电装置离不开特殊材料的研制；用氢作为能源需要考虑储氢材料和如何廉价得到氢。

（3）化学与环境　环境问题是当今世界各国都非常关注的问题。在世界人口不断增长、生产不断发展、人民生活水平不断提高的过程中，由于人们对环境与生产发展的关系认识不够，以及对废弃物处理不当，使环境受到了不同程度的破坏，如土地的沙漠化、水资源危机、酸雨、臭氧层的破坏、有毒化学品造成的污染等。如此，保护环境已经成为当前和未来全球性的重大课题之一，也是我国的一项基本国策。在这些关系到国计民生的环境问题中，化学工作者是大有可为的。有的专家提出，如果对燃烧产物如 CO_2、H_2O、N_2 等利用太阳能使它们重新组合，使之变成 CH_4、CH_3OH、NH_3 等的构想能够成为现实，那么，不仅可以消除对大气的污染，还可以节约燃料，缓解能源危机。

（4）化学与健康　对健康的关注也是人类面对的重要课题。我们知道，用以保证人体健康的营养、药物的研究、人体中的元素对人体生理作用的研究，以及揭开生命的奥妙等，都离不开化学。因此，如何在这些方面正确地运用化学知识，与其他学科协调研究就成为调节生命活动和提高人体素质的重要手段。

此外，在资源的合理开发和利用、提高农作物的产量，以及癌症治疗的研究等方面，化学也都扮演着极其重要的角色。

以上不难看出，化学对社会的发展和人类的进步起着非常重要的作用。

化学对于我们如此重要，这就要求我们必须掌握一定的化学知识。在初中学习了氧气、氢气、碳、铁和一些常见的酸、碱、盐的基础知识及某些基本技能，并具备了初步解释和解决一些简单化学问题的能力。为了适应未来社会的需要，我们仍需要继续学习化学基础知识，提高自己的科学素质，为今后进一步学习专业理论知识和参加社会主义建设打好基础。

在学习化学基础时，不仅要注重化学实验的作用，掌握有关化学基础知识和基本技能，还要重视训练科学方法，这对于培养我们的科学态度，提高分析问题和解决问题的能力是很有帮助的。在学习时，还必须紧密联系社会、生活、生产等实际，要细心观察，并善于发现和提出问题。除了学好教科书中的内容以外，还应多阅读一些课外书籍和资料，培养自学能力，以获得更多的知识，努力使自己成为具有较高素质的现代社会的公民，为实现祖国社会主义现代化建设的宏伟目标贡献自己的力量。

第一章
化学基本概念与基本计算

 学习目标

1. 能够准确说出化学反应四种基本类型及其特征。
2. 能复述并举例说明无机物的分类、命名及它们之间的转化关系。
3. 能准确说出物质的量、摩尔质量、气体摩尔体积、摩尔气体常数的含义和单位。
4. 能根据化学反应方程式进行物质的量及其相关计算，并能够举一反三。

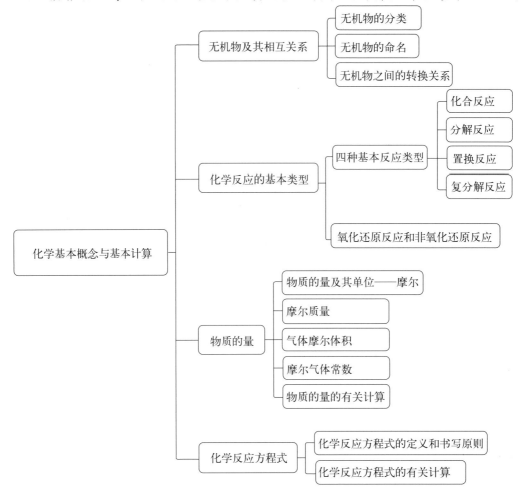

在实际生产和实验中，不仅需要了解各种物质之间如何发生化学反应，而且还需要对参加化学反应的各种物质进行必要的定量计算。例如，根据化学反应方程式可以从已知原料的消耗量计算出理论的产品量；也可以根据计划生产的产品量，计算出所需要的各种原料量。如果再能把计算出的数据与生产实际得到的产品数量或原料的消耗量进行对比，就能发现该产品的生产过程是否完全合理，进而可为改进工艺过程、加强生产管理、提高经济效益提供可靠的技术数据。因此，学好化学计算非常重要。而对化学基本概念的正确理解与把握，不仅是正确地进行化学计算的基础，而且也是学好化学基础课程的有力向导。

第一节　无机物

一、无机物的分类

根据物质的性质和组成不同，一般把物质按表 1-1 进行分类。

表 1-1　物质的分类

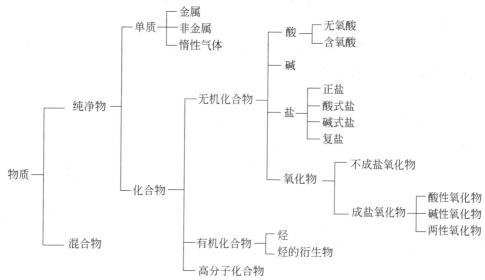

1. 单质

凡是由同种元素组成的物质叫做单质。气体单质的分子除惰性气体是单原子分子、臭氧（O_3）为三原子分子以外，一般都是双原子分子。固体单质的分子比较复杂，因此经常用一个原子来代表一个分子。例如，氧气（O_2）、氦气（He）、硫（S）、铁（Fe）等。

2. 化合物

凡由不同种元素组成的纯净物叫做化合物。例如，二氧化碳（CO_2）、氯化氢（HCl）、碳酸（H_2CO_3）、氢氧化镁 [$Mg(OH)_2$] 等。

（1）碱　凡在水溶液中电离时，生成的阴离子只是氢氧根离子的化合物叫做碱。例如

$$NaOH \longrightarrow Na^+ + OH^-$$
$$Mg(OH)_2 \rightleftharpoons Mg^{2+} + 2OH^-$$

通过碱的电离方程式，可以看出碱在水溶液中显出的碱性，实质是氢氧根离子的性质，与电离时生成的阳离子无关。

（2）酸　凡在水溶液中电离时，生成的阳离子只是氢离子的化合物叫做酸，例如

$$HCl \longrightarrow H^+ + Cl^-$$
$$HNO_3 \longrightarrow H^+ + NO_3^-$$

酸在水溶液中显示酸性，实质是氢离子的性质，与电离时生成的阴离子无关。

在酸的分子中，除去氢离子剩下的部分叫酸根。酸根可能由一种或几种不同元素的原子组成。如果酸根中不含氧原子，这种酸叫做无氧酸，如盐酸、氢氟酸、氢氰酸等；如果酸根中含有氧原子，这种酸叫做含氧酸，如硫酸（H_2SO_4）、磷酸（H_3PO_4）等。

（3）盐　凡在水溶液中电离时，生成的阳离子是金属离子（包括 NH_4^+），阴离子是酸根的化合物叫做盐。例如

$$NaCl \longrightarrow Na^+ + Cl^-$$
$$KNO_3 \longrightarrow K^+ + NO_3^-$$

根据分子组成的不同，盐还可分为以下几种。

① 正盐。凡在电离时，生成的阳离子只有金属离子和酸根的盐叫做正盐。如氯化钠、硫酸钾等。

② 酸式盐。凡在电离时，生成的阳离子，除金属离子外，还有氢离子的盐叫做酸式盐。例如硫酸氢钠。

$$NaHSO_4 \longrightarrow Na^+ + HSO_4^-$$
$$HSO_4^- \rightleftharpoons H^+ + SO_4^{2-}$$

③ 碱式盐。凡在电离时，生成的阴离子，除酸根外，还有氢氧根离子的盐叫做碱式盐。例如，碱式碳酸镁 [$Mg_2(OH)_2CO_3$]。

④ 复盐。凡在分子中，含有一种酸根两种金属原子，并在水溶液中仍能电离出组成盐的离子的盐叫做复盐。例如硫酸铝钾 [$KAl(SO_4)_2$]。

（4）氧化物　凡在分子中含有氧原子和另一种元素的原子所形成的化合物叫做氧化物。例如，氧化铜、二氧化硫等。根据氧化物的性质又分为以下几种。

① 碱性氧化物。能与酸反应生成盐和水的氧化物叫做碱性氧化物，主要是金属氧化物。例如氧化钙与盐酸反应生成盐和水。

$$CaO + 2HCl \longrightarrow CaCl_2 + H_2O$$

② 酸性氧化物。能和碱反应生成盐和水的氧化物叫做酸性氧化物，大多数非金属氧化物都是酸性氧化物。例如，三氧化硫与氢氧化钠反应生成盐和水。

$$SO_3 + 2NaOH \longrightarrow Na_2SO_4 + H_2O$$

③ 两性氧化物。既能和酸反应，又能和碱反应，并且都生成盐和水的氧化物叫两性氧化物。比较典型的两性氧化物有 ZnO 和 Al_2O_3。如 Al_2O_3 与酸、碱的反应式：

$$Al_2O_3 + 3H_2SO_4 \longrightarrow Al_2(SO_4)_3 + 3H_2O$$

$$Al_2O_3 + 2NaOH \longrightarrow 2NaAlO_2 + H_2O$$

偏铝酸钠

以上三种氧化物与酸或碱反应后，都能生成盐，因此它们都是成盐氧化物。还有一种氧化物既不与酸、碱反应，又不能生成盐，这类氧化物叫做不成盐氧化物。例如一氧化氮、一氧化碳等。

二、无机物的命名

1. 氧化物的命名

氧化物的命名有两种方法。一种是根据氧化物分子中除氧元素以外的另一种元素及其化合价来命名。如果这种元素是可变化合价的金属元素，它和氧就能生成两种或两种以上的氧化物，对显低价态的氧化物称为"氧化亚某"，对显高价态的氧化物称为"氧化某"。例如，$\overset{+2}{Cu}O$ 称为氧化铜，$\overset{+1}{Cu_2}O$ 称为氧化亚铜。

另一种是根据氧化物分子中氧元素和另一种元素的原子数目来命名，称为"几氧化某"或"几氧化几某"等。例如，CO_2 称二氧化碳，SO_2 称二氧化硫，SO_3 称三氧化硫，MnO_2 称二氧化锰，P_2O_5 称五氧化二磷，As_2O_3 称为三氧化二砷。

由于非金属元素大多是变价元素，所以非金属元素的氧化物大多不止一种。在这种情况下，采用后一种命名方法比较方便。

2. 酸的命名

（1）无氧酸　一般采用在氢字后面加上所含有另一种元素的名称，称为"氢某酸"。例如，HCl 习惯上称盐酸，应称氢氯酸；HF 称氢氟酸。

（2）含氧酸　一般根据组成酸的元素名称（H、O 元素除外）来命名，称为"某酸"。例如，H_2SO_4 称硫酸，H_3PO_4 称磷酸。如果组成酸的元素是可变价的元素，则根据该元素化合价的高低，分别在某酸前面加高、亚、次字样。如

$\overset{+7}{H}ClO_4$ 称高氯酸；$\overset{+5}{H}ClO_3$ 称氯酸；$\overset{+3}{H}ClO_2$ 称亚氯酸；$\overset{+1}{H}ClO$ 称次氯酸。

3. 碱的命名

一般根据组成碱分子中金属元素的名称来命名。如果这种金属元素是可变价元素，则它形成的碱就不止一种，对低价态的碱称为"氢氧化亚某"，对高价态的碱称为"氢氧化某"。例如，$\overset{+3}{Fe}(OH)_3$ 称氢氧化铁，$\overset{+2}{Fe}(OH)_2$ 称氢氧化亚铁。

4. 盐的命名

一般按无氧酸盐和含氧酸盐两类分别命名。

无氧酸盐的命名是把非金属元素的名称放在金属元素名称前面称"某化某"；如果金属元素是可变价元素，则由该金属元素形成的盐也不止一种，对低价态的盐称为"某化亚某"。例如，$\overset{+3}{Fe}Cl_3$ 称为氯化铁，$\overset{+2}{Fe}Cl_2$ 称为氯化亚铁。无氧酸形成的酸式盐称"某氢化某"。如 KHS 称硫氢化钾。

含氧酸盐的命名是含氧酸名称后面加上金属名称，称为"某酸某"；如果金属元素是可变价元素，则由该金属元素形成的盐就不止一种，对低价的盐称为"某酸亚某"。例如，$\overset{+3}{Fe}_2(SO_4)_3$ 称硫酸铁，$\overset{+2}{Fe}SO_4$ 称硫酸亚铁。

碱式盐的命名在盐的名称之前加上"碱式"二字。如 $Cu_2(OH)_2CO_3$ 称碱式碳酸铜，$Mg(OH)Cl$ 称碱式氯化镁。

复盐的命名一般是按分子的组成从后往前读出复盐的两种金属元素名称，称为"某酸某某"。如 $KAl(SO_4)_2$ 称硫酸铝钾。

*三、无机物之间的转化关系

单质、氧化物、酸、碱、盐之间是有联系的，可以相互发生化学反应，而且在一定的条件下还能相互转化。转化的关系可以用图 1-1 表示。

通过图 1-1，不仅可以清楚地看出各类物质之间相互转化的关系，而且还能加深对它们的主要化学性质的了解。同时提供了制取某些物质所采用的反应途径。例如，金属与盐发生置换反应，必须用活泼的金属去置换盐中较不活泼的金属，否则就不能发生置换反应。又如，同是要制取金属的氢氧化物，但是所采取的反应途径区别很大，如金属氢氧化物对应的氧化物是易溶于水的，则直接将氧化物与水作用制取对应的氢氧化物。例如

$$CaO + H_2O \longrightarrow Ca(OH)_2$$

反之，就必须通过其他途径。如制取 $Cu(OH)_2$，由于 CuO 难溶于水，不能直接用 CuO 与水作用制取 $Cu(OH)_2$，一般要采用易溶性的铜盐与碱作用制取 $Cu(OH)_2$。如

$$CuSO_4 + 2NaOH \longrightarrow Cu(OH)_2 \downarrow + Na_2SO_4$$

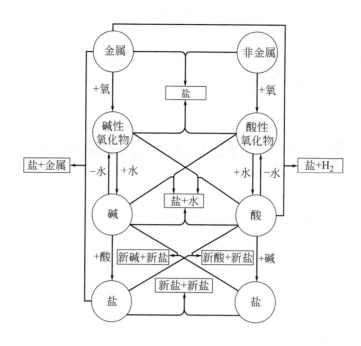

图 1-1　无机物的相互转化关系

　　因此，只有准确地掌握各类物质的化学性质，才能达到正确理解和较熟练运用无机物之间相互转化的关系。

 思考与练习

一、选择题

1. 无机物可分为（　　）两大类。

　　A. 酸和碱　　　B. 氧化物和非氧化物　C. 单质和化合物　　　D. 金属和非金属

2. $HClO_4$ 命名为（　　）。

　　A. 高氯酸　　　B. 氯酸　　　　　　　C. 亚氯酸　　　　　D. 次氯酸

3. 硫酸铝钾的化学式是（　　）。

　　A. $KAlSO_4$　　B. $AlKSO_4$　　　　　C. $KAl(SO_4)_3$　　　D. $KAl(SO_4)_2$

4. 化学式 He、Hg、Cl_2、$Ca(OH)_2$、$HClO_3$、HF、K_2SO_4、$Ca(H_2PO_4)_2$、$Mg_2(OH)_2CO_3$、$KAl(SO_4)_2$、CuO、SO_3、Al_2O_3、CO 中，属于单质的有（　　）；属于金属单质的有（　　）；属于酸的有（　　）；属于含氧酸的有（　　）；属于碱的有（　　）；属于盐的有（　　）；属于酸式盐的有（　　）；属于碱式盐的有（　　）；属于复盐的有（　　）；属于氧化物的有（　　）；属于酸性氧化物的有（　　）；属于碱性氧化物的有（　　）；属于两性氧化物的有（　　）。

二、判断题

1. 能与酸反应，生成盐和水的化合物叫做碱性氧化物。　　　　　　　　　　　　　（　　）

2. 凡电离时，生成的阳离子是氢氧根的盐叫做碱式盐。 （　　）

3. $CaO + H_2O \Longrightarrow Ca(OH)_2$ （　　）

4. $CuO + H_2O \Longrightarrow Cu(OH)_2$ （　　）

5. $Fe(OH)_2$ 的名称叫做氢氧化铁。 （　　）

第二节　无机化学反应的基本类型

化学反应虽然是多种多样的，但在无机物相互关系中也有规律可循，根据发生化学反应的特点，无机化学反应可以归纳为四种基本反应类型，也可分为氧化还原反应和非氧化还原反应。

一、四种基本反应类型

1. 化合反应

由两种或两种以上的物质生成一种新物质的化学反应叫做化合反应。例如

$$C + O_2 \longrightarrow CO_2$$

$$CaO + H_2O \longrightarrow Ca(OH)_2$$

生石灰　　　　　　　熟石灰

$$NH_3 + CO_2 + H_2O \longrightarrow NH_4HCO_3$$

物质与氧发生的反应叫做氧化反应。有些氧化反应属于化合反应，如很多单质与氧气反应生成它们的氧化物的反应；而有些氧化反应则不属于化合反应，如蜡烛燃烧生成二氧化碳和水等。

2. 分解反应

由一种物质生成两种或两种以上的新物质的化学反应叫做分解反应。例如

$$2KClO_3 \xrightarrow[MnO_2]{\triangle} 2KCl + 3O_2 \uparrow$$

$$2NaHCO_3 \xrightarrow{\triangle} Na_2CO_3 + H_2O + CO_2 \uparrow$$

3. 置换反应

由一种单质和一种化合物作用生成另一种单质和另一种新的化合物的反应叫做置换反应。例如

$$2HCl + Fe \longrightarrow FeCl_2 + H_2 \uparrow$$

$$2NaBr + Cl_2 \longrightarrow 2NaCl + Br_2$$

4. 复分解反应

由两种化合物相互交换成分生成两种新的化合物的反应叫做复分解反应。例如

$$AgNO_3 + NaCl \longrightarrow AgCl\downarrow + NaNO_3$$
$$HCl + NaOH \longrightarrow NaCl + H_2O$$
$$CaCO_3 + 2HCl \longrightarrow CaCl_2 + H_2O + CO_2\uparrow$$

物质的生成
过程

复分解反应不是任意两种化合物互相混合就能发生的，必须是在生成物之中有难溶物质（沉淀析出）、气体或水时才能发生，否则无法发生复分解反应。

实际上有很多化学反应是比较复杂的，并不属于某一单一的反应类型，而是几种反应类型的组合。例如

$$Na_2CO_3 + 2HCl \longrightarrow 2NaCl + H_2O + CO_2\uparrow$$

这个反应实际上是由复分解和分解两个反应类型组合而成的。

$$Na_2CO_3 + 2HCl \longrightarrow 2NaCl + H_2CO_3 \quad （复分解反应）$$
$$H_2CO_3 \longrightarrow H_2O + CO_2\uparrow \quad （分解反应）$$

二、氧化还原反应和非氧化还原反应

在无机化学中，有时也把化学反应分为氧化还原反应和非氧化还原反应。

如果参加反应的物质中，各元素的化合价在反应前后都没有发生变化的反应叫做非氧化还原反应；反之，在化学反应中，某元素的化合价在反应前后发生改变的反应叫做氧化还原反应。按这种分类方法，上述的反应类型中，置换反应全部是氧化还原反应，复分解反应全部是非氧化还原反应，化合反应和分解反应情况比较复杂，有的是氧化还原反应，有的是非氧化还原反应。例如

$$H_2 + Cl_2 \longrightarrow 2HCl \qquad （氧化还原反应）$$
$$2KClO_3 \xrightarrow[MnO_2]{\triangle} 2KCl + 3O_2\uparrow \qquad （氧化还原反应）$$
$$CaO + H_2O \longrightarrow Ca(OH)_2 \qquad （非氧化还原反应）$$
$$2NaHCO_3 \longrightarrow Na_2CO_3 + H_2O + CO_2\uparrow \qquad （非氧化还原反应）$$

因此化合反应和分解反应是否是氧化还原反应，需要从氧化还原反应的定义出发，通过具体的分析才能确定。

 思考与练习

选择题

在下列化学反应方程式中，属于化合反应的是（　　　）；属于氧化反应的是（　　　）；属于分解反应的是（　　　）；属于置换反应的是（　　　）；属于氧化还原反应的是（　　　）。

A. $FeS+2HCl$ （稀） $\longrightarrow FeCl_2+H_2S\uparrow$

B. $Zn+2HCl$ （稀） $\longrightarrow ZnCl_2+H_2\uparrow$

C. $2Cu+O_2+H_2O+CO_2 \longrightarrow Cu_2(OH)_2CO_3$

D. $CaCO_3 \xrightarrow[\triangle]{高温} CaO+CO_2\uparrow$

E. $Fe_2O_3+3CO \longrightarrow 2Fe+3CO_2$

F. $Na_2CO_3+H_2SO_4 \longrightarrow Na_2SO_4+H_2O+CO_2\uparrow$

G. $CH_4+2O_2 \xrightarrow{点燃} CO_2+2H_2O$

第三节 物质的量

一、物质的量及其单位——摩尔

1971 年，第十四届国际计量大会决定，在国际单位制（SI）中增加第 7 个基本量，其名称是物质的量，符号为 n。其计量单位名称是摩尔（简称摩），符号为 mol。物质的量同其他量的名称如长度、质量、时间一样，是一个整体，名称不能拆开使用。物质的量所计量的对象是微观粒子。那么多少个微观粒子才是 1mol 呢？科学上规定任何物质所含的结构粒子（分子、离子、电子等）只要与 0.012kg（12g）碳-12 中所含有的碳原子数相同，其物质的量就是 1mol。0.012kg 碳-12 中所含有的碳原子个数为 $\dfrac{0.012kg}{1.993\times10^{-26}kg}=6.022\times10^{23}$，这个数称为阿伏加德罗常数，符号为 N_A。经许多科学方法测定，阿伏加德罗常数都约等于 6.022×10^{23}。也就是说 1mol 是 6.022×10^{23} 个结构微粒的集合体。如 1mol 水含有 6.022×10^{23} 个水分子；1mol 氧气含有 6.022×10^{23} 个氧分子；同理 n mol 的氮气就含有 n 倍的 6.022×10^{23} 个氮分子。可见物质的量是以阿伏加德罗常数（N_A）为计算单位的，如某物质的结构粒子恰好等于 3 倍的阿伏加德罗常数，则该物质的物质的量即为 3mol。

在使用摩尔时必须注意以下几点。

① 摩尔虽然是表示物质的量的单位，但它与一般的计量单位有本质区别。一是摩尔所计量的对象是微观物质的基本单元（如分子、原子、离子等），而不是计量宏观物体（如汽车、苹果等）。二是摩尔以阿伏加德罗常数 6.022×10^{23} 为计数单位，因此摩尔是表示一个"大批量"的集合体。

② 使用摩尔时必须准确指明物质的基本单元，基本单元可以是物质的任何自然存在的微粒，如分子、原子、离子、电子等，或这些粒子的特定组合，如

1mol H_2、2mol OH^- 或 3mol $\frac{1}{2}H_2SO_4$。"$\frac{1}{2}H_2SO_4$" 就是一种特定组合。

③ 用摩尔表示物质的量时,可以用等于形式,式中基本单元用括号置于物质的量符号(n)后面,如 $n(H_2O) = 4mol$,$n(S) = 4mol$ 等。

二、摩尔质量

通常把 1mol 某物质的质量叫做该物质的摩尔质量,其符号为 M,单位 kg/mol 或 g/mol,单位的中文名称为千克每摩尔或克每摩尔。

由于不同物质的摩尔质量大多不同,即便同种物质,基本单元不同,其摩尔质量也不相同。因此在使用摩尔质量时,必须在符号后面用括号把物质的化学式或基本单元括上。如硫的摩尔质量 $M(S) = 32g/mol$;铜的摩尔质量 $M(Cu) = 63.5g/mol$;氧原子的摩尔质量 $M(O) = 16g/mol$;$M\left(\frac{1}{2}H_2SO_4\right) = 49g/mol$ 等。

国际上规定以碳-12 原子质量的 1/12 作标准,其他原子的质量与它相比所得的数值称为该原子的原子量。如氧原子的原子量为 16,硫原子的原子量为 32,因此一个碳-12 原子与一个氧原子的原子量之比为 12 : 16。又由于 1mol 的任何物质所含有的结构微粒都是 6.022×10^{23} 个,所以 1mol 碳-12 原子与 1mol 氧原子的摩尔质量比也是 12 : 16。碳-12 原子的原子量为 12,摩尔质量为 12g/mol;氧原子的原子量为 16,摩尔质量为 16g/mol。也就是说任何元素的原子的摩尔质量用 g/mol 表示时,在数值上等于其原子量。这种关系可以推广到分子、离子等一切微粒。如水的摩尔质量为 18.02g/mol,则水的分子量为 18.02。这样可以方便地通过原子量、分子量、离子式量直接确定一个相对应物质的基本单元的摩尔质量,反之也可以通过摩尔质量确定其对应物质的分子量、原子量等。通过这种对应关系,可以进行有关物质的量的计算。

三、气体摩尔体积

在化工生产和科学实验中,经常碰到各种气体,必然要对气体的质量进行测量,但是由于测量气体的体积比测量气体的质量方便,所以气体的测量和计量往往都用气体的体积表示。由于气体的体积与温度、压力有关。即一定质量的气体,当压力不变时,温度升高,体积增大;如温度不变,压力增加体积变小。因此要测量气体的体积或比较各种气体的体积大小时,都必须在相同的温度和压力条件下进行。于是规定:温度为 273.15K（0℃）和压力（压强）为 101.325kPa 时的状态叫标准状况。

经科学实验测定,在标准状况下,1L 氢气的质量是 0.0899g,即密度为

0.0899g/L，氢气的摩尔质量 $M(H_2)=2.016g/mol$，所以 1mol 氢气在标准状况下占有的体积为

$$\frac{\text{氢气的摩尔质量}}{\text{氢气的密度}}=\frac{2.016g/mol}{0.0899g/L}=22.4L/mol$$

在标准状况下，对许多气体进行测量，均得出 1mol 气体所占的体积都约为 22.4L。因此得出结论：在标准状况下，1mol 的任何气体所占有的体积都约等于 22.4L。这个体积叫做气体摩尔体积，其符号用 $V_{m,0}$ 表示，单位符号 L/mol，单位名称升每摩尔。

四、摩尔气体常数

1mol 理想气体（真实气体的理想化）在标准状况下的 p_0V_0/T_0 值，叫做摩尔气体常数，简称气体常数，用符号 R 表示。其值为 $R=8.314J/(mol \cdot K)$。它的计算式是

$$R=\frac{p_0V_0}{T_0}=\frac{101325Pa \times 22.4 \times 10^{-3}m^3/mol}{273.15K}$$

$$=8.314Pa \cdot m^3/(mol \cdot K)$$

即 $$R=8.314J/(mol \cdot K)$$

五、物质的量的有关计算

【例 1-1】 求 64g 硫原子的物质的量是多少？[$M(S)=32.06g/mol$]

解 已知 $m=64g$，$M=32.06g/mol$

则 $$n=\frac{m}{M}=\frac{64}{32.06}=1.996 \text{（mol）}$$

答：64g 硫的物质的量为 1.996mol。

【例 1-2】 计算 2mol 氢氧化钠的质量是多少？[$M(NaOH)=40g/mol$]

解 已知 $n=2mol$，$M=40g/mol$

$$m=nM=2 \times 40=80 \text{（g）}$$

答：2mol 的 NaOH 的质量是 80g。

【例 1-3】 计算 32g 二氧化硫含有多少二氧化硫分子？[$M(SO_2)=64g/mol$]

解 设 32g SO_2 物质含有 SO_2 的分子数为 $6.022 \times 10^{23} \times n$。

已知 $m=32g$，$M=64g/mol$

$$n=\frac{m}{M}=\frac{32}{64}=0.5 \text{（mol）}$$

则 32g SO_2 物质含有 SO_2 的分子数为 $6.022 \times 10^{23} \times 0.5=3.011 \times 10^{23}$ （个）

答：32g SO_2 物质含有 SO_2 的分子数为 3.011×10^{23} 个。

【例1-4】 计算45g氮气在标准状况下所占有的体积是多少升？$[M(N_2)=28g/mol]$

解 设45g氮气在标准状况下的体积为V。

已知 $m=45g$，$M=28g/mol$，$V_0=22.4L/mol$

$$V=V_0 n$$

$$n=\frac{m}{M}$$

则
$$V=V_0 n=V_0 \times \frac{m}{M}=22.4 \times \frac{45}{28}=36.00 \ (L)$$

答：45g氮气在标准状况下的体积为36.00L。

【例1-5】 计算在标准状况下11.2L氧气的质量为多少克？$[M(O_2)=32g/mol]$

解 设11.2L氧气的质量为m。

已知 $V=11.2L$，$V_0=22.4L/mol$，$M=32g/mol$

$$n=\frac{V}{V_0}$$

$$m=Mn=M \times \frac{V}{V_0}=32 \times \frac{11.2}{22.4}=16 \ (g)$$

答：在标准状况下11.2L氧气的质量为16g。

【例1-6】 已知在标准状况下0.25L某气体的质量为0.496g，求该气体的分子量。

解 设该气体的摩尔质量为M。

已知 $V=0.25L$，$m=0.496g$

$$\frac{M}{\rho}=22.4L/mol$$

$$\rho=\frac{m}{V}$$

则
$$M=22.4 \times \frac{m}{V}=22.4 \times \frac{0.496}{0.25} \approx 44 \ (g/mol)$$

答：由于该气体的摩尔质量为44g/mol，所以该气体的分子量为44。

 思考与练习

一、选择题

1. H_2SO_4 的摩尔质量是（　　）。

    A. 49   B. 49g   C. 98g/mol   D. 98

2. 44g CO_2 的物质的量是（　　）。

A. 44g   B. 44   C. 1   D. 1mol

3. 0.5mol 的 O_2 与（   ）的 N_2 含有相同的分子数。

A. 14g   B. 2g   C. 2mol   D. 1mol

4. 0.5mol H_2O 分子含有氢原子个数是（   ）。

A. 2个   B. 3.011×10^{23} 个   C. 6.022×10^{23} 个   D. 9g

5. 在标准状况下，下列气体体积最大的是（   ）。

A. 4g H_2 B. 0.5mol O_2 C. 1.5mol CO_2 D. 48g CO_2

6. 1gH_2 与 16g O_2 在标准状况下，（   ）相同。

A. 体积   B. 质量   C. 压力   D. 重量

7. 在标准状况下，与 14g N_2 所含有的分子数相同的气体是（   ）。

A. 1mol H_2 B. 0.5mol O_2 C. 1.5mol CO_2 D. 32g O_2

8. 在标准状况下，28g N_2 所含有的分子数与（   ）O_2 含有的分子数相同。

A. 11.2L   B. 22.4L   C. 44.8L   D. 4.48L

9. 在标准状况下，与 32g O_2 体积相同的 CO_2 气体的质量是（   ）。

A. 44g   B. 4.4g   C. 4g   D. 44.8g

10. 在标准状况下，等质量的气体，体积最小的是（   ）。

A. H_2 B. O_2 C. N_2 D. CO_2

11. 在标准状况下，等质量的气体，含有氧原子最多的是（   ）。

A. CO_2 B. SO_2 C. SO_3 D. N_2O_5

12. 如某物质 X 的摩尔质量 $M(X) = 44g/mol$，则该物质的分子量应为（   ）。

A. 44g   B. 4.4g   C. 44   D. 44g/mol

13. 等物质的量的几种物质，含氢原子最多的是（   ）。

A. $(NH_4)_2SO_4$ B. NH_4Cl C. NH_3 D. NH_4NO_3

14. 使用摩尔时必须指明（   ）。

A. 聚集状态   B. 反应条件   C. 分子式   D. 基本单元

15. 下列说法不正确的是（   ）。

A. 1mol 氧原子   B. 0.5mol 氧分子   C. 3mol 氧气   D. 1mol 氧

16. 下列物质中质量最大的是（   ）。

A. 1mol H   B. 1mol（0.5 H_2）   C. 1mol N_2 D. 1mol O_2

17. 相同质量的镁和铝含有原子个数比是（   ）。

A. 1：1   B. 27：24   C. 10：11   D. 2：3

二、判断题

1. 1mol 氮气的质量是 28g。   （   ）

2. 1mol 氢气的物质的量是 2g。   （   ）

3. 氧气的摩尔质量是 32。   （   ）

4. 氯化钠的摩尔质量 $M(NaCl) = 58.5g/mol$。   （   ）

5. 1mol 氧气与 1mol 氢气含有相同的分子数。   （   ）

6. 在标准状况下，任何物质的气体摩尔体积都约等于 22.4L/mol。 （　　）

7. 在标准状况下，16g O_2 与 0.5mol CO_2 含有的分子数相同。 （　　）

8. 在标准状况下，$6.022×10^{23}$ 个 CO_2 分子的质量是 44g。 （　　）

9. 1mol 气体所占有的体积都等于 22.4L/mol。 （　　）

10. 在标准状况下，2g O_2、2g N_2 与 2g H_2 三种气体所占的体积相等。 （　　）

11. 摩尔质量和分子量完全相等。 （　　）

12. 氧的摩尔质量 $M=32g/mol$。 （　　）

三、计算题

1. 在标准状况下，11.2L 氧气的质量是 16g，求氧气的摩尔质量。

2. 计算填空

体积(标准状况下)	质　　量	物质的量
44.8L CO_2		
	28g N_2	
		3mol H_2

第四节　化学反应方程式

一、化学反应方程式的定义和书写原则

1. 定义

用元素符号和化学式来表示化学反应的式子叫做化学反应方程式。

2. 书写原则

① 必须依据客观事实，绝不能凭空设想，随意臆造事实上不存在的物质和化学反应。

② 要遵守质量守恒定律，"等号"两边各元素原子的数目必须相等。

化学反应方程式不仅表示化学反应中反应物转化为生成物的质变关系，而且还表示反应物与生成物间的定量关系。因此，化学反应方程式就成为化学计量的理论依据。通过化学反应方程式能进行很多计算。例如，通过原料（反应物）的用量可以计算出理论产品量（生成物），也可以通过要得到的产品量（生成物）计算出所需要的各种原料量。

二、化学反应方程式的有关计算

【例 1-7】　试计算在标准状况下，制取 44.8L 氢气，需要多少克锌与足够的稀硫酸反应？

解　设需要锌的质量为 x。

$$Zn + H_2SO_4 \longrightarrow ZnSO_4 + H_2 \uparrow$$

$$\begin{array}{ll} 65g & 22.4L \\ x & 44.8L \end{array}$$

$$x = \frac{65g}{22.4L} \times 44.8L = 130g$$

答：需要 130g 锌与足够的稀硫酸反应。

【例 1-8】 假定硫酸生产过程的化学反应式如下，问生产 1kg 纯硫酸需多少千克 FeS_2？

$$4FeS_2 + 11O_2 \longrightarrow 2Fe_2O_3 + 8SO_2 \tag{1}$$

$$2SO_2 + O_2 \xrightarrow[450℃]{V_2O_5} 2SO_3 \tag{2}$$

$$SO_3 + H_2O \longrightarrow H_2SO_4 \tag{3}$$

对这类复杂的化学反应方程式的计算，一般是采用把各步反应方程式等号两端相加的办法。为了计算方便，必须调整各步反应方程式中的物质前面的系数，使相同的分子式在等号两端能消掉。具体步骤如下。

解 （1）设需要 FeS_2 为 x。

（2）把方程式（2）×4，把方程式（3）×8；然后三个方程式相加得

$$4FeS_2 + 11O_2 \longrightarrow 2Fe_2O_3 + 8SO_2$$

$$8SO_2 + 4O_2 \longrightarrow 8SO_3$$

$$+) \quad 8SO_3 + 8H_2O \longrightarrow 8H_2SO_4$$

$$\overline{\rule{8cm}{0pt}}$$

$$4FeS_2 + 15O_2 + 8H_2O \longrightarrow 8H_2SO_4 + 2Fe_2O_3$$

$$\begin{array}{ll} (120 \times 4)kg & (98 \times 8)kg \\ x & 1kg \end{array}$$

$$x = \frac{(120 \times 4)kg}{(98 \times 8)kg} \times 1kg = 0.612kg$$

答：需要 FeS_2 为 0.612kg。

应该指出的是：相加后的化学反应方程式，只表示反应物和生成物之间的定量关系，不表示反应物和生成物之间的实际转化过程。

在化工生产和科学实验中，化学反应方程式的计算往往很复杂。例如，有的化学反应不能进行到底，反应物不能 100% 地转化为生成物；有的反应同时有副反应进行；还有的是反应中使用的原料不纯，以及反应过程有损失，如此等等。因此，根据实际情况进行计算有很重要的意义。在此，介绍三个相关的基本概念。

① 物质的纯度：纯物质的质量占物质的总质量的百分数。

② 产品收率：实际得到的产品质量占理论产品质量的百分数。

③ 原料利用率：理论消耗原料的质量占实际消耗原料的质量的百分数。

【例 1-9】 用 1.5g 工业碳酸钠与足够的盐酸反应，得到 0.61g CO_2 气体，计算工业碳酸钠纯度。

解 设制取 0.61g CO_2 需要的纯碳酸钠质量为 x

$$Na_2CO_3 + 2HCl \longrightarrow 2NaCl + H_2O + CO_2 \uparrow$$

106g   44g
x 0.61g

$$x = \frac{106g}{44g} \times 0.61g = 1.47g$$

碳酸钠的纯度为 $\frac{1.47g}{1.5g} \times 100\% = 98\%$

答：工业碳酸钠的纯度为 98%。

 思考与练习

1. 已知 $2KClO_3 \longrightarrow 2KCl + 3O_2 \uparrow$，试计算在标准状况下制取 67.2L 氧气，需纯 $KClO_3$ 物质的量是多少？质量又是多少？

2. 在标准状况下，2.5L 某气体的质量为 4.91g，求该气体的分子量。

3. 试计算在标准状况下，11.2L CO_2 气体的质量是多少克？物质的量又是多少？

4. 已知 $Na_2CO_3 + 2HCl \longrightarrow 2NaCl + CO_2 \uparrow + H_2O$，如用 1.5g 工业碳酸钠（$Na_2CO_3$）与足量的稀盐酸反应，在标准状况下收集到 0.31L CO_2 气体，求此工业碳酸钠的纯度。

5. 用工业碳酸钠（Na_2CO_3）1.5g 与足够的稀盐酸反应，在标准状况下收集到 0.014mol 的 CO_2 气体，求此工业碳酸钠的纯度。

*6. 假定硫酸生产就按如下关系进行 $4FeS_2 \longrightarrow 8H_2SO_4$，试计算每生产 1kg 质量分数为 96% 的浓 H_2SO_4，需纯度 70% 的 FeS_2 多少千克？

 科海拾贝

变形鸡蛋

通常，鸡蛋壳是比较硬的，如果没有学过化学，人们大概会被下面这个小魔术迷惑：拿一个普通鸡蛋，让观众看一看，捏一捏，试试它的硬度，再拿出两个花瓶（或烧杯），让其中一个瓶口稍大于鸡蛋，另一个稍小于鸡蛋，演示一下鸡蛋是无论如何也放不进小花瓶的。事先在大花瓶内装入稀盐酸，小花瓶内装入清水，保持其外观一致。先将鸡蛋放入大花瓶，稍待片刻，把鸡蛋取出，再向小花瓶中放，鸡蛋顺利进入。

上面的魔术是什么原理呢？你也许已经猜到，由于鸡蛋壳主要是由 $CaCO_3$ 等物质组成，当浸入稀盐酸时，发生了反应 $2CaCO_3 + 2HCl \longrightarrow Ca(HCO_3)_2 + CaCl_2$，鸡蛋壳被溶解，所以鸡蛋变软。又由于鸡蛋内膜不是由碳酸盐组成的，不溶于稀盐酸，所以既不会破裂，又能保持鸡蛋原形。

如果想表演这个魔术，那么还要注意：

1. 花瓶（或烧杯）一定是透明的，以清楚显示鸡蛋向花瓶中放时前后的不同。

2. 对瓶中的溶液或水应做一下交代，那是为保证鸡蛋放入瓶中不会碰碎，所以都加入一些水作为缓冲。

3. 鸡蛋放入稀盐酸中的时间应在表演前试验好，以保证鸡蛋在所需的时间内变软，但仍能保持原来的外形，只是表皮变得有弹性。如所需时间太长，可适当加大盐酸浓度，或事先将鸡蛋用酸处理。

4. 当鸡蛋在大花瓶中时，应适当转移观众注意力，以免被发现瓶中有小气泡生成，如果离观众远，则不存在此问题。

第二章
重要元素及其化合物

 学习目标

1. 能够复述出常见元素的分布、分类及存在状态。

2. 能够阐明重要的非金属元素及其化合物的性质与用途，并进行分类、归纳、记忆及整理。

3. 能够独立说出重要的金属元素及其化合物的性质与用途，并利用相关知识解释生活及工作中相关现象或技术。

4. 能够说出常见生命元素及对人体健康的影响。

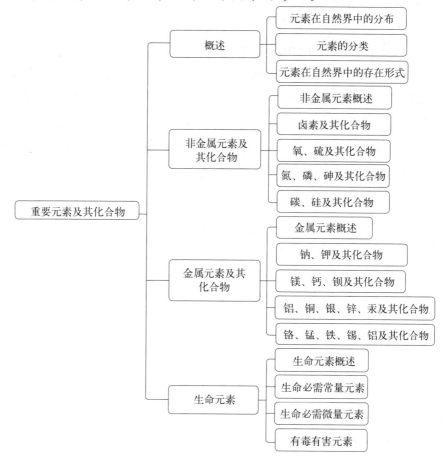

在文明形成、发展过程中，随着对自然的认识、改造，人类经历了对化学元素发现、认识和利用的漫长而曲折的过程。迄今为止发现的包括天然和人造元素共计 118 种，其中地球上天然存在的元素有 94 种。这些元素组成了无以计数的化合物。本章主要介绍重要元素及其化合物。

第一节　概　述

一、元素在自然界中的分布

元素在地壳中的含量（称为丰度）较高的为 O（48.6%，原子分数，下同）、Si（26.3%）、Al（8.3%）、Fe（4.75%）、Ca（3.45%）、Na（2.74%）、K（2.47%）、Mg（2.0%）、Ti（0.56%）、H（0.14%）。从以上数据可以看到，在组成地壳的原子总数中，这 10 种元素约占 99%，而其余所有元素的含量总共不超过 1%。可见，大多数元素的丰度是很小的。一般来说，较轻元素含量较多，较重元素含量较少；相邻元素中，原子序数为偶数的元素含量较多，奇数元素含量较少。有趣的是，地壳中含量较多的一些元素，一般也是人体内含量最多的元素，如 C、O、H、N、K、Na、Mg、Ca、Fe 等。

地壳中的元素存在于矿物和天然水（海水、河水、湖水及地下水）中。海水里除组成水的 H、O 外，主要元素的含量见表 2-1。除表中所列元素外，海水中还含有微量的 Zn、Cu、Mn、Ag、Au、U、Ra 等 50 余种元素。海洋中的元素大多数以离子形式存在于海水中，也有些沉积在海底。由于海水面积比陆地大得多，可以想象许多元素资源在海洋里的储量比陆地多，例如海洋里锰的储量多达4000 亿吨，为大陆储量的 4000 倍，可见海洋是元素资源的巨大宝库。我国大陆海岸线长达 18000 多公里，这对开发、利用海洋资源极为有利。

表 2-1　海水中主要元素含量（未计入溶解气体）

元　素	质量分数/%	元　素	质量分数/%
Cl	1.8980	Si	0.0004
Na	1.0561	C（有机）	0.0003
Mg	0.1272	Al	0.00019
S	0.0884	F	0.00014
Ca	0.0400	N（硝酸盐）	0.00007
K	0.0380	N（有机物）	0.00002
Br	0.0065	Rb	0.00002
C（无机）	0.0028	Li	0.00001
Sr	0.0013	I	0.000005
B	0.00046		

此外，在地球表面还有厚约 100km、总质量达 5×10^6 亿吨的大气层，其主要成分见表 2-2。

表 2-2 大气的主要成分（未计入水蒸气）

气体	体积分数/%	质量分数/%	气体	体积分数/%	质量分数/%
N_2	78.09	75.51	CH_4	0.00022	0.00012
O_2	20.95	23.15	Kr	0.0001	0.00029
Ar	0.39	1.28	N_2O	0.0001	0.00015
CO_2	0.03	0.046	H_2	0.00005	0.000003
Ne	0.0018	0.00125	Xe	0.000008	0.000036
He	0.00052	0.000072	O_3	0.0000001	0.000036

由表 2-2 可看出，大气中的主要成分是 N_2、O_2 和稀有气体，其中 N_2 多达 3.8648×10^6 亿吨。大气层也是元素资源的一个巨大的宝库。目前世界各国每年从大气中提取数以百万吨的 O_2、N_2 及稀有气体等物质。

二、元素的分类

118 种元素按其性质可以分为金属元素和非金属元素，其中金属元素 94 种，非金属元素 24 种，金属元素约占元素总数的 4/5。所谓准金属是指性质介于金属和非金属之间的单质。准金属大多数可作半导体。

在化学上将元素分为普通元素和稀有元素。所谓稀有元素一般指在自然界中含量少或分布稀散，被人们发现较晚，难从矿物中提取的或在工业上制备和应用较晚的元素。例如钛元素，由于冶炼技术要求较高，难以制备，长期以来，人们对它的性质了解得很少，被列为稀有元素，但它在地壳中的含量并不低；而有些元素储量并不多，但矿物比较集中，如硼、金等已早被人们熟悉，被列为普通元素。因此，普通元素和稀有元素的划分不是绝对的。

通常稀有元素分为如下几类：

① 轻稀有元素。锂（Li）、铷（Rb）、铯（Cs）、铍（Be）；

② 分散性稀有元素。镓（Ga）、铟（In）、铊（Tl）、硒（Se）、碲（Te）；

③ 高熔点稀有元素。钛（Ti）、锆（Zr）、铪（Hf）、钒（V）、铌（Nb）、钽（Ta）、钼（Mo）、钨（W）；

④ 铂系元素。钌（Ru）、铑（Rh）、钯（Pd）、锇（Os）、铱（Ir）、铂（Pt）；

⑤ 稀土元素。钪（Sc）、钇（Y）、镧系元素；

⑥ 放射性稀有元素。锕系元素、钫（Fr）、镭（Ra）、锝（Tc）、钋（Po）、砹（At）等；

⑦ 稀有气体。氦（He）、氖（Ne）、氩（Ar）、氪（Kr）、氙（Xe）、氡（Rn）。

随着稀有元素的应用日益广泛，新矿源的开发和研究工作的进展，稀有元素与普通元素之间有些界限已越来越不明显。

三、元素在自然界的存在形式

元素在自然界以单质（游离态）和化合物（化合态）形态存在。

1. 单质

在自然界中以单质存在的元素比较少，大致有三种情况。

① 气态非金属单质，如 N_2、O_2、H_2、稀有气体（He、Ne、Ar、Kr、Xe）等。

② 固态非金属单质，如碳、硫等。

③ 金属单质，如 Hg、Ag、Au 及铂系元素（Ru、Rh、Pd、Os、Ir、Pt），还有由陨石引进的天然铜和铁。

2. 化合物

大多数元素以化合态（氧化物、硫化物、氯化物、碳酸盐、磷酸盐、硫酸盐、硅酸盐、硼酸盐等）存在。广泛存在于矿物及海水中。

① 活泼金属元素与卤素形成的离子型卤化物，存在于海水、盐湖水、地下卤水、气井水及岩盐矿中。例如，钠盐（NaCl）、钾盐（KCl）、光卤石（$KCl \cdot MgCl_2 \cdot 6H_2O$）等。

② 钙、镁、钡等元素还常以难溶碳酸盐形式存在于矿物中，如石灰石（$CaCO_3$）、菱镁矿（$MgCO_3$）；以硫酸盐形式存在的有石膏（$CaSO_4 \cdot 2H_2O$）、重晶石（$BaSO_4$）、芒硝（$Na_2SO_4 \cdot 10H_2O$）等。

③ 准金属元素（除 B 外）以及铜、锌、银、汞等元素常以难溶硫化物形式存在。例如，辉锑矿（Sb_2S_3）、辉铜矿（Cu_2S）、闪锌矿（ZnS）、辰砂矿（HgS）等。

④ 过渡元素主要以稳定的氧化物形式存在，如金红石（TiO_2）、铬铁矿（$FeO \cdot Cr_2O_3$）、软锰矿（MnO_2）、磁铁矿（Fe_3O_4）、赤铁矿（Fe_2O_3）等。

从存在的物理形态来说，在常温常压下元素的单质以气态存在的有 11 种，即 N_2、O_2、H_2、Cl_2、F_2 和 He、Ne、Ar、Kr、Xe、Rn；以液态存在的有两种——Hg 和 Br_2；还有两种单质，熔点很低，易形成过冷状态，即 Cs（熔点为 28.5℃）和 Ga（熔点为 30℃）；其余元素的单质呈固态。

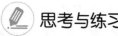
思考与练习

1. 在地壳中分布最广的是哪 10 种元素？

2. 试阐述除大陆外，海洋和大气也是元素资源的巨大宝库。

3. 在我国哪些元素的储量比较丰富，哪些元素的储量比较稀少？

4. 元素按性质分为几类？化学上又如何分类？

5. 哪些元素属稀有元素？

6. 试述常见的重要元素在自然界中的存在形态。

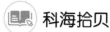
科海拾贝

元素小故事——命名之争

许多化学元素的名称与符号看起来并不匹配，因为元素的符号通常来源于拉丁文，如金对应的符号是"Au"。不过也有例外，例如元素钨的符号就是"W"。

"钨"与众不同的原因在于长久以来它一直都拥有两个名字。以英语为母语的国家称该种元素为"tungsten"，而其他国家认定的名称则是"wolfram"。为什么叫 wolfram 呢？因为钨起初是从一种名为黑钨矿（wolframite）的矿石中分离出来的，在 2005 年以前都还保留着这种叫法。关于钨的"名称之争"非常激烈，其中以一批西班牙的科学家最为坚持，他们认为政府应当保留"wolfram"这个官方称呼。

其实除了英语之外，很多语言中仍使用"wolfram"表示钨元素，这也是钨的发现者 Delhuya 兄弟的要求。这个词来源于德语，意指"狼之泡沫"，其起源可追溯到锡冶炼的初期。在人类对元素还一无所知的时候，冶炼工人通常依据矿物熔化时的起沫方式来进行辨别。人们千辛万苦想要从矿物中提取锡，而钨消耗锡的程度就像狼在啃食猎物般凶猛，因此大家将含钨元素的这种矿物称为"狼之泡沫"。如今，人们都知道矿石中含有大量的钨元素，却不知道一些化学家为了守护它的名字付出了多少心血。虽然他们没能如愿以偿，不过还好钨的符号至今仍然保留为"W"。

第二节　非金属元素及其化合物

一、非金属元素概述

已知的非金属元素共 24 种。在这 24 种非金属元素中，B、Si、As、Se、Te

称为准金属，它们既有金属性，又有非金属性。虽然非金属只占元素总数的 1/5 左右，但是无机化合物中酸、碱、单质及各种氧化物、氢化物，有机化合物中的烷烃、烯烃、炔烃、醇和醚都与非金属元素有着密切的关系。非金属矿物种类繁多，在国防、宇航事业上以及高科技新材料的开发中有着特殊的地位和作用。在生物体中已发现 70 多种元素，其中 60 余种含量极微。在含量较多的 10 余种元素中，多数为非金属元素，如 O、H、C、N、P、S、Cl 等，可见非金属元素与生物科学有着密切关系。

1. 非金属单质的性质

（1）非金属单质的结构与物理性质　非金属的单质大多是由两个或多个原子以共价键相结合而成。按其结构可分为三类，其物理性质各有不同。

① 小分子单质。单原子分子的稀有气体和双原子分子的卤素、氧气、氮气及氢气等，通常情况下它们都是气体，熔点、沸点都比较低。

② 多原子分子单质。例如 S_8、P_4、As_4 等，通常情况下它们都是固体，熔点、沸点也不高，但比上一类高，易挥发。

③ 大分子单质。金刚石、晶体硅等为原子晶体，它们的熔点、沸点都比较高，不易挥发。

（2）非金属单质的化学性质　非金属元素单质容易得电子，形成单原子负离子或多原子负离子，它们在化学性质上也有较大的差别。在常见的非金属元素中，以 F、Cl、O、S、P、H 较活泼，具有强氧化性，常用作氧化剂，而 N、B、C、Si 在常温下不活泼。大多数非金属单质既有氧化性又具有还原性。一些不活泼的非金属单质如稀有气体、N_2 等通常不与其他物质反应。活泼的非金属容易与金属元素形成卤化物、氧化物、硫化物、氢化物或含氧酸盐等，且非金属元素之间亦可形成卤化物、氧化物、硫化物、氢化物或含氧酸。非金属单质发生的化学反应涉及范围较广，如非金属一般不与盐酸和稀硫酸反应，但其中的 C、S、P、I、B 可与浓硫酸或硝酸反应；除 F、O、C 外大多数非金属元素均可与强碱反应；大部分非金属元素不与水作用，只有卤素可与水发生不同程度的反应，但高温下 B、C 等可与水反应。

2. 非金属的氢化物

非金属（除稀有气体）元素都能形成氢化物。通常情况下呈气体和挥发性的液体。它们的物理性质（如熔点、沸点等）随着非金属元素在周期表中所处的位置不同而呈规律性的变化。同一周期中，从左到右非金属氢化物的沸点递增；同一族中，从上到下沸点递增。其中出现的 H_2O、HF、NH_3 的沸点比同族的其他氢化物高，这是因为它们的分子之间存在着氢键。

非金属氢化物的对热稳定性、还原性和酸碱性的变化规律如下。

B_2H_6　CH_4　　NH_3　　H_2O　　HF

SiH_4　　PH_3　　H_2S　　HCl

GeH_4　　AsH_3　　H_2Se　　HBr

SnH_4　　SbH_3　　H_2Te　　HI

对热稳定性减弱　还原性增强　酸性增强

对热稳定性增强

还原性增强

酸性增强

3. 非金属含氧酸及其盐

（1）非金属含氧酸的酸性　非金属含氧酸酸性强弱的变化规律如下。

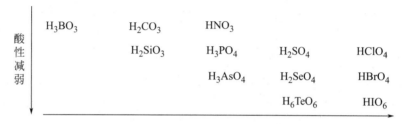

（2）含氧酸及其盐的热稳定性　含氧酸及其盐的热稳定性一般规律如下。

① 同种金属离子与不同酸根所形成的盐，其稳定性与相应的酸的稳定性基本相同。例如热稳定性：$Na_2SO_4 > Na_2CO_3$；$Na_3PO_4 > NaNO_3$ 等。

② 同种含氧酸，其正盐比相应的酸式盐稳定，酸式盐又比相应的含氧酸稳定。例如热稳定性：$Na_2CO_3 > NaHCO_3 > H_2CO_3$。

③ 同种酸根不同金属离子所组成的盐，其稳定性为碱金属盐＞碱土金属盐＞过渡金属盐＞铵盐。例如热稳定性：$Na_2CO_3 > CaCO_3 > ZnCO_3 > (NH_4)_2CO_3$。

在碱金属和碱土金属中，碳酸盐的热稳定性随金属阳离子半径的增大而增强。例如热稳定性：$BaCO_3 > SrCO_3 > CaCO_3 > MgCO_3 > BeCO_3$。

（3）含氧酸盐的氧化还原性　含氧酸盐的氧化还原性比较复杂，这是因为同一种含氧酸及盐的氧化还原产物往往有多种，外界条件对其也有很大影响。

一般来说，含氧酸的氧化性比相应含氧酸盐的氧化性强；同一含氧酸，浓溶液比稀溶液的氧化性强，例如浓硝酸的氧化性要大于稀硝酸的氧化性。

二、卤素及其化合物

卤素是指元素周期表中ⅦA族的元素，包括氟（F）、氯（Cl）、溴（Br）、碘（I）、砹（At）、鿬（Ts）6种元素。卤素是非金属元素，其中氟是所有元素中非金属性最强的，碘具有微弱的金属性，砹是放射性元素。卤素及其化合物用途非常广泛，我们最熟悉的食盐（主要成分NaCl），就是由氯与钠元素组成的盐。氟（F）、溴（Br）、碘（I）等分别与金属元素形成许多盐，如氟化钠、溴化银、碘化钾等，都是很重要的盐。

卤素除与金属元素之间形成盐外，还能与非金属元素形成许多种化合物。卤素和含卤素的化合物还可用于制取很多工业产品，如聚四氟乙烯塑料、聚氯乙烯塑料、漂白剂、溴钨灯、碘钨灯、碘酒等。

卤素的一般性质列于表2-3中。

表2-3 卤素的一般性质

元素名称	氟(F)	氯(Cl)	溴(Br)	碘(I)
单质	F_2	Cl_2	Br_2	I_2
共价半径/pm	64	99	114	133
物态(25℃,100kPa)	气体	气体	液体	固体
单质颜色	浅黄色	黄绿色	红棕色	紫黑色
熔点/℃	−219.62	−100.98	−7.2	113.5
沸点/℃	−118.14	−34.6	58.78	184.35
溶解度(100g水中,25℃)	与水剧烈反应生成$HF+O_2\uparrow$	0.639g	3.36g	0.033g

1. 卤素的性质

（1）物理性质　卤素单质均为双原子分子。随着分子量的增大，卤素单质的一些物理性质呈现出规律性变化。如单质的密度、熔点、沸点，由F_2至I_2依次增高。常温下，氟为浅黄色气体，氯为黄绿色气体，溴为红棕色液体，碘为紫黑色固体（易升华）。

在常温常压下，氟和氯是气体，溴是液体，碘是固体。卤素单质都有颜色，由浅黄至紫黑色逐渐加深。它们的溶解性，除氟与水剧烈反应外，其他卤素在水中的溶解度较小，而易溶于有机溶剂，并呈现特殊颜色。溴可溶于乙醇、氯仿等中。在醇、醚中碘呈棕色或红棕色，在二硫化碳或四氯化碳中，呈紫色。碘难溶于水，但易溶于碘化物溶液（如KI）。碘化物的浓度越大，溶解的碘越多，溶液的颜色越深。这是由于I_2与I^-形成了易溶于水的I_3^-的缘故。

$$I_2+I^- \Longleftrightarrow I_3^-$$

卤素单质蒸气均有刺激性气味，强烈刺激眼、鼻、气管等黏膜组织，吸入较多时，会发生严重中毒，甚至造成死亡，使用时应十分小心。溴的轻微灼伤可用苯或甘油洗涤伤口，吸入氯气时，可吸入氨水或酒精和乙醚混合物处理。

（2）化学性质　卤素是很活泼的非金属元素，单质最突出的化学性质是氧化性。其氧化性强弱顺序是

$$F_2>Cl_2>Br_2>I_2$$

① 与金属、非金属作用。氟的化学活泼性极高，除氮、氧、氦、氩以外，能与几乎所有的金属或非金属直接化合，而且反应十分激烈。氟与氢在低温暗处即能化合，并放出大量热甚至引起爆炸。

氯也是活泼的非金属元素，其活泼性较氟稍差，氯能与所有金属及大多数非金属（氮、氧、碳和稀有气体除外）直接化合，但反应不如氟剧烈。氯与氢在常温时反应缓慢，但在强光照射下反应加快，会引起爆炸。

溴、碘的活泼性与氯相比更差，溴、碘只能与活泼金属化合，与非金属的反应性更弱。溴与氢化合剧烈程度远不如氯。碘与氢在高温下才能化合。

② 卤素间的置换反应。卤素单质在水溶液中的氧化性也同样按 $F_2 > Cl_2 > Br_2 > I_2$ 的次序递变。因此，位于前面的卤素单质可以氧化后面卤素的阴离子，即位于前面的卤素单质可从后面的卤化物中置换出卤素单质。例如

$$Cl_2 + 2Br^- \longrightarrow 2Cl^- + Br_2$$
$$Br_2 + 2I^- \longrightarrow 2Br^- + I_2$$

③ 卤素与水、碱的反应。卤素和水的反应有两种情况。氟的氧化性极强，遇水后立即发生反应。

$$2F_2 + 2H_2O \longrightarrow 4HF + O_2 \uparrow$$

氯次之，与水生成 HCl 和 HClO，在光照条件下放出 O_2。

$$Cl_2 + H_2O \longrightarrow HCl + HClO$$

$$2HClO \xrightarrow{\text{光照}} 2HCl + O_2 \uparrow$$

次氯酸是一种强氧化剂，能杀死水里的病菌，所以自来水常用氯气来杀菌消毒（1L 水里约通入 0.002g 氯气），次氯酸的强氧化性还能使染料和有机色质褪色，可用作棉、麻和纸张等的漂白剂。

溴与水反应缓慢，碘几乎与水不反应。

当溶液的 pH 值增大时，常温下卤素在碱性溶液中易发生如下化学反应。

$$2NaOH + Cl_2 \longrightarrow NaClO + NaCl + H_2O$$
次氯酸钠

由于次氯酸钙比次氯酸钠稳定，容易保存，并且很容易转化成次氯酸，市售的漂粉精、漂白粉等的有效成分是次氯酸钙。在工业上，漂粉精是通过氯气与石灰乳作用制成的。

$$2Ca(OH)_2 + 2Cl_2 \longrightarrow Ca(ClO)_2 + CaCl_2 + 2H_2O$$
次氯酸钙

在潮湿的空气里，次氯酸钙跟空气里的二氧化碳和水蒸气反应，生成次氯酸。

$$Ca(ClO)_2 + CO_2 + H_2O \longrightarrow CaCO_3 \downarrow + 2HClO$$

漂粉精、漂白粉可用来漂白植物性纤维，如棉、麻、纸浆等。还可用来杀死微生物，以及对游泳池、污水坑和厕所等进行消毒。

④ 碘的特殊反应。碘除了具有上述卤素的一般性质外，还有一种特殊的化学性质，即跟淀粉的反应。碘遇淀粉溶液呈现特殊的蓝色。碘的这一特性可以用来检验、鉴定碘的存在。

2. 卤素的重要化合物

（1）卤化氢和氢卤酸　卤素和氢的化合物统称为卤化氢。它们的水溶液显酸性，统称为氢卤酸，其中氢氯酸极少使用，俗称盐酸。

纯的氢卤酸都是无色液体，具有挥发性。氢卤酸的酸性按 HF＜HCl＜HBr＜HI 的顺序增强。其中除氢氟酸为弱酸外，其他的氢卤酸都是强酸。氢氟酸虽是弱酸，但它能与 SiO_2 或硅酸盐反应，而其他氢卤酸则不能。

卤化氢及氢卤酸都是有毒的，特别是氢氟酸毒性更大。浓氢氟酸会把皮肤灼伤，且难以治愈。

盐酸是最重要的强酸之一。纯盐酸为无色溶液，有氯化氢的气味。一般浓盐酸的质量分数约为 37%，工业用的盐酸质量分数约为 30%，由于含有杂质而带黄色。

盐酸是重要的化工生产原料，常用来制备金属氯化物、苯胺和染料等产品。盐酸在冶金工业、石油工业、印染工业、皮革工业、食品工业以及轧钢、焊接、电镀、搪瓷、医药等部门也有广泛的应用。

氟化氢和氢氟酸都能与二氧化硅作用，生成挥发性的四氟化硅和水。

$$SiO_2 + 4HF \longrightarrow SiF_4 + 2H_2O$$

二氧化硅是玻璃的主要成分，氢氟酸能腐蚀玻璃。因此，通常用塑料容器来贮存氢氟酸，而不能用玻璃容器贮存。根据氢氟酸的这一特殊性质，可以用它来刻蚀玻璃或溶解各种硅酸盐。

（2）卤素的含氧酸及其盐　氟不形成含氧酸及其盐。氯、溴、碘能形成多种含氧酸及其盐。卤素的含氧化合物中以氯的含氧化合物最为重要。氯能形成次氯酸 HClO、亚氯酸 $HClO_2$、氯酸 $HClO_3$ 和高氯酸 $HClO_4$。

卤素含氧酸及其盐最突出的性质是氧化性。含氧酸的氧化性强于其盐。

次氯酸作氧化剂时，本身被还原为 Cl^-，具有很强的氧化性。当 HClO 见光分解后，产生原子状态的氧，具有强烈的氧化、漂白和杀菌能力。次氯酸盐具有氧化性和漂白作用。

在氯的含氧酸中，亚氯酸很不稳定，很容易分解，它只能存在于稀溶液中。亚氯酸的酸性稍强于次氯酸。

氯酸是强酸，其强度接近于盐酸和硝酸，也是一种强氧化剂，但其氧化性不如 HClO 和 $HClO_2$。

高氯酸是无机酸中最强的酸，具有强氧化性。

三、氧、硫及其化合物

氧是地壳中分布最广的元素。在自然界中氧和硫能以单质存在，由于很多金属在地壳中以氧化物和硫化物的形式存在，故这两种元素称为成矿元素。

1. 氧、臭氧、过氧化氢

O_2 是无色、无臭和无味的气体。常温下在 1L 水中只能溶解 49mL 氧气，这是水中各种生物赖以生存的重要条件。因此，防止水的污染，维持水中正常含氧量，对维持良好的生态环境至关重要。

常温下，氧的性质很不活泼，仅能使一些还原性强的物质，如 NO、$SnCl_2$、KI、H_2SO_3 等氧化，加热条件下，除卤素、少数贵金属（Au、Pt）以及稀有气体，氧几乎能够与所有的元素直接化合成相应的氧化物。

工业上通过液态空气的分离来制取氧气，用电解的方法也可以制得氧气。实验室常利用氯酸钾的热分解制备氧气。

臭氧 O_3 是氧气 O_2 的同素异形体。臭氧在地面附近的大气层中含量极少，而在大气层的最上层，由于太阳对大气中氧气的强烈辐射作用，臭氧含量较多，形成了一层臭氧层。臭氧层能吸收太阳光的紫外辐射，成为保护地球上的生命免受太阳强辐射的天然屏障。对臭氧层的保护已成为全球性的任务。

臭氧分子比氧气易溶于水。液态臭氧与液氧不能互溶。

与氧气相反，臭氧是非常不稳定的，在常温下缓慢分解。纯的臭氧容易爆炸。臭氧的氧化性比 O_2 强。利用臭氧的氧化性以及不容易导致二次污染这一优点，可用臭氧来净化废气和废水。臭氧可用作杀菌剂，用臭氧代替氯气作为饮用水消毒剂，其优点是杀菌快而且消毒后无味。臭氧还是一种高能燃料的氧化剂。

过氧化氢 H_2O_2 俗称双氧水，沸点比水高，能与水以任意比例混溶。

过氧化氢是一种极弱的酸，既有氧化性，又有还原性。H_2O_2 无论是在酸性还是在碱性溶液中都是强氧化剂。例如

$$2I^- + H_2O_2 + 2H^+ \longrightarrow I_2 + 2H_2O$$

$$2[Cr(OH)_4]^- + 3H_2O_2 + 2OH^- \longrightarrow 2CrO_4^{2-} + 8H_2O$$

H_2O_2 的还原性较弱，只有当 H_2O_2 与强氧化剂作用时，才能被氧化而放出 O_2。例如

$$2KMnO_4 + 5H_2O_2 + 3H_2SO_4 \longrightarrow 2MnSO_4 + 5O_2\uparrow + K_2SO_4 + 8H_2O$$

$$H_2O_2 + Cl_2 \longrightarrow 2HCl + O_2\uparrow$$

过氧化氢的主要用途是作为氧化剂使用，其优点是产物为 H_2O，不会给反应系统引入其他杂质。工业上使用 H_2O_2 作漂白剂，医药上用稀 H_2O_2 作为消毒杀菌剂。纯 H_2O_2 可作为火箭燃料的氧化剂。

2. 硫及其化合物

（1）硫　硫在地壳中是一种分布较广的元素。它在自然界以单质硫及化合态硫存在。天然硫化合物包括硫化物和硫酸盐两大类，如黄铁矿 FeS_2、石膏 $CaSO_4 \cdot 2H_2O$ 和芒硝 $Na_2SO_4 \cdot 10H_2O$。

硫的化学性质比较活泼，能与许多金属直接化合生成相应的硫化物，也能与氢、氧、卤素（碘除外）、碳、磷等直接作用生成相应的化合物。硫能与具有氧化性的酸（如硝酸、浓硫酸等）反应，也能溶于热的碱液生成硫化物和亚硫酸盐。

$$3S + 6NaOH \xrightarrow{\triangle} 2Na_2S + Na_2SO_3 + 3H_2O$$

（2）硫化氢和氢硫酸　硫化氢（H_2S）无色，是有臭鸡蛋味的气体，微溶于水，有毒，吸入后引起头痛、恶心、眩晕，严重中毒可致死亡。空气中允许最大浓度为 $0.01mg/L$。

实验室中常用硫化亚铁与稀盐酸反应来制备 H_2S。

$$FeS + 2HCl \longrightarrow FeCl_2 + H_2S\uparrow$$

硫化氢溶于水后形成氢硫酸，氢硫酸是一种二元弱酸。

硫化氢具有还原性，例如：

$$2H_2S + O_2 \longrightarrow 2H_2O + 2S\downarrow$$

$$2Fe^{3+} + H_2S \longrightarrow 2Fe^{2+} + 2H^+ + S\downarrow$$

$$Cl_2 + H_2S \longrightarrow 2HCl + S\downarrow$$

（3）二氧化硫　二氧化硫是酸性氧化物，溶于水后能与水化合而生成亚硫酸（H_2SO_3）。

$$SO_2 + H_2O \rightleftharpoons H_2SO_3$$

亚硫酸不稳定，容易分解生成水和二氧化硫。

$$H_2SO_3 \longrightarrow H_2O + SO_2\uparrow$$

在适当温度并有催化剂存在的条件下，二氧化硫可以被氧气氧化，生成三氧化硫。三氧化硫也可以分解生成二氧化硫和氧气。在此反应中，二氧化硫是还原剂。

$$2SO_2 + O_2 \underset{\text{加热}}{\overset{\text{催化剂}}{\rightleftharpoons}} 2SO_3$$

二氧化硫具有漂白性，能漂白某些有色物质。工业上常用二氧化硫来漂白纸浆、毛、丝、草帽辫等。二氧化硫的漂白作用是由于它能跟某些有色物质化合而生成不稳定的无色物质。这种无色物质容易分解而使有色物质恢复原来的颜色。用二氧化硫漂白过的草帽辫日久渐渐变成黄色，就是这个缘故。

（4）硫酸　硫酸是一种难挥发的强酸，具有酸的通性，易溶于水，能以任意比例与水混溶。浓硫酸溶于水时放出大量的热，稀释浓硫酸时必须在不断搅拌的情况下，将浓硫酸缓慢倒入水中，切勿将水倒入浓硫酸中，以免造成浓硫酸飞溅。

浓硫酸的吸水性、脱水性和氧化性是它的三大特性。浓硫酸能吸收空气中的水分。因此，在实验室中常用浓硫酸来干燥不与它起反应的气体。浓硫酸能按水的组成比脱去纸屑、棉花、锯末等有机物中的氢、氧元素，使这些有机物炭化。浓硫酸对有机物有强烈的腐蚀性，如果皮肤沾上浓硫酸，会引起严重的灼烧。所以，当不慎在皮肤上沾上浓硫酸时，不能先用水冲洗，而要用干布迅速拭去，再用大量水冲洗。

浓硫酸具有氧化性，与铜在加热时能发生反应，放出二氧化硫气体。反应后生成物的水溶液显蓝色，说明铜与浓硫酸反应时被氧化成了 Cu^{2+}。

$$2H_2SO_4(浓)+Cu \xrightarrow{\triangle} CuSO_4+2H_2O+SO_2\uparrow$$

在常温下，浓硫酸与某些金属，如铁、铝等接触时，能使金属表面生成一薄层致密的氧化物薄膜，从而阻止内部的金属继续跟硫酸发生反应（这种现象称为钝化）。因此，冷的浓硫酸可以用铁或铝的容器贮存。但是，在受热的情况下，浓硫酸不仅能够跟铁、铝起反应，还能够跟大多数金属起反应。

（5）硫酸根离子的检验　检验溶液中是否含有 SO_4^{2-} 时常常先用盐酸（或稀硝酸）把溶液酸化，以排除 CO_3^{2-} 等可能造成的干扰，再加入 $BaCl_2$ 或 $Ba(NO)_2$ 溶液，如果有白色沉淀出现，则说明原溶液中有 SO_4^{2-} 存在。

$$SO_4^{2-}+Ba^{2+} \longrightarrow BaSO_4\downarrow$$
$$（白色）$$

四、氮、磷、砷及其化合物

1. 氮及其化合物

（1）氮　氮主要以单质存在于大气中，约占空气体积的 78%。工业上以空气为原料大量生产氮气。除了土壤中含有一些铵盐、硝酸盐外，氮以无机化合物的形式存在于自然界很少。而氮普遍存在于有机体中，是组成动植物蛋白质和核酸的重要元素。

在常温常压下，氮气的化学性质很不活泼，跟大多数物质不起反应。氮气常用来隔离周围空气，保护那些暴露于空气中易被氧化的物质和挥发性易燃烧的液体。农用氮气充填粮仓可达到安全长期保管粮食的目的。液态氮可作为制冷剂。

（2）氨　工业上氨的制备是用氮气和氢气在高温、高压和催化剂存在下合成。

$$N_2 + 3H_2 \rightleftharpoons 2NH_3$$

在实验室常用铵盐和碱共热来制备。

$$(NH_4)_2SO_4 + 2NaOH \longrightarrow 2NH_3\uparrow + Na_2SO_4 + 2H_2O$$

氨分子

氨在常温下是一种无色有刺激性气味的气体，极易溶于水。其水溶液称为氨水，液氨本身也是一种良好的溶剂，氨是碱性物质。

（3）铵盐　铵盐是氨与酸进行化合反应得到的产物，铵盐中均含有 NH_4^+。铵盐一般为无色晶体，是强电解质，易溶于水，加热易分解。

$$NH_4Cl \xrightarrow{\triangle} NH_3\uparrow + HCl\uparrow$$

$$(NH_4)_2SO_4 \xrightarrow{\triangle} NH_3\uparrow + NH_4HSO_4$$

$$2NH_4NO_3 \xrightarrow{\triangle} 2N_2\uparrow + O_2\uparrow + 4H_2O$$

（4）氮的含氧酸及其盐　亚硝酸（HNO_2）很不稳定，仅存在于冷的稀溶液中，是较弱的酸。亚硝酸盐（除 $AgNO_2$ 外）一般易溶于水。亚硝酸盐都有毒性，是无机致癌物质。亚硝酸及其盐既有氧化性又有还原性。

$$2NO_2^- + 2I^- + 4H^+ \longrightarrow 2NO + I_2 + 2H_2O$$

$$2MnO_4^- + 5NO_2^- + 6H^+ \longrightarrow 2Mn^{2+} + 5NO_3^- + 3H_2O$$

硝酸（HNO_3）是重要的无机酸之一，在工农业生产中有极重要的作用。硝酸可通过氨的催化氧化制得。

$$4NH_3 + 5O_2 \xrightarrow[700\sim900℃]{Rt-Rh} 4NO + 6H_2O$$

$$2NO + O_2 \rightleftharpoons 2NO_2$$

$$3NO_2 + H_2O \longrightarrow 2HNO_3 + NO$$

硝酸是无色液体，沸点较低（86℃），易挥发，和水可以任意比例互溶，质量分数 86% 以上的硝酸有发烟现象，受热易分解产生 NO_2 而呈黄色，宜在棕色瓶中避光贮存。

硝酸是强酸，具有强氧化性，且根据酸的浓度不同，氧化性不同。活泼金属同硝酸作用生成一层致密的氧化膜，阻止继续氧化，因此可用铁器盛装。浓硝酸与浓盐酸的混合物（体积比 1:3）称为王水，可溶解 Au、Pt 等贵金属。

$$3Cu + 8HNO_3(稀) \xrightarrow{\triangle} 3Cu(NO_3)_2 + 2NO\uparrow + 4H_2O$$

$$Cu + 4HNO_3(浓) \longrightarrow Cu(NO_3)_2 + 2NO_2\uparrow + 2H_2O$$

硝酸盐一般是硝酸作用于相应金属氧化物而制得，大多数是无色的晶体，易溶于水。硝酸盐分解，因金属离子不同而有差异，规律如下。

活泼金属（金属活动顺序表中 Mg 及其以前的金属）硝酸盐分解产生亚硝酸盐和氧气。

$$2NaNO_3 \longrightarrow 2NaNO_2 + O_2 \uparrow$$

较活泼金属（金属活动顺序表中 Mg 至 Cu 的金属）硝酸盐分解为金属氧化物、二氧化氮、氧气。

$$2Pb(NO_3)_2 \longrightarrow 2PbO + 4NO_2 \uparrow + O_2 \uparrow$$

不活泼的金属（Cu 后的金属）硝酸盐分解为金属单质、二氧化氮、氧气。

$$2AgNO_3 \longrightarrow 2Ag + 2NO_2 \uparrow + O_2 \uparrow$$

2. 磷及其化合物

磷有多种同素异形体，常见的有白磷和红磷。白磷的化学性质活泼，易被氧化，在空气中能自燃，因此必须将其保存在水中。白磷是剧毒物质，0.1g 即可使人致死。红磷无毒，其化学性质比白磷稳定得多，室温下不与 O_2 反应，400℃ 以上才会燃烧。可将白磷在隔绝空气的条件下加热至 400℃ 时制得红磷。

磷酸（H_3PO_4）无挥发性、无氧化性、易溶于水，为三元中强酸。除大量用于生产各种磷肥外，在印刷业作去污剂，有机合成中作催化剂，食品工业用作酸性调味剂，在电镀、塑料工业中也有应用，它还是制备某些医药及磷酸盐的原料。

3. 砷及其化合物

砷的氧化物 As_2O_3，俗称砒霜，是一种剧毒物质。H_3AsO_3 是一种以酸性为主的两性化合物，在溶液中的平衡为

$$3H^+ + AsO_3^{3-} \rightleftharpoons H_3AsO_3 \rightleftharpoons As^{3+} + 3OH^-$$

H_3AsO_3 在中性或微碱性溶液中是强还原剂。

$$AsO_3^{3-} + 3H_2O \rightleftharpoons H_3AsO_3 + 3OH^-$$

五、碳、硅及其化合物

1. 碳及其化合物

自然界单质状态的碳存在于煤、天然金刚石和石墨中，化合物形式的碳存在于石油、天然气、碳酸盐、二氧化碳中，并广泛存在于生物界。

金刚石和石墨是碳的最常见的两种同素异形体。

常温下碳不活泼，但加热时可与氢、氧、硫及若干金属化合，可与酸、碱发生反应。碳在空气中加热时生成 CO_2 并放出大量热，空气不足时生成 CO。

$$C + O_2 \xrightarrow{\triangle} CO_2$$

（1）二氧化碳　二氧化碳是无色、无臭和不助燃的气体，比空气重。二氧化碳在常温下不活泼，遇水可生成弱酸。

$$CO_2 + H_2O \rightleftharpoons H_2CO_3$$

CO_2 可用作冷冻剂、灭火剂，也是生产小苏打、纯碱和肥料碳酸氢铵和尿素的原料，在生产科研中 CO_2 常用作惰性介质。

（2）碳酸及碳酸盐　二氧化碳溶于水形成碳酸。碳酸是二元弱酸。碳酸可形成两种类型的盐：碳酸盐和碳酸氢盐。碱金属（锂除外）和铵的碳酸盐易溶于水，其他金属的碳酸盐难溶于水。

碳酸盐热稳定性较差，高温时分解。

$$CaCO_3 \xrightarrow{\triangle} CaO + CO_2 \uparrow$$

$$2NaHCO_3 \xrightarrow{150℃} Na_2CO_3 + CO_2 \uparrow + H_2O$$

2. 硅及其化合物

（1）硅　硅在地壳中含量仅次于氧，分布很广，主要以二氧化硅和硅酸盐形态存在。高纯的单晶硅是重要的半导体材料。

硅在常温下不活泼（与 F_2 的反应除外）。高温下硅的反应活性增强，它与氧反应生成 SiO_2；与卤素、N、C、S 等非金属作用，生成相应的化合物。硅能与 NaOH、氟和强氧化剂反应生成相应的化合物 Na_2SiO_3、SiF_4 和 SiO_2。

$$Si + 2NaOH + H_2O \xrightarrow{\triangle} Na_2SiO_3 + 2H_2 \uparrow$$

$$Si + 2F_2（气体）\longrightarrow SiF_4 \uparrow$$

$$3Si + 2Cr_2O_7^{2-} + 16H^+ \longrightarrow 3SiO_2 \downarrow + 4Cr^{3+} + 8H_2O$$

硅不溶于盐酸、硫酸、硝酸和王水，但可与氢氟酸缓慢作用。

（2）硅的含氧化物　硅的正常氧化物是二氧化硅 SiO_2。SiO_2 的化学性质很不活泼，氢氟酸是唯一可以使其溶解的酸，形成四氟化硅或氟硅酸。

$$SiO_2 + 4HF \longrightarrow SiF_4 + 2H_2O$$

$$SiF_4 + 2HF \longrightarrow H_2[SiF_6]$$

SiO_2 不溶于水，但与碱共熔转化为硅酸盐。

$$SiO_2 + 2NaOH \longrightarrow Na_2SiO_3 + H_2O$$

与 Na_2CO_3 共熔也得到硅酸盐。

$$SiO_2 + Na_2CO_3 \longrightarrow Na_2SiO_3 + CO_2 \uparrow$$

（3）硅酸　可溶性硅酸盐与酸作用生成硅酸。

$$SiO_3^{2-} + 2H^+ \longrightarrow H_2SiO_3$$

硅组成的酸不溶于水，有多种组成，习惯上把 H_2SiO_3 称为硅酸。硅酸是二元弱酸，其酸性比碳酸弱得多。

思考与练习

一、选择题

1. 下列物质中，同时含有氯分子、氯离子的物质是（   ）。

    A. 氯水   B. 液氯   C. 次氯酸   D. 次氯酸钙

2. 下列说法中，不正确的是（   ）。

    A. 硫既可作为氧化剂，也可作为还原剂

    B. 三氧化硫只有氧化性，二氧化硫只有还原性

    C. 可用铁罐贮运冷的浓硫酸

    D. 稀硫酸不与铁反应

3. 要得到相同质量的 $Cu(NO_3)_2$，下列反应消耗 HNO_3 的物质的量最大的是（   ）。

    A. 铜和浓硝酸反应   B. 铜和稀硝酸反应

    C. 氧化铜和硝酸反应   D. 氢氧化铜和硝酸反应

4. 使已变暗的古油画恢复原来的白色，使用的方法为（   ）。

    A. 用稀 H_2O_2 水溶液擦洗   B. 用清水小心擦洗

    C. 用钛白粉细心涂描   D. 用 SO_2 漂白

5. 下列含氧酸中，三元酸是（   ）。

    A. H_3PO_4 B. H_2CO_3 C. H_2SO_4 D. HCl

6. 下列关于 Cl、Br、I 性质的比较，不正确的是（   ）。

    A. 它们的核外电子层数依次增多

    B. 被其他卤素单质从卤化物中置换出来的可能性依次增强

    C. 它们的氢化物的稳定性依次增强

    D. 它们的单质的颜色依次加深

7. 在下列单质中，属于半导体的是（   ）。

    A. O_2 B. S   C. Se   D. Ti

8. 下列气体中，既能用浓硫酸干燥，又能用氢氧化钠干燥的是（   ）。

    A. H_2S B. N_2 C. SO_2 D. NH_3

9. 在某溶液中先滴加稀硝酸，再滴加氯化钡溶液，有白色沉淀产生，该溶液中（   ）。

    A. 一定含有 SO_4^{2-} B. 一定含有 Ag^+

    C. 一定含有 Ag^+ 和 SO_4^{2-} D. 可能含有 Ag^+ 和 SO_4^{2-}

10. 下列气体中，不会造成空气污染的是（   ）。

    A. N_2 B. NO   C. NO_2 D. CO

11. 硝酸应避光保存是因为它具有（   ）。

    A. 强酸性   B. 强氧化性   C. 挥发性   D. 不稳定性

12. 将 H_2O_2 加到 H_2SO_4 酸化的 $KMnO_4$ 溶液中，放出氧气，H_2O_2 的作用是（   ）。

    A. 氧化 $KMnO_4$ B. 氧化 H_2SO_4

    C. 还原 $KMnO_4$ D. 还原 H_2SO_4

13. 在照相业中，$Na_2S_2O_3$ 常用作定影液，$Na_2S_2O_3$ 的作用是（　　　）。

    A. 氧化剂　　B. 还原剂　　　　C. 配位剂　　　　　　D. 漂白剂

14. 下列物质中，能使淀粉碘化钾溶液变蓝的是（　　　）。

    A. 溴水　　　B. 碘水　　　　　C. KBr　　　　　　　D. KI

二、判断题

1. 氯气不能使干燥的有色布条褪色，液氯能使干燥的有色布条褪色。　　　　　　　（　　　）

2. H_2SO_3 与 H_2O_2 两物质能够共存。　　　　　　　　　　　　　　　　　　（　　　）

3. 实验室内不能长久保存 H_2S、Na_2S 和 Na_2SO_3 溶液。　　　　　　　　　（　　　）

4. 将氯气通入 KI 溶液中，呈黄色或棕色后，再继续通入氯气可使溶液至无色。（　　　）

5. HNO_3 在放置过程中会分解：$4HNO_3 \longrightarrow 2H_2O + 4NO_2\uparrow + O_2\uparrow$。　（　　　）

6. SO_2 和 Cl_2 的漂白机理不相同。　　　　　　　　　　　　　　　　　　　（　　　）

7. 能用氢氟酸清除钢件的沙粒，即可发生：$4HF + SiO_2 \longrightarrow SiF_4\uparrow + 2H_2O$。（　　　）

8. 干燥 H_2S 气体，通常选用 NaOH 作干燥剂。　　　　　　　　　　　　　　（　　　）

9. 黄磷有剧毒，如不慎将黄磷沾到皮肤上可以用 $CuSO_4$ 溶液冲洗。　　　　　（　　　）

10. 王水的强氧化性来自 HCl 与 HNO_3 作用生成物（Cl_2 等）的氧化性。　　（　　　）

三、按要求回答问题

1. 一艘专门装运浓 H_2SO_4 的铁贮罐船，常年使用难免有酸的滴漏，工人往往用水冲洗。一次船体检修，把酸罐吊起，对被腐蚀的铁板进行切割、焊接，刚一点火，立即发生爆炸，为什么？

2. I_2 难溶于纯水，却易溶于 KI 溶液，为什么？

3. 润湿的 KI-淀粉试纸遇到 Cl_2 显紫色，但该试纸继续与 Cl_2 接触，蓝紫色又会褪去，用相关的反应式解释上述现象。

4. 用漂白粉漂白物件时，常这样操作：①将物件放入漂白粉溶液，然后取出暴露在空气中；②将物件浸在盐酸中；③将物件浸入大苏打溶液，取出放在空气中干燥。试说明每一步的作用，并写出相应的反应方程式。

*四、写出下列反应方程式

1. $Al^{3+} + NH_3 \cdot H_2O(过量) \longrightarrow$

2. $Sn^{2+} + I_2 \longrightarrow$

3. $Cr_2O_7^{2-} + H_2O_2 + H^+ \longrightarrow$

4. $MnO_4^- + H_2O_2 + H^+ \longrightarrow$

5. $KClO_3 \xrightarrow[\triangle]{MnO_2}$

6. $Cu + HNO_3(浓) \longrightarrow$

7. $Cu + HNO_3(稀) \longrightarrow$

8. 二氧化碳通入硅酸钠溶液

9. $I_2 + Cl_2 + H_2O \longrightarrow$

10. $CS_2 + Cl_2 \longrightarrow$

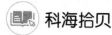 **科海拾贝**

氟的自述

我的名字叫氟，最外层有 7 个电子，还有氯、溴、碘跟我相似。他们都是我家族的成员，人们把我们的大家族叫卤族。在我们的大家族内，我是老弟。

在元素周期表中，我的大家族位于周期表的右边，是第七主族，属于非金属类，在我的家族里，我最活泼，所以我能够把哥哥、姐姐们从他们的化合物里置换出来。

最早利用我的是 1671 年德国的一位艺术家斯万哈德，他发现我的化合物——萤石（CaF_2）跟硫酸反应制得的溶液能刻画玻璃。

化学家们在 19 世纪初就发现了我，把我确认为是一个元素。但我的单质状态一直到 19 世纪 80 年代才被分离出来。最早把我分离成化合态的是 1764 年的德国化学家马格拉夫，游离态是法国化学家莫瓦桑提制的。前者是让萤石和硫酸反应，这比较容易，但游离态就不容易制取了。后来莫瓦桑吸收前人的经验，他把化合物氟氢化钾（KHF_2）溶解在无水氢氟酸中，作为电解质进行电解。连续工作了两年，终于在 1886 年 6 月 26 日使我成功地诞生在这个世界上。

我在常温下为淡黄绿色的气体。我很调皮，到处惹祸，所以哥哥、姐姐们不让我单独存在，总是让另外一个来管住我，我的个性特别强，动不动就和别人打架。我最喜欢和氢一起玩，一见面就形成了形影不离的朋友。我和氢老弟在空气中形成白雾，溶于水叫做氢氟酸。可是我俩在一起也到处惹事，能把人们种的各种植物变得枯黄。

我在自然界中是广泛分布的元素之一，在卤族中仅次于氯，自从人们认识我的真面目后，广泛地利用我。我和氢的化合物可以用来制造塑料、橡胶、药品，用于制造氟化钠等氟化物，而氟化钠又是一种用来杀灭地下害虫的农药，还可以提炼铀。随着科学的发展，人类的进步，人们对我的认识也进一步加深。

第三节　金属元素及其化合物

一、金属元素概述

在人类已经发现的一百多种元素里，大约有 4/5 是金属元素。在元素周期表里，金属元素位于每个周期的前部。

金属在自然界里分布很广，无论在矿物、动植物中，还是在自然界水域中，都可以发现金属元素的存在。各种金属的活泼性相差很大，在自然界中存在形式各异，但也有不少共性。例如，大多数金属具有金属光泽，有一定的导电性、导热性，有不同程度的延展性和机械强度，都易失去最外层电子形成金属正离子。活泼金属是强还原剂。

在自然界中，金属元素绝大多数以化合态形式存在于各种矿石中，只有少数金属以游离态存在。

提取金属单质，常采用还原法，由于金属的化学活泼性不同，采用的还原剂及还原手段也不同，常见的有三种还原方法：热分解法、热还原法和电解法。

$$HgS+O_2 \xrightarrow{\triangle} Hg+SO_2$$

$$2Ag_2O \xrightarrow{\triangle} 4Ag+O_2\uparrow$$

$$MgO+C \xrightarrow{4000℃} Mg+CO\uparrow$$

$$2NaCl \xrightarrow{电解} 2Na+Cl_2\uparrow$$

$$2Al_2O_3 \xrightarrow{电解} 4Al+3O_2\uparrow$$

二、钠、钾及其化合物

1. 钠和钾

由于化学性质活泼，钠、钾在自然界中不可能以单质存在。钠和钾的丰度较高，其主要来源为岩盐（NaCl）、海水、天然氯化钾、光卤石（$KCl \cdot MgCl_2 \cdot 6H_2O$）等。

钠和钾位于元素周期表的ⅠA族，钠和钾的氢氧化物是典型的"碱"。钠和钾都是具有金属光泽的银白色金属，它们的物理性质的主要特点是轻、软、低熔点。钠、钾的密度都小于 $1g/cm^3$，能浮在水面上，都是轻金属，硬度很小，可以用刀子切割，它们的熔点、沸点都较低。

钾钠合金可作为核反应中的热交换介质。将碱金属的真空光电管安装在宾馆或会堂的自动开关的门上，当光照射时，由光电效应产生电流，通过一定装置使门关上。当人走到自动门附近时，遮住了光，光电效应消失，电路断开，门就会自动打开。

钠和钾是活泼的金属元素，具有很高的反应活性，在常温下就迅速同空气、水等反应，因此需将它们储存在煤油中。钠和钾与水剧烈作用产生氢气并放出热。

$$2Na + 2H_2O \longrightarrow 2NaOH + H_2 \uparrow$$
$$2K + 2H_2O \longrightarrow 2KOH + H_2 \uparrow$$

钠和钾有很强的还原性，工业上采用热还原法，在 850℃ 以上用金属钠还原氯化钾得到金属钾。

$$Na(气体) + KCl(液体) \rightleftharpoons NaCl(液体) + K(气体)$$

由于钾的沸点比钠的沸点低，钾比钠更容易气化。随着钾蒸气的不断逸出，平衡不断向右移动，可以得到含少量钠的金属钾，再经过蒸馏可得到纯度为 99%～99.99% 的钾。

2. 钠、钾的氧化物

钠和钾在过量空气中燃烧，可以生成三种类型氧化物：氧化物 Na_2O、K_2O；过氧化物 Na_2O_2、K_2O_2；超氧化物 NaO_2、KO_2。

Na_2O_2 最有实用意义。Na_2O_2 是黄色粉末，它与水或稀酸作用生成 H_2O_2，且 H_2O_2 进而分解产生 O_2。

$$Na_2O_2 + 2H_2O \longrightarrow H_2O_2 + 2NaOH$$
$$Na_2O_2 + H_2SO_4(稀) \longrightarrow H_2O_2 + Na_2SO_4$$
$$2H_2O_2 \longrightarrow O_2 \uparrow + 2H_2O$$

在潮湿的空气中，Na_2O_2 吸收 CO_2 放出 O_2。

$$2Na_2O_2 + 2CO_2 \longrightarrow 2Na_2CO_3 + O_2 \uparrow$$

金属钠、金属钾
与水的反应

故 Na_2O_2 可广泛用作氧气发生剂和漂白剂，也可作为高空飞行和潜水时的供氧剂。

超氧化钾（KO_2）是很强的氧化剂，与 H_2O 或 CO_2 反应能生成 O_2。

$$2KO_2 + 2H_2O \longrightarrow H_2O_2 + 2KOH + O_2 \uparrow$$
$$4KO_2 + 2CO_2 \longrightarrow 2K_2CO_3 + 3O_2 \uparrow$$

因此 KO_2 是很好的供氧剂，常用于急救。

3. 钠、钾的氢氧化物

NaOH 和 KOH 都是白色固体，在空气中吸水潮解，所以固体 NaOH 是常用的干燥剂。NaOH 和 KOH 对纤维和皮肤有强烈的腐蚀作用，故称为苛性碱。熔融的苛性碱会侵蚀玻璃和瓷器。NaOH 和 KOH 不仅能在溶液中和酸进行反应生成水和盐，而且也能和气态的酸性物质反应，例如常用 NaOH 除去气体中的 CO_2、SO_2、NO_2、H_2S 等。

NaOH 还与非金属硼和硅反应。

$$2B + 2OH^- + 2H_2O \longrightarrow 2BO_2^- + 3H_2 \uparrow$$
$$Si + 2OH^- + H_2O \longrightarrow SiO_3^{2-} + 2H_2 \uparrow$$

4. 碳酸钠和碳酸氢钠

碳酸钠（Na_2CO_3）俗名纯碱或苏打，是白色粉末。碳酸钠晶体含结晶水，化学式 $Na_2CO_3 \cdot 10H_2O$。在空气里碳酸钠晶体很容易失去结晶水渐渐变成粉末。失水后的碳酸钠叫做无水碳酸钠。

碳酸氢钠（Na_2HCO_3）俗称小苏打，是一种细小的白色晶体。碳酸钠比碳酸氢钠容易溶解于水。

碳酸钠和碳酸氢钠都能与盐酸反应放出二氧化碳。

$$Na_2CO_3 + 2HCl \longrightarrow 2NaCl + H_2O + CO_2 \uparrow$$

$$NaHCO_3 + HCl \longrightarrow NaCl + H_2O + CO_2 \uparrow$$

碳酸钠很稳定，而碳酸氢钠却不太稳定，受热容易分解。

$$2Na_2HCO_3 \overset{\triangle}{\longrightarrow} Na_2CO_3 + H_2O + CO_2 \uparrow$$

碳酸钠是化学工业的重要产品之一，有很多用途。它广泛地用于玻璃、制皂、造纸、纺织等工业中，也可用来制造钠的其他化合物。碳酸氢钠是焙制糕点所用的发酵粉的主要成分之一。在医疗上，它是治疗胃酸过多症的一种药剂。

5. 焰色反应

在日常生活中可发现，当把少量食盐或盐水置于炉火上时，火焰会呈黄色。事实上，很多金属，如锂、钾、钙、锶、钡、铜等以及它们的化合物在被灼烧时，都会使火焰呈现特殊的颜色，这在化学上叫做焰色反应。

节日夜晚燃放的五彩缤纷的焰火中，就含有某些金属或它们的化合物。燃放时，各种金属的焰色反应使得夜空呈现出各种鲜艳的色彩，构成美丽的图案。

三、镁、钙、钡及其化合物

1. 镁、钙、钡

镁（Mg）、钙（Ca）、钡（Ba）是元素周期表中ⅡA族的元素，容易失去外层的电子而显强金属性，化学性质活泼，在自然界中不可能以单质存在，通常这些元素以难溶的碳酸盐存在，例如白云石（$CaCO_3 \cdot MgCO_3$）、菱镁矿（$MgCO_3$）、方解石（$CaCO_3$）、石膏（$CaSO_4 \cdot 2H_2O$）和重晶石（$BaSO_4$）等。镁、钙、钡具有金属光泽，有良好的导电性，其密度、熔点和沸点较钠和钾高。

镁、钙、钡的单质是活泼的金属，它们都能与大多数非金属反应，如它们极易在空气中燃烧，如与卤素、硫、磷、氮和氢等直接作用形成相应的化合物。镁和钙常作为还原剂。例如

$$2Mg + CO_2 \overset{点燃}{\longrightarrow} 2MgO + C$$

钙、钡同水反应生成氢氧化物和放出氢气。

$$Ca + 2H_2O \longrightarrow Ca(OH)_2 + H_2 \uparrow$$
$$Ba + 2H_2O \longrightarrow Ba(OH)_2 + H_2 \uparrow$$

钙、钡同水反应比较平稳，镁的表面可以形成致密的氧化物保护膜，常温下它对水是稳定的，在热水中可以缓慢地发生反应。

钙、钡都可溶于液氨中生成蓝色的还原性强的导电溶液。

镁可以通过电解法和硅热还原法进行工业生产，钙、钡可以用其氯化物进行熔盐电解制得。

2. 镁、钙、钡的化合物

镁、钙、钡与氧能形成氧化物（M_2O）、过氧化物（M_2O_2）、超氧化物（MO_4）。

镁、钙、钡的氢氧化物都是白色固体，在空气中易吸水潮解，故固体 $Ca(OH)_2$ 常用作干燥剂。氢氧化镁、氢氧化钙为中强碱，氢氧化钡为强碱。它们中较重要的是氢氧化钙。$Ca(OH)_2$ 俗称熟石灰或消石灰，它可由 CaO 与水反应制得。

$$CaO + H_2O \longrightarrow Ca(OH)_2$$

镁、钙、钡的盐普遍溶解度小，而且不少是难溶的，例如，镁、钙、钡的氟化物、碳酸盐、磷酸盐以及铬酸盐等都是难溶盐。钙盐中以 CaC_2O_4 的溶解度为最小，因此常用生成白色的 CaC_2O_4 的沉淀反应来鉴定 Ca^{2+}。镁、钙、钡的硝酸盐、氯酸盐、高氯酸盐等均易溶。镁、钙、钡的硫酸盐、铬酸盐的溶解度差别较大，$BaSO_4$ 和 $BaCrO_4$ 是难溶的，$BaSO_4$ 甚至不溶于酸，因此可以用 Ba^{2+} 来鉴定 SO_4^{2-}。

硫酸镁 $MgSO_4 \cdot 7H_2O$ 为白色晶体，受热脱水，随温度分步进行。

$$MgSO_4 \cdot 7H_2O \xrightarrow{77℃} MgSO_4 \cdot H_2O \xrightarrow{247℃} MgSO_4$$

硫酸镁易溶于水，微溶于乙醇，用于造纸、纺织、陶瓷和油漆工业等。

二水硫酸钙 $CaSO_4 \cdot 2H_2O$ 俗称生石膏，受热脱水过程如下。

$$CaSO_4 \cdot 2H_2O \xrightarrow{120℃} CaSO_4 \cdot \frac{1}{2}H_2O \xrightarrow{>400℃} CaSO_4$$

熟石膏 $CaSO_4 \cdot \frac{1}{2}H_2O$ 可用于制造模型、塑像、粉笔和石膏绷带等。

硫酸钡 $BaSO_4$ 俗称重晶石，是制备其他钡类化合物的原料。$BaSO_4$ 是唯一无毒钡盐，由于它不溶于胃酸，不会使人中毒，同时它能强烈吸收 X 射线，可在医学上用于胃肠 X 射线透视造影。重晶石也可作白色涂料，在橡胶、造纸工业中作白色填料。

四、铝、铜、银、锌、汞及其化合物

1. 铝及其化合物

铝是地壳中分布最广的白色轻金属元素，在空气中由于表面形成很薄的氧化物膜而失去光泽。纯金属铝质轻、强度低，具有很好的导电性。

铝是比较活泼的金属，具有较强的还原性，它能与非金属、酸等物质起反应，铝还可以与强碱溶液发生化学反应。

$$4Al+3O_2 \xrightarrow{\text{点燃}} 2Al_2O_3$$

$$2Al+6H^+ \longrightarrow 2Al^{3+}+3H_2 \uparrow$$

$$\underset{\text{偏铝酸钠}}{2Al+2NaOH+2H_2O \longrightarrow 2NaAlO_2+3H_2 \uparrow}$$

常温下，在浓硫酸或浓硝酸里，铝的表面被钝化，生成坚固的氧化膜，可以阻止反应的继续进行。因此，可以用铝制的容器装运浓硫酸或浓硝酸。

铝能将大多数金属氧化物还原为单质。当灼烧某些金属的氧化物和铝粉的混合物时，便发生铝还原金属氧化物的剧烈反应，得到相应的金属单质，并放出大量的热。例如

$$2Al+Fe_2O_3 \longrightarrow 2Fe+Al_2O_3$$

此反应称为铝热反应，可以应用在生产上，如用于焊接钢轨等。

氧化铝是一种白色难熔的物质，是冶炼金属铝的原料，也是一种比较好的耐火材料。氧化铝既能溶于酸，又能溶于碱溶液，是典型的两性氧化物。

$$Al_2O_3+6HCl \longrightarrow 2AlCl_3+3H_2O$$

$$Al_2O_3+2NaOH \longrightarrow 2NaAlO_2+H_2O$$

氢氧化铝是几乎不溶于水的白色胶状物质。它能凝聚水中悬浮物，又有吸附色素的性能。氢氧化铝在酸或强碱的溶液里都能溶解。

$$Al(OH)_3+3HCl \longrightarrow AlCl_3+3H_2O$$

$$Al(OH)_3+NaOH \longrightarrow NaAlO_2+2H_2O$$

硫酸铝钾 $[KAl(SO_4)_2]$ 是两种不同的金属离子和一种酸根组成的化合物，它电离时能产生两种金属阳离子。

$$KAl(SO_4)_2 \longrightarrow K^++Al^{3+}+2SO_4^{2-}$$

十二水合硫酸铝钾 $[KAl(SO_4)_2 \cdot 12H_2O]$ 的俗名是明矾。明矾水解产生的胶状的 $Al(OH)_3$ 吸附能力强，可以吸附水里的杂质，并形成沉淀，使水澄清。所以明矾常用作净水剂。

2. 铜、银及其化合物

在常温下，铜、银都是晶体，它们的硬度较小，熔、沸点较高，它们的延展

性、导电性和导热性都很好。在所有金属中，银的导电性最强，铜其次。铜、银、金也叫货金属，用于制造货币和装饰品。

铜、银的化学性质活泼性较差，室温下看不出它们与氧或水作用。银表面具有极强的反光和杀菌能力，银与含有 H_2S 的空气接触时，表面因蒙上一层 Ag_2S 而发暗，这是银币和银首饰变暗的原因。在含有 CO_2 的潮湿空气中，铜的表面会逐渐蒙上绿色的铜锈 $[Cu_2(OH)_2CO_3]$，银在潮湿的空气中不发生变化。在加热的情况下，只有铜与氧化合生成黑色的氧化铜 CuO。铜、银即使在高温下也不与氢、氮或碳作用。

由于铜、银的活动顺序位于氢之后，它们不能从稀酸中置换出氢气。铜、银能溶于硝酸中，也能溶于热的硫酸中。

$$Cu+4HNO_3(浓) \longrightarrow Cu(NO_3)_2+2NO_2\uparrow+2H_2O$$

$$3Cu+8HNO_3(稀) \longrightarrow 3Cu(NO_3)_2+2NO\uparrow+4H_2O$$

$$Cu+2H_2SO_4(浓) \xrightarrow{\triangle} CuSO_4+SO_2\uparrow+2H_2O$$

铜通常有 1 价和 2 价的化合物，以 2 价化合物为常见。一般来说，在固态时，1 价化合物比 2 价化合物稳定。但在水溶液中，Cu^+ 容易被氧化为 Cu^{2+}，即水溶液中 Cu^{2+} 的化合物是稳定的，品种多。

加热分解硝酸铜或碳酸铜可得黑色的 CuO。它不溶于水，但可溶于酸。CuO 的热稳定性很高，加热到 1000℃ 才开始分解为暗红色的 Cu_2O。

$$4CuO \xrightarrow{1000℃} 2Cu_2O+O_2\uparrow$$

加强碱于铜盐溶液中，可析出浅蓝色 $Cu(OH)_2$ 沉淀，$Cu(OH)_2$ 受热易脱水变成黑色的 CuO。

$$Cu^{2+}+2OH^- \longrightarrow Cu(OH)_2\downarrow$$

$$Cu(OH)_2 \xrightarrow{\triangle} CuO+H_2O$$

$Cu(OH)_2$ 显微弱的两性，易溶于酸；也能溶于浓的强碱。

用热的浓硫酸溶解铜屑，经蒸发浓缩而制得的蓝色晶体 $CuSO_4 \cdot 5H_2O$，俗称胆矾。无水 $CuSO_4$ 为白色粉末，易溶于水，吸水性强，吸水后显示特征的蓝色。通常利用这一性质检验乙醇或乙醚中是否含水，并可借此除去微量水。

在银的化合物中，除 $AgNO_3$、AgF、$AgClO_4$ 易溶，Ag_2SO_4 微溶外，其他银盐大都难溶于水。这是银盐的一个重要特点。

$AgNO_3$ 是最重要的可溶性银盐，可由单质与硝酸作用制得。

$$Ag+2HNO_3(浓) \longrightarrow AgNO_3+NO_2\uparrow+H_2O$$

$$3Ag+4HNO_3(稀) \longrightarrow 3AgNO_3+NO\uparrow+2H_2O$$

固体 $AgNO_3$ 受热分解。

$$2AgNO_3 \longrightarrow 2Ag + 2NO_2 \uparrow + O_2 \uparrow$$

如果见光，$AgNO_3$ 也会按上式分解，故应将其保存在棕色玻璃瓶中。

$AgNO_3$ 具有氧化性，在水溶液中可被 Cu、Zn 等金属还原为单质。遇微量有机物也即刻被还原为单质，皮肤或衣服上沾上 $AgNO_3$ 会逐渐变成紫黑色。它有一定的杀菌能力，对人体有腐蚀作用。

$AgNO_3$ 主要用于制造照相底片上的卤化银，它也是一种重要的分析试剂。医药上常用它作消毒剂和腐蚀剂。

卤化银中只有 AgF 易溶于水，其余的卤化银均难溶于水。硝酸银与可溶性卤化物反应，生成不同的卤化银沉淀。

$$AgNO_3 + NaCl \longrightarrow AgCl \downarrow + NaNO_3$$
$$(白色)$$
$$AgNO_3 + NaBr \longrightarrow AgBr \downarrow + NaNO_3$$
$$(浅黄色)$$
$$AgNO_3 + NaI \longrightarrow AgI \downarrow + NaNO_3$$
$$(黄色)$$

卤化银有感光性，见光立即分解。

$$2AgX \xrightarrow{日光} 2Ag + X_2$$

所以卤化银可用作照相底片上的感光物质，也可将易于感光变色的卤化银加进玻璃以制造有色眼镜。

3. 锌、汞及其化合物

锌、汞都是银白色金属，锌相当软，汞是常温下唯一的液体金属。汞的密度大（$13.546g/cm^3$），蒸气压又低，可以用来制造压力计。锌、镉、铜、银、金、钠、钾等金属易溶于汞中形成合金，称为汞齐。汞齐中的其他金属仍保留着这些金属原有的性质。

一般来说，锌、汞在干燥的空气中都是稳定的。在有 CO_2 存在的潮湿空气中，锌的表面常生成一层薄膜，能保护锌不被继续氧化。将锌在空气中加热到足够高的温度时能燃烧起来，产生蓝色的火焰，生成 ZnO。工业上常用燃烧锌的方法来制 ZnO。在空气中加热汞时能生成 HgO（红色）。当温度超过 400℃时，HgO 又分解为 Hg 和 O_2。汞与硫粉混合不必加热就容易生成 HgS。锌与硫粉在加热时才生成硫化物。在室温下，汞的蒸气与碘的蒸气相遇时，能生成 HgI_2，因此可以把碘升华为气体，以除去空气中的汞蒸气。

锌与铝相似，具有两性，既可溶于酸，也可溶于碱。

$$Zn + 2H^+ \longrightarrow Zn^{2+} + H_2 \uparrow$$

$$Zn + 2OH^- + 2H_2O \longrightarrow Zn(OH)_4^{2-} + H_2 \uparrow$$

锌与氧直接化合得到白色粉末状 ZnO，俗称锌白。ZnO 显两性，微溶于水，溶于酸、碱。

ZnO 大量用作橡胶填料及油漆颜料，医药上用它制软膏、锌糊、橡皮膏等，对皮肤创伤能起止血收敛作用。

在锌盐溶液中加入适量的碱可析出 $Zn(OH)_2$ 沉淀，$Zn(OH)_2$ 也显两性，溶于酸、碱。

$$Zn(OH)_2 + 2H^+ \longrightarrow Zn^{2+} + 2H_2O$$

$$Zn(OH)_2 + 2OH^- \longrightarrow Zn(OH)_4^{2-}$$

在 $ZnSO_4$ 溶液中加入 BaS 时，生成 ZnS 和 $BaSO_4$ 的混合沉淀物。

$$Zn^{2+} + SO_4^{2-} + Ba^{2+} + S^{2-} \longrightarrow ZnS \cdot BaSO_4 \downarrow$$

此沉淀叫做锌钡白，俗称立德粉，是一种较好的白色颜料，没有毒性，在空气中比较稳定。

汞的化合物中无论是 1 价还是 2 价化合物难溶于水的较多，易溶于水的汞化合物都是有毒的。

氧化汞有黄色和红色两种变体，分别可由湿法和干法制得。

$$Hg^{2+} + 2OH^- \longrightarrow HgO \downarrow + H_2O$$
（黄色）

$$2Hg(NO_3)_2 \xrightarrow{300\sim330℃} 2HgO + 4NO_2 \uparrow + O_2 \uparrow$$
（红色）

黄色的氧化汞受热即变成红色的氧化汞。它们都不溶于水，也不溶于碱。氧化汞有毒。500℃时 HgO 分解为金属汞和氧气。

$$2HgO \xrightarrow{\triangle} 2Hg + O_2 \uparrow$$

氯化汞是在过量的氯气中加热金属汞而制得。

$$Hg + Cl_2 \xrightarrow{\triangle} HgCl_2$$

在酸性溶液中，$HgCl_2$ 是较强的氧化剂，与适量 $SnCl_2$ 作用，$HgCl_2$ 被还原为白色的 Hg_2Cl_2；$SnCl_2$ 过量时，则析出黑色的金属汞：

$$2HgCl_2 + Sn^{2+} + 4Cl^- \longrightarrow Hg_2Cl_2 \downarrow + [SnCl_6]^{2-}$$
（白色）

$$Hg_2Cl_2 + Sn^{2+} + 4Cl^- \longrightarrow 2Hg \downarrow + [SnCl_6]^{2-}$$
（黑色）

氯化亚汞可由金属汞和固体 $HgCl_2$ 研磨而得。

$$HgCl_2 + Hg \longrightarrow Hg_2Cl_2$$

Hg_2Cl_2 见光分解（上式的逆过程），故应保存在棕色瓶中。

Hg_2Cl_2 在化学上常用于制作甘汞电极，在医药上常用作轻泻剂。

硝酸汞 $Hg(NO_3)_2$ 和硝酸亚汞 $Hg_2(NO_3)_2$ 均易溶于水。$Hg(NO_3)_2$ 可用 HgO 或 Hg 与硝酸作用制取。

$$HgO+2HNO_3 \longrightarrow Hg(NO_3)_2+H_2O$$

$$Hg+4HNO_3(浓) \longrightarrow Hg(NO_3)_2+2NO_2+2H_2O$$

$Hg(NO_3)_2$ 与 Hg 作用可制取 $Hg_2(NO_3)_2$。

$$Hg(NO_3)_2+Hg \longrightarrow Hg_2(NO_3)_2$$

五、铬、锰、铁、锡、铅及其化合物

1. 铬及其化合物

铬（Cr）是长周期表ⅥB族的第一个元素，在自然界中主要以铬铁矿形式存在。铬具有银白色光泽，熔点高。在所有金属中，铬的硬度最大。由于铬具有高硬度、耐磨、耐腐蚀等优良性能，用于制合金钢、不锈钢（含 Cr12%～18%）以及金属制品的电镀层。

铬在空气或水中十分稳定，这是由于金属表面生成一层致密的氧化膜。铬可溶于稀的非氧化性酸中，而在 $HgNO_3$ 中钝化。铬溶于盐酸，先呈现蓝色（Cr^{2+}），随即被空气氧化，呈现绿色（Cr^{3+}）。

$$Cr+2HCl \longrightarrow CrCl_2+H_2\uparrow$$

$$4CrCl_2+O_2+4HCl \longrightarrow 4CrCl_3+2H_2O$$

Cr_2O_3 是冶炼铬的原料，也是一种绿色颜料，广泛用于陶瓷、玻璃制品的着色。

通过加热分解铬酸铵可制得绿色的三氧化二铬。

$$(NH_4)_2Cr_2O_7 \longrightarrow Cr_2O_3+N_2\uparrow+4H_2O$$

Cr_2O_3 具有两性，既能溶于酸，也能溶于强碱。

$$Cr_2O_3+3H_2SO_4 \longrightarrow Cr_2(SO_4)_3+3H_2O$$
$$\text{（紫色）}$$

$$Cr_2O_3+2NaOH+3H_2O \longrightarrow 2Na[Cr(OH)_4]$$

铬（6价）盐有铬酸盐和重铬酸盐两类化合物。铬酸根（CrO_4^{2-}）呈黄色，重铬酸根（$Cr_2O_7^{2-}$）呈橙红色。

向铬酸盐溶液中加入酸，溶液由黄色变为橙红色，而向重铬酸盐溶液中加入碱，溶液由橙红色变为黄色。这表明在铬酸盐或重铬酸盐溶液中存在如下平衡。

$$2CrO_4^{2-}+2H^+ \underset{OH^-}{\overset{H^+}{\rightleftharpoons}} Cr_2O_7^{2-}+H_2O$$
$$\text{（黄色）} \qquad\qquad \text{（橙红色）}$$

实验证明，当 pH＝11 时，6 价 Cr 几乎 100％ 以 CrO_4^{2-} 形式存在；而当 pH＝1.2 时，其几乎 100％ 以 $Cr_2O_7^{2-}$ 形式存在。

重铬酸盐大都易溶于水；而铬酸盐，除钾盐、钠盐、铵盐外，一般都难溶于水。

重铬酸盐在酸性溶液中有强氧化性，能氧化 H_2S、H_2SO_3、KI、$FeSO_4$ 等许多物质，本身被还原为 Cr^{3+}。例如

$$Cr_2O_7^{2-}+3H_2S+8H^+ \longrightarrow 2Cr^{3+}+3S\downarrow+7H_2O$$

$$Cr_2O_7^{2-}+3SO_3^{2-}+8H^+ \longrightarrow 2Cr^{3+}+3SO_4^{2-}\downarrow+4H_2O$$

$$Cr_2O_7^{2-}+6Fe^{2+}+14H^+ \longrightarrow 2Cr^{3+}+6Fe^{3+}+7H_2O$$

在酸性溶液中，$Cr_2O_7^{2-}$ 还能氧化 H_2O_2。

$$Cr_2O_7^{2-}+3H_2O_2+8H^+ \longrightarrow 2Cr^{3+}+3O_2\uparrow+7H_2O$$

2. 锰及其化合物

锰是一种较活泼的金属，锰与氧化合的能力较强，在空气中金属锰的表面被一层褐色的氧化膜所覆盖，使其不再继续被氧化。在高温时，锰能够同卤素、氧、硫、硼、碳、硅、磷等直接化合。

锰主要用于钢铁工业中生产锰合金钢。在炼钢中还有脱硫作用，由于生成 MnS 而将硫除去。

常温下，锰能缓慢地溶于水。锰与稀酸作用则放出氢气而形成配合物。锰也能在氧化剂存在下与熔融的碱作用生成锰酸盐。

$$2Mn+4KOH+3O_2 \xrightarrow{\text{熔融}} 2K_2MnO_4+2H_2O$$

在加热的情况下，锰能与许多非金属反应。锰与氧反应生成 Mn_3O_4，与氟反应生成 MnF_3 和 MnF_4，与其他卤素反应生成 MnX_2 型卤化物。

MnO_2 为棕黑色粉末，是锰最稳定的氧化物，在酸性溶液中有强氧化性。例如

$$MnO_2+4HCl(\text{浓}) \longrightarrow MnCl_2+Cl_2\uparrow+2H_2O$$

在实验室中常利用此反应制取少量氯气。

$KMnO_4$ 俗称灰锰氧，深紫色晶体，能溶于水，是一种强氧化剂。在酸性溶液及光的作用下，会缓慢地分解而析出 MnO_2。

$$4MnO_4^-+4H^+ \longrightarrow 4MnO_2\downarrow+3O_2\uparrow+2H_2O$$

光对此分解有催化作用，因此 $KMnO_4$ 必须保存在棕色瓶中。

$KMnO_4$ 的氧化能力随介质的酸性减弱而减弱，其还原产物也因介质的酸碱性不同而变化。在酸性、中性（或微碱性）、强碱性介质中的还原产物分别为 Mn^{2+}、MnO_2 及 MnO_4^{2-}。例如

$$2MnO_4^- + 5SO_3^{2-} + 6H^+ \longrightarrow 2Mn^{2+} + 5SO_4^{2-} + 3H_2O$$
（紫色）　　　　　　　　（粉红色或无色）

$$2MnO_4^- + 3SO_3^{2-} + H_2O \longrightarrow 2MnO_2\downarrow + 3SO_4^{2-} + 2OH^-$$
（棕色）

$$2MnO_4^- + SO_3^{2-} + 2OH^- \longrightarrow 2MnO_4^{2-} + SO_4^{2-} + H_2O$$
（绿色）

$KMnO_4$ 在化学工业中用于生产维生素 C、糖精等，在轻化工工业中用于纤维、油脂的漂白和脱色，在医疗上用作杀菌消毒剂，在日常生活中可用于饮食用具、器皿、蔬菜、水果等消毒。

3. 铁及其化合物

铁在地壳中的含量居第四位，在金属中仅次于铝。铁的主要矿石有赤铁矿 Fe_2O_3、磁铁矿 Fe_3O_4、黄铁矿 FeS_2 等。

铁为中等活泼的金属。空气和水对纯铁（块状）是稳定的，但是一般的铁（含有杂质）在潮湿的空气中慢慢形成棕色的铁锈。铁能从非氧化性酸中置换出氢气。冷、浓硝酸可使铁钝化，因此贮运浓 HNO_3 的容器和管道可用铁制品。

铁是钢铁工业最重要的原材料。通常钢和铸铁都为碳合金，一般含碳 $0.02\% \sim 2.0\%$ 的称为钢，含碳大于 2% 的称为铸铁。

在加热的条件下，铁能与许多非金属剧烈反应。例如，在 150℃ 以上铁与 O_2 反应生成 Fe_2O_3 和 Fe_3O_4。铁不易与碱作用，但能被热的浓碱所侵蚀。

铁的常见氧化物有红棕色的氧化铁 Fe_2O_3、黑色的氧化亚铁 FeO 和黑色的四氧化三铁 Fe_3O_4。它们都不溶于水，灼烧后的 Fe_2O_3 不溶于硝酸，FeO 能溶于酸，Fe_3O_4 是 Fe^{2+} 和 Fe^{3+} 的混合氧化物。

向 Fe^{2+} 和 Fe^{3+} 的溶液中加入强碱或氨水时，分别生成 $Fe(OH)_3$ 和 $Fe(OH)_2$ 沉淀。

$$Fe^{3+} + 3OH^- \longrightarrow Fe(OH)_3\downarrow$$
$$Fe^{2+} + 2OH^- \longrightarrow Fe(OH)_2\downarrow$$

$Fe(OH)_3$ 为红棕色，纯的 $Fe(OH)_2$ 为白色。在通常情况下，由于从溶液中析出的 $Fe(OH)_2$ 迅速被空气中的氧氧化，往往看到先是部分被氧化的灰绿色沉淀，随后变为棕褐色，这是由于 $Fe(OH)_2$ 逐步被氧化为 $Fe(OH)_3$ 所致。只有在完全清除掉溶液中的氧时，才有可能得到白色的 $Fe(OH)_2$。

铁的卤化物以 $FeCl_3$ 应用较广。$FeCl_3$ 溶在有机溶剂中，长时间光照逐渐还原为 $FeCl_2$，有机溶剂则被氧化或氯化。例如，$FeCl_3$ 溶在乙醇中，光照后，乙醇被氧化成乙醛。

在酸性溶液中，Fe^{3+} 是中强氧化剂，它能把 I^-、H_2S、Fe、Cu 等氧化。

$$2Fe^{3+} + 2I^- \longrightarrow 2Fe^{2+} + I_2$$
$$2Fe^{3+} + H_2S \longrightarrow 2Fe^{2+} + S + 2H^+$$
$$2Fe^{3+} + Fe \longrightarrow 3Fe^{2+}$$
$$2Fe^{3+} + Cu \longrightarrow 2Fe^{2+} + Cu^{2+}$$

在酸性溶液中，空气中的氧也能把 Fe^{2+} 氧化为 Fe^{3+}。$FeSO_4$ 溶液放置时，常有棕黄色的浑浊物出现，就是 Fe^{2+} 被空气中的氧氧化为 Fe^{3+}，Fe^{3+} 又水解而产生的。

4. 锡、铅及其化合物

锡和铅的主要矿石是锡石（SnO_2）和方铅矿（PbS）。铅为暗灰色、重而软的金属。锡为银白色硬度居中的金属。它们都有较好的延展性。

锡和铅的单质到化合物都有广泛的用途，单质主要用于制合金，例如焊锡为含 Sn 与 Pb 的低熔点合金。青铜为 Cu 和 Pb、Sn 的合金，用于制日用品器件、工具及武器。此外，Sn 被大量用于制锡箔和作金属镀层，Pb 则用于制铅蓄电池、电缆、化工方面的耐酸设备等。

锡和铅属于中等活泼金属。在通常条件下，空气中的氧对铅作用，只在铅表面生成一层氧化铅或碳酸铅，使铅失去金属光泽而不至于进一步被氧化。空气中的氧对锡无影响。锡和铅在高温下与氧反应生成氧化物，锡和铅能同卤素和硫生成卤化物和硫化物。锡与水反应，被用来镀在某些金属表面以防锈蚀。铅在有空气存在的条件下，能与水缓慢反应而生成 $Pb(OH)_2$。

$$2Pb + O_2 + 2H_2O \longrightarrow 2Pb(OH)_2$$

因为铅和铅的化合物都有毒，所以铅管不能用于输送水。

锡和稀酸反应，生成 2 价化合物，和浓 H_2SO_4 或浓 HNO_3 反应，则生成 4 价化合物。

$$Sn + 4H_2SO_4(浓) \longrightarrow Sn(SO_4)_2 + 2SO_2\uparrow + 4H_2O$$
$$Sn + 4HNO_3(浓) \longrightarrow H_2SnO_3 + 4NO_2\uparrow + H_2O$$

铅和稀 HCl 及 H_2SO_4 几乎不作用，铅与热浓 H_2SO_4 强烈作用，生成可溶性 $Pb(HSO_4)_2$，铅易溶于 HNO_3。

$$Pb + 4HNO_3(浓) \longrightarrow Pb(NO_3)_2 + 2NO_2\uparrow + 2H_2O$$

铅在碱中也能溶解。

$$Pb + 4KOH + 2H_2O \longrightarrow K_4[Pb(OH)_6] + H_2\uparrow$$

所有铅的可溶化合物都有毒。

锡和铅都能形成 Sn^{2+}、Sn^{4+} 和 Pb^{2+}、Pb^{4+} 的氧化物及氢氧化物。它们均为两性物质，它们的酸、碱性的递变规律如下。

碱性增强
→

| SnO，Sn(OH)₂ | PbO，Pb(OH)₂ |
| （两性，略偏碱） | （两性，偏碱） |

酸性增强

| SnO₂，Sn(OH)₄ | PbO₂，Pb(OH)₄ |
| （两性，偏酸） | （两性，略偏酸） |

碱性增强

←
酸性增强

其中酸性以 $Sn(OH)_4$ 最为显著，碱性以 $Pb(OH)_2$ 最为突出。锡和铅的氧化物都不溶于水。锡和铅的+2 价和+4 价两类氢氧化物都可溶于合适的酸和碱。

Sn^{2+} 无论是在酸性溶液还是碱性溶液中都具有较强的还原性，尤其在碱性溶液中还原性更强。

氯化亚锡 $SnCl_2$ 是重要的还原剂，它能将 $HgCl_2$ 还原为白色的 Hg_2Cl_2 沉淀，当 $SnCl_2$ 过量时，白色的亚汞盐又被还原为黑色的单质汞。

$$2HgCl_2 + Sn^{2+} \longrightarrow Hg_2Cl_2 \downarrow + Sn^{4+} + 2Cl^-$$

$$Hg_2Cl_2 + Sn^{2+} \longrightarrow 2Hg \downarrow + Sn^{4+} + 2Cl^-$$

含铅废水对人体健康和农作物生长都有严重危害。铅的中毒看似缓慢，但它是在体内逐渐积累，引起人体各组织中毒，尤其是神经系统、造血系统。典型症状是食欲不振，精神倦怠和头疼，严重的可致死。

含铅废水多来自金属冶炼厂、涂料厂、蓄电池厂等。国家规定铅的允许排放浓度为 1.0mg/L（按 Pb 计）。对含铅废水的处理一般采用沉淀法。用石灰或纯碱作沉淀剂，使废水中的铅生成 $Pb(OH)_2$ 或 $PbCO_3$ 沉淀而除去，还可用强酸性阳离子交换树脂除去铅的有机化合物，使含铅量由 150mg/L 降至 $0.02 \sim 0.53$ mg/L。

 思考与练习

一、选择题

1. 铁属于（   ）。

　　A. 轻金属　　　　B. 稀有金属　　　　C. 黑色金属　　　　D. 有色金属

2. 下列金属单质中，熔点最高的是（   ）。

　　A. 铁　　　　　　B. 铜　　　　　　　C. 锡　　　　　　　D. 钨

3. 纯碱的化学式为（   ）。

　　A. Na_2CO_3　　　B. $NaHCO_3$　　　C. H_2CO_3　　　D. NaOH

4. 把钠、镁、铝各 0.1g，分别与足量的盐酸反应，反应后产生氢气的体积是（   ）。

　　A. 钠与酸反应产生的氢气体积最大

　　B. 铝与酸反应产生的氢气体积最大

C. 镁与酸反应产生的氢气体积最大

D. 三种金属与酸反应产生的氢气体积相同

5. 把铁片放入下列溶液中，铁片溶解且质量减小，并有气体产生，则该溶液是（　　）。

  A. 稀硫酸   B. $CuSO_4$ C. Na_2SO_4 D. $Fe_2(SO_4)_3$

6. 下列物质中属于合金的是（　　）。

  A. 黄金   B. 白银   C. 钢   D. 水银

7. 下列金属既能与稀盐酸反应，又能与氢氧化钠溶液反应的是（　　）。

  A. Mg   B. Al   C. Cu   D. Fe

8. 在下列反应中，能置换出铁的是（　　）。

  A. $Cu+FeCl_3$（溶液）   B. $Na+FeSO_4$（溶液）

  C. $Al+Fe_3O_4$（高温）   D. $Ag+FeSO_4$（溶液）

9. 保存 $SnCl_2$ 水溶液必须加入 Sn 粒的目的是防止（　　）。

  A. $SnCl_2$ 水解   B. $SnCl_2$ 被氧化   C. $SnCl_2$ 歧化   D. $SnCl_2$ 被还原

10. 下列金属离子的溶液在空气中放置时，易被氧化变质的是（　　）。

  A. Pb^{2+} B. Sn^{2+} C. Sb^{3+} D. Bi^{3+}

11. $KMnO_4$ 溶液需存在棕色瓶中，其原因是（　　）。

  A. 它不稳定，易发生歧化反应

  B. 它在光照下会慢慢分解成 MnO_2

  C. 它在光照下与空气中的 O_2 反应

  D. 它在光照下迅速反应生成 K_2MnO_4 和 O_2

12. $CrCl_3$ 溶液与下列物质作用时，既能产生沉淀又生成气体的是（　　）。

  A. Na_2S B. $BaCl_2$ C. H_2O_2 D. $AgNO_3$

13. 下列溶液可与 MnO_2 作用的是（　　）。

  A. 稀 HCl   B. 稀 H_2SO_4 C. 浓 H_2SO_4 D. 浓 NaOH

二、判断题

1. 银器在含有 H_2S 的空气中会慢慢变黑。   （　　）

2. 高锰酸钾与盐酸反应可产生氯气，而与氢氟酸反应不能制得单质氟。 （　　）

3. 金属在化学反应中容易得电子。   （　　）

4. 少量的钠可以保存在水中。   （　　）

5. 在常温下，铝不能与氧气反应。   （　　）

6. 铁在潮湿或干燥的空气中都会生锈。   （　　）

7. 将 H_2S 通入已用 H_2SO_4 酸化过的 $K_2Cr_2O_7$ 溶液中时，溶液的颜色由橙色变成绿色，同时析出乳白色沉淀。   （　　）

8. 锌能溶于氨水和氢氧化钠溶液中。   （　　）

9. 锡和铅是可用于合金钢中的合金元素。   （　　）

10. CO_2 灭火器不能用于扑灭活泼金属引起的火灾。   （　　）

三、按要求回答或填充下列各题

1. 铝比铜活泼，但浓硝酸能溶解铜而不能溶解铝，为什么？

2. 如何鉴别 Na_2CO_3、$NaHCO_3$ 和 $NaCl$ 三种物质？

3. Fe^{2+} 处于中间价态，它既能被氧化，又能被还原，试写出两个有关的化学反应方程式。

4. 下列两对离子能否共存于溶液中？不能共存者写出反应方程式。

（1）Fe^{3+} 和 Sn^{2+} （2）SiO_3^{2-} 和 NH_4^+

5. 向含有 Ag^+、Al^{3+}、Ca^{2+}、Na^+ 的溶液中加入过量稀盐酸，有_____沉淀生成。过滤后向滤液中加入过量氨水使溶液呈碱性，又有_____沉淀生成。经过滤后再向溶液中加入 Na_2CO_3 溶液，还会有_____沉淀生成。经过上述实验步骤，始终没有沉淀出来的阳离子是_____。写出生成以上三种沉淀的化学反应方程式。

*四、完成下列方程式

1. $Na_2O_2 + CO_2 \longrightarrow$

2. $Cr_2O_7^{2-} + I^- + H^+ \longrightarrow$

3. $Fe^{3+} + H_2S \longrightarrow$

4. $Cu(OH)_2 + HCl \longrightarrow$

5. $Hg_2Cl_2 + SnCl_2 \longrightarrow$

6. $Al^{3+} + NaOH$（过量）$\longrightarrow$

7. $Pb(NO_3)_2 \xrightarrow{\triangle}$

8. $MnO_2 + H_2O_2 + H^+ \longrightarrow$

9. $Hg_2O \xrightarrow{光照}$

10. $KIO_3 + KI + H_2SO_4 \longrightarrow$

 科海拾贝

石灰家族

石灰是人们生活中常见的物质。石灰家族里有生石灰、熟石灰、石灰水、石灰乳、碱石灰等兄弟姐妹，还有他们的妈妈叫石灰石。下面给大家介绍一下。

石灰石，生在深山里，是一种青色的石头。石灰石的山，一般风景较优美，桂林多石灰石，那里青山绿水，有许多大溶洞，形成了许多石笋、石钟乳。石灰石比较坚硬，铁路的路基常用石灰石。石灰石的主要化学成分是碳酸钙（$CaCO_3$），它是水泥和其他工业的原料。与石灰石成分相同的是她的妹妹，名叫大理石，长得洁白、晶亮，是高级建筑物的装饰材料。石灰石通过煅烧变成生石灰。

生石灰，成分是氧化钙（CaO），白色块状物，吸水性很强，常用作干燥剂，它与水反应变成熟石灰。

熟石灰，成分是氢氧化钙[$Ca(OH)_2$]，白色粉末，具有强烈的腐蚀性，因此又名苛性钙，主要用作建筑材料，室内墙壁、砌砖的料浆缺他不行。化工方面用他制漂白粉。因为他是生石灰加水消化而成的，因此又名消石灰。

石灰乳，是混浊的石灰水，又称氢氧化钙混浊液，是固体和液体的混合物。常用于涂刷旧墙壁、配制波尔多液（与硫酸铜配合）和石硫合剂（与硫黄配合）用作农药杀虫。

石灰水，是氢氧化钙的溶液。石灰乳澄清（通过静置）后的上层清液是饱和的石灰水，碱性很强，可用来做米豆腐。

碱石灰，是氧化钙与氢氧化钠的混合物。

第四节　生命元素

一、生命元素概述

人的肌体包含多种元素。各种元素在人体中具有不同的功能，与人类的生命活动密切相关。我们把生物体中维持其正常的生物功能所不可缺少的那些化学元素称为生命元素。

生命元素与生物功能密切相关，其在生命体中的存在形式是多种多样的。大致可分为以下几种情况：存在于难溶化合物；存在于有机大分子；以离子状态存在；以游离的分子状态存在；存在于配合物。

如 Ca、F、P、Si、Mg 常以难溶的无机化合物形式存在于骨骼、牙齿等硬组织中。

C、H、O、N、P 主要以有机大分子的形式存在于人体中，是组成人体的最主要成分。有机大分子物质主要指蛋白质、核酸、脂肪、多糖等。

Na、Mg、K、Ca、Cl 等元素分别以游离的水合离子形式存在于细胞内及体液中；少量的 S、C、P 以 SO_4^{2-}、CO_3^{2-}、HCO_3^-、HPO_4^{2-}、$H_2PO_4^-$ 等形式存在于血液和其他体液中。

游离小分子，包括形成大分子的单体、离子载体、电子传递化合物等。

一些金属元素作为中心金属离子与生物大分子或小分子形成配合物，如具有催化性能和储存、转移功能的各种酶类。人体必需的微量元素通常以这种形式存在。

在自然界已经发现的 90 多种元素中，人体中有 60 多种，但常见的只有 20 多种。存在于生物体内的元素可分为必需元素与非必需元素。

必需元素应具有以下特征。

① 该元素存在于所有健康组织中，生命过程的某一环节需要该元素的参与。

② 生物体可主动摄入该元素并调节其在体内的分布和水平。

③ 在体内存在着含该元素的生物活性物质。

④ 缺乏时可引起生理变化，补充后可恢复。

目前多数科学家认为生命元素有 28 种。它们在人体中维持着一定的含量，每种元素的含量均由生命活动的需要而定，含量相差悬殊。它们在人体中的含量见表 2-4。

表 2-4　生命必需元素在人体中的含量

常量营养元素	含量/%	微量营养元素	含量/10^{-4}%
O	65	Fe	40
C	18	F	37
H	10	Zn	33
N	3.0	Si	32
Ca	2.0	Br	1.6
P	1.0	Sn	1.6
K	0.35	Cu	1.0
S	0.25	V	0.3
Cl	0.15	I	0.2
Na	0.015	Mn	0.2
Mg	0.05	Cr	0.2
		Se	0.16
		Mo	0.1
		Ni	0.1
		Co	0.05

矿物质含量在人体内大于 0.01% 的各种元素，称为常量元素。含量由高到低顺序为 O、C、H、N、Ca、P、K、S、Cl、Na、Mg；约占人体重 99.3%，其中 C、H、O 和 N 四种元素占人体体重 96%。常量元素中 7 种为非金属元素，4 种为金属元素。

另有一些元素含量低于体重的 0.01%，称为微量元素，到目前为止认为有 17 种：Zn、Cu、Co、Cr、Mn、Mo、Fe、I、Se、Ni、Sn、F、Si、V、As、B、Br。微量元素中 7 种为非金属元素，10 种为金属元素。

无论是常量元素，还是微量元素，它们在人体中都有一个最佳含量范围，高于或低于此范围可能引起中毒或生命活动不正常甚至死亡。有的元素具有较大的体内恒定值，而有的元素在缺乏浓度和中毒浓度之间只有一个狭窄的安全范围。

除必需元素之外，还有 20～30 种普遍存在于组织之中的元素统称为非必需元素。非必需元素中有的元素是对人体有毒有害的元素。人们对非必需元素的研究并不透彻，可能有的元素的生物效应和作用尚未被认识。随着科学的发展，很可能今天认为是非必需的甚至是有害的元素实际上是必需的。例如 20 世纪 70 年代以前认为有毒的硒、镍，现已列为必需元素。

二、生命必需的常量元素

1. 氢

以质量论，氢占人体质量的 10%；若以原子个数论，在组成人体的化学元素中，氢原子的个数最多。氢组成人体中的水和蛋白质、脂肪、核酸、糖类、酶等。而且，这些结构复杂的物质，主要靠氢键来维持，一旦氢键被破坏，这些物质的功能也就丧失了。氢元素在体内另外一个重要的功能是标志体内酸碱度的大小，唾液、胃液、血液等体液均有一定数量的氢原子。

2. 氧

氧是"生命的生命"，占人体质量的 65%，主要以 H_2O、O_2 及有机物形式存在。一个体重 70kg 的人，约包含 40kg 水（氧约占 36kg）。氧主要参与人体多种氧化过程，释放能量，供人利用。

3. 钙

钙约占人体质量的 2%，其中 99% 在硬组织中，是骨骼和牙齿的主要成分。

1% 的钙在血液中，保持细胞膜的完整和通透性，维持组织尤其是肌肉神经反应的功能，同时起到细胞信使作用，还是血液凝固所必需的成分。人在 30 岁以前以储存钙为主，以后以消耗钙为主。人体缺钙，首先会导致过敏、肌肉抽搐痉挛，严重时会导致佝偻病、骨质疏松症等。因此，儿童、孕妇、老人应及时补充钙质。由于钙在人体的输送是靠维生素 D 及某些激素控制，所以服钙片同时要服维生素 D 才能达到目的，骨、蛋、肉、乳、蔬菜和水果含钙丰富，食物中的钙以乳中钙最易吸收。

4. 镁

镁半数存在于骨骼中。镁对蛋白质生物合成的所有阶段是必不可少的，在葡萄糖的氧化过程中和细胞膜的能量转换中都需要镁离子参加。镁离子还有镇静作用，往血液中注射镁盐可以引起麻醉。

5. 磷

磷主要在人体的骨骼、牙齿、脑、血液和神经组织中。体内的磷主要以磷酸、无机磷酸盐的形式存在。磷的化学作用控制着核糖核酸以及氨基酸、蛋白质的活动规律，从而控制着生命的代谢进程。由于磷分布很广，因此人们在日常生活中很少缺少磷元素。

6. 钾、钠、氯

钾、钠、氯在体内多以 K^+、Na^+、Cl^- 存在，它们在体内的作用是错综复杂、相互关联的。它们是维持体内渗透压、血液及其他体液酸碱度、肌肉及神经的应激性物质。细胞内有钾维持，细胞外有钠维持。$NaCl$、KCl 还可以使蛋白质大分子保持在溶液中，调节血液的黏性和稠度。氯是体液中的主要阴离子，胃酸中含氯。胰液和胆汁分泌的帮助消化的物质，是由钠盐和钾盐形成的。

人体缺钠会感到头晕乏力，长期缺钠易患心脏病，并可导致低钠综合征。当运动过度特别是在炎热的夏天，汗液会带出大量的盐分，使肌肉和神经反应受到影响，导致恶心、呕吐、衰竭和肌肉痉挛，因此要喝特别配制的糖盐水或运动饮料以补充丢失的盐分等物质。人体随钠盐摄入过量，骨癌、食道癌、膀胱癌发病率增加。适当增加钾盐摄入量，胃肠癌比率会下降。

其他生命必需常量元素如碳、氮、硫等，其功能如表 2-5 所示。

表 2-5 生命必需常量元素碳、氮、硫的功能

元　素	功　　能
碳（C）	构成蛋白质、脂肪、糖类和维生素的主要元素
氮（N）	蛋白质、氨基酸等有机化合物的主要成分
硫（S）	铁-硫蛋白质、血红素的组分，与代谢、解毒、激素分泌有关

三、生命必需的微量元素

微量元素虽然在人体中含量甚微，但对人体健康影响极大。它与人体健康的关系是很复杂的，其浓度、价态、摄入肌体的途径等均对人体健康有影响。而且微量元素与人体的关系不是孤立的，微量元素之间，微量元素与蛋白质、酶、脂肪、维生素之间都存在着相互作用。

人体所需的微量元素主要是从每天摄入的食物中获取的，因此对食谱广、食量正常的人来说，一般不会缺乏微量元素。然而对于婴幼儿与老年人或食谱单调的人往往不能从食物中获得足够的微量元素，这就需要补充。

1. 氟

氟是人体重要的微量元素，对生长发育十分必要。在适当的 pH 条件下，氟促进成骨过程，氟具有预防龋齿保护牙齿健康的功能。所以氟化物现在被认为是一种无机营养素。然而摄入过量的氟干扰磷与钙的代谢，会造成骨骼组织的氟异常增加，首先表现为牙齿光泽消失，出现氟斑牙。长期摄入过量氟，则使骨密度

增加，骨膜增厚，甚至韧带和骨骼肌钙化，即氟骨症。急性氟中毒可引起呕吐、呼吸困难、神经损伤和肺水肿以致死亡。

2. 碘

碘是合成甲状腺素的重要成分，我国成人碘的供应量要达到每天 $0.15mg$。如果每日摄入碘长期低于 $0.1mg$，可致单纯性甲状腺肿。孕妇缺碘，子女可能发生呆小症，以甲状腺机能低下、甲状腺肿、智力迟钝和生长迟缓为特征。碘主要含在海产品中，生活在山区的人们常会缺碘。目前利用加碘盐（KI 或 KIO_3）来补充碘。如果碘的摄入长期超量，则会导致甲亢。

3. 铁

铁在人体中的功能十分重要。铁是血红蛋白和肌红蛋白的重要组成部分，在血液中参与氧气的携带和运输。铁也是许多酶的活性中心，在生命过程中起着十分重要的作用。铁过量则皮肤变黑。铁最好的来源是动物的脏器，如肝、心、肺，其次是蛋黄、麦子、枣、菠菜。

4. 锌

锌是胰岛素的主要成分，与多种酶的活性中心有关。锌分布在人体各组织，尤其以视网膜含锌量最高。缺锌会使生长发育受阻，免疫功能低下，智力低下，异食癖（吃些奇怪的东西，如泥土）等。锌过量则会刺激肿瘤生长。锌主要含在肉类、贝类、谷物、豆类食品中。

5. 硒

硒是谷胱甘肽过氧化酶的主要成分，最重要的生物活性是抗氧化性。硒对预防癌症和心血管病也有重要作用，还有抗衰老的功能，被称为延年益寿的元素。硒在动物内脏、海产品中含量丰富。

6. 铬

$+2$ 价、$+3$ 价铬主要参与糖和脂类代谢。$+3$ 价铬的缺乏已被证明与冠心病和动脉粥样硬化有关，人们还发现血清中铬含量的降低与糖尿病有关，体内缺铬与近视的形成有一定的关系。虽然铬是必需元素，但 $+6$ 价铬对人体健康是有害的，它可引起染色体畸变，影响 DNA 复制，引发溃疡病、接触性皮炎、呼吸道炎症，并有较强致癌作用。

7. 硅

硅以前被认为是对人体有害的元素，目前研究表明硅也是生长发育必需的微量元素之一。硅参与早期骨骼的形成，在关节软骨和结缔组织的形成中，硅是必需的。

钴等七种生命必需的微量元素的功能，如表 2-6 所示。

表 2-6 七种生命必需微量元素及其功能

元　素	功　能
钴（Co）	维生素 B_{12} 组分,有激活生血功能
铜（Cu）	铜蛋白的组分,参与造血
钼（Mo）	钼酶的重要组成部分,多种酶的辅助因子
钒（V）	可促进造血功能,抑制胆固醇合成
锰（Mn）	活化多种金属酶,参与软骨和骨骼形成所需的糖蛋白合成
镍（Ni）	刺激生血机能、促进细胞再生
锡（Sn）	促进核酸和蛋白质的合成,维持某些化合物立体结构

四、有毒有害元素

随着自然资源的开发利用和工业发展，愈来愈多的元素通过大气、水和食物进入人体。这些元素有的无害，进入人体后不至于造成疾病。但不少元素是有害的，如 Cd、Hg、Pb、As 等。特别是重金属元素，它们在人体内积累，干扰正常的代谢活动，对健康产生不良影响，引起病变。这些元素的毒性与人体摄入量、价态密切相关。

1. 铅

铅及其化合物均有毒。其毒性随溶解度增大而增大。铅引起的慢性中毒，危害造血系统、心血管、神经系统和肾脏。由于儿童对铅排泄能力差，进入体内的铅约有 30％留在血液中，所以铅特别危害儿童健康和智力发育，甚至会引起痴呆。环境中的铅不能被生物代谢，是持久性污染物。在膳食中增加瘦肉、牛奶、鸡蛋、胡萝卜等高蛋白和维生素 C 含量丰富的食物，可降低铅的毒性。因为蛋白质能与铅结合成一种不溶性化合物，牛奶中所含的钙可置换已沉着于骨骼上的铅，维生素 C 可与铅形成抗坏血酸铅，不溶于水和脂肪，从而阻止人体对铅的吸收。

2. 汞

汞及大部分化合物均有毒，主要是积蓄性慢性中毒，主要危害中枢神经系统和肾脏。慢性汞中毒的症状主要是：消化系统功能失调、体重减轻、心跳增加、便秘、高血压和肌肉无力，严重时则会造成牙龈发炎、头发脱落、颤抖、步履不稳、舞蹈症、言语障碍、听力下降等。汞污染来源于化学工业、冶金工业、农药、杀菌剂、医药等。

3. 镉

镉的毒性也较大，在体内可积蓄造成慢性中毒。镉可以抑制体内多种酶的活性，并且易和磷结合而排挤钙，引起骨质软化和骨疼痛。

4. 砷

极微量的砷有促进新陈代谢的作用，可以使皮肤更加光润白皙，所以认为砷也是人体所必需的微量元素。但是 3 价砷的毒性很大，稍微过量就可能带来生命危险，其中毒性最大的是 As_2O_3，俗称砒霜，致死量为 0.1g。5 价砷的毒性较小，但在体内可被还原成 3 价砷。

5. 铝

人体长期摄入过量的铝，会使胃酸降低，造成胃液分泌减少，出现腹胀、厌食和消化不良，并会加速衰老。铝化合物还可沉积在骨骼中，造成骨质疏松。铝过多沉积于大脑中会使脑组织发生器质性病变，出现记忆力衰退、智力障碍，甚至痴呆。

 思考与练习

1. 人体中有哪些必需的微量元素？这些微量元素有何作用？
2. O、N、K、Ca 在动物体内主要分布在什么部位？描述这几种元素各自的主要功能。
3. 指出 Fe、Mn、Cu 和 Zn 这些微量元素在生物过程中的一种重要作用。
4. 硒有防癌的作用，是否食用含硒丰富的食物越多越好？为什么？
5. 简述铁元素对肌体的营养意义，通过哪些途径补充铁？哪些食物铁含量较高而且易于吸收？
6. 举例说明哪些金属元素为有毒有害元素？对人体有哪些危害？

 科海拾贝

Na^+，K^+，Mg^{2+}，Ca^{2+} 的生理作用

钠、钾、镁、钙对生物的生长和正常发育是绝对需要的。Na^+、K^+、Mg^{2+}、Ca^{2+} 四种离子占人体中金属离子总量的 99%。对高级动物来说，钠钾比值在细胞内液中和细胞外液中有较大不同。在人体血浆中 $c(Na^+) \approx 0.15mol/L$，$c(K^+) \approx 0.16mol/L$；在细胞内液中，$c(Na^+) \approx 0.005mol/L$，$c(K^+) \approx 0.16mol/L$。这种浓度差别决定了高级动物体内的各种物理功能——神经脉冲的传送、隔膜端电压和隔膜之间离子的迁移、渗透压的调节等。由于钠在高级动物细胞外液中的浓度高于钾的浓度，因此对动物来说钠是较重要的碱金属元素，而对植物来说钾是较重要的碱金属元素。

食盐是人类日常生活中不可缺少的无机盐，如果得不到足量的食盐，就会患缺钠症。其主要症状是：口渴、恶心、肌肉痉挛、神经紊乱等，严重时会导致死亡。人可以从肉、奶等食物中获取一定量的钠，从水果、谷类、蔬菜等食物中吸取适量的钾。神经细胞、心肌和其他重要器官功能都需要钾，肝脏、脾脏等内脏中钾比较富集。胚胎中的钠钾比值与海水中十分接近，这一事实被一些科学家引为陆上动物起源于海生有机体的直接证明之一。

植物对钾的需要同高级动物对钠的需要一样，钾是植物生长所必需的一种成分。植物体通过根系从土壤中选择性吸收钾。钾同植物的光合作用和呼吸作用有关，缺少钾会引起叶片收缩、发黄或出现棕褐色斑点等症状。

镁和钙对动植物的生存也起着重要作用。镁存在于叶绿素中。已经发现谷类光合作用的活性与 Mg^{2+}、Ca^{2+} 浓度有关。镁占人体质量的 0.05%，人体内的镁以磷酸盐形式存在于骨骼和牙齿中，其余分布在软组织和体液中，Mg^{2+} 是细胞内液中除 K^+ 之外的重要离子。镁是体内多种酶的激活剂，对维持心肌正常生理功能有重要作用。若缺镁会导致冠状动脉病变，心肌坏死，出现抑郁、肌肉软弱无力和晕眩等症状。成年人每天镁的需要量为 200～300mg。

钙对于所有细胞生物体都是必需的。无论在肌肉、神经、黏液和骨骼中都有 Ca^{2+} 结合的蛋白质。钙占人体总量的 1.5%～2.0%，一般成年人体内含钙量约为 1200g，成年人每天需要钙量为 0.7～1.0g。钙是构成骨骼和牙齿的主要成分，一般为羟基磷酸钙 $Ca_5(PO_4)_3OH$，占人体钙的 99%。在血中钙的正常浓度为每 100mL 血浆含 9～11.5mg，其中一部分以 Ca^{2+} 存在，而另一部分则与血中蛋白质结合。钙有许多重要的生理功能，钙和镁都能调节植物和动物体内磷酸盐的输送和沉积。钙能维持神经肌肉的正常兴奋和心跳规律，血钙增高可抑制神经肌肉的兴奋，如血钙降低，则引起兴奋性增强，而引起手足抽搐。钙对体内多种酶有激活作用，钙还参与血凝过程和抑制毒物（如铅）的吸收，它还影响细胞膜的渗透作用。人体缺钙，将影响儿童的正常生长，或出现佝偻病；对成年人来说，则患软骨病，易发生骨折并导致出血和瘫痪等疾病，高血压、脑血管疾病等也与缺钙有关。

第三章

物质结构与元素周期律

学习目标

1. 能够说出原子的组成及质子数、中子数、核外电子数等之间的关系，并正确进行相关数据换算，正确地画出原子结构示意图。

2. 能够复述元素周期律与元素周期表的结构，认识元素性质递变的规律；学会使用元素周期表判断和比较元素及化合物的主要化学性质。

3. 能够联系实际，结合化合价及化学性质的递变性，归纳总结元素周期表及元素周期律的应用。

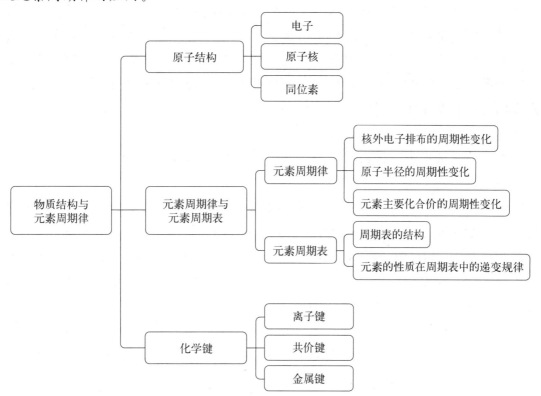

第一节　原子结构与同位素

原子是由居于原子中心的原子核和核外电子构成的。

电子运动轨迹

一、电子

每个电子带一个单位负电荷。电子质量很小，在原子核外的空间作高速运动。原子核外电子的排布可以用原子结构示意图来表示。一般来说，最外层 8 个电子是相对稳定的结构。我们可以通过最外层的电子数来判断元素的性质，如元素的化合价、金属性和非金属性等。

二、原子核

原子内部结构

原子很小，原子核更小。原子核的半径约为原子半径的十万分之一，它的体积只占原子体积的几千亿分之一。如果把原子看成是直径为 10m 的球体，则原子核只有大头针尖大小，所以原子内部绝大部分是"空"的，电子就在这个空间里作高速运动。

原子核虽小，仍由更小的粒子所组成，即由质子和中子所构成。每个质子带一个单位正电荷，中子呈电中性，核电荷数（符号为 Z）由质子数决定。由于每个电子带一个单位的负电荷，所以，原子核所带的电量跟核外电子所带的电量，数值相等而电性相反，因此，原子作为一个整体不显电性。

$$核电荷数(Z)＝核内质子数＝核外电子数$$

电子的质量很小，约为质子质量的 1/1836，所以，原子的质量主要集中在原子核上。

由于质子、中子的质量很小，使用很不方便，因此，通常用它们的相对质量。原子量标准是 ^{12}C 原子质量的 1/12。由此得到质子和中子的相对质量分别取近似数值为 1。如果电子的质量忽略不计，原子的相对质量的整数部分就等于质子相对质量（取整数）和中子相对质量（取整数）之和，这个数叫做质量数，用符号 A 表示。中子数用符号 N 表示。则

$$A＝Z＋N$$

因此，只要知道上述三个数值中的任意两个，就可以推算出另一个来。例如，知道氯原子的核电荷数为 17，质量数为 35，则

$$N＝A－Z＝35－17＝18$$

归纳起来，如以 $^{A}_{Z}X$ 代表一个质量数为 A，质子数为 Z 的原子，那么原子组成

可表示如下。

$$\text{原子}(^A_Z X)\begin{cases}\text{原子核}\begin{cases}\text{质子}(Z)\\\text{中子}(A-Z)\end{cases}\\\text{核外电子}(Z)\end{cases}$$

三、同位素

元素是具有相同核电荷数（即质子数）的同一类原子的总称。也就是说，同种元素原子核中的质子数是相同的。那么，它们的中子数是否相同呢？科学研究证明，同种元素原子核中的中子数不一定相同。例如氢元素有几种原子，它们都含有 1 个质子，但所含的中子数不同，见表 3-1。

我们将质子数相同，而中子数不同的同种元素的几种原子，叫做该元素的同位素。

表 3-1　氢元素的同位素

符号	名称	俗称	质子数	中子数	原子序数	质量数
$^1_1$H 或 H	氕	氢	1	0	1	1
$^2_1$H 或 D	氘	重氢	1	1	1	2
$^3_1$H 或 T	氚	超重氢	1	2	1	3

表 3-1 中列举的是氢的 3 种同位素，$^2_1$H、$^3_1$H 是制造氢弹的材料。大多数的元素都有同位素。铀元素有 $^{234}_{92}$U、$^{235}_{92}$U、$^{238}_{92}$U 等多种同位素，是制造原子弹和核反应堆的材料。碳元素有 $^{12}_6$C、$^{13}_6$C 和 $^{14}_6$C 等几种同位素，$^{14}_6$C 是考古和地质学家研究中常用的放射性元素，而 $^{12}_6$C 就是我们当做原子量标准的那种碳原子。

如果已知同位素的质量数，也可以计算出该元素的近似原子量。

同位素中不同原子的质量虽然不同，但它们的化学性质几乎完全相同。

 思考与练习

一、选择题

1. 决定元素种类的是（　　）。

　　A. 核外电子数　　　　B. 质子数　　　　　C. 质量数　　　　　D. 中子数

2. 同位素的基本含义是（　　）。

　　A. 不同元素，具有相同的质子数与相同的中子数

　　B. 不同元素，具有相同的电子数与相同的中子数

　　C. 相同元素，具有不同的电子数与不同的中子数

　　D. 同种元素，具有不同的中子数

3. 核电荷数为 11 和 16 的 A、B 两种元素所形成的化合物一定是（　　）。

　　A. AB 型　　　　　　B. A_2B 型　　　　　C. AB_2 型　　　　　D. A_2B_3 型

4. 在 $^{35}_{17}\text{Cl}$ 中，下列正确的判断是（　　　）。

　　A. 有 35 个电子，18 个中子，17 个质子

　　B. 有 17 个质子，17 个电子，18 个中子

　　C. 有 18 个中子，35 个电子，17 个质子

　　D. 有 35 个中子，17 个质子，17 个电子

5. 下列微粒互为同位素的是（　　　）。

　　A. $^{40}_{18}\text{Ar}$ 和 $^{40}_{19}\text{K}$　　　B. $^{42}_{20}\text{Ca}$ 和 $^{40}_{20}\text{Ca}$　　　C. $^{17}_{8}\text{O}$ 和 $^{35}_{17}\text{Cl}$　　　D. $^{35}_{17}\text{Cl}$ 和 $^{35}_{17}\text{Cl}^{-}$

二、判断题

1. 不同种类的原子，其质量数一定都不相同。　　　　　　　　　　　　　（　　　）

2. 元素的原子量和原子的质量数完全相等。　　　　　　　　　　　　　　（　　　）

3. 构成原子的各种粒子都带电荷，但原子不显电性。　　　　　　　　　　（　　　）

4. 凡是核外电子数相同的粒子，都是同一种元素的原子。　　　　　　　　（　　　）

5. 任何元素的原子都是由质子、中子和核外电子组成的。　　　　　　　　（　　　）

6. 同种元素的原子组成都是相同的。　　　　　　　　　　　　　　　　　（　　　）

7. 决定原子质量的粒子主要是质子和中子。　　　　　　　　　　　　　　（　　　）

8. 金刚石和石墨是碳的两种同位素。　　　　　　　　　　　　　　　　　（　　　）

三、填写下列表格

符号	质子数	中子数	质量数	电子数	核电荷数
$^{39}_{19}\text{K}$					
Al^{3+}			27	10	
S^{2-}		16			16
^{13}C	6				

📖 科海拾贝

放射性同位素的应用

　　有些同位素具有放射性，叫做放射性同位素。用人工方法得到的放射性同位素已经在工农业、医疗卫生和科学研究等许多方面得到了广泛的应用。

　　放射性同位素的应用是沿着以下两个方向展开的。

　　1. 利用它的射线

　　放射性同位素能放出 α 射线、β 射线和 γ 射线。α 射线由于贯穿本领强，可以用来检查金属内部有没有沙眼或裂纹，所用的设备叫 α 射线探伤仪。通过 γ 射线照射可以使种子发生变异，培养出新的优良品种，γ 射线辐射还能抑制农作物害虫的生长，甚至直接消灭害虫。人体内的癌细胞比正常细胞对射线更敏感，因此用射线照射可以治疗恶性肿瘤，这就是"放疗"。

和天然放射性物质相比，人造放射性同位素的放射强度容易控制，还可以制成各种所需的形状，特别是它的半衰期比天然放射性物质短得多，因此放射性废料容易处理。由于这些优点，在生产和科研中凡是用到射线时，用的都是人造放射性同位素，不用天然放射性物质。

2. 作为示踪原子

一种放射性同位素的原子核跟这种元素其他同位素的原子核具有相同数量的质子（只是中子的数量不同），核外电子的数量也相同，由此可知，一种元素的各种同位素都有相同的化学性质。这样，人们就可以用放射性同位素代替非放射性的同位素来制成各种化合物，这种化合物的原子跟通常的化合物一样参与所有化学反应，却带有"放射性标记"，用仪器可以探测出来。这种原子叫做示踪原子。

棉花在结桃、开花的时候需要较多的磷肥，把磷肥喷在棉花叶子上也能吸收。但是，什么时候的吸收率最高、磷能在作物体内存留多长时间、磷在作物体内的分布情况等，用通常的方法很难研究。如果用磷的放射性同位素制成肥料喷在棉花叶面，然后每隔一定时间用探测器测量棉株各部位的放射性强度，上面的问题就很容易解决。

人体甲状腺的工作需要碘，碘被吸收后会聚集在甲状腺内，给人注射碘的放射性同位素碘131，然后定时用探测器测量甲状腺及邻近组织的放射强度，有助于诊断甲状腺的器质性和功能性疾病。

近年来，有关生物大分子的结构及其功能的研究，几乎都要借助于放射性同位素。

第二节　元素周期律与元素周期表

一、元素周期律

通过对元素原子结构的认识，为了研究方便，人们把元素按照核电荷数由小到大的顺序给元素编号，这个序号称为元素的原子序数（核电荷数）。

人们根据大量事实总结得出：元素以及由它所形成的单质和化合物的性质，随着元素原子序数的递增，呈现周期性的变化。这一规律称为元素周期律。元素周期律揭示了元素间性质变化的内在联系及元素性质周期性变化的本质，它是指导人们研究各种物质的重要规律。

1. 核外电子排布的周期性变化

我们来比较原子序数 3～18 号元素的原子结构及主要性质。

从表 3-2 中看出，原子序数 3～10 号的元素，即从 Li 到 Ne，最外层电子数从 1 个递增到 8 个，达到稳定结构。原子序数 11～18 号的元素，即从 Na 到 Ar，最外层电子数从 1 个递增到 8 个，达到稳定结构。对 18 号以后的元素继续研究下去，同样会发现，原子最外层电子数从 1 个递增到 8 个的现象重复出现，说明核外电子排布呈现周期性变化。也就是说，随着元素原子序数的递增，元素原子的最外层电子排布呈现周期性变化。

2. 原子半径的周期性变化

一般来说，原子半径（两个相邻原子的平均核间距的一半称为原子半径）越大，原子越易失去电子；原子半径越小，原子越易获得电子。从表 3-2 看出，3～9 号元素，随着元素原子序数的递增，原子半径由 0.152nm（纳米，$1nm = 10^{-9}m$）递减到 0.071nm；11～17 号元素，随着元素原子序数的递增，原子半径由 0.186nm 递减到 0.099nm，即原子半径由大变小。如果将所有的元素按原子序数的递增顺序排列起来，就会发现随着原子序数的递增，元素的原子半径呈现出周期性的变化。

3. 元素主要化合价的周期性变化

从表 3-2 看出，11～18 号元素，在极大程度上重复着从 3～10 元素所表现的化合价变化：最高正价从 +1 递变到 +7（氧和氟除外），从中部开始有负价，负价从 -4 递变到 -1。研究 18 号以后的元素也发现了相似的变化。也就是说，随着原子序数的递增，元素的化合价也呈现出周期性的变化。

表 3-2　元素性质随原子序数的变化情况

原子序数	3	4	5	6	7	8	9	10
元素名称	锂	铍	硼	碳	氮	氧	氟	氖
元素符号	Li	Be	B	C	N	O	F	Ne
核外电子排布	(+3)2 1	(+4)2 2	(+5)2 3	(+6)2 4	(+7)2 5	(+8)2 6	(+9)2 7	(+10)2 8
原子半径/nm	0.152	0.089	0.082	0.077	0.075	0.074	0.071	0.160
金属性和非金属性	活泼金属	两性元素	不活泼非金属	非金属	活泼非金属	很活泼非金属	最活泼非金属	稀有气体元素
最高价氧化物的水化合物	LiOH 碱	$Be(OH)_2$ 两性	H_3BO_3 极弱酸	H_2CO_3 弱酸	HNO_3 强酸			
最高正化合价	+1	+2	+3	+4	+5			
负化合价				-4	-3	-2	-1	0

原子序数	11	12	13	14	15	16	17	18
元素名称	钠	镁	铝	硅	磷	硫	氯	氩
元素符号	Na	Mg	Al	Si	P	S	Cl	Ar
核外电子排布	+11 2 8 1	+12 2 8 2	+13 2 8 3	+14 2 8 4	+15 2 8 5	+16 2 8 6	+17 2 8 7	+18 2 8 8
原子半径/nm	0.186	0.160	0.143	0.117	0.110	0.102	0.099	0.191
金属性和非金属性	很活泼的金属	活泼金属	两性元素	不活泼非金属	非金属	活泼非金属	很活泼非金属	稀有气体元素
最高价氧化物的水化合物	$NaOH$ 强碱	$Mg(OH)_2$ 中强碱	$Al(OH)_3$ 两性	H_2SiO_3 弱酸	H_3PO_4 中强酸	H_2SO_4 强酸	$HClO_4$ 最强酸	
最高正化合价	+1	+2	+3	+4	+5	+6	+7	
负化合价				-4	-3	-2	-1	0

第 3～10 号元素，是从活泼的碱金属锂逐渐过渡到非金属性强的氟，最后以稀有气体氖结尾；它们的最高价氧化物对应的水化物酸碱性也呈现出规律性的变化，随着原子序数的递增，最高价氧化物对应的水化物的碱性逐渐减弱，酸性逐渐增强；11～18 号元素也是这样。

通过上面的研究、讨论，可以归纳出一条重要规律，即元素周期律：元素的性质随原子序数的递增而呈周期性的变化。

最初的元素周期律是由俄国化学家门捷列夫于 1869 年提出的。

二、元素周期表

把目前已知的 118 种元素，按原子序数递增顺序排列，并将原子的电子层数相同的元素从左到右排成一个横行；把不同横行中最外层的电子数相同的元素，按电子层递增的顺序由上而下排成纵行，就可以得到一个表，这个表叫做元素周期表（见附页）。

元素周期表

元素周期表是元素周期律的具体形式，它反映了元素之间的内在联系。

1. 周期表的结构

（1）周期　元素周期表的每一个横行称为一个周期，共有 7 个周期。前三周期所含元素较少，分别为 2、8、8 种，称为短周期；第四～七周期所含元素较多，分别为 18、18、32、32 种，称为长周期。元素周期表中周期的序数与电子层结构的关系为

$$周期序数＝电子层数$$

第六周期中从 57 号镧 La 到 71 号镥 Lu 共 15 种元素，原子结构和性质极为

相似，总称为镧系元素。第七周期中的 89 号叫锕 Ac 到 103 号铹 Lr 共 15 种，总称为锕系元素，为使周期表的结构紧凑，将镧系元素和锕系元素在周期表中各占一格，按照原子序数递增的顺序，将镧系元素和锕系元素排成两个横行附在周期表下方。

（2）族　周期表中有 18 个纵行，一般每一纵行为一族（只有第 8、9、10 三纵行为一族），共分为 16 个族。

① 主族。周期表中共有 8 个主族，是由短周期元素和长周期元素共同构成的。用 ⅠA、ⅡA、…、ⅧA 表示。主族的序数与电子层结构的关系为

$$主族序数＝最外层电子数$$

② 副族。周期表中共 8 个副族，完全由长周期元素构成。用 ⅠB、ⅡB、…、ⅧB 表示。

2. 元素性质的递变规律

元素的金属性和非金属性是指其原子在化学反应中失去和获得电子的能力。金属性是指金属原子失去电子形成阳离子的性质。非金属性是指元素的原子获得电子形成阴离子的性质。我们可以从元素最高价氧化物的水化物的酸碱性来判断元素金属性和非金属性的强弱：碱性越强，金属性越强；酸性越强，非金属性越强。

同周期的元素，从左到右随着核电荷数的递增，原子半径逐渐变小，原子核对外层电子的引力逐渐增大，失电子能力逐渐减弱，得电子能力逐渐增强。金属性逐渐减弱，如 $Na>Mg>Al$；非金属性逐渐增强，如 $P<S<Cl$。金属的最高价氧化物对应的水化物碱性逐渐减弱。$NaOH>Mg(OH)_2>Al(OH)_3$；非金属的最高价氧化物对应的水化物酸性逐渐增强，如 $H_3PO_4<H_2SO_4<HClO_4$（高氯酸）。

同一主族的元素，从上到下随着电子层数逐渐增多，原子半径逐渐增大，得电子能力逐渐减弱，失电子能力逐渐增强。所以元素的非金属性逐渐减弱，非金属的最高价氧化物对应的水化物酸性逐渐减弱，金属性逐渐增强，金属的最高价氧化物对应的水化物碱性逐渐增强。例如，第 ⅠA 族元素，金属性 $Li<Na<K$；碱性 $LiOH<NaOH<KOH$。第 ⅤA 族元素，非金属性 $N>P$，酸性 $HNO_3>H_3PO_4$。

主族元素金属性和非金属性的递变规律，如表 3-3 所示。副族元素化学性质的变化规律比较复杂，这里不作讨论。

元素的化合价和原子的电子层结构，特别是最外层的电子数目有密切关系。通常我们将元素原子的最外层电子叫价电子。有些元素（副族）的化合价与该元素原子的次外层，甚至倒数第三层的部分电子有关，故这部分电子也叫价电子。元素的价电子全部失去后所表现出的化合价称为最高正价。

表 3-3 主族元素金属性和非金属性的递变规律

族 周期	ⅠA	ⅡA	ⅢA	ⅣA	ⅤA	ⅥA	ⅦA	
1				非金属性逐渐增强 →				非 金 属 性 逐 渐 增 强
2	金 属 性 逐 渐 增 强		B					
3		Al	Si					
4			Ge	As				酸 性 逐 渐 增 强
5	碱 性 逐 渐 增 强			Sb	Te			
6					Po	At		
7			← 金属性逐渐增强					

从表 3-4 可以看出，对于主族元素，存在如下关系：

元素的最高正化合价＝主族的序数

副族元素和Ⅷ族的化合价比较复杂，在这里不作介绍。

表 3-4 各主族元素的价电子数和化合价的关系

主族	ⅠA	ⅡA	ⅢA	ⅣA	ⅤA	ⅥA	ⅦA
价电子数	1	2	3	4	5	6	7
最高正价	+1	+2	+3	+4	+5	+6	+7
负化合价				−4	−3	−2	−1

元素的性质是由原子结构决定的。元素性质、原子结构和该元素在元素周期表中的位置三者之间有着密切的关系，我们可以根据元素的原子结构，来推断它在元素周期表中的位置及其性质。例如，已知某元素的原子序数为 17，推论该元素在元素周期表中的位置。该元素原子结构示意图为：+17 2 8 7，因为周期的序数＝电子层数，主族的序数＝最外层电子数，所以，该元素属于第三周期，第Ⅶ A，该元素具有非金属性。

思考与练习

一、选择题

1. 下列元素中最高正化合价数值最大的是（ ）。

　A. K　　　　　　B. S　　　　　　C. Cl　　　　　　D. Ar

2. 下列元素中位于第三周期的元素是（ ）。

A. O   B. H   C. S   D. C

3. 原子序数从 11～18 的元素，随着核外电荷数的递增而逐渐增大的是（   ）。

    A. 电子层数   B. 电子数   C. 原子半径   D. 化合价

4. 下列含氧酸中酸性最强的是（   ）。

    A. H_2SO_4 B. $HClO_4$ C. H_2SiO_3 D. H_3PO_4

5. 元素性质呈周期性变化的原因是（   ）。

    A. 原子量逐渐增大   B. 核电荷数逐渐增大

    C. 核外电子排布呈周期性变化   D. 元素的化合价呈周期性变化

6. X 元素原子最外层有 7 个电子，Y 元素原子最外层有 4 个电子，它们形成的化合物的化学式是（   ）。

    A. YX_4 B. X_4Y_7 C. X_7Y_4 D. XY_4

二、判断题

1. 只有达到 8 个电子的结构才是稳定结构。   （　　）

2. 电子总是最先排布在能量最低的电子层里，然后再依次排布在能量较高的电子层里。

                                      （　　）

3. 同一族元素其最外层电子数一定相同。   （　　）

4. 惰性元素原子最外层都是 8 个电子。   （　　）

5. 凡是原子最外层有 2 个电子的元素，都是ⅡA族元素。   （　　）

6. 元素的性质只由原子核外最外层电子数决定。   （　　）

7. 非金属元素的最高正化合价和它的负化合价之和等于 8。 （　　）

三、按要求回答问题

1. 填表

元素符号	原子序数	最外层电子数	周期	族	最高正化合价	最高价氧化物	最高价氧化物的水化物	负化合价
	17							
		3	3					
			2	ⅣA				
			3		+5			
						SO_3		

2. 根据元素在元素周期表中的位置，判断下列各组化合物的水溶液，哪个酸性较强？哪个碱性较强？

（1）$NaOH$、$Mg(OH)_2$、$Al(OH)_3$

（2）$Mg(OH)_2$、$Ca(OH)_2$、$Ba(OH)_2$

（3）H_3PO_4、H_2SO_4、$HClO_4$

（4）H_3PO_4、HNO_3

门捷列夫与元素周期表

1867年，圣彼得堡大学化学教授门捷列夫正着手编著一部普通化学教科书，他所遇到的一个问题是寻找一种合乎逻辑的方式来组织当时已知的60多种元素，为了寻找它们内在的联系和规律，门捷列夫在批判继承前人工作的基础上，对大量事实进行了订正、分析和概括，成功地对元素进行了分类，发现了元素的性质随着原子序数的递增而呈现周期性的变化，这就是元素周期律。他还根据元素周期律编制了第一个元素周期表。元素周期表首次出现在1869年3月6日，是在俄罗斯化学协会一次会议上宣读的一篇论文中提出的。

随着原子结构理论不断发展和新元素的发现，元素周期律和元素周期表逐步发展成为现在的形式。元素周期律的发现和元素周期表的编制，对于化学科学的发展有很大影响。

元素周期表是学习和研究化学的一种重要工具。元素周期表是元素周期律的具体表现形式，它反映了元素之间的内在联系。人们可以利用元素的性质、它在元素周期表中的位置以及它的原子结构三者之间的关系，来指导我们对化学的学习和研究。

过去，门捷列夫曾用元素周期表预言当时未知的元素，如类硼（钪）、类铝（镓）、类硅（锗），不久便得到了证实。此后，人们在元素周期律、元素周期表的指导下，对元素的性质进行系统的研究，对物质结构理论的发展起了一定的推动作用，同时，对于新元素的发现以及预测它们的原子结构和性质，也提供了线索。

元素周期律和元素周期表对于工农业生产也有一定的指导作用，由于在元素周期表中位置靠近的元素性质相近，这就启发人们在元素周期表中一定的区域内寻找新的物质。例如通常用来制造农药的元素，如氟、氯、硫、磷、砷等在元素周期表中占有一定的区域，对这个区域里的元素进行广泛的研究，有助于制造出新品种的农药。又例如要找半导体材料，可以在元素周期表里金属和非金属的交界处去找，如硅、锗、硒等就是。人们还可以在过渡元素中去寻找制取催化剂和耐高温、耐腐蚀合金材料的元素。

另外，在同位素的研究和应用，以及研究元素在自然界和生物体中的分布及移动情况等方面，元素周期律都起着重要的指导作用。元素周期律的重要意义还在于它从自然科学上有力地论证了事物变化的量变引起质变的规律性。

第三节　化学键

物质种类非常之多，但是仅仅有一百多种元素，它们是怎么样形成这么多形形色色的物质呢？原子如何形成分子？原子之间按怎样的数目比结合成分子？为什么有些气体单质是双原子分子，而稀有气体是单原子分子？

在本节中，我们将在原子结构的基础上，进一步研究原子如何相互结合形成分子，以及分子结构与物质性质的关系。

原子在形成分子或晶体时，相邻的两个或多个原子之间强烈的相互作用叫化学键。

原子相互作用时，原子核没有变化，只是原子的外层电子重新进行分布。由于各原子的核外电子结构不同，所以各原子间相互作用力也就不同，因此，化学键就有不同的类型。按元素原子间的相互作用的方式和强度不同，化学键又分为离子键、共价键和金属键。

一、离子键

在一定条件下，活泼金属元素的原子容易失去电子，活泼非金属元素的原子容易得到电子，这两种元素的原子相接触时，很容易发生反应，它们的原子有失去和得到电子的趋势而使核外电子层结构达到稳定状态。

例如，金属钠在氯气中的燃烧反应。

$$2Na + Cl_2 \xrightarrow{\text{点燃}} 2NaCl$$

这是因为钠原子最外层有一个电子，容易失去，形成带 1 个单位正电荷的 Na^+。

$$Na - e \longrightarrow Na^+$$

而氯原子最外层有 7 个电子，容易获得 1 个电子，形成带 1 个单位负电荷的 Cl^-。

$$Cl + e \longrightarrow Cl^-$$

钠原子和氯原子得失电子后，都形成了稳定的结构。钠离子与氯离子之间除了有静电相互吸引的作用外，还有电子和电子、原子核和原子核之间的相互排斥作用。当吸引与排斥作用达到平衡时，阴、阳离子之间就形成了稳定的化学键。

在化学反应中，一般都是原子的最外层电子参与反应。为描述起来方便，我们可以在元素符号周围用小黑点（或×）来表示原子的最外层电子，这种式子叫做电子式，如 Na、Mg、H、Cl 的电子式为

$$\text{Na}\times \qquad \times \text{Mg}\times \qquad \text{H}\cdot \qquad \cdot \ddot{\underset{..}{\text{Cl}}}:$$

还可以用电子式表示化合物的形成过程。例如用电子式表示氯化钠的形成过程。

$$\text{Na}\times \ + \ \cdot \ddot{\underset{..}{\text{Cl}}}: \longrightarrow \text{Na}^+ \left[\overset{\times}{\underset{..}{\ddot{\text{Cl}}}}: \right]^-$$

离子键

在化学反应中，由于原子间的电子转移，生成了阴离子和阳离子，阴、阳离子通过静电作用所形成的化学键，叫做离子键。由离子键结合的化合物叫做离子化合物。

活泼金属（钾、钠、钙等）与活泼非金属（氯、溴、氧等）反应时形成离子键，绝大多数盐类、碱类和部分金属氧化物是离子化合物，如 $MgCl_2$、Na_2SO_4、KOH、MgO 等。

因为静电作用力无方向性，静电作用力也无饱和性，所以离子键既无方向性又无饱和性。例如在氯化钠晶体中，每个钠离子周围排列着 6 个氯离子，每个氯离子周围排列着 6 个钠离子，每个离子与一个异电荷离子相互吸引形成离子键。所以 NaCl 化学式仅表示在氯化钠晶体中这两种元素间原子的比例为 1:1。

二、共价键

前面我们研究了活泼的金属与活泼的非金属化合时能形成离子键，那么非金属之间相互化合时的情况如何呢？让我们看一下氢原子形成氢分子时的情况。

氢为非金属元素，氢分子是由两个氢原子结合而成的，在形成氢分子时，由于它们得失电子的能力相同，电子不可能从一个氢原子转移到另一个氢原子，而是两个氢原子各提供 1 个电子，形成共用电子对，使 2 个原子的电子层都达到稳定结构。用电子式表示氢分子的形成过程如下。

$$\text{H}\cdot + \times\text{H} \longrightarrow \text{H}\overset{\times}{\underset{.}{:}}\text{H}$$

在化学上常用一根短线表示 1 对共用电子对，因此氢分子的结构式又可表示为 H—H。

原子间通过共用电子对所形成的化学键叫做共价键。由共价键结合而成的化合物称为共价化合物，如 CO_2、H_2O、NH_3 等。

共价化合物的原子之间可以共用 1 对电子，形成 1 个共价键；也可以共用 2 对或 3 对电子，形成 2 个或 3 个共价键。例如

$$:\ddot{\underset{..}{\text{Cl}}}\overset{\times\times}{\underset{\times\times}{\times}}\ddot{\text{Cl}}\overset{\times\times}{\underset{\times\times}{}} \qquad\qquad :\text{N}\overset{\times\times}{\underset{..}{:}}\text{N}\times$$

$$\text{Cl—Cl} \qquad\qquad\qquad \text{N}\equiv\text{N}$$

由于同种原子吸引电子的能力相同，共用电子对不偏向任何一方，这种共价

键称为非极性共价键，简称非极性键，在 H_2、Cl_2、O_2、N_2 等双原子单质分子中的共价键都是非极性共价键；而不同种原子吸引电子的能力不同，共用电子对偏向于吸引电子能力较强的一方而偏离于吸引电子能力较弱的另一方，此种共价键称为极性共价键，简称极性键，在 HCl、H_2O、CO_2、NH_3 等分子中不同原子间的共价键是极性共价键。

共价键

共价键具有饱和性和方向性，这是它区别于离子键的重要特点。

*三、金属键

金属有很多共同的物理特性，如金属有颜色和光泽，有良好的导电性和传热性，有好的机械加工性能等。金属有这些共性是因为金属具有类似的内部结构。

在金属晶体中有的原子上脱落下来的电子，不是固定在某一金属离子的附近，而是在金属晶体中自由运动，叫做自由电子，图 3-1 中黑点代表自由电子。

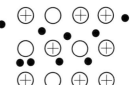

图 3-1　金属结构示意图

在金属晶体中，由于自由电子不停地运动，把金属原子和离子联系在一起，这种化学键叫做金属键。金属键没有方向性和饱和性。

 思考与练习

一、选择题

1. 下列各组物质中，化学键类型相同的是（　　　）。

　A. KCl 和 HCl　　　　B. H_2S 和 K_2S　　　C. HCl 和 CCl_4　　　D. F_2 和 KI

2. 以原子序数表示的下列各组原子，能以离子键结合的是（　　　）。

　A. 10 和 19　　　　B. 6 和 16　　　　C. 11 和 17　　　　D. 14 和 8

二、按要求回答问题

1. 用电子式表示 $CaCl_2$、H_2O 分子的形成过程。

2. 指出下列物质中存在的化学键的类型

（1）Na_2O　　　（2）Cl_2　　　（3）H_2S　　　（4）KCl　　　（5）Na

3. "离子化合物中只有离子键"，对吗？试举例说明。

第四章

化学反应速率与化学平衡

 学习目标

1. 能够复述化学反应速率的概念并正确书写其表示方法，并进行简单的计算。

2. 能够分析影响化学反应速率的因素，并说出不同的影响情况，根据相关规律说出现实工作中如何调整条件有助于生产效率。

3. 能够复述化学平衡的概念，并正确写出化学平衡常数的表达形式，进行简单的平衡方向判断。

4. 能够通过小组讨论阐述影响化学平衡移动的因素，并说明如何影响，可以复述勒夏特列原理。

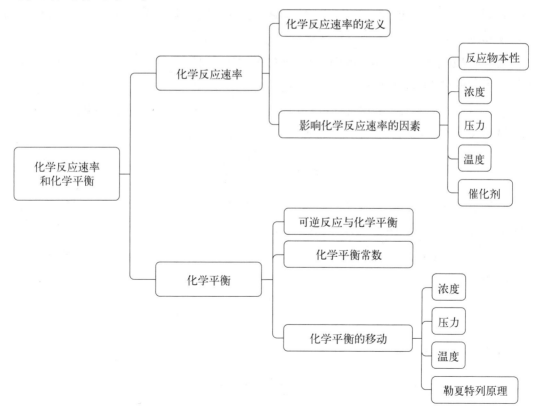

化学反应需要在一定条件下才能进行，研究化学反应，不仅要注意其产物的种类，还必须注意两个方面的问题，一是反应进行的快慢，即化学反应速率问题；二是化学反应进行的程度，即化学平衡问题。例如，工业上合成氨的反应，就要在高温、高压和有催化剂存在的条件下进行。人们总希望有利的反应进行得快些完全些，而对于不希望发生的反应采取某些措施抑制它的发生。当我们掌握了化学反应速率和化学平衡的规律后，就可以根据需要，采取适当的措施，改变化学反应的速率和化学平衡，使反应尽可能地向人们希望的目标进行。

第一节　化学反应速率

一、化学反应速率的定义

各种化学反应进行的速率差别很大，即使是同一反应，在不同的条件下，反应速率也不相同，有些化学反应可在瞬间完成，如炸药的爆炸、酸碱溶液的中和反应等；而有些化学反应则需要经过数小时甚至数亿万年，如许多有机化学反应，石油、煤的形成等。在生产实践中，我们经常会遇到控制反应速率的问题。对人类有利的反应，总希望反应的速率快一些，如氨的合成；而对于油脂的酸败、食物的腐烂、药品的变质、金属的腐蚀等，又要设法使其反应速率减慢或防止反应发生。

化学反应速率通常用单位时间（如每秒、每分或每小时等）内反应物浓度的减小或生成物浓度的增加来表示。浓度的单位一般为 mol/L，化学反应速率的常用单位为 $mol/(L \cdot s)$ 或 $mol/(L \cdot min)$ 等。化学反应速率是表明化学反应进行的快慢程度的物理量。

$$化学反应速率 = \frac{浓度的变化}{变化所需要的时间}$$

例如，在氨的合成反应 $N_2 + 3H_2 \longrightarrow 2NH_3$ 中，若开始时，N_2 和 H_2 的浓度分别为 $1mol/L$ 和 $3mol/L$，经过 $2s$ 后，测得 N_2、H_2 和 NH_3 的浓度分别为 $0.8mol/L$、$2.4mol/L$ 和 $0.4mol/L$，那么该反应的反应速率 v 若以反应物 N_2 来表示，则

$$v(N_2) = \frac{1mol/L - 0.8mol/L}{2s} = 0.1mol/(L \cdot s)$$

若以反应物 H_2 来表示，则

$$v(H_2) = \frac{3mol/L - 2.4mol/L}{2s} = 0.3mol/(L \cdot s)$$

若以反应物 NH_3 来表示，则

$$v(NH_3) = \frac{0.4mol/L - 0}{2s} = 0.2mol/(L \cdot s)$$

由此可见，对于同一化学反应，用不同的反应物或生成物的浓度变化来表示化学反应速率时，其数值是不同的。因此，表示某个化学反应的反应速率时，必须注明是以反应中哪一种物质来表示的。显然，用不同的物质变化求得的化学反应速率之比等于各物质在方程式中的系数之比。

二、影响化学反应速率的因素

不同浓度盐酸溶液与碳酸氢钠反应

化学反应速率首先取决于反应物的本性。例如，锌和稀盐酸的反应剧烈，而铜和稀盐酸就不反应。此外，影响化学反应速率的主要因素是浓度、压力、温度和催化剂。

1. 浓度对化学反应速率的影响

【演示实验 4-1】取 2 支试管，分别注入浓度为 0.1mol/L 和 0.5mol/L 的硫代硫酸钠（$Na_2S_2O_3$）溶液各 2mL，分别注入 5mL 0.2mol/L（H_2SO_4）溶液，观察现象。结果发现，$Na_2S_2O_3$ 溶液浓度大的试管先出现浑浊现象。

浓度对化学反应速率的影响

$Na_2S_2O_3$ 溶液与稀 H_2SO_4 作用时发生如下反应。

$$Na_2S_2O_3 + H_2SO_4 \longrightarrow Na_2SO_4 + SO_2\uparrow + S\downarrow + H_2O$$

根据溶液出现浑浊时间的长短，可判断反应速率的快慢。

大量实验证明，当其他条件不变时，增大反应物的浓度，可以加快化学反应速率；反之，减小反应物浓度，可以减慢化学反应速率。

2. 压力对化学反应速率的影响

对于一定量的气体反应来说，当温度一定时，加大压力，气体体积缩小，气体浓度增大，反应速率随之加快；反之，减小压力，反应速率减慢。如图 4-1 所示。

如果压力增大到原来的 2 倍，气体的体积就缩小到原来的一半，单位体积内的分子数就增多到原来的 2 倍，即浓度增加到原来的 2 倍。所以，增大压力，就是增大了气体的浓度，因而可以加快化学反应速率。

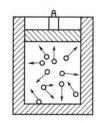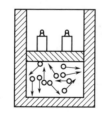

图 4-1 压力对气体体积的影响

如果反应物质全部是固体或液体时，由于改变压力对它们的体积影响很小，因而它们的浓度改变很小，所以可以认为，压力对它们的反应速率无影响。

大量实验证明，对于有气体物质参加的反应，当其他条件不变时，增加压力，可以加快化学反应速率；反之，减少压力，可以减慢化学反应速率。

3. 温度对化学反应速率的影响

温度对化学反应速率的影响特别显著，例如，在常温下，氢气和氧气化合生成水的反应非常缓慢，以致几年都观察不出有反应发生。如果将温度升高到 600℃时，它们立即反应并发生猛烈爆炸。

温度对化学反应速率的影响

又如金属镁与冷水反应非常缓慢，而与沸水反应时速率明显加快，这也说明在浓度一定时，升高温度可以使化学反应速率加快。

【演示实验 4-2】 在 2 支试管中，都加入 10mL 0.1mol/L 的 $Na_2S_2O_3$ 溶液，再分别加入 10mL 0.1mol/L H_2SO_4 溶液互相混合，一组插入冷水中，另一组插入 60℃左右的热水中，观察现象。如图 4-2 所示。

可以观察到，插入热水中的一个首先变浑浊。

化学家根据实验总结出一条近似规律：温度每升高 10℃，反应速率通常增大 2～4 倍。

大量实验证明，当其他条件不变时，升高温度，可以加快化学反应速率；反之，降低温度，可以减慢化学反应速率。

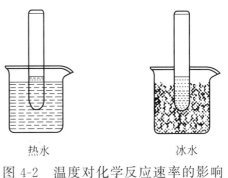

热水　　　　冰水

图 4-2　温度对化学反应速率的影响

4. 催化剂对化学反应速率的影响

在化学反应里，凡能改变化学反应速率，而本身的组成、质量和化学性质在反应前后保持不变的物质叫做催化剂。例如，实验室用氯酸钾分解制取氧气时，在常温或加热时，分解的速率都很慢，当用二氧化锰作催化剂时，加热氯酸钾，立即产生大量的氧气，这说明催化剂加快了反应速率。

催化剂在现代化工生产中起着十分重要的作用。许多反应速率比较慢的化学反应，由于采用了适当的催化剂，使其在工业生产上具有很大的实用价值。例如，在合成氨工业中，采用铁催化剂，加快了氨的合成速率，使工业上氨的合成反应成为现实。许多生物化学反应，也是在催化剂的作用下进行的。酶就是生物体内的生物催

催化剂对化学反应速率的影响

化剂，它能催化多种生物化学反应，像淀粉酶能促进淀粉水解，蛋白酶能促进蛋白质水解等，在生物体内，酶的作用十分重要，可以说没有酶的作用，生命就不能存在。

有些物质能延缓某些反应的速率，如橡胶中的防老剂，像这样的物质一般叫做负催化剂。通常所说的催化剂多数是指可以加快化学反应速率的物质，叫做正催化剂。催化剂如果不加以说明，都是指正催化剂。

大量实验证明，当其他条件不变时，加入催化剂，可以改变化学反应的速率。

思考与练习

一、选择题

对有气体参加的反应，影响反应速率的主要因素是（　　）。

A. 浓度和温度　　　　　　　　　B. 浓度和压力

C. 温度、浓度、压力和催化剂　　D. 温度、压力和催化剂

二、判断题

1. 对气体参加的反应，在一定温度下，增加压力，相当于增加反应物浓度。（　　）

2. 任何条件下，催化剂都能大大提高化学反应的速率。（　　）

3. 同一个化学反应的反应速率既可用各个反应物来表示，也可用各个产物来表示，其数值是一样的。（　　）

三、问答题

1. 为什么冷冻法可延长食品的保鲜期？

2. 在铁和硫酸铜溶液的反应中，增大压强，反应速率有无变化？为什么？

3. 将两颗质量相同、形状相似的锌粒分别放入 0.1mol/L 的盐酸和硫酸中，为什么硫酸放出氢气较快？

四、计算题

对于反应 $2N_2O_5 \Longrightarrow 4NO_2 + O_2$，$N_2O_5$ 的起始浓度为 2.10mol/L，经过 100s 后，N_2O_5 的浓度为 1.95mol/L，写出用 N_2O_5 表示的反应速率。

 科海拾贝

神奇的化学红绿灯——碘钟反应

碘钟反应是一种化学振荡反应，其体现了化学动力学的原理。它于 1886 年被瑞士化学家发现。在碘钟反应中，两种（或三种）无色的液体被混合在一起，并在几秒钟后变成靛蓝色。碘酸根被硫代硫酸钠还原是一个很吸引人的反应，常常被用来作为说明反应速率的实验典范。如事先同时加入少量硫代硫酸钠标准溶液和淀粉指示剂，则产生的碘便很快被还原为碘离子，直到 $S_2O_3^{2-}$ 消耗完，游离碘遇上淀粉即显示蓝色。从反应开始到蓝色出现所经历的时间，即可作为反应初速的计量。由于这一反应能自身显示反应进程，故常称为"碘钟"反应。

首先，要准备好实验所需的试剂：29% 过氧化氢溶液、丙二酸、硫酸锰、可溶性淀粉、碘酸钾、1mol/L 硫酸。

然后利用这些试剂，配制出以下三组溶液：

甲溶液：量取 97mL 29% 的过氧化氢溶液，转移入 250mL 容量瓶里，用蒸馏水稀释到刻度，得 3.6mol/L 过氧化氢溶液。

乙溶液：分别称取 3.9g 丙二酸和 0.76g 硫酸锰，分别溶于适量水中。另称取 0.075g 可溶性淀粉，溶于 50mL 左右沸水中。把三者转移入 250mL 容量瓶里，稀释到刻度，得到含 0.15mol/L 丙二酸、0.02mol/L 硫酸锰和 0.03% 淀粉的混合溶液。

丙溶液：称取 10.75g 碘酸钾溶于适量热水中，再加入 40mL 1mol/L 硫酸溶液酸化。转移入 250mL 容量瓶里，稀释到刻度，得到 0.2mol/L 碘酸钾和 0.08mol/L 硫酸的混合溶液。

将甲、乙、丙三组溶液等体积混合，配好的混合溶液里含有过氧化氢 1.2mol/L、丙二酸 0.05mol/L、硫酸锰 0.0067mol/L、碘酸钾 0.067mol/L、淀粉 0.01%。

反应分成两步进行：

第一步，碘酸钾和过氧化氢在酸性条件下反应，生成的碘积攒到一定浓度时遇到淀粉变蓝，反应方程式为：

$$2KIO_3 + 5H_2O_2 + H_2SO_4 \longrightarrow I_2 + K_2SO_4 + 6H_2O + 5O_2\uparrow$$

第二步，碘单质被氧化，蓝色褪去，反应方程式为：

$$I_2 + 5H_2O_2 + K_2SO_4 \longrightarrow 2KIO_3 + 4H_2O + H_2SO_4$$

除了碘元素的这个实验，化学世界里还有很多神奇的反应，有兴趣的小伙伴们可以持续关注哦！

第二节　化学平衡

我们学习了化学反应速率以及影响反应速率的一些重要因素，在化学研究和化工生产中，只考虑反应速率是不够的，还要考虑反应能进行到什么程度，即有多少反应物转化为生成物，这就是化学平衡问题。

一、可逆反应与化学平衡

1. 可逆反应

有些反应一旦发生就能进行到底，如实验室制备氧气时，以二氧化锰作催化剂，氯酸钾受热迅速分解生成氯化钾和氧气。

化学平衡应用实例

$$2KClO_3 \xrightarrow[\triangle]{MnO_2} 2KCl + 3O_2\uparrow$$

像这样几乎只能向一个方向进行的反应叫做不可逆反应。

我们知道，氯水是复杂的混合液，除含有氯气和水之外，还含有盐酸和次氯酸。这是因为当氯气溶于水生成氯水时，氯气和水发生反应生成盐酸（HCl）和次氯酸（HClO），同时，盐酸和次氯酸又能发生反应，再转化为原来的反应物氯气和水，也就是说，氯气溶于水时同时进行着两个方向相反的反应，像这种在同一条件下，能同时向两个相反方向进行的反应叫可逆反应。可逆反应的方程式中用可逆符号来表示，而不能用等号。即

$$Cl_2 + H_2O \rightleftharpoons HCl + HClO$$

对可逆反应来说，我们通常把从左向右的反应叫正反应，从右向左的反应叫逆反应。

2. 化学平衡

在可逆反应中，反应物能不能完全转化为生成物？在反应过程中，化学反应速率又如何变化？下面我们以合成氨的反应情况来进行讨论。

工业上合成氨的反应是在高温、高压、催化剂的条件下进行的。

$$N_2 + 3H_2 \rightleftharpoons 2NH_3 + 92.38kJ/mol$$

当反应开始时，氮气和氢气的浓度最大，因而它们化合生成氨气的正反应速率（$v_正$）最大，此时氨气的浓度为零，它分解生成氢气和氮气的逆反应速率（$v_逆$）为零。随着反应的进行，反应物氢气和氮气的浓度逐渐减小，正反应的速率就逐渐减小，生成物氨气的浓度逐渐增大，逆反应的速率逐渐增大，直至 $v_正 = v_逆$（见图 4-3）。这时，单位时间内正反应消耗的氢气和氮气的分子数恰好等于逆反应生成的氢气和氮气的分子数。反应体系中氮气、氢气和氨气的浓度不再发生变化，但是正反应和逆反应仍在继续进行，可逆反应处于化学平衡状态。

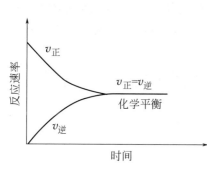

图 4-3　正逆反应速率与化学平衡的关系

化学平衡就是指在一定条件下的可逆反应里，当正反应的速率和逆反应的速率相等时，反应混合物中各组成成分的浓度不再随着时间而改变的状态。化学平衡是一种动态平衡。

二、化学平衡常数

总结许多化学实验结果得出，任何一个可逆反应在一定温度下，无论从正反应开始或是从逆反应开始，无论反应起始时反应物的浓度大小，最后都能达到化学平衡状态。达到平衡状态，生成物平衡浓度幂的乘积与反应物平衡浓度幂的乘

积之比是一个常数，这个常数称为化学平衡常数，用 K 表示。

总结许多化学实验结果得出，对于任何一个可逆反应，达到平衡时，其平衡常数可表示为

$$m\text{A}+n\text{B} \rightleftharpoons p\text{C}+q\text{D}$$

$$K=\frac{[\text{C}]^p[\text{D}]^q}{[\text{A}]^m[\text{B}]^n}$$

式中 $[\text{A}]$、$[\text{B}]$、$[\text{C}]$、$[\text{D}]$ 为反应物和生成物平衡时的浓度，p、q、m、n 为反应式中各相应化学式前的系数。

化学平衡常数 K 值的大小是反应进行程度的衡量标志。K 值越大，表明达到平衡时，生成物浓度越大，反应物浓度越小，即正反应进行得越彻底；反之，K 值越小，表明达到平衡时，生成物浓度越小，反应物浓度越大，即正反应进行的程度越小。

对于一个可逆反应，在不同温度下，化学平衡常数有不同的数值。但当温度一定时，K 值就一定，它不受浓度变化的影响，因此平衡常数与物质的浓度无关，只随温度而变化。

在化学平衡常数表达式中，只包括气体和溶液的浓度，不包括固体和纯液体。同一可逆反应的平衡常数，随反应方程式中各物质的计量系数不同而改变。例如

$$\text{Fe}_3\text{O}_4(\text{s})+4\text{H}_2(\text{g}) \rightleftharpoons 3\text{Fe}(\text{s})+4\text{H}_2\text{O}(\text{g})$$

$$K=\frac{[\text{H}_2\text{O}]^4}{[\text{H}_2]^4}$$

$$2\text{SO}_2+\text{O}_2 \rightleftharpoons 2\text{SO}_3$$

$$K=\frac{[\text{SO}_3]^2}{[\text{SO}_2]^2[\text{O}_2]}$$

$$\text{SO}_2+\frac{1}{2}\text{O}_2 \rightleftharpoons \text{SO}_3$$

$$K=\frac{[\text{SO}_3]}{[\text{SO}_2][\text{O}_2]^{1/2}}$$

三、化学平衡的移动

研究化学平衡的目的，是要了解各种因素对化学平衡状态的影响，促使平衡状态更加符合我们的愿望。

化学平衡只是可逆反应在一定条件下一种相对的、暂时的稳定状态。平衡的外界条件（浓度、压力、温度等）一旦发生变化，原来的平衡状态就会被破坏，各物质浓度就会发生变化，使正、逆反应速率不再相等，直到在新的条件下，反

应又达到新的平衡状态。像这样因外界条件的改变，使原有的化学平衡被破坏，直至建立起新的化学平衡的过程，叫做化学平衡的移动。

下面着重讨论浓度、压力和温度的改变对化学平衡的影响。

1. 浓度对化学平衡的影响

浓度对化学
平衡的影响

在其他条件不变的情况下，当化学反应达到平衡时，改变任何一种反应物或生成物的浓度，都会引起化学平衡的移动。

【演示实验 4-3】　在一个小烧杯里混合 10mL 0.01mol/L FeCl₃ 溶液和 10mL 0.1mol/L KSCN（硫氰化钾）溶液，溶液立即变成血红色。将此溶液平均分到 3 支试管中，然后在第 1 支试管里加入 0.5mL 1mol/L FeCl₃ 溶液，在第 2 支试管里加入 0.5mL 1mol/L KSCN 溶液，观察这 2 支试管里溶液颜色的变化，并和第 3 支试管比较。

氯化铁与硫氰化钾起反应，生成氯化钾和血红色的硫氰化铁，这个反应可表示为

$$FeCl_3 + 3KSCN \rightleftharpoons 3KCl + Fe(SCN)_3$$

（血红色）

从上面实验可以看到，在平衡混合物里，当加入氯化铁溶液或硫氰化钾溶液以后，溶液的颜色都变深了，这说明生成了更多的硫氰化铁。由此可见，增大任何一种反应物的浓度都有会使化学平衡向正反应方向移动。

浓度对化学平衡的影响可概括为：对于任何可逆反应，在其他条件不变的情况下，增大反应物的浓度（或减小生成物的浓度），都可以使平衡向着正反应的方向移动；增大生成物的浓度（或减小反应物的浓度），都可以使平衡向着逆反应的方向移动。

在工业生产上往往采用增大容易取得的或成本较低的反应物浓度的方法，而使成本较高的原料得到充分利用。例如，在硫酸工业里，常用过量的空气使二氧化硫充分氧化，以生成更多的三氧化硫。同样也可以采取将生成物不断从反应体系中分离出来的方法，使反应更好地向正反应方向进行。例如，在合成氨的反应中，就是将生成的氨不断地从反应的混合气体中分离出来。

2. 压力对化学平衡的影响

压力对化学
平衡的影响

对于有气体参加的可逆反应，当处于化学平衡状态时，如果改变压力，无论气态反应物还是气态生成物的浓度都会随之发生改变，改变压力也就会使化学平衡发生移动。例如，用注射器吸入一定体积的 NO₂ 和 N₂O₄ 混合气体，然后用橡皮塞将细管端加以封闭，反复推拉活塞，我们将会看到混合气体的颜色发生变化。

NO₂ 和 N₂O₄ 在一定条件下，处于化学平衡状态。即

$$2NO_2(g) \Longrightarrow N_2O_4(g)$$
（红棕色）　　　（无色）

当活塞往外拉时，混合气体的颜色先变浅又逐渐变深。这是因为注射器内体积增大，气体的压力减小，浓度也减小，导致颜色变浅；逐渐变深是因为化学平衡向着生成 NO_2 的逆反应方向移动，生成了更多的 NO_2。当活塞往里推时，混合气体的颜色先变深又逐渐变浅，这是因为注射器内体积减小，气体的压力增大，浓度也增大，导致颜色变深；逐渐变浅是因为化学平衡向着生成 N_2O_4 的正方向移动，生成了更多的 N_2O_4。

压力对化学平衡的影响可概括为：对于任何有气体参加的可逆反应，在其他条件不变的情况下，增大压力，化学平衡向着气体分子总数减少的方向移动；减小压力，化学平衡向着气体分子总数增加的方向移动。

在有些可逆反应里，反应前后气体分子总数没有变化。例如
$$2HI \Longrightarrow H_2 + I_2(g)$$
$$N_2 + O_2 \Longrightarrow 2NO$$

像这样，化学反应前后气体分子总数不变的反应，无论增大或减小压力，化学平衡都不发生移动。

固态或液态物质的体积，受压力的影响很小，可以忽略不计。因此，平衡混合物都是固体或液体时，改变压力，化学平衡也不发生移动。

温度对化学
平衡的影响

3. 温度对化学平衡的影响

化学反应总是伴随着能量的变化。对于可逆反应来说，正反应是放热反应，其逆反应必为吸热反应。在反应方程式中，用"$+Q$"表示放热，用"$-Q$"表示吸热。例如
$$2NO_2 \underset{吸热}{\overset{放热}{\Longrightarrow}} N_2O_4 + Q$$

（红棕色）　　　（无色）

【演示实验4-4】　如图4-4所示，在2个连通着的烧瓶中，装有 NO_2 与 N_2O_4 达到平衡的混合气体。用夹子夹住橡皮管，把1个烧瓶放进热水里，把另1个烧瓶放入冰水（或冷水）里，观察混合气体颜色的变化，并与常温时盛有相同混合气体的烧瓶中的颜色进行对比。

可以看到，放入热水中的烧瓶内的混合气体的颜色变深了，而放入冰水（或冷水）中的烧瓶内的混合气体的颜色变浅了，这是因为在不同的温度下，平衡发生了移动。变深是 NO_2 浓度增大了，平衡向逆反应方向发生了移动；变浅是因为 NO_2 浓度减小了，平衡向正反应方向发生了移动。

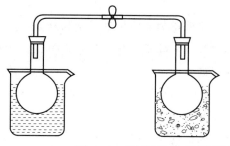
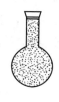

图 4-4 温度对化学平衡的影响

温度对化学平衡的影响可概括为：对于任何可逆反应，在其他条件不变的情况下，升高温度，化学平衡向吸热反应方向移动；降低温度，化学平衡向放热反应方向移动。

综合浓度、压力、温度等外界因素的变化对化学平衡的影响，可概括成一个原理：如果改变影响平衡的一个条件（如浓度、压力或温度等），平衡就向着能够减弱这种改变的方向移动，这个原理称为勒夏特列原理，也叫平衡移动原理。

还需指出：催化剂在可逆反应过程中，能同时、同等程度地改变正、逆反应的速率，因此，它对化学平衡的移动没有影响，但它能改变反应达到平衡所需的时间。

 思考与练习

一、选择题

1. 在合成氨 $N_2 + 3H_2 \rightleftharpoons 2NH_3 + Q$ 的反应中，不能向正反应方向移动的是（　　）。

　　A. 加入 H_2　　　　　　　　　　　B. 减小压力

　　C. 加入催化剂　　　　　　　　　　D. 适当升高温度

2. 下列平衡体系，若改变压力，平衡不发生移动的是（　　）。

　　A. $2HI(g) \rightleftharpoons H_2(g) + I_2(g)$　　　　B. $2NO + O_2 \rightleftharpoons 2NO_2$

　　C. $N_2 + 3H_2 \rightleftharpoons 2NH_3$　　　　　　D. $2SO_2 + O_2 \rightleftharpoons 2SO_3$

3. 在密闭系统中进行着反应 $2NO_2(g) \rightleftharpoons N_2O_4(g)$，升高温度气体颜色变深了，此现象说明（　　）。

　　A. 正反应是吸热反应　　　　　　　B. 逆反应是吸热反应

　　C. 正反应速率减慢了　　　　　　　D. 逆反应速率减慢了

4. 在 $2NO + O_2 \rightleftharpoons 2NO_2 + Q$ 平衡体系中，通入 O_2，平衡（　　）。

　　A. 向正反应方向移动　　　　　　　B. 向逆反应方向移动

　　C. 不移动　　　　　　　　　　　　D. 无法判断

5. 在下列平衡体系中，降温或加压都能使平衡向左移动的反应是（　　）。

　　A. $N_2 + O_2 \rightleftharpoons 2NO - Q$　　　　　　B. $CaO + CO_2 \rightleftharpoons CaCO_3 + Q$

　　C. $C + H_2O(g) \rightleftharpoons CO + H_2 - Q$　　　D. $2NO_2 \rightleftharpoons N_2O_4 + Q$

二、判断题

1. 催化剂能加快化学反应速率，因此催化剂能使化学平衡移动。 （　　）

2. 反应达到平衡时，平衡混合物中各成分的质量分数是个定值。 （　　）

3. 一切化学平衡都遵循勒夏特列原理。 （　　）

4. 对于可逆反应当 $CO_2 + C$ (s) $\rightleftharpoons 2CO - Q$，温度升高时，正反应速率增大，逆反应速率减小，所以平衡向正反应方向移动。 （　　）

5. 对于任何可逆反应，增大压力，均可增大化学反应速率。 （　　）

6. 催化剂不仅可以改变化学反应速率，而且还可以使化学平衡发生移动。 （　　）

7. 可逆反应达到平衡的主要特征是正、逆反应速率相等。 （　　）

8. 对于可逆反应 $C + H_2O$ (g) $\rightleftharpoons CO + H_2 - Q$，由于反应前后分子数相等，所以增加压力对平衡没有影响。 （　　）

三、写出下列可逆反应的平衡常数表达式

（1） $2SO_2 + O_2 \rightleftharpoons 2SO_3$

（2） $C + H_2O(g) \rightleftharpoons CO + H_2$

（3） $Fe_3O_4(s) + 4CO \rightleftharpoons 3Fe(s) + 4CO_2$

四、计算题

已知 $N_2 + 3H_2 \rightleftharpoons 2NH_3$，平衡时各物质的浓度分别为 $[N_2] = 3mol/L$，$[H_2] = 9mol/L$，$[NH_3] = 2mol/L$，求该反应的平衡常数 K。

📖 科海拾贝

科学家焦耳

在自然科学中，为了纪念一位科学家在某领域的贡献，常以该科学家的名字命名某物理量的单位，如开尔文、库仑、德拜、伏特等，能量单位"焦耳"则是为了纪念英国物理学家焦耳在热化学方面所做的贡献。

焦耳（1818—1889 年）出生于英国曼彻斯特的一个酿酒业主家庭，是英国著名科学家道尔顿的学生。道尔顿给他讲授了初等数学、自然哲学和化学等课程，这些为焦耳后来从事科学研究奠定了必要的理论基础，而且焦耳从道尔顿那里学会了如何把理论和实验紧密结合的研究方法。焦耳一生的大部分时间都是在实验室度过的。1840 年，22 岁的焦耳就根据电阻丝发热实验发表了第一篇科学论文即焦耳效应。1842 年德国的楞次也独立发现该效应，此规律后来称为焦耳-楞次定律。1847 年，焦耳做了他认为最好的实验：在一个量热器内装了水，中间装有带叶片的转轴，然后让下降的重物带动叶片旋转，由于叶片和水的摩擦，水温升高，根据重物下落所做的功以及量热器内水温的升高，就可以计算出热功当量值。除了用水做介质外，焦耳还用鲸鱼油代替水、用水

银代替水做实验。1878 年，焦耳做最后一次热功当量实验，结果与 1847 年所得的结果基本相同，与现在的热功当量值也十分接近。1840～1878 年的近 40 年中，焦耳共做过四百多次热功当量测定实验，最后以发表《热功当量的新测定》论文而结束对热功当量的研究。在热功当量测定中，焦耳也认识到：消耗了机械能，总能得到相当的热，热只是能量的一种形式，因此焦耳也被公认为是发现能量守恒和转换定律的代表人物之一。

　　1850 年焦耳被选为英国皇家学会会员。1852 年，焦耳和汤姆逊合作研究发现，当气体节流膨胀时，其温度发生变化，这就是焦耳-汤姆逊效应。他们的这一发现被用来建设大规模的制冷工厂。1866 年焦耳获英国皇家学会柯普利金质奖，1872 年和 1887 年两次任英国科学促进协会主席。

第五章

溶　液

 ## 学习目标

1. 认识化学分析用水、分散系和胶体。

2. 能够说出溶液的概念，理解溶解与结晶的平衡。

3. 能够说出溶液浓度的五种表示方法，灵活进行相关计算；口述一般溶液的配制方法。

4. 能够区分电解质的强弱并说出弱电解质的电离规律。

5. 能够写离子反应方程式，并说出离子互换反应进行的条件。

6. 能够写出水的电离平衡；会判断溶液的酸碱性；正确进行 pH 与 $c(H^+)$ 的换算。

7. 能够说出盐类水解的规律；会判断盐类溶液的酸碱性。

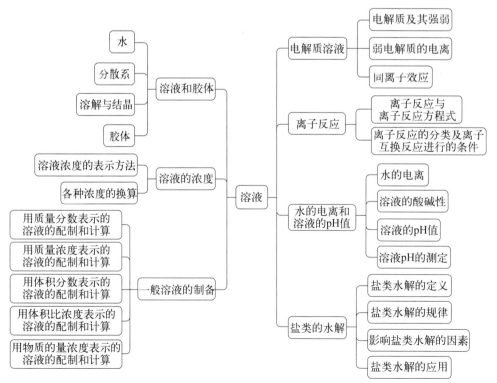

在自然界里溶液与人类的生存、动植物的生长、工农业生产以及科学实验有着密切的关系。尤其是在分析化学中，许多化学反应都是在溶液中进行的。因此，研究溶液的性质、学习溶液的有关概念和计算、掌握溶液的制备是分析专业的基本要求。

第一节 溶液和胶体

一、水

1. 水的组成与结构

水是宝贵的自然资源，它对于维持生命、工农业生产和科学实验都起着重大的作用。

在直流电的作用下，水被电解生成氢气和氧气，说明水是由氢和氧两种元素组成的。进一步的研究表明：每个水分子（H_2O）是由两个氢原子和一个氧原子构成的，并且这两个氢原子与一个氧原子形成 V 形结构。

2. 水的物理性质

纯净的水是无色、无味、无臭的液体。在压强为 101.325kPa 时，水的凝固点是 0℃，沸点是 100℃。在 4℃时水的密度最大，为 $1.0g/cm^3$。

3. 化学分析用水

化学分析用水包括蒸馏水和离子交换水等。

（1）蒸馏水 经蒸馏器蒸馏而制得的水叫蒸馏水。由于水中的大部分无机盐类不挥发，所以蒸馏水较纯净。但由于水中的二氧化碳等易挥发组分在蒸馏时随着水蒸气进入蒸馏水中，所以蒸馏水中仍含有一些杂质。这种水仅适用于准确度要求不高的一般分析检验。

若将上述普通蒸馏水经过煮沸除去二氧化碳，再加入少量高锰酸钾碱性溶液进行重新蒸馏，可以得到纯度较高的二次蒸馏水。

（2）离子交换水（去离子水） 用离子交换树脂去掉水中的阴、阳离子得到的纯水叫去离子水。去离子水的纯度高，适用于准确度较高的化学分析。

4. 化学分析用水的要求及一般检验方法

（1）金属阳离子含量低 取水样 10mL 于试管中，加入 2～3 滴氨-氯化铵缓冲溶液，将水调节到 pH＝10，加入 2～3 滴铬黑 T 指示剂，如水呈蓝色，表明金属阳离子含量低，符合分析要求。

（2）氯化物含量低 取水样 10mL 于试管中，加入硝酸酸化后，加入 2～3

滴硝酸银溶液，如溶液澄清无白色沉淀，表明氯化物含量低，符合分析要求。

（3）外观澄清、透明，无气味，pH 值在 5.5～7.5 之间　如果 pH 值太小，说明水中溶解的二氧化碳的量较大；如果 pH 值太大，一般是由于 HCO_3^- 含量较高。

二、分散系

一种物质（或几种物质）的微粒分散在另一种物质中形成的混合物叫做分散系，其中分散成微粒的物质叫做分散质，微粒分散在其中的物质叫做分散剂。

根据分散质颗粒大小的不同可以把分散系分为浊液、溶液和胶体。

（1）浊液　浊液是固体小颗粒或小液滴分散在液体中形成的分散系，包括悬浊液和乳浊液两种。其分散质的微粒直径大于 10^{-7} m，不能透过滤纸。浊液的稳定性差，静置会分层。

（2）溶液　溶液是分散质（溶质）以分子、离子的状态均匀地分布在分散剂（溶剂）中所形成的均匀的、稳定的分散系。其分散质的微粒直径小于 10^{-9} m，能透过滤纸。溶液具有高度的稳定性。

气体或固体物质溶解在液体物质中形成的溶液，气体或固体物质为溶质，液体物质为溶剂。多种液体互相溶解时，量多的一种叫溶剂，量少的一种叫溶质。但酒精的水溶液例外，不论酒精和水的量是多少，都是水做溶剂。水是最常用的溶剂，通常不指明溶剂的溶液都是水溶液。

（3）胶体　胶体是分散质颗粒大小介于 10^{-9}～10^{-7} m 之间的一种分散系。其稳定性较好。几种液体分散系的比较见表 5-1。

表 5-1　几种液体分散系的比较

分　散　系	浊　　液	胶　　体	溶　　液
分散质微粒的直径	$>10^{-7}$ m	10^{-9}～10^{-7} m	$<10^{-9}$ m
外观	不均一、不透明	均一、透明	均一、透明
稳定性	不稳定	较稳定	稳定
能否透过滤纸	不能	能	能
能否透过半透膜	不能	不能	能
鉴定	静置分层	丁达尔效应	无丁达尔效应
实例	石灰乳、油水	$Fe(OH)_3$ 胶体、淀粉溶液	酒精、氯化钠溶液
联系	都是分散质分散到分散剂中形成的混合体系		

三、溶解与结晶

1. 基本概念

溶质分散到溶剂中形成溶液的过程叫做溶解。相反的，从溶液中析出固体溶

质的过程叫做结晶。溶解和结晶的关系可以表示为

$$未溶解的溶质 \underset{结晶}{\overset{溶解}{\rightleftharpoons}} 溶液中的溶质$$

2. 溶解与结晶的平衡过程

溶解和结晶是溶解过程中互相矛盾的双方，二者互相依存，并在一定条件下互相转化。

刚开始溶解时，溶质的溶解速率大于结晶速率，整个溶解过程表现为溶质不断溶解进入溶液；随着溶解的进行，溶解速率不断减小，结晶速率不断增大。在某一时刻，当溶解速率与结晶速率达到相等时，溶解与结晶过程达到平衡。这时固体溶质的质量不再减少，而溶液的浓度也不再增大，从表面看溶解和结晶好像都已经停止了，实际上两个过程仍在继续进行，只是有多少固体溶质溶解进入溶液，同时溶液中就有多少固体溶质结晶析出。所以溶解平衡是一个动态平衡。

达到溶解平衡时的溶液浓度达到最大。因此，把在一定温度下，溶解与结晶达到动态平衡时的溶液称为饱和溶液。而在一定温度下，溶解速率大于结晶速率的非平衡状态的溶液称为非饱和溶液。

3. 溶解与结晶的应用

在化学分析工作中，常常要将固体试样通过溶解处理成溶液后再进行分析。为了加速溶解，通常采用两种方法，一种是搅拌，另一种是加热。常温下，溶解度较大的物质，一般通过搅拌就能使溶质快速溶解；而常温下，溶解度较小的物质，仅靠搅拌是不够的，这时一般要将溶液加热。在溶解操作时，搅拌和加热通常是同时进行的。

采用结晶提纯物质和分离某些混合物，是化工生产中常用的方法。使溶质从溶液中析出结晶，常用的方法也有两种。一种是蒸发溶剂，另一种是降低饱和溶液的温度。对于溶解度受温度影响不大的固态溶质，一般采用蒸发溶剂的方法。如工业上用海水制取食盐，就是利用阳光和海风使海水蒸发而得到食盐的。对于溶解度受温度影响较大的固态溶质，则可采用冷却热饱和溶液的方法，使溶质结晶析出。如 KNO_3 在 80℃ 和 20℃ 的溶解度分别为 169g 和 31.6g。若在 80℃ 时将 269kg 饱和 KNO_3 溶液冷却至 20℃，就会有 137.4kg KNO_3 结晶析出。在化工生产中为了降低成本和提高效率，常常把这两种方法结合起来使用，一般是先加热蒸发水分，然后再降低温度。

有些溶质在结晶析出时，溶剂分子（H_2O）会随溶质一起离开溶液进入晶体内部形成结晶水合物，如 $CuSO_4 \cdot 5H_2O$。结晶水合物受热一般分解放出结晶水。

*四、胶体

胶体按分散剂的不同分为气溶胶（分散剂是气体，如云、烟、雾等）、液溶

胶〔分散剂是液体，如 $Fe(OH)_3$ 胶体等〕和固溶胶（分散剂是固体，如有色玻璃、烟水晶等）。胶体在自然界中普遍存在，对工农业生产、科学实验都有着重要作用。胶体的性质主要有以下几项。

1. 光学性质——丁达尔效应

将一束通过聚光镜的强光，照射盛有胶体溶液的烧杯时，在光束照射的垂直方向上能看到有一条发亮的光柱，这种现象称为丁达尔效应。

这种现象的产生，是由于胶体粒子对光的散射而形成的一种光学现象。这种现象在实际生活中也存在。例如，在天气晴朗的时候，如果有一束阳光射入一间较暗的房间，我们就能看到尘埃在阳光下上下跳动，闪烁不定，这种现象就是丁达尔效应。

利用丁达尔效应可以区别溶液和胶体。

2. 动力学性质——布朗运动

布朗运动就是胶体粒子在分散系中不断地进行无规则的运动。

布朗运动的产生是由于胶体粒子本身在不停地作热运动，同时胶体粒子周围分散剂的分子作热运动时，产生对胶体粒子不均匀的撞击，从而使胶体粒子发生无规则运动。

3. 电学性质——电泳

在胶体中插入两个电极，可以看到胶体粒子的定向运动。这种在电场中，胶体粒子在分散剂中的定向运动叫做电泳。

电泳的产生是由于胶体粒子带电造成的。胶体粒子为什么会带电呢？这主要是由于胶体粒子具有吸附作用和电离作用。胶体粒子能够把周围介质中的分子、离子吸附在自己的表面的作用是吸附作用；某些胶体粒子表面的基团电离而产生电荷，使胶体粒子带电的作用是电离作用。

由于胶体粒子带电，所以胶体具有很强的稳定性。这能给生产带来益处，但有时也要破坏胶体的稳定性。破坏胶体一般有两种方法，一是加入电解质，产生沉淀；二是通过加热，增加粒子的热运动，使它们互相碰撞形成大颗粒。分析化学中对某些热溶液过滤时要在加热条件下进行的目的之一就是为了防止胶体的产生。

 思考与练习

一、选择题（每题只有一个正确答案）

1. 下列水中纯度最高的是（　　）。

　A. 自来水　　　　　B. 井水　　　　　C. 蒸馏水　　　　　D. 离子交换水

2. 水分子中 2 个 H 原子和 1 个 O 原子构成的结构是（　　）。

A. 直线形　　　　　　B. V 形　　　　　　C. 三角锥形　　　　D. 四面体形

3. 酒精水溶液，人们习惯称作溶剂的是（　　　）。

　　A. 水　　　　　　　　B. 酒精　　　　　　C. 含量多的　　　　D. 含量少的

4. 胶体分散系里，分散质微粒的直径（　　　）。

　　A. 大于 10^{-7} m　　B. 小于 10^{-9} m　　C. $10^{-9}\sim10^{-7}$ m　　D. 大于 10^{-9} m

5. 氢氧化铁胶粒带正电荷，是因为（　　　）。

　　A. 在电场作用下氢氧化铁微粒向阴极移动

　　B. Fe^{3+} 带正电

　　C. $Fe(OH)_3$ 带负电，吸引阳离子

　　D. 氢氧化铁胶粒吸附阳离子

6. 烟水晶、有色玻璃是一种（　　　）。

　　A. 纯净物　　　　　　B. 结晶水合物　　　C. 晶体　　　　　　D. 胶体

7. 用光源从侧面照射硅酸溶胶时可以观察到（　　　）。

　　A. 溶胶沉淀　　　　　B. 丁达尔现象　　　C. 布朗运动　　　　D. 电泳

8. 证明肥皂水是胶体的方法是（　　　）。

　　A. 加水进行稀释　　　　　　　　　　B. 进行过滤

　　C. 利用光线通过肥皂水　　　　　　　D. 分离

9. 下列分散系中能产生丁达尔现象的是（　　　）。

　　A. 食盐水　　　　　　B. 淀粉溶液　　　　C. 石灰乳　　　　　D. 油水

二、判断题

1. 溶解平衡不是动态平衡。　　　　　　　　　　　　　　　　　　　　　　　（　　　）

2. 水的密度在 0℃ 时最大。　　　　　　　　　　　　　　　　　　　　　　（　　　）

3. 淀粉溶液和蛋白质溶液都属于胶体分散系。　　　　　　　　　　　　　　　（　　　）

4. 用加热的方法可以使 $Fe(OH)_3$ 胶体沉淀。　　　　　　　　　　　　　　　（　　　）

5. 溶液中能溶解其他物质的叫溶质，被溶解的叫溶剂。　　　　　　　　　　　（　　　）

6. 达到溶解动态平衡时溶液的浓度最大。　　　　　　　　　　　　　　　　　（　　　）

7. 饱和溶液的浓度都大于非饱和溶液的浓度。　　　　　　　　　　　　　　　（　　　）

8. 溶液和胶体均为混合物。　　　　　　　　　　　　　　　　　　　　　　　（　　　）

9. 为了加速溶解，通常可以采用加热和搅拌的方法。　　　　　　　　　　　　（　　　）

三、按要求回答问题

1. 化学分析用水都有哪些？

2. 化学分析用水的要求及检验方法是什么？

3. 简述溶解和结晶的平衡过程。

4. 试设计将混合物中的 KNO_3 和 $NaCl$ 分离的方法。（提示：从溶解度受温度的影响大小考虑）

第二节　溶液的浓度

溶液的浓度是指一定量的溶液中含有溶质的量。根据实际需要，溶液的浓度有不同的表示方法。

一、溶液浓度的表示方法

1. 溶质 B 的质量分数

溶质 B 的质量分数是指溶质 B 的质量与溶液的质量之比，用 w_B 表示。

$$w_B = \frac{m_B}{m_{液}} \times 100\% = \frac{m_B}{\rho_B V_{液}} \times 100\%$$

式中　w_B——溶质 B 的质量分数，%；

m_B——溶质 B 的质量，g；

$m_{液}$——溶液的质量，g；

ρ_B——溶液的密度，g/cm^3；

$V_{液}$——溶液的体积，mL。

【例 5-1】　将 20g 氯化钾溶液蒸干后得到 2.8g 氯化钾固体，试求该溶液中溶质的质量分数。

解　溶质的质量分数　$w(KCl) = \frac{m(KCl)}{m_{液}} \times 100\% = \frac{2.8}{20} \times 100\% = 14\%$

答：该溶液中溶质的质量分数为 14%。

【例 5-2】　配制 1000mL 质量分数为 70%，密度为 $1.62g/cm^3$ 的 H_2SO_4 溶液，需要密度为 $1.84g/cm^3$ 的 98% 的浓 H_2SO_4 溶液多少毫升？

解　根据稀释前后溶质的质量不变，故

$$\rho_1 V_1 w_1 = \rho_2 V_2 w_2$$

代入已知数据，得　$1.84 \times V_1 \times 98\% = 1.62 \times 1000 \times 70\%$

$$V_1 = 629mL$$

答：需要密度为 $1.84g/cm^3$ 的 98% 的浓 H_2SO_4 溶液 629mL。

2. 溶质 B 的质量浓度

溶质 B 的质量浓度是指溶质 B 的质量与溶液的体积之比，用 ρ_B 表示。

$$\rho_B = \frac{m_B}{V_{液}}$$

式中　ρ_B——溶液的质量浓度，g/L；

m_B——溶质 B 的质量，g；

$V_液$——溶液的体积，L。

【例 5-3】 欲配制质量浓度为 100g/L 的 KOH 溶液 500mL，问需要固体 KOH 多少克？

解 根据质量浓度计算式

$$\rho(KOH) = \frac{m(KOH)}{V_液}$$

可得 $m(KOH) = \rho(KOH)V_液 = 100 \times 500 \times 10^{-3} = 50(g)$

答：需要固体 KOH 50g。

3. 溶质 B 的体积分数

溶质 B 的体积分数是指 B 的体积与混合物的体积之比，用 φ_B 表示。

$$\varphi_B = \frac{V_B}{V_混}$$

式中 φ_B——溶质 B 的体积分数；

V_B——溶质 B 的体积，L；

$V_混$——混合物的体积，L。

【例 5-4】 由氢气和氮气组成的混合气体 100mL，它们在混合气中的比例为 3：1，问氢气和氮气的体积分数各是多少？它们的体积又各是多少？

解 由体积分数的定义可知：

氢气的体积分数是：$3/(3+1) \times 100\% = 75\%$

氮气的体积分数是：$1/(3+1) \times 100\% = 25\%$

氢气的体积是：$100 \times 75\% = 75mL$

氮气的体积是：$100 \times 25\% = 25mL$

答：氢气和氮气的体积分数分别为 75% 和 25%，它们的体积分别是 75mL 和 25mL。

体积分数也常用于气体分析中表示某一组分的含量。如空气中含氧 $\varphi(O_2) = 21\%$，表示氧气的体积占空气体积的 21%。

4. 体积比浓度

在分析化验室中，有些溶液是直接通过浓溶液加一定比例的溶剂稀释而成的，这时常用体积比浓度表示。体积比浓度是指溶质试剂（市售原装浓溶液）与溶剂的体积之比，用 $a+b$ 的形式表示。如取 1 体积的市售浓盐酸与 3 体积的水混合而成的盐酸溶液的体积比浓度为 1+3。

5. 溶质 B 的物质的量浓度

单位体积的溶液中所含溶质 B 的物质的量叫 B 的物质的量浓度，用 c_B 表示。

单位是摩尔/升，符号是 mol/L。

$$c_B = \frac{n_B}{V_{液}} = \frac{m_B}{M_B V_{液}}$$

式中　　c_B——B 的物质的量浓度，mol/L；

　　　　n_B——溶质 B 的物质的量，mol；

　　　　$V_{液}$——溶液的体积，L；

　　　　m_B——溶质 B 的质量，g；

　　　　M_B——溶质 B 的摩尔质量，g/mol。

特别强调的是，在物质的量浓度的概念中，B 指基本单元。物质的量浓度表示的是单位体积溶液内溶质 B 的微粒个数，因此在使用物质的量浓度时，必须指明基本单元。即对于同一溶液，用不同的基本单元表示的物质的量浓度数值是不同的。例如在 1L 硫酸溶液中含有 98g 纯硫酸，如果选取 H_2SO_4 作基本单元，则 $c(H_2SO_4) = 1mol/L$；而如果选取 $\frac{1}{2}H_2SO_4$ 作基本单元，则 $c(\frac{1}{2}H_2SO_4) = 2mol/L$。

【例 5-5】　求 1000mL，0.1mol/L 氢氧化钠溶液中含有氢氧化钠的质量。

　　解　由　　　　$c(NaOH) = \frac{n(NaOH)}{V_{液}} = \frac{m(NaOH)}{M(NaOH)V_{液}}$

可得　　　　　　$m(NaOH) = c(NaOH) \times V_{液} \times M(NaOH)$

　　　　　　　　　　　　$= 0.1 \times 1000 \times 10^{-3} \times 40$

　　　　　　　　　　　　$= 4(g)$

答：该溶液中含有氢氧化钠 4g。

【例 5-6】　完全中和 20.00mL，0.05000mol/L 的硫酸溶液，需要 0.1000mol/L 氢氧化钠溶液多少毫升？

　　解　由化学反应方程式

$$H_2SO_4 \ + \ 2NaOH \longrightarrow Na_2SO_4 \ + \ 2H_2O$$
$$1mol \qquad\quad 2mol$$

可得

$$2n(H_2SO_4) = n(NaOH)$$

$$2c(H_2SO_4)V(H_2SO_4) = c(NaOH)V(NaOH)$$

代入已知数据　$2 \times 0.05000 \times 20.00 \times 10^{-3} = 0.1000 \times V(NaOH) \times 10^{-3}$

$$V(NaOH) = 20.00mL$$

答：需要 0.1mol/L 氢氧化钠溶液 20.00mL。

二、各种浓度的换算

从以上浓度的介绍可知，同一溶液的浓度表示方法有很多种。但是对一定量的溶液来说，溶质的量是不变的。利用这一原则，可以将溶液的各种浓度相互换算。

1. 物质的量浓度与质量分数之间的换算

如果溶液的密度为 ρ，体积为 V，质量分数为 w_B，溶质的摩尔质量为 M_B，溶液的物质的量浓度为 c_B，则有

$$c_B = \frac{1000 \times \rho w_B}{M_B}$$

式中　c_B——B 的物质的量浓度，mol/L；

　　　ρ——溶液的密度，g/cm^3；

　　　w_B——B 的质量分数，%；

　　　M_B——溶质 B 的摩尔质量，g/mol。

【例 5-7】　已知 98% 的浓硫酸，密度为 $1.84g/cm^3$，求此硫酸溶液的物质的量浓度。

解　$c(H_2SO_4) = \dfrac{1000\rho w(H_2SO_4)}{M(H_2SO_4)} = \dfrac{1000 \times 1.84 \times 98\%}{98} = 18.4(mol/L)$

答：此硫酸溶液的物质的量浓度为 18.4mol/L。

2. 物质的量浓度与质量浓度之间的换算

如果溶液的体积为 V，质量浓度为 ρ_B，溶质的摩尔质量为 M_B，溶液的物质的量浓度为 c_B，则有

$$c_B = \frac{\rho_B}{M_B}$$

式中　c_B——B 的物质的量浓度，mol/L；

　　　ρ_B——B 的质量浓度，g/L；

　　　M_B——溶质 B 的摩尔质量，g/mol。

【例 5-8】　计算 20g/L 的 NaOH 溶液的物质的量浓度。

解　　　　　$c(NaOH) = \dfrac{\rho(NaOH)}{M(NaOH)} = \dfrac{20}{40} = 0.5(mol/L)$

答：20g/L 的 NaOH 溶液的物质的量浓度为 0.5mol/L。

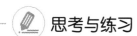 思考与练习

一、选择题（每题只有一个正确答案）

1. mol/L 是（　　）的计量单位。

  A. 浓度   B. 压强   C. 体积   D. 功率

2. 物质的量浓度是指（ ）。

  A. 单位质量的溶液中所含物质的量

  B. 单位体积的溶液中所含溶质的质量

  C. 单位质量的溶液中所含物质的质量

  D. 单位体积的溶液中所含溶质的物质的量

3. 在 100mL 0.1mol/L 的氢氧化钠溶液中，含 NaOH 的质量是（ ）。

  A. 0.04g   B. 0.4g   C. 4g   D. 40g

4. 在 100mL H_2SO_4 溶液中，含有 9.8g 纯硫酸，该硫酸溶液的物质的量浓度是（ ）。

  A. 1mol/L   B. 0.1mol/L   C. 0.01mol/L D. 98mol/L

5. 200mL 0.3mol/L 的硫酸和 100mL 0.6mol/L 的硫酸混合所得溶液（假设混合后溶液总体积等于二者之和）的物质的量浓度是（ ）。

  A. 0.3mol/L   B. 0.4mol/L   C. 0.45mol/L D. 0.6mol/L

6. 用 10mL 0.1mol/L $BaCl_2$ 溶液恰好可使相同体积的硫酸铁 $[Fe_2(SO_4)_3]$、硫酸锌（$ZnSO_4$）和硫酸钾（K_2SO_4）三种溶液中的硫酸根离子完全转化为硫酸钡沉淀，则三种硫酸盐溶液的物质的量浓度之比是（ ）。

  A. 3∶2∶2   B. 1∶2∶3   C. 1∶3∶3 D. 3∶1∶1

7. 15.8mol/L HNO_3 溶液的密度为 1.42g/mL，其质量分数为（ ）。

  A. 70%   B. 99.5%   C. 1.58% D. 1.11%

8. 34.2g $Al_2(SO_4)_3$（$M = 342g/mol$）溶解成 1L 水溶液，则此溶液中 SO_4^{2-} 的总浓度是（ ）。

  A. 0.02mol/L   B. 0.03mol/L   C. 0.2mol/L D. 0.3mol/L

9. 人体血液中，平均每 100mL 含 K^+ 19mg，则血液中的 K^+（K^+ 的摩尔质量为 39g/mol）的物质的量浓度约为（ ）mol/L。

  A. 4.9   B. 0.49   C. 0.049 D. 0.0049

二、判断题

1. 物质的量相等的溶液其物质的量浓度也相等。   （ ）

2. 同种溶液中溶质的物质的量与其溶液的体积成正比。   （ ）

3. 相同条件下，同种溶液的质量分数与其体积分数相等。   （ ）

4. 将 40g NaOH 溶于 1L 水中，则此溶液的物质的量浓度为 1mol/L。   （ ）

5. 在 1L 溶液中含有 1mol 的 NaOH，则此溶液为 1mol/L 的 NaOH 溶液。 （ ）

6. $c(\frac{1}{2}H_2SO_4)$ 为 18mol/L，则该溶液 $c(H_2SO_4)$ 为 9mol/L。   （ ）

7. 1+2 的硫酸是 1 体积的纯 H_2SO_4 和 2 体积的蒸馏水混合配制而成。 （ ）

8. 在表示物质的量浓度时必须标明基本单元。   （ ）

三、计算题

1. 计算把 50g 质量分数为 98% 的 H_2SO_4 稀释成质量分数为 20% 的 H_2SO_4 溶液，需加水多少克？

2. 准确移取 25.00mL 硫酸溶液，用 0.09026mol/L 氢氧化钠溶液滴定，到达化学计量点时，消耗氢氧化钠 24.93mL，硫酸溶液的物质的量浓度 $c(H_2SO_4)$ 是多少？

3. 有 100.0mL 的 KOH 溶液，浓度为 0.5540mol/L，需加水多少毫升才能配成 0.5000mol/L 的溶液？

第三节 一般溶液的制备

一般溶液是指非标准溶液，它在化学分析工作中常作为溶解样品、调节 pH、分离或掩蔽离子、显色等使用。配制一般溶液精度要求不高，试剂的质量用托盘天平称量，体积用量筒量取即可。

一、用质量分数表示的溶液

1. 溶质是固体物质

$$m_B = m_{液} w_B$$

$$m_{剂} = m_{液} - m_B$$

式中 m_B——固体溶质 B 的质量，g；

$\quad\quad m_{液}$——欲配溶液的质量，g；

$\quad\quad m_{剂}$——溶剂的质量，g；

$\quad\quad w_B$——欲配溶液的质量分数，%。

【例 5-9】 欲配制 5% 的铬酸钾溶液 500g，如何配制？

解 计算所需溶质和溶剂的质量

$$m(K_2CrO_4) = m_{液} \, w(K_2CrO_4) = 500 \times 5\% = 25(g)$$

$$m(H_2O) = 500 - 25 = 475(g)$$

答：称取 25g 铬酸钾，加入盛有 475g 水的烧杯中，搅拌溶解均匀即可。

2. 溶质是浓溶液

由于浓溶液取用量以量取体积较为方便，所以一般需查阅酸、碱溶液浓度-密度关系表，查得溶液的密度后可计算出体积，然后进行配制。

依据稀释前后溶质的质量保持不变，故溶液体积可依下式计算。

$$\rho_{前} \, V_{前} \, w_{前} = \rho_{后} \, V_{后} \, w_{后}$$

式中 $\rho_{前}$，$\rho_{后}$——浓溶液、欲配溶液的密度，g/mL；

$V_前$，$V_后$——溶液稀释前后的体积，mL；

$w_前$，$w_后$——浓溶液、欲配溶液的质量分数，%。

【例 5-10】 欲配制 30%，密度为 $1.22g/cm^3$ 的 H_2SO_4 溶液 1000mL，需要密度为 $1.84g/cm^3$ 的 98% 的浓 H_2SO_4 溶液多少毫升？如何配制？

解 根据稀释前后溶质的质量不变

$$\rho_前 V_前 w_前 = \rho_后 V_后 w_后$$

代入数据 $\quad 1.84 \times V_前 \times 98\% = 1.22 \times 1000 \times 30\%$

$$V_前 = 203 \ (mL)$$

答：需要密度为 $1.84g/cm^3$ 的 98% 的浓 H_2SO_4 溶液 203mL。量取 98% 的浓硫酸 203mL，在不断搅拌下慢慢倒入适量水中，冷却后用水稀释至 1000mL，混匀。（注意：切不可将水倒入浓硫酸中，以防浓硫酸溅出伤人）

二、用质量浓度表示的溶液

$$m_B = \rho_B V_液$$

式中 $\quad m_B$——溶质 B 的质量，g；

$\qquad \rho_B$——溶液的质量浓度，g/L；

$\qquad V_液$——溶液的体积，L。

【例 5-11】 欲配制 1% 的酚酞指示剂 500mL，如何配制？

解 酚酞指示剂通常是用 90% 的酒精做溶剂配制的

$$m_{酚酞} = \rho_{酚酞} V_液 = 1\% \times 500 = 5 \ (g)$$

答：称取 5g 固体酚酞溶于 90% 的酒精中，稀释至 500mL 即可。

【例 5-12】 欲配制 20g/L 的 Na_2SO_3 溶液 100mL，如何配制？

解 $\quad m(Na_2SO_3) = \rho(Na_2SO_3)V_液 = 20 \times 100 \times 10^{-3} = 2 \ (g)$

答：称取 2g Na_2SO_3 溶于水中，加水稀释至 100mL，混匀。

三、用体积分数表示的溶液

$$V_B = \varphi_B V_混$$

式中 $\quad V_B$——B 的体积，L；

$\qquad \varphi_B$——B 的体积分数；

$\qquad V_混$——混合物的体积，L。

四、用体积比表示的溶液

如果溶液中溶质试剂与溶剂的体积比为 $a+b$，需配制溶液的总体积为 V，则

$$V_质 = \frac{a}{a+b} \times V_液$$

式中　$V_质$——溶质试剂的体积，L；

　　　$V_液$——欲配制溶液的体积，L。

【例 5-13】　欲配制 1+4 的氨水溶液 1000mL，如何配制？

解
$$V_{浓氨水} = \frac{1}{1+4} \times 1000 = 200（mL）$$

$$V_水 = 1000 - 200 = 800（mL）$$

答：用量筒量取 200mL 浓氨水于烧杯中，再加入 800mL 水混匀即可。

五、用物质的量浓度表示的溶液

1. 溶质是固体物质

$$m_B = c_B V_液 M_B$$

式中　m_B——溶质 B 的质量，g；

　　　c_B——欲配制溶液的物质的量浓度，mol/L；

　　　$V_液$——欲配制溶液的体积，L；

　　　M_B——溶质 B 的摩尔质量，g/mol。

【例 5-14】　欲配制 $c\left(\frac{1}{6}K_2Cr_2O_7\right) = 0.1\text{mol/L}$ 溶液 1000mL，如何配制？

解　计算所需溶质的质量

$$m\left(\frac{1}{6}K_2Cr_2O_7\right) = c\left(\frac{1}{6}K_2Cr_2O_7\right)V_液 M\left(\frac{1}{6}K_2Cr_2O_7\right)$$

$$= 0.1 \times 1000 \times 10^{-3} \times \frac{294.2}{6}$$

$$= 4.903（g）$$

答：称取 4.903g $K_2Cr_2O_7$ 于烧杯中，加水溶解后，再稀释至 1000mL，混匀即可。

2. 溶质是浓溶液

依据稀释前后溶质的质量或物质的量不变进行计算后配制。

【例 5-15】　欲配制 1mol/L 的稀 H_2SO_4 溶液 500mL，需要密度为 1.84g/cm^3 的 98% 的浓 H_2SO_4 溶液多少毫升？如何配制？

解　根据稀释前后溶质的质量不变

$$\rho_前 V_前 w_前 = c_后 V_后 M(H_2SO_4)$$

代入数据得　　$1.84 \times V_前 \times 98\% = 1 \times 500 \times 10^{-3} \times 98$

$$V_前 = 27.2(mL)$$

答：需要密度为 $1.84g/cm^3$ 的 98% 的浓 H_2SO_4 溶液 $27.2mL$。量取 98% 的浓硫酸 $27.2mL$，在不断搅拌下慢慢倒入适量水中，冷却后用水稀释至 $500mL$，混匀。

✏️ 思考与练习

一、选择题（每题只有一个正确答案）

1. 配制 $1+4$ 的氨水 $2000mL$，需 98% 的浓氨水（　　）mL。

   A. 200　　　　　　B. 300　　　　　　C. 400　　　　　　D. 500

2. 欲配制 5% 的 K_2CrO_4 溶液 $500g$，需要固体 K_2CrO_4（　　）g。

   A. 20　　　　　　B. 25　　　　　　C. 50　　　　　　D. 100

3. 欲配制 $6mol/L$ 的硫酸溶液，在 $100mL$ 蒸馏水中应加入（　　）mL $18mol/L$ 的硫酸溶液。

   A. 60　　　　　　B. 10　　　　　　C. 40　　　　　　D. 50

4. 如配制 $250mL$ $0.1000mol/L$ 的 KHP 溶液，应称取 KHP 的质量是（　　）g。（KHP 的摩尔质量是 $204.2g/mol$）

   A. 5.105　　　　　B. 5　　　　　　C. 20.42　　　　　D. 20

5. 欲配制 $5g/L$ 的 KCl 溶液 $500mL$，需要固体 KCl（　　）g。

   A. 25　　　　　　B. 2.5　　　　　　C. 250　　　　　　D. 2500

二、判断题

1. 一般溶液就是标准溶液。　　　　　　　　　　　　　　　　　　　　　　　（　　）

2. 用 $c(HCl)=10.5mol/L$ 的 HCl 溶液，稀释成 $c(HCl)=0.15mol/L$ HCl 溶液 $1000mL$，应取浓盐酸 $1.4mL$。　　　　　　　　　　　　　　　　　　　　　　　（　　）

3. 称取 $2.5g$ $KMnO_4$ 配成 $500mL$，$c(KMnO_4)=0.1mol/L$。　　　　　　　（　　）

4. 一般溶液由于准确度要求不高，所以配制时用托盘天平和量筒就可以。　　　（　　）

5. 欲配制体积分数是 15% 的 H_2O_2 $1000mL$，需量取 $150mL$ 纯 H_2O_2。　　（　　）

6. $1+1$ 的硝酸是由 1 体积的纯 HNO_3 和 1 体积的蒸馏水混合配制而成。　（　　）

三、计算题

1. 欲配制 $0.5mol/L$ 的稀 H_3PO_4 溶液 $500mL$，如何配制？（浓 H_3PO_4 密度为 $1.69g/cm^3$，质量分数为 85%）

2. 欲配制 $2+3$ 的乙酸溶液 $1000mL$，如何配制？

3. 欲配制质量浓度是 $50g/L$ 的 NaOH 溶液 $100mL$，如何配制？

第四节　电解质溶液

分析中很多化学反应都是在水溶液中进行的，参与这些反应的物质主要是酸、碱和盐。它们在水溶液中都能电离成自由移动的离子。本节要求我们能应用化学平衡原理，着重讨论弱电解质的电离平衡及同离子效应。

一、电解质及其强弱

在水溶液里或熔融状态下能够导电的化合物叫电解质。酸、碱和盐都是电解质，它们的水溶液都能导电。但是在相同的条件下其导电能力是不相同的。例如，将相同体积和浓度的 HCl 溶液、NaCl 溶液、NaOH 溶液、HAc 溶液和氨水溶液在相同的条件下进行导电实验。结果证明，HCl 溶液、NaCl 溶液、NaOH 溶液的导电能力比 HAc 溶液和氨水溶液的导电能力强。这是因为在相同的条件下，各种溶液的电离程度不同所造成的。根据电离程度的不同将电解质分为两类。

1. 强电解质

在水溶液中能完全电离的电解质叫强电解质，如强酸（如 HCl、H_2SO_4、HNO_3、HBr、HI、$HClO_4$ 等）、强碱［如 NaOH、KOH、$Ba(OH)_2$ 等］及绝大多数盐。

强电解质的解离

强电解质由于全部电离，因此在水溶液中不存在分子，而是以离子形式存在，具有很强的导电性。

2. 弱电解质

在水溶液中仅能部分电离的电解质叫弱电解质，如弱酸（如 HAc、HF、HClO、HCN、H_2CO_3、H_2SO_3、H_2S、H_3PO_4 等）、弱碱（如 $NH_3 \cdot H_2O$）。

弱电解质由于是部分电离，在电离过程中存在着电离平衡，因此，在溶液中分子、离子共存，而且大量存在的是它的分子，导电能力较弱。

弱电解质的解离

二、弱电解质的电离

1. 弱电解质的电离平衡

弱电解质溶于水时，在水分子的作用下，弱电解质分子电离出离子，而离子又可以重新结合成分子。因此，弱电解质在水溶液中的电离过程是可逆的，在电离过程中存在着电离平衡。下面以 HAc 为例加以说明。

$$HAc \rightleftharpoons H^+ + Ac^-$$

由电离方程式可以看出，HAc 的电离同时存在着两个过程，一个过程是 HAc 在水分子的作用下，电离出 H^+ 和 Ac^-，另一个过程是 H^+ 和 Ac^- 重新结合成 HAc 分子。开始，HAc 电离的速率大于 H^+ 和 Ac^- 结合成 HAc 分子的速率，表现为 HAc 电离的趋势大。随着溶液中 HAc 的浓度逐渐减小、H^+ 和 Ac^- 的浓度逐渐增大，相应的 HAc 电离的速率逐渐减小，而 H^+ 和 Ac^- 结合成 HAc 分子的速率逐渐增大。当两个可逆过程速率相等时，电离过程就达到了平衡状态。在

HAc 溶液中，既有 HAc 分子又有 H^+ 和 Ac^-。

在一定条件（如温度、浓度）下，当电解质分子电离成离子的速率和离子结合成分子的速率相等时，电离过程就达到了平衡状态，这叫做电离平衡。

一元弱酸的
解离平衡

弱电解质的电离平衡是化学平衡的一种，也是动态平衡。

2. 电离度

（1）电离度的概念　达到电离平衡时，弱电解质的电离程度叫电离度，用 α 表示。换句话说，电离度就是电离达到平衡时，已电离的弱电解质的分子数与电离前弱电解质的分子总数之比。即

$$\alpha = \frac{已电离的弱电解质的分子数}{电离前弱电解质的分子总数} \times 100\%$$

例如，0.1mol/L HAc 溶液的电离度为 1.33%，这说明 10000 个 HAc 中有 133 个分子电离为 H^+ 和 Ac^-。

由于物质的量浓度表示了单位体积内溶质基本单元的数目，故上式变为

$$\alpha = \frac{已电离的弱电解质的浓度}{弱电解质溶液的起始浓度} \times 100\%$$

对于一元弱酸 HA

$$\alpha = \frac{[H^+]}{c_{酸}} \times 100\%$$

HAc 溶液的电离度与 $[H^+]$ 之间的关系是 $[H^+] = c\alpha$。

（2）电离度的意义　在相同的条件下，弱电解质电离度的大小可表示弱电解质的相对强弱。表 5-2 是几种常见弱电解质的电离度。

表 5-2　几种常见弱电解质的电离度（18℃，0.1mol/L）

电解质	分子式	电离度/%	电解质	分子式	电离度/%
氢氰酸	HCN	0.007	醋酸	CH_3COOH	1.33
甲酸	HCOOH	4.2	亚硝酸	HNO_2	6.5
氢氟酸	HF	15	氨水	$NH_3 \cdot H_2O$	1.33

（3）影响电离度的因素　电离度由电解质的性质所决定，受温度和溶液的浓度影响。

相同温度下，同一电解质的浓度越小，阴阳离子间相互碰撞形成分子的机会越少，形成分子的速率越低，电离度就越大。那么是否溶液越稀，电离度越大，$[H^+]$ 就越大呢？由于 $[H^+] = c\alpha$，α 虽然增大，但 c 减小了，所以溶液稀释后虽然电离度增大，但并不等于 H^+ 浓度增大。

3. 电离平衡常数

（1）电离平衡常数的表达式　根据化学平衡原理，在一定温度下，弱电解质

达到电离平衡时，其平衡常数称为电离平衡常数，简称为电离常数。如 HAc 电离达到电离平衡时，其电离常数表达式为

$$HAc \Longleftrightarrow H^+ + Ac^-$$

$$K_a = \frac{[H^+][Ac^-]}{[HAc]}$$

K_a 称为弱酸的电离平衡常数。式中 $[H^+]$ 和 $[Ac^-]$ 表示电离达到平衡时产生的 H^+ 和 Ac^- 的平衡浓度，$[HAc]$ 表示平衡时未电离的醋酸分子浓度。

同理，一元弱碱 $NH_3 \cdot H_2O$ 的电离常数可表示为

$$NH_3 \cdot H_2O \Longleftrightarrow NH_4^+ + OH^-$$

$$K_b = \frac{[NH_4^+][OH^-]}{[NH_3 \cdot H_2O]}$$

K_b 称为弱碱的电离平衡常数。

（2）电离平衡常数的意义

① 电离平衡常数是表示弱电解质相对强弱的常数，其数值越大，弱电解质电离的程度越大。

如 25℃时，HAc 的 $K_a = 1.8 \times 10^{-5}$，HCN 的 $K_a = 4.93 \times 10^{-10}$。显然 HCN 是比 HAc 更弱的酸。

② 电离平衡常数只与温度有关，而与弱电解质的浓度无关。同一温度下，不论弱电解质的浓度如何变化，电离平衡常数不变。

③ 由于温度对电离平衡常数的影响不大，所以在室温范围内可以忽略温度对电离平衡常数的影响。

（3）电离平衡常数的计算　通过电离平衡常数可以计算出弱酸、弱碱水溶液的 H^+ 浓度。

【例 5-16】　25℃时，HAc 的 $K_a = 1.76 \times 10^{-5}$，求 0.1mol/L HAc 溶液的 H^+ 浓度和电离度。

解　设在达到电离平衡时，溶液中 $[H^+]$ 为 x mol/L

$$\begin{array}{cccc} & HAc & \Longleftrightarrow & H^+ & + & Ac^- \\ \text{起始浓度} & 0.1 & & 0 & & 0 \\ \text{平衡浓度} & 0.1-x & & x & & x \end{array}$$

$$K_a = \frac{[H^+][Ac^-]}{[HAc]} = \frac{x^2}{0.1-x} = 1.76 \times 10^{-5}$$

由于 x 值很小，可以忽略不计，则 $0.1-x \approx 0.1$

$$x^2 = 1.76 \times 10^{-6}$$

$$x = 1.33 \times 10^{-3}$$

$$[H^+] = \sqrt{1.76 \times 10^{-6}} = 1.33 \times 10^{-3} (mol/L)$$

$$\alpha = \frac{[H^+]}{c_{酸}} \times 100\% = \frac{1.33 \times 10^{-3}}{0.1} \times 100\% = 1.33\%$$

答：0.1mol/L HAc 溶液的 H^+ 浓度为 1.33×10^{-3} mol/L，电离度为 1.33%。

将以上结果推广到浓度为 $c_{酸}$ 的一元弱酸溶液中，有

$$[H^+] = \sqrt{K_a c_{酸}}$$

$$\alpha = \sqrt{K_a / c_{酸}}$$

一元弱碱电离平衡

对于一元弱碱溶液，同理可得

$$[OH^-] = \sqrt{K_b c_{碱}}$$

由于上式采用了近似值，所以上述公式只有在电离度较小时才能成立。即 $c/K \geqslant 400$ 时，上述公式适用，否则应做精确计算。

【例 5-17】 已知 25℃ 时，0.2mol/L 的 $NH_3 \cdot H_2O$ 溶液的电离度为 0.934%，求平衡时溶液中的 OH^- 浓度和电离平衡常数。

解 由 $\alpha = \dfrac{已电离的弱电解质的分子数}{电离前弱电解质的分子总数} \times 100\%$

$$= \frac{已电离的离子浓度}{溶液起始浓度} \times 100\%$$

$$= \frac{[OH^-]}{c_{碱}} \times 100\%$$

可得 $[OH^-] = c_{碱} \alpha = 0.2 \times 0.934\% = 1.868 \times 10^{-3}$ (mol/L)

$$K_b = c_{碱} \alpha^2 = 0.2 \times (9.34 \times 10^{-3})^2 = 1.74 \times 10^{-5}$$

答：平衡时溶液中的 OH^- 浓度为 1.868×10^{-3} mol/L，电离平衡常数为 1.74×10^{-5}。

多元弱酸、多元弱碱的电离是分步进行的，情况较为复杂，有关计算放在分析化学中再介绍。

三、同离子效应

同化学平衡一样，当外界条件改变时，弱电解质的电离平衡就要发生移动，使电离度发生改变。温度对电离平衡的影响不大，促使电离平衡发生移动的最主要因素是浓度。

【演示实验 5-1】 在一支试管中加入 10mL 0.1mol/L 氨水溶液和两滴酚酞指示剂，然后将试管中溶液分成两份，一份加入少量固体 NH_4Ac，振荡使其溶解后，比较两支试管中溶液的颜色。

氨水呈碱性，能使酚酞显红色。当加入 NH_4Ac 后，由于 NH_4Ac 是强电解质，完全电离生成大量的 NH_4^+ 和 Ac^-，从而使溶液中 $[NH_4^+]$ 增大。根据平衡移动原理可以知道，$NH_3 \cdot H_2O$ 的电离平衡向左移动，使氨水的电离度降低，溶液中 $[OH^-]$ 减少，所以溶液的颜色变浅。

$$NH_4Ac \longrightarrow NH_4^+ + Ac^-$$

$$NH_3 \cdot H_2O \rightleftharpoons NH_4^+ + OH^-$$
$$\overleftarrow{}$$
电离平衡向左移动

这种在弱电解质中，加入含有相同离子的强电解质后，使弱电解质的电离度降低的现象叫同离子效应。

同离子效应在化工生产和科学实验中应用很广，例如调节溶液的酸、碱度。

 ## 思考与练习

一、选择题（每题只有一个正确答案）

1. 下列物质中属于强电解质的是（   ），属于弱电解质的是（   ）。

    A. HI   B. I_2 C. 酒精   D. HF

2. 下列物质在水溶液中能电离出 H^+ 的是（   ）。

    A. HCl   B. $NH_3 \cdot H_2O$ C. $Mg(OH)_2$ D. $AgNO_3$

3. 关于强、弱电解质的导电性的正确说法是（   ）。

    A. 只由浓度决定

    B. 没有本质区别

    C. 导电性强的溶液里自由移动的离子数目一定比导电性弱的溶液里自由移动的离子数目多

    D. 强电解质溶液导电能力强，弱电解质溶液导电能力弱

4. 下列关于电离度的说法正确的是（   ）。

    A. 电离度的大小决定溶液导电能力的强弱

    B. 电解质的电离度只受溶液浓度的影响

    C. 电离度较大的溶液中，离子浓度也较大

    D. 相同条件下，电离度的大小可表示弱酸的相对强弱

5. 在同温、同体积、同浓度的条件下，判断弱电解质的相对强弱的根据是（   ）。

    A. 分子量大小   B. 电离度大小

    C. $[H^+]$ 大小   D. 酸味大小

6. 电离平衡常数只与（   ）有关。

    A. 压力   B. 浓度   C. 温度   D. 摩尔质量

7. 下列电离方程式正确的是（   ）。

    A. $H_2S \rightleftharpoons 2H^+ + S^{2-}$ B. $NaHCO_3 \rightleftharpoons Na^+ + H^+ + CO_3^{2-}$

C. $H_2CO_3 \rightleftharpoons H^+ + HCO_3^-$ D. $NH_3 \cdot H_2O \rightleftharpoons NH_4^+ + OH^-$

8. 物质的量浓度相同的下列溶液：HCl、H_2SO_4、HAc，导电能力由强到弱的次序是（   ）。

     A. $HCl = H_2SO_4 > HAc$ B. $HCl > H_2SO_4 > HAc$

     C. $H_2SO_4 > HCl > HAc$ D. $HCl = H_2SO_4 = HAc$

9. 为使 HAc 电离度降低，可加入的物质是（   ）。

     A. $NaCl$ B. H_2O C. HCl D. Na_2SO_4

二、判断题

1. 醋酸越稀电离度越大，酸性越强。   （   ）

2. 碳酸钙不溶于水，所以不是电解质。   （   ）

3. 在相同浓度下，凡一元酸的水溶液，其 $[H^+]$ 都相同。   （   ）

4. 弱电解质的浓度越小，电离度越大，因此弱酸溶液中，$[H^+]$ 也越大。   （   ）

5. $0.01mol/L$ HCl 溶液中，$[Cl^-]$ 等于 $0.01mol/L$。   （   ）

6. 同离子效应是指在弱电解质中，加入含有相同离子的强电解质后，弱电解质的电离度增大的现象。   （   ）

7. 在溶液中，弱电解质的导电能力一定弱于强电解质的导电能力。   （   ）

8. 凡能电离的电解质溶液中，都存在电离平衡。   （   ）

三、计算题

1. 在 $500mL$ 醋酸溶液中，溶有醋酸 $3.00g$，其中有 Ac^- $3.92 \times 10^{-2}g$，求此溶液中醋酸的电离度。

2. 已知某温度时 $0.01mol/L$ HAc 的电离度是 4.24%，求其电离平衡常数和 $[H^+]$。

3. 求 $0.4mol/L$ $NH_3 \cdot H_2O$ 溶液中的 $[OH^-]$ 和电离度。（$K_b = 1.8 \times 10^{-5}$）

第五节   离子反应

一、离子反应与离子反应方程式

1. 离子反应

电解质在水溶液中发生的离子之间的反应称为离子反应。

由于电解质溶于水后能够全部或部分电离成离子，因此，电解质在水溶液中发生的反应实质上是离子之间的反应。

2. 离子反应方程式

用实际参加反应的离子来表示离子反应的化学反应方程式叫做离子反应方程式，简称离子方程式。

例如：当 $AgNO_3$ 溶液和 $NaCl$ 溶液反应时，生成白色的 $AgCl$ 沉淀和

NaNO$_3$，反应式为

$$AgNO_3 + NaCl \longrightarrow AgCl\downarrow + NaNO_3$$

由于 AgNO$_3$、NaCl 和 NaNO$_3$ 在水溶液中完全电离，以离子形式存在，因此上面的反应方程式可写为

$$Ag^+ + NO_3^- + Na^+ + Cl^- \longrightarrow Na^+ + NO_3^- + AgCl\downarrow$$

从上式可以看出，NO$_3^-$ 和 Na$^+$ 在反应前后没有参与反应，可以从反应方程式中消去，于是得到离子方程式

$$Ag^+ + Cl^- \longrightarrow AgCl\downarrow$$

又如在 AgNO$_3$ 溶液中加入 KCl 溶液，反应生成白色的 AgCl 沉淀和 KNO$_3$，反应方程式为

$$AgNO_3 + KCl \longrightarrow AgCl\downarrow + KNO_3$$

将式中 AgNO$_3$、KCl 和 KNO$_3$ 写成离子形式，并消去未参加反应的 NO$_3^-$ 和 K$^+$ 得

$$Ag^+ + NO_3^- + K^+ + Cl^- \longrightarrow K^+ + NO_3^- + AgCl\downarrow$$

$$Ag^+ + Cl^- \longrightarrow AgCl\downarrow$$

于是得到与前一反应完全相同的离子方程式。这是为什么呢？因为离子方程式表示的是实际参加反应的离子间的反应，因此，只要离子相同，不管分子反应方程式如何，都可以用同一个离子方程式代替。

由此可见，离子方程式不仅能表示一定物质间的反应，还可以表示同一类型的反应。所以，离子方程式更能反映化学反应的本质。

3. 书写离子反应方程式的步骤

书写离子反应方程式分为四个步骤："一写、二改、三消、四查"。

现以 Ba(OH)$_2$ 溶液与 HCl 溶液反应为例说明。

一写：写出化学反应方程式，并配平。

$$Ba(OH)_2 + 2HCl \longrightarrow BaCl_2 + 2H_2O$$

二改：把易溶的强电解质写成离子形式；非电解质、难溶物质、弱电解质、水和气体仍用分子式表示。

$$Ba^{2+} + 2OH^- + 2H^+ + 2Cl^- \longrightarrow Ba^{2+} + 2Cl^- + 2H_2O$$

三消：消去反应方程式两边相同数目和种类的离子。

$$2OH^- + 2H^+ \longrightarrow 2H_2O$$

四查：检查方程式两边各元素的原子个数和离子电荷数是否相等；方程式两边各项是否有公约数，是否漏写必要的反应条件。

$$OH^- + H^+ \longrightarrow H_2O$$

【例 5-18】 用离子方程式表示 BaCl$_2$ 溶液和 H$_2$SO$_4$ 溶液的反应。

解　根据书写离子方程式的四个步骤

$$BaCl_2 + H_2SO_4 \longrightarrow BaSO_4 \downarrow + 2HCl$$

$$Ba^{2+} + 2Cl^- + 2H^+ + SO_4^{2-} \longrightarrow BaSO_4 \downarrow + 2H^+ + 2Cl^-$$

$$Ba^{2+} + SO_4^{2-} \longrightarrow BaSO_4 \downarrow$$

检查方程式两边各元素的原子个数和离子电荷数是否相等，方程式两边各项是否有公约数，是否漏写必要的反应条件。

【例5-19】　用离子方程式表示 NaOH 溶液与 HCl 溶液的反应。

解　根据书写离子方程式的四个步骤

$$NaOH + HCl \longrightarrow NaCl + H_2O$$

$$Na^+ + OH^- + H^+ + Cl^- \longrightarrow Na^+ + Cl^- + H_2O$$

$$H^+ + OH^- \longrightarrow H_2O$$

依此类推可知，强酸强碱中和反应的实质是 H^+ 和 OH^- 作用生成 H_2O。

【例5-20】　用离子方程式表示 $Ba(OH)_2$ 溶液与 H_2SO_4 溶液的反应。

解　根据书写离子方程式的四个步骤

$$Ba(OH)_2 + H_2SO_4 \longrightarrow BaSO_4 \downarrow + 2H_2O$$

$$Ba^{2+} + 2OH^- + 2H^+ + SO_4^{2-} \longrightarrow BaSO_4 \downarrow + 2H_2O$$

从上式可以看出所有离子均参加了反应。

【例5-21】　用离子方程式表示 Zn 与稀 H_2SO_4 溶液的反应。

解　根据书写离子方程式的四个步骤

$$Zn + H_2SO_4 \longrightarrow ZnSO_4 + H_2 \uparrow$$

$$Zn + 2H^+ + SO_4^{2-} \longrightarrow Zn^{2+} + SO_4^{2-} + H_2 \uparrow$$

$$Zn + 2H^+ \longrightarrow Zn^{2+} + H_2 \uparrow$$

二、离子反应的分类及离子互换反应进行的条件

1. 离子反应的分类

（1）离子氧化还原反应　反应前后元素的化合价发生变化的离子反应叫做离子氧化还原反应。如

$$Zn + 2H^+ \longrightarrow Zn^{2+} + H_2 \uparrow$$

（2）离子互换反应　反应前后元素的化合价不发生变化，而是以交换离子的形式发生的离子反应叫做离子互换反应，如

$$Ba^{2+} + SO_4^{2-} \longrightarrow BaSO_4 \downarrow$$

2. 离子互换反应进行的条件

（1）生成难溶的物质　如

$$CuSO_4 + H_2S \longrightarrow CuS \downarrow + H_2SO_4$$

其离子方程式为 $\qquad$ $Cu^{2+} + H_2S \longrightarrow CuS\downarrow + 2H^+$

（2）生成弱电解质（如水） 如

$$NaAc + HCl \longrightarrow HAc + NaCl$$

其离子方程式为 $\qquad$ $Ac^- + H^+ \longrightarrow HAc$

又如 $\qquad$ $2NaOH + H_2SO_4 \longrightarrow Na_2SO_4 + 2H_2O$

其离子方程式为 $\qquad$ $H^+ + OH^- \longrightarrow H_2O$

（3）生成气体物质 如

$$Na_2CO_3 + 2HCl \longrightarrow 2NaCl + H_2O + CO_2\uparrow$$

其离子方程式为 $\qquad$ $CO_3^{2-} + 2H^+ \longrightarrow H_2O + CO_2\uparrow$

凡具备上述条件之一的离子互换反应都能发生。如果将 NaCl 溶液和 KNO₃ 溶液混合在一起，它们之间是否能发生离子反应呢？

$$NaCl + KNO_3 \longrightarrow NaNO_3 + KCl$$

$$Na^+ + Cl^- + K^+ + NO_3^- \longrightarrow Na^+ + NO_3^- + K^+ + Cl^-$$

上式中两边离子种类和数量相等，没有发生任何反应。也就是 Na^+、Cl^-、K^+ 和 NO_3^- 可以在溶液中共存。

$$NaCl + KNO_3 \xrightarrow{\quad\times\quad} NaNO_3 + KCl$$

 思考与练习

一、选择题

1. 电解质在溶液中所起的反应实质上是（ ）之间的反应。

    A. 分子   B. 原子   C. 离子   D. 电子

2. 下列物质在水溶液中以分子和离子两种形式存在的是（ ）。

    A. $BaSO_4$ B. $AgCl$ C. H_2O D. $NaOH$

3. 离子方程式配平后要求等号两边的（ ）个数相等。

    A. 元素   B. 分子   C. 原子   D. 离子

4. 在写离子反应方程式时，下列物质应写成分子式的是（ ）。

    A. HCl B. CO_2 C. Na_2SO_4 D. $Ba(OH)_2$

5. 下列离子反应属于离子互换反应的有（ ）。

    A. $Zn + 2H^+ \longrightarrow Zn^{2+} + H_2$ B. $Cl_2 + 2I^- \longrightarrow I_2 + 2Cl^-$

    C. $Cl_2 + 2Fe^{2+} \longrightarrow 2Fe^{3+} + 2Cl^-$ D. $OH^- + HAc \longrightarrow H_2O + Ac^-$

6. 用离子方程式 $Zn^{2+} + S^{2-} \longrightarrow ZnS\downarrow$ 可以表示的化学反应是（ ）。

    A. $ZnCO_3 + K_2S \longrightarrow ZnS\downarrow + K_2CO_3$

    B. $Zn(NO_3)_2 + Na_2S \longrightarrow ZnS\downarrow + 2NaNO_3$

    C. $Zn(OH)_2 + H_2S \longrightarrow ZnS\downarrow + 2H_2O$

    D. $ZnSO_4 + H_2S \longrightarrow ZnS\downarrow + H_2SO_4$

7. 能在溶液中大量共存的是（　　）。

  A. Na^+、CO_3^{2-}、Cl^-、SO_4^{2-} B. Pb^{2+}、H^+、Cl^-、SO_4^{2-}

  C. Ba^{2+}、NO_3^-、OH^-、Mg^{2+} D. Ag^+、SO_4^{2-}、Cl^-、K^+

8. 下列离子方程式正确的是（　　）。

  A. 向 H_2S 溶液中通入氯气：$H_2S + Cl_2 \longrightarrow 2Cl^- + 2H^+ + S\downarrow$

  B. 盐酸与氨水反应：$H^+ + OH^- \longrightarrow H_2O$

  C. 硫化氢气体使润湿的醋酸铅试纸变黑：$Pb^{2+} + H_2S \longrightarrow PbS\downarrow + 2H^+$

  D. 氯化亚铁溶液中通入氯气：$Fe^{2+} + Cl_2 \longrightarrow Fe^{3+} + 2Cl^-$

9. 只能表示一个化学反应的离子方程式是（　　）。

  A. $Ba^{2+} + 2OH^- + 2H^+ + SO_4^{2-} \longrightarrow BaSO_4\downarrow + 2H_2O$

  B. $CO_3^{2-} + 2H^+ \longrightarrow CO_2\uparrow + H_2O$

  C. $Zn + 2H^+ \longrightarrow Zn^{2+} + H_2\uparrow$

  D. $2Br^- + Cl_2 \longrightarrow Br_2 + 2Cl^-$

二、判断题

1. 在书写离子方程式时，应把易溶、易电离的物质写成离子形式。 （　　）

2. 离子方程式就是化学方程式。 （　　）

3. 离子方程式不仅表示一定物质间的反应，而且表示了同一类型的离子反应。 （　　）

4. 所有的强酸与强碱的反应均可写成 $H^+ + OH^- \longrightarrow H_2O$ 的形式。 （　　）

5. 离子方程式和化学方程式一样，方程式两边的原子个数必须相等。 （　　）

6. 没有自由移动的离子参加的反应，不能写离子方程式。 （　　）

7. 离子反应就是离子互换反应。 （　　）

三、离子互换反应发生的条件有哪些？

四、写出下列反应的离子方程式

1. 碳酸钙与盐酸反应

2. 镁与稀硫酸反应

3. 氯化钡溶液与硫酸钠溶液反应

4. 硝酸银溶液与氯化钠溶液反应

5. 锌与氯化铜溶液反应

6. 氢氧化钠溶液与氯化铁溶液反应

五、鉴别题

1. 现有 $NaOH$、Na_2CO_3、$Ba(OH)_2$ 三种无色溶液，选用一种试剂把它们鉴别出来，并写出反应的化学方程式和离子方程式。

2. 用一种试剂鉴别 K_2S、KOH、KNO_3、$BaCl_2$ 四种无色溶液，并写出相关的离子方程式。

第六节　水的电离与溶液的 pH

水溶液的酸碱性取决于溶质和水的电离平衡。下面先讨论水的电离。

一、水的电离

水是一种很弱的电解质，它能发生部分电离

水的电离

$$H_2O \rightleftharpoons H^+ + OH^-$$

根据实验测定，在 22℃时，1L 纯水中仅有 10^{-7} mol 水分子电离，因此水中 $[H^+]=[OH^-]=10^{-7}$ mol/L。根据化学平衡原理得

$$K_w=[H^+][OH^-]=1.0 \times 10^{-14}$$

K_w 称为水的离子积常数，简称离子积。它表明在一定温度下，水中 H^+ 的平衡浓度与 OH^- 的平衡浓度之积是一常数。

在不同温度下 K_w 值不同。水的电离是吸热反应，温度升高，K_w 值增大（见表 5-3）。常温时一般认为 $K_w=1.0 \times 10^{-14}$。

表 5-3　不同温度下水的离子积常数

温度/℃	0	18	22	25	50	100
K_w	1.3×10^{-15}	7.4×10^{-15}	1.00×10^{-14}	1.27×10^{-14}	5.6×10^{-14}	7.4×10^{-13}

二、溶液的酸碱性

水的电离平衡不仅存在于纯水中，还存在于所有的电解质水溶液中。既然水溶液中 $[H^+]$ 和 $[OH^-]$ 之积是一常数，这就说明在水溶液中 H^+ 和 OH^- 总是存在的。只要知道 H^+ 的浓度，就可以算出 OH^- 的浓度，反之亦然。根据 H^+ 和 OH^- 相互依存、相互制约的关系，可以统一用 $[H^+]$ 或 $[OH^-]$ 来表示溶液的酸碱性。

溶液是酸性还是碱性，取决于溶液中 $[H^+]$ 和 $[OH^-]$ 的相对大小。当 $[H^+]=[OH^-]$ 时，溶液显中性；$[H^+]>[OH^-]$ 时，溶液显酸性；$[H^+]<[OH^-]$ 时，溶液显碱性。

在室温范围内，可以对水溶液的酸碱性概括如下：

$[H^+]>10^{-7}$ mol/L，即 $[H^+]>[OH^-]$ 时，水溶液显酸性；

$[H^+]=[OH^-]=10^{-7}$ mol/L 时，水溶液显中性；

$[H^+]<10^{-7}$ mol/L，即 $[H^+]<[OH^-]$ 时，水溶液显碱性。

三、溶液的 pH

在实验中我们常遇到 H^+ 浓度很小的水溶液，如果直接用 H^+ 浓度表示溶液的酸碱性，使用和记忆都很不方便。为了简便，常采用 pH 来表示溶液的酸碱性。

1. 溶液的 pH 和 pOH

溶液中 H^+ 浓度的负对数叫做 pH。

$$pH = -lg[H^+]$$

pH 是溶液酸碱性的量度，常温下有如下关系

$[H^+] = 1.0 \times 10^{-7}$ mol/L 时，pH = 7，溶液显中性；

$[H^+] > 1.0 \times 10^{-7}$ mol/L 时，pH < 7，溶液显酸性；

$[H^+] < 1.0 \times 10^{-7}$ mol/L 时，pH > 7，溶液显碱性。

溶液中的 $[H^+]$ 与 pH 之间的关系如图 5-1 所示。

| $[H^+]$ | 10^0 10^{-1} 10^{-2} 10^{-3} 10^{-4} 10^{-5} 10^{-6} 10^{-7} 10^{-8} 10^{-9} 10^{-10} 10^{-11} 10^{-12} 10^{-13} 10^{-14} |
| pH | 0 1 2 3 4 5 6 7 8 9 10 11 12 13 14 |

酸 性 增 强　　　中性　　　碱 性 增 强

图 5-1　溶液中的 $[H^+]$ 与 pH 的关系

从图 5-1 可以看出溶液中 $[H^+]$ 越大，pH 值越小，溶液酸性越强；$[H^+]$ 越小，pH 值越大，溶液碱性越强。

也可以用 pOH 来表示溶液的酸碱性，

$$pOH = -lg[OH^-]$$

因为常温下 $[H^+][OH^-] = 1.0 \times 10^{-14}$，两边取对数得

$$pH + pOH = 14$$

2. $[H^+]$ 与 pH 的换算

若 $[H^+] = m \times 10^{-n}$ mol/L，pH $= n - lg m$。

式中，m 为小于 10 的正数，n 为正整数。

【例 5-22】 已知某溶液中的 $[H^+] = 1.34 \times 10^{-3}$ mol/L，求其 pH。

解 pH $= -lg[H^+] = -lg(1.34 \times 10^{-3}) = 3 - lg1.34 = 2.87$

答：该溶液的 pH 值为 2.87。

【例 5-23】 已知某溶液的 pH 值为 5.35，求其 $[H^+]$。

解 pH $= -lg[H^+] = 5.35$

则　　$lg[H^+] = -5.35 = -6 + 0.65$

查反对数表得 $[H^+] = 4.47 \times 10^{-6}$ mol/L

答：该溶液的 $[H^+]$ 为 $4.47 \times 10^{-6} mol/L$。

3. 酸、碱溶液的 pH 计算

（1）强酸或强碱溶液的 pH 计算

若强酸 $H_n A$ 溶液浓度为 $c_{酸}$，则 $[H^+] = nc_{酸}$，再由 $pH = -lg[H^+]$ 计算；

若强碱 $B(OH)_n$ 溶液浓度为 $c_{碱}$，则 $[OH^-] = nc_{碱}$，由 $pOH = -lg[OH^-]$ 计算出 pOH 后，再由 $pH = 14 - pOH$ 求 pH。

【例 5-24】 求 $0.001mol/L$ H_2SO_4 溶液的 pH。

解 由于 H_2SO_4 是二元强酸，所以

$$[H^+] = 2 \times 0.001 = 0.002 = 2 \times 10^{-3} \ (mol/L)$$

$$pH = -lg[H^+] = -lg(2 \times 10^{-3}) = 3 - lg2 = 2.70$$

答：该溶液的 pH 值为 2.70。

【例 5-25】 求 $0.1mol/L$ NaOH 溶液的 pH。

解 由于 NaOH 是一元强碱，所以

$$[OH^-] = c_{碱} = 0.1mol/L$$

$$pOH = -lg[OH^-] = -lg0.1 = 1.0$$

$$pH = 14 - pOH = 14 - 1.0 = 13.0$$

答：该溶液的 pH 值为 13.0。

（2）一元弱酸、弱碱溶液的 pH 计算

若一元弱酸 HA 溶液浓度为 $c_{酸}$，当 $c/k_a \geqslant 400$ 时，则 $[H^+] = \sqrt{K_a c_{酸}}$，再由 $pH = -lg[H^+]$ 计算 pH；

若一元弱碱溶液浓度为 $c_{碱}$，当 $c/k_b \geqslant 400$ 时，则 $[OH^-] = \sqrt{K_b c_{碱}}$，由 $pOH = -lg[OH^-]$ 计算出 pOH 后，再由 $pH = 14 - pOH$ 求 pH。

【例 5-26】 求 $0.1mol/L$ $NH_3 \cdot H_2O$ 溶液的 pH。($K_b = 1.8 \times 10^{-5}$)

解 $[OH^-] = \sqrt{K_b c_{碱}} = \sqrt{1.8 \times 10^{-5} \times 0.1} = 1.34 \times 10^{-3} \ (mol/L)$

$$pOH = -lg[OH^-] = -lg(1.34 \times 10^{-3}) = 3 - lg1.34 = 2.87$$

$$pH = 14 - pOH = 14 - 2.87 = 11.13$$

答：该溶液的 pH 值为 11.13。

通常，溶液的 $[H^+]$ 在 $1 \sim 10^{-14} mol/L$ 时，pH 值的应用范围在 $0 \sim 14$ 之间。更强的酸性溶液 pH 值也可以小于 0，如 $10mol/L$ 的 HCl 溶液 $pH = -1$；更强的碱性溶液 pH 值也可以大于 14，如 $10mol/L$ 的 NaOH 溶液 $pH = 15$。在这种情况下，直接用物质的量浓度表示更简便。

四、溶液 pH 的测定

pH 是反映溶液酸碱性的一个重要数据。在生产和科学实验中，控制和测定

溶液 pH 是非常重要的。测定溶液 pH 的方法很多，例如用酸度计可以准确测定出溶液的 pH。在生产实际中，有时只需要知道溶液的近似 pH，以便及时调节和控制。我们常用酸碱指示剂或 pH 试纸进行测定。

酸碱指示剂是指借助自身颜色改变来指示溶液 pH 的物质。它们可以在不同的 pH 范围内显示不同的颜色。可以根据它们在某溶液中显示的颜色来粗略判断溶液的 pH。如酚酞指示剂在碱性溶液中显红色。常用的酸碱指示剂有石蕊、酚酞和甲基橙，它们的变色范围如表 5-4 所示。

表 5-4　常用酸碱指示剂的变色范围

指示剂	变色范围 pH	颜　　色		
		酸色	中间色	碱色
甲基橙	3.1~4.4	红	橙	黄
石蕊	5.0~8.0	红	紫	蓝
酚酞	8.0~10.0	无	粉红	玫瑰红

利用酸碱指示剂的颜色变化，可以判断溶液的 pH 大约是多少。例如，某溶液使甲基橙显示黄色，说明该溶液 pH>4.4，但不能确定其酸碱性。如果该溶液使石蕊显示红色，说明 pH<5.0，即该溶液 pH 值在 4.4~5.0 之间。

由上例可以看出，如果用单一指示剂，只能粗略了解溶液的酸碱性。如果要比较精确地知道溶液的 pH，可用 pH 试纸。pH 试纸是由多种指示剂的混合液浸制的试纸，它能对不同 pH 的溶液显示不同的颜色。使用 pH 试纸时，将待测溶液滴在 pH 试纸上，然后将试纸呈现的颜色与标准比色卡对照，便可以知道溶液的 pH。

 思考与练习

一、选择题

1. 在不同温度下水的离子积不同，温度升高，K_w 值（　　　）。

　　A. 增大　　　　　　B. 不变　　　　　　C. 减小　　　　　　D. 不一定

2. 某温度下，纯水中的 $[H^+]$ 为 1.0×10^{-6} mol/L，则 $[OH^-]$ 为（　　　）mol/L。

　　A. 1.0×10^{-7}　　B. 1.0×10^{-6}　　C. 1.0×10^{-8}　　D. 1.0×10^{-5}

3. 对于 pH=0 的溶液，下列说法正确的是（　　　）。

　　A. 是纯水　　　B. $[H^+]=0$　　C. $[H^+]=1$mol/L　　D. 没有这样的溶液

4. 某 25℃ 的溶液，其 pH 值为 4.5，则此溶液中的 OH^- 浓度为（　　　）mol/L。

　　A. $10^{-9.5}$　　　B. $10^{-4.5}$　　　C. $10^{9.5}$　　　D. $10^{4.5}$

5. 0.01mol/L NaOH 溶液中 $[H^+]$ 对 0.001mol/L NaOH 溶液中 $[H^+]$ 的倍数是（　　　）。

　　A. 10^6　　　　　B. 10^{-11}　　　　C. 10^{-1}　　　　D. 10^1

6. 体积相同，pH 相同的盐酸和醋酸，与碱中和时消耗碱的量（　　　）。

A. 相同　　　　　　B. 盐酸多　　　　　　C. 醋酸多　　　　　　D. 无法比较

7. 醋酸溶液中，加入下列物质后，能使醋酸的电离度和溶液的 pH 值都减小的是（　　）。

　　A. H_2O　　　　　　B. NaAc　　　　　　C. NaOH　　　　　　D. HCl

8. 将 pH＝3 的盐酸和 pH＝5 的盐酸等体积混合，混合后溶液的 pH 值为（　　）。

　　A. 2　　　　　　　B. 3.3　　　　　　　C. 4　　　　　　　D. 4.3

9. pH 值增加一个单位，则此溶液中的 [H^+]（　　）。

　　A. 增大 10 倍　　　B. 减小为 1/10　　　C. 增大 1 倍　　　D. 减小为 1/2

10. 将 pH＝5 的盐酸溶液稀释 1000 倍后，溶液 pH 值为（　　）。

　　A. 5　　　　　　　B. 7　　　　　　　C. 8　　　　　　　D. 6

二、判断题

1. 不存在 [H^+]＝0 的水溶液，但有 pH＝0 的溶液。　　　　　　　　　　　（　　）

2. 在任何水溶液中都存在如下关系 [H^+][OH^-]＝$1.0×10^{-14}$。　　　　（　　）

3. pH 值的取值范围只能在 1～14 之间。　　　　　　　　　　　　　　　　（　　）

4. pH＝3 的 HCl 溶液稀释到 10 倍，溶液的 pH＝4。　　　　　　　　　　（　　）

5. 浓度为 $1×10^{-10}$ mol/L 的 KOH 溶液的 pH 值略小于 7。　　　　　　（　　）

6. 在 [H^+]＝$1×10^{-7}$ mol/L 的溶液中滴入石蕊试液溶液显红色。　　　（　　）

7. 纯水在 100℃时 pH＝6，它显中性。　　　　　　　　　　　　　　　　（　　）

8. 酸碱指示剂是指借助自身颜色改变来指示溶液 pH 的物质。　　　　　　（　　）

9. pH 值越大，溶液的酸性越强。　　　　　　　　　　　　　　　　　　　（　　）

10. 能使甲基橙变为黄色的溶液不一定呈碱性。　　　　　　　　　　　　　（　　）

三、计算题

1. 将下列溶液中的 [H^+] 或 [OH^-] 换算成 pH，或将 pH 换算成 [H^+]。

（1）[H^+]＝$5.0×10^{-2}$ mol/L

（2）[OH^-]＝$5.0×10^{-2}$ mol/L

（3）pH＝4.5

2. 在 1L 水溶液里含有 0.4g NaOH，求该溶液的 pH。

3. 求 0.1mol/L HAc 溶液的 pH（K_a＝$1.8×10^{-5}$）。

4. A、B、C 三种溶液，其中 A 的 pH 值为 5，B 中的 [H^+]＝$1.0×10^{-3}$ mol/L，C 中 [OH^-]＝$1.0×10^{-2}$ mol/L，分别计算 B、C 溶液的 pH，并比较三种溶液中谁的酸性最强。

第七节　盐类的水解

一、盐类水解的定义

　　酸的水溶液显酸性，碱的水溶液显碱性，那么由酸碱反应生成的盐，它们的水溶液是否都显中性呢？实验证明，大多数盐的水溶液都是非中性的。见表 5-5。

表 5-5　某些盐的水溶液的 pH（$c = 0.1\text{mol/L}$）

盐	pH	盐	pH
NH_4Cl	5.20	NaAc	8.87
NaCl	7.00	KCN	11.20
NH_4Ac	7.00	Na_2CO_3	11.62

　　为什么同样是盐的水溶液，它们的酸碱性差别这么大呢？这是因为这些盐溶于水时，盐的离子与水电离出的 H^+ 或 OH^- 作用，生成了弱酸或弱碱，引起了水的电离平衡移动，从而改变了溶液中 H^+ 或 OH^- 浓度的相对大小，所以使水溶液变成非中性的。

　　我们把盐的离子与溶液中水电离出的 H^+ 或 OH^- 结合生成弱电解质或难溶物质的反应叫做盐的水解。

二、盐类水解的规律

1. 弱酸强碱盐的水解

以 NaAc 为例，在 NaAc 水溶液中，存在着下列电离平衡

$$NaAc \longrightarrow Na^+ + \boxed{\begin{array}{c} Ac^- \\ + \\ H_2O \rightleftharpoons OH^- + H^+ \end{array}}$$

$$\Updownarrow$$

$$HAc$$

　　由于 NaAc 电离出的 Ac^- 与水电离出的 H^+ 结合生成弱电解质 HAc，使水的电离平衡被破坏，平衡向右移动。达到新的平衡时，$[OH^-] > [H^+]$，所以水溶液显碱性。

　　NaAc 的水解方程式为

$$Ac^- + H_2O \rightleftharpoons HAc + OH^-$$

2. 强酸弱碱盐的水解

以 NH_4Cl 为例，在 NH_4Cl 水溶液中，存在着下列电离平衡

$$NH_4Cl \longrightarrow \boxed{\begin{array}{c} NH_4^+ \\ + \\ H_2O \rightleftharpoons OH^- + H^+ \end{array}} Cl^-$$

$$\Updownarrow$$

$$NH_3 \cdot H_2O$$

由于 NH_4Cl 电离出的 NH_4^+ 与水电离出的 OH^- 结合生成弱电解质 $NH_3 \cdot H_2O$，使水的电离平衡被破坏，平衡向右移动。达到新的平衡时，$[H^+] > [OH^-]$，所以水溶液显酸性。

NH_4Cl 的水解方程式为

$$NH_4^+ + H_2O \Longrightarrow NH_3 \cdot H_2O + H^+$$

3. 弱酸弱碱盐的水解

以 NH_4Ac 为例，在 NH_4Ac 水溶液中，存在着下列电离平衡

$$NH_4Ac \longrightarrow NH_4^+ + Ac^-$$
$$+ \qquad +$$
$$H_2O \Longrightarrow OH^- + H^+$$
$$\Updownarrow \qquad \Updownarrow$$
$$NH_3 \cdot H_2O \quad HAc$$

由于 NH_4Ac 电离出的 NH_4^+ 和 Ac^- 分别与水电离出的 OH^- 和 H^+ 结合生成弱电解质 $NH_3 \cdot H_2O$ 和 HAc，使水的电离平衡被破坏，从而使水的电离强烈地向右移动。达到新的平衡时，水溶液的酸碱性取决于水解生成的弱酸和弱碱的电离常数的相对大小。若 $K_a > K_b$，那么溶液显酸性；若 $K_a < K_b$，那么溶液显碱性；若 $K_a = K_b$，那么溶液显中性。由于醋酸和氨水的电离常数基本相等，所以 NH_4Ac 溶液显中性。

NH_4Ac 的水解方程式为

$$NH_4Ac + H_2O \Longrightarrow NH_3 \cdot H_2O + HAc$$

4. 强酸强碱盐不水解

以 $NaCl$ 为例，$NaCl$ 溶于水时，电离出 Na^+ 和 Cl^-，无论是 Na^+ 或 Cl^- 都不与水电离出的 OH^- 和 H^+ 结合生成弱电解质，H^+ 和 OH^- 浓度均不发生变化，水的电离平衡不受影响，所以 $NaCl$ 不水解，水溶液仍为中性。

应该指出的是，弱酸弱碱盐的水解虽然也能使溶液 $pH = 7$，但这与强酸强碱盐的水溶液 $pH = 7$ 有着本质的区别。前者是由于弱酸弱碱的相对强弱一样，使水解后的溶液 $pH = 7$，后者是根本不发生水解。

通过以上盐类水解实例可以看出，水解后生成的酸和碱正好是中和反应参加反应的酸和碱。因此，水解反应是中和反应的逆反应。

$$酸 + 碱 \underset{水解}{\overset{中和}{\Longrightarrow}} 盐 + 水$$

如

$$HAc + NaOH \underset{水解}{\overset{中和}{\Longrightarrow}} NaAc + H_2O$$

中和反应是放热反应，水解反应是吸热反应。

结论：盐类水解的规律——有弱才水解，越弱越水解；谁弱谁水解，谁强显谁性。

三、影响盐类水解的因素

影响盐类水解的主要因素是盐本身的性质。组成盐的酸根对应的酸越弱（或阳离子对应的碱越弱），水解程度就越大。

另外，盐的水解还受浓度、温度等因素的影响。盐的浓度越小，水解程度越大；盐的水解是吸热反应，所以加热可以促进水解反应的进行。

四、盐类水解的应用

在化工生产和科学实验中，水解现象经常发生。有时需要防止水解发生，有时需要利用水解。

如在实验室配制 $SnCl_2$ 水溶液时，由于水解会生成沉淀，不能得到所需溶液。

$$SnCl_2 + H_2O \rightleftharpoons Sn(OH)Cl\downarrow + HCl$$

为了防止水解，常用盐酸溶液而不用蒸馏水配制。由于盐酸电离出 H^+，可使电离平衡向左移动，抑制水解。

又如在配制 Na_2S 溶液时，由于 Na_2S 能发生下列水解反应。

$$S^{2-} + H_2O \rightleftharpoons HS^- + OH^-$$

$$HS^- + H_2O \rightleftharpoons H_2S + OH^-$$

在水解过程中，H_2S 逐渐挥发，使溶液失效。为了防止水解发生，可加入 $NaOH$ 减少水解，延长溶液的有效期。

总之，凡是不利的水解反应，都要尽量控制和防止，采用加酸或加碱的方法进行抑制。

水解反应并非对生产都是不利的，如在分析中，无机盐中常混入少量的铁盐杂质，为了除去这些杂质，常用加热的方法促进铁盐水解，达到无机盐提纯的目的。

在沸水中　　　　　$Fe^{3+} + 3H_2O \rightleftharpoons Fe(OH)_3\downarrow + 3H^+$

将 $Fe(OH)_3$ 沉淀过滤，即除去产品中的 Fe^{3+}。

✎ **思考与练习**

一、选择题

1. 指出下列盐的水溶液呈中性的是（　　　），呈酸性的是（　　　），呈碱性的是

（   ）。

        A. NH_4Ac B. $NaAc$ C. NH_4Cl D. Na_2CO_3

2. 下列酸、碱在中和反应时生成盐，水解后呈酸性的是（   ）。

        A. HCl 与 $NH_3 \cdot H_2O$ B. H_2SO_4 与 $NaOH$

        C. HNO_3 与 $NaOH$ D. $NH_3 \cdot H_2O$ 与 HAc

3. 下列盐不发生水解的是（   ）。

        A. $NaCl$ B. $FeCl_3$ C. NH_4Cl D. KCN

4. 若弱酸与弱碱的 $K_a > K_b$，则生成的盐的水溶液的 pH 值（   ）7。

        A. 大于   B. 等于   C. 小于   D. 无法判断

5. NH_4Ac 水溶液的 pH＝7，说明（   ）。

        A. $K_a = K_b$ B. $K_a > K_b$ C. $K_a < K_b$

6. 配制 $ZnCl_2$、$FeCl_3$ 等溶液时为了防止水解，应加入（   ）。

        A. 相应酸   B. 相应碱   C. 盐   D. 水

7. 下列说法正确的是（   ）。

        A. 正盐水溶液一定呈中性   B. 酸式盐水溶液一定呈酸性

        C. 弱酸弱碱盐水溶液一定呈中性   D. 强酸强碱盐水溶液一定呈中性

8. 在 Na_2CO_3 水溶液中，$[Na^+]$ 与 $[CO_3^{2-}]$ 的比值是（   ）。

        A. 1   B. 2   C. 大于 2   D. 小于 2

二、判断题

1. 升高温度可以促进水解。 （   ）

2. NH_4Ac 水溶液的 pH 值为 7，因此说 NH_4Ac 是不发生水解的盐。 （   ）

3. 水溶液 pH＝7 的是水，pH＜7 的是酸，pH＞7 的是碱。 （   ）

4. 凡是 pH＜7 的水溶液，都是由于盐的水解造成的。 （   ）

三、问答题

1. 下列几种盐，哪些能发生水解？能水解的写出水解反应的离子方程式。

（1）NaI （2）NH_4Cl （3）KF

2. 把下列物质的量浓度相同的溶液按 pH 值由大到小的顺序排列起来。

H_2SO_4 KOH $KHCO_3$ NH_4Cl $KHSO_4$

3. 为了加快固体溶解，常用热水配制 $CuSO_4$ 溶液，但会产生浑浊，试解释为什么。怎样才能用热水配制出澄清的 $CuSO_4$ 溶液？

📖 **科海拾贝**

测定溶液 pH 的实际意义

    测定溶液的 pH 有着重要的实际意义。例如，在化工生产中，许多反应必须在一定 pH 的溶液中才能进行。对一些氧化还原反应，在酸性介质中进行或在碱性介质中进行，其产物往往不同。

在农业生产中，农作物一般适宜在 pH 值等于 7 或接近 7 的土壤中生长。在 pH 值小于 4 的酸性土壤或 pH 值大于 8 的碱性土壤里，农作物一般都难于生长。因此，需要定期测量土壤的酸碱性。有关部门也需要经常测定雨水的 pH。当雨水的 pH 值小于 5.6 时，就成为酸雨，它将对生态环境造成危害。

人体体液和代谢产物都有正常的 pH 范围，测定人体体液和代谢产物的 pH，可以帮助了解人的健康状况。一些体液和代谢产物的正常 pH 如表 5-6 所示。

表 5-6　人体几种体液和代谢产物的正常 pH

体液和代谢产物	胃液	尿液	唾液	血液	小肠液
pH 范围	0.9～1.5	4.7～8.4	6.6～7.1	7.35～7.45	约 7.6

第六章
氧化还原反应与电化学

 学习目标

1. 可以正确复述氧化还原反应的基本概念，解释氧化剂、还原剂的区别，并能独立完成氧化还原反应方程式的配平。

2. 能够说出电极电势的定义，写出能斯特方程并进行简单的计算及应用。

3. 能独立分辨正确的原电池组成，掌握原电池的写法，可以说出电解池的工作原理和应用，并对原电池及电解池进行区分。

4. 理解相关金属腐蚀与防护的知识，能够说出生活中相关的应用情况。

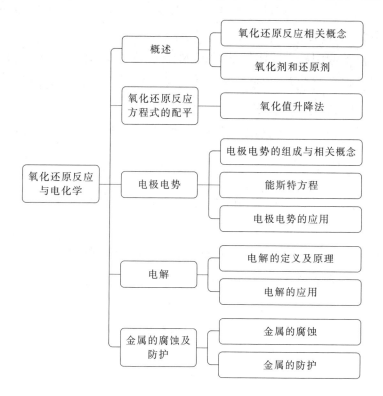

第一节　概　述

一、氧化还原反应相关概念

1. 氧化数

（1）氧化数概念　氧化数是指某元素一个原子的表观电荷数。其数值取决于原子形成分子时的得失电子数或偏移的电子数。在化学反应中，当原子的价电子失去或偏离它时，此原子具有正氧化数；当原子获得电子或有电子偏向它时，此原子具有负氧化数。

（2）氧化数的确定

① 任何形态的单质中元素的氧化数为零。如 Na、Ca、H_2、Cl_2、O_3、P_4 等物质中，Na、Ca、H、Cl、O、P 的氧化数都为零。

② 单原子离子的氧化数等于它所带的电荷数，多原子离子中，各元素氧化数的代数和等于该离子所带的电荷数。如 H^+、Mg^{2+}、F^- 中 H、Mg、F 的氧化数分别为 +1、+2、−1。OH^- 中 O 的氧化数为 −2，H 的氧化数为 +1，所以 OH^- 带一个单位负电荷。

③ 在共价化合物中，共用电子对偏向于电负性较大的原子，在两原子上的形式电荷就是它们的氧化数。如 H_2O 中 H 和 O 原子的形式电荷数分别为 +1 和 −2，所以 H 和 O 的氧化数分别为 +1 和 −2。

④ 在有些化合物中，元素的氧化数有可能是分数。如在 Fe_3O_4 中，Fe 的氧化数为 $+\dfrac{8}{3}$。

⑤ 氢在化合物中的氧化数一般为 +1，如 HBr、NH_3 等。但在活泼金属的氢化物中，氢的氧化数为 −1，如 NaH、CaH_2 等。氧在化合物中的氧化数一般为 −2，如 H_2O、CaO 等。但在过氧化物中，氧的氧化数为 −1，如 H_2O_2、Na_2O_2 等。氟在化合物中的氧化数都为 −1。

⑥ 在化合物中各元素氧化数的代数和等于零。

根据以上原则，可以确定物质中任一元素的氧化数。

【例 6-1】　求 $K_2Cr_2O_7$ 中 Cr 的氧化数。

解　设 Cr 的氧化数为 x，已知 O 的氧化数为 −2，K 的氧化数为 +1。则

$$2\times(+1)+2\times x+7\times(-2)=0$$

$$x=+6$$

即 Cr 的氧化数为 +6。

【例 6-2】 试求 $Na_2S_4O_6$ 中 S 的氧化数。

解 设 S 的氧化数为 x，已知 Na 的氧化数为 +1，O 的氧化数为 -2

则
$$2 \times (+1) + 4 \times x + 6 \times (-2) = 0$$
$$x = +2.5$$

即 S 的氧化数为 +2.5。

2. 氧化还原反应定义

在化学反应中，凡反应前后元素的氧化数发生变化的反应称为氧化还原反应。

元素的氧化数升高的反应称为氧化反应。

元素的氧化数降低的反应称为还原反应。

二、氧化剂和还原剂

氧化还原反应的本质是电子的得失或偏移，元素氧化数的变化是电子得失或偏移变化的结果。

氧化剂是指在氧化还原反应中氧化数降低的物质。氧化剂具有氧化性，它在反应中因获得电子或共用电子对偏向而被还原。氧化剂被还原后的物质称为还原产物。

还原剂是指在氧化还原反应中氧化数升高的物质。还原剂具有还原性，它在反应中因失去电子或共用电子对偏离而被氧化，还原剂被氧化后的物质称为氧化产物。例如

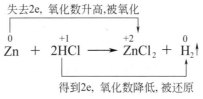

常见的氧化剂一般是一些活泼的非金属和含有高氧化数元素的物质，因为这些物质在氧化还原反应中易得到电子。如 Cl_2、Br_2、I_2、O_2、$KMnO_4$、$K_2Cr_2O_7$、HNO_3 等。

常见的还原剂一般是一些活泼的金属和含有低氧化数元素的物质，因为这些物质在氧化还原反应中易失去电子。如 K、Na、Ca、Mg、Zn、Al、H_2S、Na_2SO_3、H_2 等。

有些含有中间氧化数元素的物质既可以作氧化剂又可以作还原剂。如 SO_2、H_2O_2、CO、$FeCl_2$ 等。

思考与练习

一、选择题

1. 下列说法中错误的是（　　　）。

    A. 物质中所含元素氧化值升高的反应是氧化反应。

    B. 在氧化还原反应中，得到电子的元素氧化值升高。

    C. 物质中某元素得到电子的反应是还原反应。

    D. 物质中某元素得到电子而被还原，则此物质是氧化剂，它在反应中表现为氧化性。

2. 氧化剂、还原剂是指参加氧化还原反应的（　　　）。

    A. 过程　　　　　　　B. 物质　　　　　　C. 现象　　　　　　D. 氧化性，还原性

3. 氧化剂具有（　　　），还原剂具有（　　　）。

    A. 酸性；碱性　　　　B. 氧化性；还原性　C. 还原性；氧化性　D. 酸性；氧化性

4. 下列反应中，SO_2 是氧化剂的有（　　　），SO_2 是还原剂的有（　　　）。

    A. $SO_2 + H_2O \longrightarrow H_2SO_3$

    B. $S + O_2 \longrightarrow SO_2$

    C. $2SO_2 + O_2 \longrightarrow 2SO_3$

    D. $SO_2 + 2H_2S \longrightarrow 3S\downarrow + 2H_2O$

5. 氧化还原反应的实质是（　　　）。

    A. 分子中原子重新组合　　　　　　B. 氧元素的得失

    C. 电子的得失或偏移　　　　　　　D. 氧化数的改变

6. 下列反应中盐酸既表现出酸的性质又作还原剂的是（　　　）。

    A. $HCl + MnO_2 \longrightarrow MnCl_2 + 2H_2O + Cl_2\uparrow$

    B. $2HCl + CaCO_3 \xrightarrow{\triangle} CaCl_2 + H_2O + CO_2\uparrow$

    C. $2HCl + Zn \longrightarrow ZnCl_2 + H_2\uparrow$

    D. $HCl + AgNO_3 \longrightarrow AgCl\downarrow + HNO_3$

二、判断题

1. 氧化还原反应中，氧化剂还原剂同时存在。　　　　　　　　　　　　　　（　　　）

2. 氧化还原反应中，得失电子同时发生而且数量相等。　　　　　　　　　　（　　　）

3. 在氧化还原反应中，氧化剂所含元素氧化数升高，还原剂所含元素氧化数降低。（　　　）

4. 有单质参加或有单质生成的化学反应一定是氧化还原反应。　　　　　　　（　　　）

5. 氯气有很强的氧化性，它在所有化学反应中只能作氧化剂。　　　　　　　（　　　）

6. 钠原子失去 1 个电子，铝原子可以失去 3 个电子，所以铝的还原性比钠强。（　　　）

三、按要求完成下列各题

1. 确定下列物质中各元素的氧化数

N_2O_4、$NH_3 \cdot H_2O$、$Mg_2P_2O_7$、P_4、$Na_2S_2O_3$、$K_2S_4O_6$

2. 指出下列反应中被氧化和被还原的元素，氧化剂和还原剂，氧化产物和还原产物。

（1）$4HCl + MnO_2 \xrightarrow{\triangle} MnCl_2 + 2H_2O + Cl_2\uparrow$

（2）$2HCl + Zn \longrightarrow ZnCl_2 + H_2\uparrow$

四、问答题

1. 氧化数的数值取决于什么？
2. 怎样确定元素的氧化数？
3. 什么是氧化反应？什么是还原反应？
4. 什么是氧化剂？什么是还原剂？

 科海拾贝

火柴为什么一擦就着

现在家庭做饭基本上都在使用天然气了，但是在几十年前，人们做饭时都会用到火柴来点火。现代火柴是英国药剂师和克发明的。1827年，他制成一擦就着的火柴，但并不十分可靠。1830年，法国的索里埃发明了用黄磷作火柴头的火柴，这种火柴称为摩擦火柴，一直沿用到19世纪末。摩擦火柴虽然可靠，而且方便储存，但是有一个很大的缺点就是损害人体健康，黄磷燃烧时放出毒烟，长期接触会引起一种被称为磷毒性颌骨坏死的病，最终黄磷被禁止用于制造火柴。

19世纪50年代中期，瑞典制造商伦德斯特罗姆将磷与其他易燃成分分开，创制出安全火柴，他把无毒的红磷涂在火柴盒的摩擦面上，其他成分则藏在火柴盒中。那么，你知道安全火柴运用了哪些化学原理吗？

真相是这样的：

安全火柴必须擦在火柴盒侧面上才会燃烧起来，否则即使用锤子敲打火柴头，也不会着火。而最早的火柴是一擦就着，与任何粗糙表面摩擦都能生火，甚至老鼠啃咬火柴头都会燃烧起来，用锤子敲还会爆炸呢！

安全火柴的着火原理是火柴上的化学物质与火柴盒上的一种化学物质产生反应，擦火柴所产生的热力会触发这种化学反应。如果火柴头与摩擦表面没有接触，火柴就不会燃烧。火柴是根据物体摩擦生热的原理，利用强氧化剂和还原剂的化学活性制造出的一种能摩擦生火的工具。

在安全火柴中，火柴头主要是由氧化剂氯酸钾（$KClO_3$）、易燃物（如硫等）和黏合剂组成，火柴盒的侧面主要是由红磷、二硫化二锑、黏合剂组成。划火柴时，火柴头和火柴盒侧面会摩擦生热，放出的热量使氯酸钾分解，产生少量氧气，点燃红磷，从而使火柴头上的易燃物（如硫）燃烧，这样火柴就点燃了。火柴一划就着的关键是红磷的着火点比较低，只要稍微有一点儿热量，就会使红磷的温度升高到着火点以上，红磷就开始燃烧，从而起到引火的作用。

火柴的出现令人们的生活变得更方便，到了近代，打火机与电子打火器已逐渐取代传统火柴的地位，但火柴还有其独特的一面是无可替代的，就是它产生的火焰颜色是最美的。

第二节　氧化还原反应方程式的配平

氧化还原反应方程式一般较复杂，而且反应式中的物质较多，各物质的化学计量系数也较大，用直接法很难配平这类反应方程式。所以，通常采用氧化数升降法配平这类方程式。

一、氧化数升降法配平的原则

① 氧化剂中元素氧化数降低的总数与还原剂中元素氧化数升高的总数相等。

② 方程式两边各种元素的原子总数相等。

氧化数法配平
氧化还原方程式

二、氧化数升降法配平的步骤

① 写出未配平的反应式。例如

$$Cu + HNO_3(稀) \longrightarrow Cu(NO_3)_2 + NO\uparrow + H_2O$$

② 找出有关元素氧化数的变化值

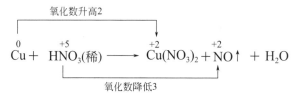

③ 根据元素氧化数升高的总数和降低的总数相等的原则，求出氧化数升高与降低的最小公倍数，在相应的化学式之前乘以适当的系数。

氧化数升高2×3

$$\overset{0}{3Cu} + \overset{+5}{2HNO_3}(稀) \longrightarrow \overset{+2}{3Cu(NO_3)_2} + \overset{+2}{2NO}\uparrow + H_2O$$

氧化数降低3×2

④ 配平反应前后氧化数没有变化的元素的原子个数。

$$3Cu + 8HNO_3 \longrightarrow 3Cu(NO_3)_2 + 2NO\uparrow + 4H_2O$$

【例 6-3】 配平高锰酸钾与浓盐酸反应的化学反应方程式。

解　按步骤①

$$KMnO_4 + HCl \longrightarrow MnCl_2 + KCl + Cl_2\uparrow + H_2O$$

按步骤②

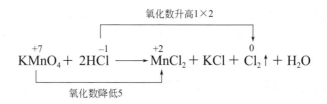

$$KMnO_4 + 2HCl \longrightarrow MnCl_2 + KCl + Cl_2\uparrow + H_2O$$

按步骤③

$$2KMnO_4 + 10HCl \longrightarrow 2MnCl_2 + 2KCl + 5Cl_2\uparrow + H_2O$$

按步骤④

$$2KMnO_4 + 16HCl \longrightarrow 2MnCl_2 + 2KCl + 5Cl_2\uparrow + 8H_2O$$

除使用氧化数升降法配平氧化还原方程式以外，还可以采用待定系数法和离子-电子法来配平氧化还原方程式，在这里不再阐述。

 思考与练习

一、选择题

1. 氧化还原反应 $KMnO_4 + FeSO_4 + H_2SO_4 \longrightarrow K_2SO_4 + MnSO_4 + Fe_2(SO_4)_3 + H_2O$ 配平后各物质的系数是（   ）。

    A. 2，10，8，1，1，10，8   B. 2，10，3，1，2，5，3

    C. 2，10，8，1，2，5，8   D. 1，5，4，1，1，5，4

2. 氧化还原反应 $Mg + HNO_3$（稀）$\longrightarrow Mg(NO_3)_2 + N_2O + H_2O$ 配平后各物质的系数是（   ）。

    A. 2，6，2，1，3   B. 2，8，2，2，4

    C. 4，10，4，1，4   D. 4，10，4，1，5

3. 氧化还原反应 $KMnO_4 + HCl \longrightarrow KCl + MnCl_2 + Cl_2 + H_2O$ 配平后各物质的系数是（   ）。

    A. 2，8，1，1，5，4   B. 2，16，2，2，5，8

    C. 2，10，2，2，5，5   D. 2，16，2，2，5，1

二、用氧化数升降法配平下列氧化还原方程式

1. HNO_3（稀）$+ FeO \longrightarrow Fe(NO_3)_3 + H_2O + NO\uparrow$

2. $K_2Cr_2O_7 + KI + H_2SO_4 \longrightarrow Cr_2(SO_4)_3 + K_2SO_4 + I_2 + H_2O$

3. $P_4 + HNO_3 + H_2O \longrightarrow H_3PO_4 + NO\uparrow$

4. $K_2C_2O_4 + KMnO_4 + H_2SO_4 \longrightarrow CO_2\uparrow + MnSO_4 + K_2SO_4 + H_2O$

5. $K_2Cr_2O_7 + FeSO_4 + H_2SO_4 \longrightarrow Cr_2(SO_4)_3 + Fe_2(SO_4)_3 + K_2SO_4 + H_2O$

6. $KMnO_4 + Na_2SO_3 + NaOH \longrightarrow Na_2MnO_4 + K_2SO_4 + H_2O$

7. $KMnO_4 + K_2SO_3 + H_2SO_4 \longrightarrow MnSO_4 + K_2SO_4 + H_2O$

8. $H_2O_2 + KI + H_2SO_4 \longrightarrow K_2SO_4 + I_2 + H_2O$

三、问答题

1. 配平氧化还原方程式最常用的方法是什么？

2. 氧化数升降法配平氧化还原方程式的原则是什么？

 科海拾贝

化学反应方程式的生成物到底是什么？

其实这个问题非常普遍，但凡学习过化学知识的人或多或少都会思考这个问题，至于最终有没有说服自己，那就另当别论了。

首先第一条，根本来源是科学家定义。

知识都来源于科学家的科研成果。同学们在深入学习的时候，会发现大家是先看化学反应方程式，再去做实验、观察实验现象、写出实验结论，实际上这一过程是颠倒的，把真正的实验研究的顺序搞反了。

试想一下科学家们是如何书写出化学反应方程式的。肯定是先做实验，通过改变反应物、反应物的量、反应条件等，观察实验现象，然后进行生成物的分析，最后得出物质组成。这样就写出了化学反应方程式。这才是平常学习中应该遵循的学习过程。

对比之，同学们把自己当作科学家，然后一步步地推导出最后的产物。这就是尊崇客观事实，从客观事物出发，探究事物的发展规律的科研能力。

第二条，直接来源是教材文字。

从初中就开始学习化学，当时课本上先是汉字表达，学过元素符号和化合物之后，开始用元素符号写化学反应方程式，一直到之后的所有化学知识。教材上所有出现过的化学反应方程式构成我们对物质间化学反应的基本认知。在准确记忆这些化学反应方程式的基础上，才能深入分析和总结规律。因此，同学们要经常翻阅课本，加深对反应方程式的准确记忆。

最后，间接来源是反应原理推导。

这就是准确并熟练地使用总结出来的化学反应原理。从而推导出陌生化学反应能否发生，若能发生，其生成物又是什么？例如复分解反应发生的条件是什么？一是有沉淀生成，二是有水等弱电解质生成，三是有气体生成。根据这一原理，就学会了对陌生的复分解反应能否发生的判断。还有就是氧化还原反应方程式的配平原理等。

综上，就是学习化学反应方程式的过程，明白其来源，才能形成创新思维。

第三节 电极电势

一、电极电势的组成与相关概念

1. 原电池的组成

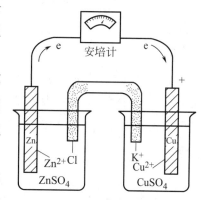

原电池

【演示实验6-1】 在一个200mL烧杯中放入1mol/L ZnSO₄溶液150mL和锌片，另一200mL烧杯中放入1mol/L CuSO₄溶液150mL和铜片，将两烧杯的溶液用一个充满电解质溶液的盐桥（由饱和了KCl的琼脂装入U形玻璃管中制成）连通起来，用金属导线将两金属片及检流计串联起来，如图6-1的装置。

在这个装置中可观察到锌片不断溶解，铜不断沉积在铜片上；电流计指针发生了偏转，说明导线上有电流通过。这种借助氧化还原反应使化学能转变为电能的装置，叫做原电池。

在上述原电池中，锌片和ZnSO₄溶液构成锌电极，铜片和CuSO₄溶液构成铜电极。锌极上的锌失去电子变成Zn^{2+}进入溶液，留在锌极上的电

图 6-1 铜锌原电池

子通过导线流到铜极，即电子在导线中流动的方向是从锌极流向铜极，所以锌极构成原电池的负极。铜电极CuSO₄溶液中的Cu^{2+}在铜电极上得到电子而析出金属铜，所以铜极构成原电池的正极。在两电极上进行的反应分别是

负极 $\qquad Zn-2e \longrightarrow Zn^{2+}$（氧化反应）

正极 $\qquad Cu^{2+}+2e \longrightarrow Cu$（还原反应）

电池反应 $\qquad Zn+Cu^{2+} \longrightarrow Zn^{2+}+Cu$

原电池由两个半电池组成，在上述铜锌原电池中，烧杯中的ZnSO₄溶液和锌片组成一个半电池，另一烧杯中的CuSO₄溶液和铜片组成另一个半电池，两个半电池用盐桥连接。为了方便，原电池装置可用符号来表示。

例如铜锌原电池可表示为

$$(-)Zn \mid ZnSO_4(c_1) \parallel CuSO_4(c_2) \mid Cu(+)$$

书写时，负极写在左边，正极写在右边。"$\mid$"表示两相之间的界面。"$\parallel$"表示盐桥。电极物质为溶液时，要注明其浓度，当溶液浓度为1mol/L时，可省略不写。若是气体要注明其分压。若半电池中需插入惰性电极，惰性电极在电池符号中要表示出来。

2. 氧化还原电对

在氧化还原反应中，氧化剂与它的还原产物、还原剂与它的氧化产物所组成的体系称为氧化还原电对。如在上述 Cu-Zn 原电池反应中存在两个电对：Zn^{2+} 与 Zn，Cu^{2+} 与 Cu。

书写电对时，氧化型物质写在左侧，还原型物质写在右侧，中间用斜线"/"隔开，即氧化型/还原型。如上述电对表示为：Zn^{2+}/Zn，Cu^{2+}/Cu。

3. 电极电势的产生与标准电极电势

（1）电极电势的产生　在铜锌原电池中，为什么电子从 Zn 原子转移给 Cu^{2+}，而不是从 Cu 原子转移给 Zn^{2+}？说明在两个电极之间有电势差存在，这个电势差叫原电池的电动势，一般用符号 E 表示，单位是伏特（简称伏），用符号 V 表示。

电势差的存在，说明了组成原电池的两个电极具有不同的电势，这个电势叫电极电势，单位是伏特，用符号 φ 表示。电极电势表示构成电极的电对在氧化还原反应中争夺电子能力的大小。两个电极的电极电势差越大，则电池的电动势也就越大，原电池的电动势等于组成电池的正极的电极电势减去负极的电极电势。

$$E = \varphi_{(+)} - \varphi_{(-)} \tag{6-1}$$

（2）标准电极电势　在标准状态下，即溶液浓度为 1mol/L，气体分压为 $1.013 \times 10^5 Pa$，测量时温度为 25℃，测出的电动势为标准电动势，用符号 $E^{\ominus}$ 表示，通过 $E^{\ominus}$ 求得的电极电势为标准电极电势，用 $\varphi^{\ominus}$ 表示，单位为 V。

但是，任何一个电极其电极电势的绝对值是无法测量的，而只能测得由两个电极组成电池的电动势。如果选择某种电极作为标准，规定它的电极电势为零，将该电极与待测电极组成一个原电池，通过测定该电池的电动势，就可求出待测电极的电极电势的相对值。1953 年，国际纯粹与应用化学联合会建议采用标准氢电极作为标准电极，规定标准氢电极的电极电势为零。

例如用标准锌电极与标准氢电极组成原电池测量锌电极的标准电极电势，它组成的原电池符号为

$$(-)Zn \mid Zn^{2+}(1mol/L) \parallel H^+(1mol/L) \mid H_2(100kPa) \mid Pt(+)$$

测得电池电动势为 0.762V。

因为 $E^{\ominus} = \varphi^{\ominus}(2H^+/H_2) - \varphi^{\ominus}(Zn^{2+}/Zn)$，$\varphi^{\ominus}(2H^+/H_2) = 0.000V$，$E^{\ominus} = 0.762V$

所以 $\varphi^{\ominus}(Zn^{2+}/Zn) = \varphi^{\ominus}(2H^+/H_2) - E^{\ominus}$
$$= 0 - 0.762 = -0.762 \text{（V）}$$

同样，用标准铜电极和标准氢电极组成原电池，通过测量电池电动势，可求

得铜电极的标准电极电势为 $+0.345V$。用上述方法可以测定各种氧化还原电对的标准电极电势。

二、能斯特方程

电极电势值的大小首先由电对的本性决定。如活泼金属的电极电势一般都较小，活泼非金属的电极电势则较大。另外，电对的电极电势还受温度、浓度（或压力）、溶液的酸度等因素的影响。标准电极电势是在标准状态下测定的，一旦条件发生改变，电极电势也随之改变。如何确定非标准态下的电极电势呢？德国科学家能斯特从理论上推导出电极电势与反应温度、反应物浓度（或压力）、溶液的酸度之间的定量关系式，称为能斯特方程式。

设任意电极的电极反应为

$$p \text{ 氧化型} + n\text{e} \Longrightarrow q \text{ 还原型}$$

能斯特方程式表达为

$$\varphi_{电对} = \varphi_{电对}^{\ominus} + \frac{RT}{nF} \ln \frac{\{[\text{氧化型}]/c^{\ominus}\}^p}{\{[\text{还原型}]/c^{\ominus}\}^q} \qquad (6\text{-}2)$$

式中

$\varphi_{电对}$——非标准态下电极的电极电势，V；

$\varphi_{电对}^{\ominus}$——电对的标准电极电势，V；

R——气体热力学常数，$8.314J/(mol \cdot K)$；

T——热力学温度，K；

n——电极反应中转移电子的物质的量，mol；

F——法拉第常数，$96485C/mol$；

$\{[\text{氧化型}]/c^{\ominus}\}^p, \{[\text{还原型}]/c^{\ominus}\}^q$——氧化型物质和还原型物质的浓度对 $c^{\ominus}$ 的相对值；

$p，q$——电极反应式中氧化型物质和还原型物质的系数。

将上述各种数据代入式(6-2)中，将自然对数换为常用对数，在 298.15K 时，能斯特方程表示为

$$\varphi_{电对} = \varphi_{电对}^{\ominus} + \frac{0.0592}{n} \lg \frac{\{[\text{氧化型}]/c^{\ominus}\}^p}{\{[\text{还原型}]/c^{\ominus}\}^q} \qquad (6\text{-}3)$$

使用能斯特方程时应注意以下几点：

① 在能斯特方程中，当 $[c(\text{氧化型})]^p = [c(\text{还原型})]^q$ 时，及氧化型、还原型物质的浓度均为 1mol/L 时，$\varphi_{电对} = \varphi_{电对}^{\ominus}$，所以能斯特方程可以表示标准状态下及非标准状态下的电对的电极电势。

② 有气体参加电极反应时，将其相对于标准态的压力代入浓度项。

例如
$$Cl_2 + 2e \Longrightarrow 2Cl^-$$

能斯特方程表示为

$$\varphi(Cl_2/2Cl^-) = \varphi^\ominus(Cl_2/2Cl^-) + \frac{0.0592}{2} \lg \frac{p(Cl_2)/p^\ominus}{[c(Cl^-)/c^\ominus]^2}$$

③ 有纯固体或纯液体参与电极反应时，则它们的浓度在能斯特方程中不体现。

例如

$$AgI(s) + e \Longrightarrow Ag(s) + I^-$$

能斯特方程表示为

$$\varphi(AgI/Ag) = \varphi^\ominus(AgI/Ag) + 0.0592 \lg \frac{1}{c(I^-)/c^\ominus}$$

④ 在电极反应中，除氧化型、还原型物质外，还有 H^+ 或 OH^-，则其浓度也应包含在能斯特方程中，即 $[c(\text{氧化型})]^p/[c(\text{还原型})]^q$ 之比表示在电极反应中氧化型一侧各物质浓度系数次方的乘积与还原型一侧各物质浓度系数次方的乘积之比。例如

$$MnO_4^- + 8H^+ + 5e \Longrightarrow Mn^{2+} + 4H_2O$$

能斯特方程表示为

$$\varphi(MnO_4^-/Mn^{2+}) = \varphi^\ominus(MnO_4^-/Mn^{2+}) + \frac{0.0592}{5} \lg \frac{[c(MnO_4^-/c^\ominus)][c(H^+)/c^\ominus]^8}{[c(Mn^{2+})/c^\ominus]}$$

利用能斯特方程可以计算电对在各种浓度（或压力）下的电极电势，在实际应用中有很重要的用途。

【例 6-4】 在 298.15K 时，金属铜和 $c(Cu^{2+}) = 0.1mol/L$ 的铜离子溶液所组成的电极，试求其电极电势。

解 铜电极的电极反应为 $Cu^{2+} + 2e \Longrightarrow Cu$

查表知 $\varphi^\ominus(Cu^{2+}/Cu) = +0.345V$

$$\varphi(Cu^{2+}/Cu) = \varphi^\ominus(Cu^{2+}/Cu) + \frac{0.0592}{2} \lg c(Cu^{2+})$$

$$= 0.345 + \frac{0.0592}{2} \lg 0.1$$

$$= 0.315 \text{ (V)}$$

答：在该条件下铜电极的电极电势为 0.315V。

【例 6-5】 计算 $Cr_2O_7^{2-}/2Cr^{3+}$ 电对在 298.15K 时 $c(Cr_2O_7^{2-}) = c(Cr^{3+}) = 1mol/L$，$H^+$ 浓度分别为 0.01mol/L 和 1mol/L 时电极电势。

解 电极反应为

$$Cr_2O_7^{2-} + 14H^+ + 6e \Longrightarrow 2Cr^{3+} + 7H_2O$$

查表知 $\varphi^{\ominus}(Cr_2O_7^{2-}/2Cr^{3+})=1.33V$

$$\varphi(Cr_2O_7^{2-}/2Cr^{3+})=\varphi^{\ominus}(Cr_2O_7^{2-}/2Cr^{3+})+\frac{0.0592}{6}lg\frac{[c(Cr_2O_7^{2-})][c(H^+)]^{14}}{[c(Cr^{3+})]^2}$$

$$=1.33+\frac{0.0592}{6}lg[c(H^+)]^{14}$$

当 $c(H^+)=1mol/L$ 时

$$\varphi(Cr_2O_7^{2-}/2Cr^{3+})=1.33+\frac{0.0592}{6}lg1^{14}=1.33\ (V)$$

当 $c(H^+)=0.01mol/L$ 时

$$\varphi(Cr_2O_7^{2-}/2Cr^{3+})=1.33+\frac{0.0592}{6}lg0.01^{14}=1.05\ (V)$$

答：H^+ 浓度分别为 $0.01mol/L$ 和 $1mol/L$ 时，$Cr_2O_7^{2-}/2Cr^{3+}$ 电对的电极电势分别为 $1.05V$ 和 $1.33V$。

由此可见，随着 H^+ 浓度的增大，电对 $Cr_2O_7^{2-}/2Cr^{3+}$ 的电极电势增大，$Cr_2O_7^{2-}$ 的氧化能力也增强，所以，在使用 MnO_4^-、$Cr_2O_7^{2-}$ 等含氧酸根作氧化剂时，要将溶液酸化，以增强氧化剂的氧化能力。

三、电极电势的应用

1. 判断氧化剂和还原剂的强弱

标准电极电势数值的大小，标志着电对氧化态得电子能力或还原态失电子能力的强弱，即氧化剂的氧化能力和还原剂的还原能力的大小，所以，根据标准电极电势的大小可以判断氧化剂和还原剂的相对强弱。

【例 6-6】 比较 $Cl_2/2Cl^-$、Fe^{2+}/Fe、Ag^+/Ag 三个电对中氧化型物质氧化能力和还原型物质还原能力大小，并排序。

解 查表知各电对标准电极电势为

$$Cl_2+2e\Longleftarrow2Cl^- \qquad \varphi^{\ominus}(Cl_2/2Cl^-)=1.36V$$
$$Fe^{2+}+2e\Longleftarrow Fe \qquad \varphi^{\ominus}(Fe^{2+}/Fe)=-0.441V$$
$$Ag^++e\Longleftarrow Ag \qquad \varphi^{\ominus}(Ag^+/Ag)=0.799V$$

因为 $\varphi^{\ominus}$ 值最大，其氧化型是最强的氧化剂，所对应的还原型是最弱的还原剂；$\varphi^{\ominus}$ 值最小，其还原型是最强的还原剂，所对应的氧化型是最弱的氧化剂。

所以各氧化型物质氧化能力的顺序为 $Cl_2>Ag^+>Fe^{2+}$；各还原型物质还原能力的顺序为 $Fe>Ag>Cl^-$。

2. 判断氧化还原反应进行的方向

因为任何一个氧化还原反应理论上都可以设计成一个原电池，原电池的电动

势 $E=\varphi_{(+)}-\varphi_{(-)}$，所以可根据 E 来判断氧化还原反应进行的方向。如果 $E>0$ 反应正向进行；$E<0$ 反应逆向进行。

【例 6-7】 试分别判断反应 $MnO_2+4HCl \longrightarrow MnCl_2+Cl_2\uparrow+2H_2O$ 在标准状态下和 $c(HCl)=12mol/L$，$p(Cl_2)=101.325kPa$，$c(Mn^{2+})=1mol/L$ 时，反应进行的方向。

解 查表知

$$MnO_2+4H^++2e \Longleftrightarrow Mn^{2+}+2H_2O \qquad \varphi^{\ominus}(MnO_2/Mn^{2+})=1.23V$$

$$Cl_2+2e \Longleftrightarrow 2Cl^- \qquad \varphi^{\ominus}(Cl_2/2Cl^-)=1.36V$$

$$E^{\ominus}=\varphi^{\ominus}_{(+)}-\varphi^{\ominus}_{(-)}$$
$$=1.23-1.36=-0.13(V)<0$$

所以反应自发向左进行。

当 $c(HCl)=12mol/L$ 时，$c(H^+)=c(Cl^-)=12mol/L$

则 $\varphi(MnO_2/Mn^{2+})=\varphi^{\ominus}(MnO_2/Mn^{2+})+\dfrac{0.0592}{2}\lg\dfrac{[c(H^+)/c^{\ominus}]^4}{[c(Mn^+)/c^{\ominus}]}$

$$=1.23+\dfrac{0.0592}{2}\lg12^4=1.36\ (V)$$

$$\varphi(Cl_2/2Cl^-)=\varphi^{\ominus}(Cl_2/2Cl^-)+\dfrac{0.0592}{2}\lg\dfrac{p(Cl_2)/p^{\ominus}}{[c(Cl^-)/c^{\ominus}]^2}$$

$$=1.36+\dfrac{0.0592}{2}\lg\dfrac{1}{12^2}=1.30\ (V)$$

$$E=\varphi(MnO_2/Mn^{2+})-\varphi(Cl_2/2Cl^-)$$
$$=1.36-1.30=0.06\ (V)\ >0$$

所以反应自发向右进行。

3. 判断氧化还原反应发生的次序

某溶液中含有 Br^- 与 I^-，当向溶液中通入氯气时，哪种离子先被氯气氧化？可根据标准电极电势来判断。

查表得 $\varphi^{\ominus}(Cl_2/2Cl^-)=1.36V$，$\varphi^{\ominus}(Br_2/2Br^-)=1.065V$，$\varphi^{\ominus}(I_2/2I^-)=0.534V$

把 Cl_2 通入 Br^- 与 I^- 溶液中，因为

$$\varphi^{\ominus}(Cl_2/2Cl^-)-\varphi^{\ominus}(I_2/2I^-)>\varphi^{\ominus}(Cl_2/2Cl^-)-\varphi^{\ominus}(Br_2/2Br^-)$$

所以，Cl_2 首先氧化 I^-。可见当把一种氧化剂加入到同时含有几种还原剂的溶液中，氧化剂首先与最强的还原剂（$\varphi^{\ominus}$ 最小）发生反应。反之，如果把一种还原剂加入到同时含有几种氧化剂的溶液中，还原剂首先与最强的氧化剂（$\varphi^{\ominus}$ 最大）发生反应。

4. 判断氧化还原反应进行的程度

一般用平衡常数的大小来衡量一个化学反应进行的程度，氧化还原反应的平衡常数可以通过两个电对的标准电极电势求出。

*【例 6-8】 计算铜锌原电池反应的平衡常数。

解 Cu-Zn 原电池反应

$$Zn + Cu^{2+} \longrightarrow Zn^{2+} + Cu$$

反应开始时

$$\varphi(Zn^{2+}/Zn) = \varphi^{\ominus}(Zn^{2+}/Zn) + \frac{0.0592}{2}\lg c(Zn^{2+})$$

$$\varphi(Cu^{2+}/Cu) = \varphi^{\ominus}(Cu^{2+}/Cu) + \frac{0.0592}{2}\lg c(Cu^{2+})$$

随着反应的进行，溶液中 $c(Cu^{2+})$ 逐渐降低，$c(Zn^{2+})$ 不断增大。当 $\varphi(Zn^{2+}/Zn) = \varphi(Cu^{2+}/Cu)$ 时，反应达到平衡状态，有如下关系存在 $\varphi^{\ominus}(Zn^{2+}/Zn) + \frac{0.0592}{2}\lg c(Zn^{2+}) = \varphi^{\ominus}(Cu^{2+}/Cu) + \frac{0.0592}{2}\lg c(Cu^{2+})$，$\frac{0.0592}{2}\lg[c(Zn^{2+})/c(Cu^{2+})] = \varphi^{\ominus}(Cu^{2+}/Cu) - \varphi^{\ominus}(Zn^{2+}/Zn)$。

该反应的平衡常数为 $K^{\ominus} = c(Zn^{2+})/c(Cu^{2+})$

所以

$$\lg K^{\ominus} = \frac{2[\varphi^{\ominus}(Cu^{2+}/Cu) - \varphi^{\ominus}(Zn^{2+}/Zn)]}{0.0592} = \frac{2[0.345 - (-0.762)]}{0.0592} = 37.4$$

$$K^{\ominus} = 2.51 \times 10^{37}$$

$K^{\ominus}$ 值很大，说明反应进行得很完全。

在 298.15K 时，任一氧化还原反应的平衡常数和对应电对的 $\varphi^{\ominus}$ 的关系可表示为

$$\lg K^{\ominus} = \frac{n[\varphi^{\ominus}(氧) - \varphi^{\ominus}(还)]}{0.0592} \tag{6-4}$$

式中，n 为两个半电池反应得失电子数的最小公倍数。

可见，氧化还原反应的平衡常数 $K^{\ominus}$ 值的大小由氧化剂和还原剂两电对的标准电极电势差决定，电势差越大，$K^{\ominus}$ 值越大，反应进行得越完全。

 思考与练习

一、选择题

1. 如果电池的总反应式为 $Zn + Cu^{2+} \longrightarrow Zn^{2+} + Cu$，要制作一个原电池，则它的组成是（   ）。

正极　　　　负极

A. Cu｜ZnSO₄　　Zn｜CuSO₄

B. Cu｜CuSO₄　　Zn｜ZnSO₄

C. Zn｜ZnSO₄　　Cu｜CuSO₄

D. $Zn \mid CuSO_4$　$Cu \mid ZnSO_4$

2. 用 Cu 片，Ag 片，$AgNO_3$ 溶液组成的原电池，正极上发生的电极反应是（　　）。

A. $2H^+ + 2e \longrightarrow H_2 \uparrow$ 　　　　　　B. $Ag^+ + e \longrightarrow Ag \downarrow$

C. $Ag^+ - e \longrightarrow Ag \downarrow$ 　　　　　　D. $Cu^{2+} + 2e \longrightarrow Cu \downarrow$

3. 已知

$$Fe^{2+} + 2e \longrightarrow Fe \qquad\qquad \varphi^{\ominus} = -0.441V$$

$$Fe^{3+} + e \longrightarrow Fe^{2+} \qquad\qquad \varphi^{\ominus} = +0.771V$$

$$Cl_2 + 2e \longrightarrow 2Cl^- \qquad\qquad \varphi^{\ominus} = +1.36V$$

$$S + 2H^+ + 2e \longrightarrow H_2S \qquad \varphi^{\ominus} = +0.141V$$

根据以上电极反应的电极电势，氧化态物质氧化能力由强到弱的顺序是（　　）。

A. $Cl_2 > Fe^{3+} > S > Fe^{2+}$ 　　　　　　B. $Cl_2 > Fe^{2+} > S > Fe^{3+}$

C. $Fe^{2+} > S > Fe^{3+} > Cl_2$ 　　　　　　D. $Cl^- > Fe^{2+} > S^{2-} > Fe$

4. 能斯特方程 $\varphi_{电对} = \varphi_{电对}^{\ominus} + \dfrac{0.0592}{n} \lg \dfrac{\{[氧化型]/c^{\ominus}\}^p}{\{[还原型]/c^{\ominus}\}^q}$ 中的 n 表示（　　）。

A. 电极反应中电子转移数 　　　　　　B. 氧化剂的氧化值

C. 还原剂的氧化值 　　　　　　D. 常数

5. 已知 298K 时 $\varphi^{\ominus}(Zn^{2+}/Zn) = -0.762V$，则金属锌放在 0.1mol/L Zn^{2+} 溶液中的电极电势为（　　）。

A. 0.792V 　　　　　　B. -0.792V

C. 0.733V 　　　　　　D. -0.733V

6. 已知 $\varphi^{\ominus}(Fe^{3+}/Fe^{2+}) = 0.771V$，$\varphi^{\ominus}(Cu^{2+}/Cu) = 0.345V$，$2Fe^{2+} + Cu^{2+} \longrightarrow 2Fe^{3+} + Cu$ 反应进行的方向是（　　）。

A. 从左向右 　　　　B. 从右向左 　　　　C. 反应不进行

二、判断题

1. 任何一个氧化还原反应理论上都可以组成一个原电池。　　　　　　　　（　　）

2. 在原电池的负极发生的都是氧化反应。　　　　　　　　　　　　　　（　　）

3. 氧化态、还原态是同一元素的两种价态，化合价高的是氧化态，化合价低的是还原态。　　　　　　　　　　　　　　　　　　　　　　　　　　　　（　　）

4. 氧化还原反应发生的必要条件是作为氧化剂的电对要比还原剂电对的电极电势大。
　　　　　　　　　　　　　　　　　　　　　　　　　　　　　　　（　　）

5. 电极电势越大，表明该电对对应的氧化剂的氧化能力越强。　　　　　（　　）

6. 能斯特方程只适用于非标准状况下的电极电势的计算。　　　　　　　（　　）

7. 溶液中 $[H^+]$ 有时会影响电极电势的数值。　　　　　　　　　　　（　　）

三、问答题

1. 什么是原电池？电子流出的一极是什么极？电子流入的一极是什么极？

2. 原电池中盐桥的作用是什么？

3. 什么是标准电极电势？电极电势值反映了物质的什么能力？

4. 电极电势在化学反应中有哪些应用？

四、计算题

1. 根据标准电极电势，判断下列反应自发进行的方向。

(1) $2Fe^{3+} + 2I^- \longrightarrow 2Fe^{2+} + I_2$

(2) $Cu + 2AgNO_3 \longrightarrow Cu(NO_3)_2 + 2Ag$

2. 计算下列电极在298.15K时的电极电势。

(1) $Cu \mid Cu^{2+}(0.01mol/L)$

(2) $Pt \mid Cl_2(101.325kPa) \mid Cl^-(0.01mol/L)$

(3) $Pt \mid MnO_4^-(0.5mol/L), Mn^{2+}(1mol/L), H^+(0.1mol/L)$

(4) $Pt \mid Fe^{3+}(0.1mol/L), Fe^{2+}(0.01mol/L)$

3. 铁棒放在0.0100mol/L $FeSO_4$ 中，锰棒放在0.0100mol/L $MnSO_4$ 溶液中，二者构成原电池，试写出原电池符号，电池反应，求出电池电动势。

📖 **科海拾贝**

水果电池

水果电池是利用水果中的化学物质和金属片发生反应产生电能的一种电池。用锌片、铜片、水果、电线等，就能做一个水果电池，下面就说说如何制作水果电池。

操作方法：

① 首先要准备一个新鲜的柠檬。再准备小灯泡、电线、铜片、锌片。

② 做水果电池，必须准备两种不同材质的金属片，它们的活性相差大，才能制作水果电池。将两种不同材质的金属插在柠檬上，这就相当于电池的正极和负极。

③ 将铜片和锌片连接到万用表上，就能读出相应的电压数，说明此时已经产生了电。

④ 如果想让电池的电压更大，可以连接多个这样的柠檬，它们之间彼此用电线将铜片和锌片连接起来，两端的电线同时连接在一个小灯泡上，水果产生的电就能使小灯泡亮起来了。

水果电池是由水果（酸性）、两金属片和导线来简易制作而成的。两金属片一定要是电化学活性强弱相差较大的金属片，一般采用铜片和锌片，由于锌片的活性较强，易失去电子，因此作为负极，相对而言，铜片的活性较弱，不易失去电子，因此作为正极。铜片和锌片通过电解质（即水果中富含的果酸）和导线构成闭合回路，闭合回路中产生电流，在电路中增加一个LED灯泡，灯泡就能发光啦！

第四节 电 解

一、电解的定义及原理

电解是电流通过电解质溶液或熔融态离子化合物而引起氧化还原反应的过程。将电能转变为化学能的装置称为电解池或电解槽。

【演示实验 6-2】 如图 6-2 所示，在 U 形管中加入 $1mol/L$ $CuCl_2$ 溶液，两端分别插入碳棒作电极，接通直流电源。把湿润的 KI-淀粉试纸放在与电源正极相连的碳棒附近，观察发生的现象。

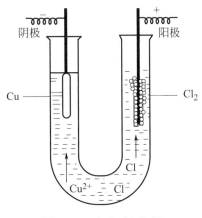

图 6-2 电解氯化铜溶液装置示意图

从实验观察到，通电一段时间后，与电源负极相连的一极（称阴极）碳棒上有一层红棕色的铜覆盖在它表面，说明有铜析出。与电源正极相连的一极（称阳极）碳棒上有气泡放出，放出的气体有刺激性气味，并能使 KI-淀粉试纸变蓝，说明有 Cl_2 生成。$CuCl_2$ 溶液为什么能生成铜和氯气呢？因为在氯化铜溶液中存在着下列电离过程

$$CuCl_2 \longrightarrow Cu^{2+} + 2Cl^-$$

$$H_2O \longrightarrow H^+ + OH^-$$

通电前，Cu^{2+}、Cl^- 及少量的 H^+、OH^-，在水中作自由移动，通电后，在电流的作用下，这些离子作定向移动，根据异性相吸原理，Cl^-、OH^- 移向阳极，Cl^- 比 OH^- 易失去电子，在阳极上失去电子，生成氯气。Cu^{2+}、H^+ 移向阴极，Cu^{2+} 比 H^+ 易得到电子，在阴极上得到电子，被还原成单质铜，沉积在阴极上。两电极反应式为

阳极 $2Cl^- - 2e \longrightarrow Cl_2 \uparrow$

阴极 $Cu^{2+} + 2e \longrightarrow Cu \downarrow$

总反应式 $CuCl_2 \xrightarrow{\text{电解}} Cu + Cl_2 \uparrow$

电解池中与电源负极相连的电极称为阴极，与电源正极相连的电极称为阳极。电解质溶液或熔盐中的阳离子移向阴极，在阴极上得到电子发生还原反应，阴离子移向阳极，在电极上失去电子发生氧化反应。电解时，阳离子得到电子或阴离子失去电子的过程都称为放电。

电解电解质水溶液时，除了电解质本身电离的阴阳离子外，还有水部分电离出的 H^+ 和 OH^-，所以阴极上发生放电的可能是 H^+ 或金属阳离子；阳极上发生放电的可能是 OH^- 或其他阴离子。究竟哪一种离子先放电，一般有以下规律。用惰性材料作电极时，阴离子在阳极上的放电顺序一般为 $S^{2-}>I^->Br^->Cl^->OH^->$ 含氧酸根，在阴极上电解活泼金属（电极电势比 Al 小的金属）的盐溶液时，H^+ 放电生成 H_2，电解其他金属的盐溶液时，相应的金属离子放电，析出金属。用金属作阳极时，一般是阳极溶解。

二、电解的应用

把电解原理应用于工业生产，使电解合成、电解冶炼、电解精炼、电镀等工业得到了快速发展。

1. 电解饱和食盐水

【演示实验6-3】 按图 6-3 组装实验装置，在一个 U 形管中加入饱和食盐水，插入两根碳棒作电极，在两边管中滴入几滴酚酞指示剂，并用湿润的 KI-淀粉试纸检验阳极放出的气体。

通电后观察到如下现象。

两极都有气体放出，在阳极放出的气体有刺激性气味，并能使湿润的 KI-淀粉试纸变蓝，证明是氯气；阴极放出的气体可证明是氢气。在阴极附近的溶液变红，证明溶液中有碱性物质生成。

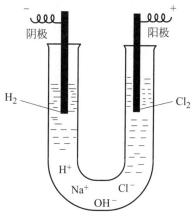

图 6-3　电解饱和食盐水
实验装置示意图

电解反应为

阴极　　　　$2H^+ + 2e \longrightarrow H_2\uparrow$

阳极　　　　$2Cl^- - 2e \longrightarrow Cl_2\uparrow$

总反应式　$2NaCl + 2H_2O \xrightarrow{\text{电解}} 2NaOH + H_2\uparrow + Cl_2\uparrow$

此反应是氯碱工业的主要反应，用较廉价及资源丰富的氯化钠为主要原料可以生产烧碱、氯气、氢气等重要的化工原料。在上面电解饱和食盐水的实验中，电解产物之间能发生化学反应，如 NaOH 溶液和 Cl_2 能发生反应生成 NaClO，H_2 和 Cl_2 混合遇火能发生爆炸。在工业生产中，为避免这几种产物混合，常采用离子交换膜法进行电解。

2. 电镀

应用电解原理在某些金属表面镀上一层其他金属或合金的过程叫电镀。电镀的目的主要是使金属增强抗腐蚀能力，增加美观及表面硬度。镀层金属通常是一些在空气或溶液中不易起变化的金属（如 Cr、Zn、Ni、Ag）或合金。

电镀时，镀件作阴极，镀层金属作阳极，镀层金属的盐溶液作电镀液，通电后，溶液中的金属离子在阴极获得电子，成为金属薄膜均匀地覆盖在被镀物件上。例如在铁片上镀锌。

【演示实验 6-4】 按图 6-4 所示，在大烧杯中加入 $1mol/L$ 的 $ZnCl_2$ 作电镀液，待镀的铁片作阴极，镀层金属锌作阳极，接通直流电源几分钟后观察现象。

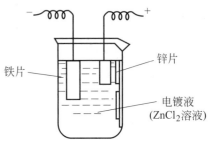

图 6-4 镀锌装置示意图

可以看到镀件的表面被镀上了一层锌。镀锌主要过程可表示如下。

$$阳极 \quad Zn-2e \longrightarrow Zn^{2+} \text{（阳极溶解）}$$
$$阴极 \quad Zn^{2+}+2e \longrightarrow Zn$$

电镀的结果是阳极的锌（镀层金属）不断减少，阴极的锌（镀件上）不断增加，减少和增加的锌量相等。因此，电镀液里 $ZnCl_2$ 的浓度保持不变。

3. 冶炼

应用电解原理从金属化合物中制取金属的过程叫电冶炼。金属活泼性在 Al 之前（包括 Al）的金属，它们的阳离子不易获得电子，很难用其他方法冶炼，在工业上常采用电解它们的熔融化合物来制取。例如电解熔融的 $MgCl_2$ 制取金属 Mg。

$$阳极 \qquad 2Cl^--2e \longrightarrow Cl_2 \text{（氧化反应）}$$
$$阴极 \qquad Mg^{2+}+2e \longrightarrow Mg \text{（还原反应）}$$
$$电解总反应 \qquad MgCl_2 \xrightarrow{\text{电解}} Mg+Cl_2\uparrow$$

4. 精炼

用电解法精炼金属，是用该金属作阳极，在电解过程中能使阳极溶解，并在阴极上析出此金属，从而达到提纯金属的目的。例如粗铜的精制，电解槽的阳极是粗铜板，阴极是纯铜制成的薄板，$CuSO_4$ 溶液作电解液。电解时，阳极上的铜不断溶解成 Cu^{2+} 进入溶液，在阴极上 Cu^{2+} 不断地还原为纯铜而析出，用电解的方法可得到含量 99.9％的精铜。同时，粗铜中的 Zn、Pb、Fe 等杂质也与 Cu 一起以离子形式进入溶液，生成相应的二价离子，但它们在阳极上不能析出。粗铜中含有的贵重金属如 Au、Ag、Pt 等不能溶解，在阳极附近沉积，称为阳极泥。从阳极泥中可提取这些贵重金属。

一、选择题

1. 当用铜作电极电解硫酸铜时，在阴极的产物是（　　）。

　　A. Cu　　　　　　　B. Cu 和 O_2　　　　C. O_2　　　　　　　D. H_2

2. 电解下列化合物的水溶液时，在阴极不析出金属的是（　　）。

　　A. $ZnSO_4$　　　　　B. $CaCl_2$　　　　　C. $CuSO_4$　　　　　D. $AgNO_3$

3. 用铂作电极电解氯化铜水溶液时，发生的现象是（　　）。

　　A. 阳极表面有气泡，气体为无色气体，阴极表面有红色物质覆盖

　　B. 阳极及阴极表面都有气体

　　C. 阳极铂逐渐溶解，阴极表面有红色物质覆盖

　　D. 阴极表面有红色物质析出，阳极表面有气泡，气体有刺激性气味

4. 用电解法精炼金属，作阳极的物质是（　　）。

　　A. 石墨　　　　　　B. 精金属　　　　　C. 粗金属

5. 电解食盐水溶液，则在阳极上得到的物质是（　　）。

　　A. Cl_2　　　　　　B. H_2　　　　　　C. NaOH　　　　　D. NaCl

6. 电解法精炼金属的原理是（　　）。

　　A. 待精炼的金属作阳极，在电解过程中溶解，以后又在阴极上析出纯金属

　　B. 待精炼的金属作阴极，在电解过程中溶解，以后又在阳极上析出纯金属

二、判断题

1. 电解 Na_2SO_4 溶液和 NaCl 溶液时，它们所得到的产物是相同的。　　　　（　　）

2. 电解池两极的材料，可以相同，也可以不同。　　　　　　　　　　　　（　　）

3. 氯化铜水溶液通电后发生了电离，在阳极得到金属铜，在阴极得到氯气。　（　　）

4. 电镀过程实质上就是一个电解的过程，它的特点是阳极本身也参加了电极的反应。

　　　　　　　　　　　　　　　　　　　　　　　　　　　　　　　　　（　　）

5. 在电解槽中与直流电源负极相接的电极叫负极。　　　　　　　　　　　（　　）

6. 在电解槽中与直流电源阳极相接的电极叫阳极。　　　　　　　　　　　（　　）

三、问答题

1. 什么是电解？它的两极各是什么？每个电极上各发生什么反应？

2. 什么是电镀？

3. 什么是电冶炼？

四、计算题

1. 电解硫酸铜溶液时，若阴极上有 1.6g 铜析出，则阳极上产生的气体的体积（标准状况）是多少升？

2. 在电解食盐水溶液时，用去氯化钠 1000g，能生成氯气和氢气各多少克？

五、写出下列电解过程中两极上发生的反应（两电极都是石墨作电极）及电解反应方程式。

（1）电解 $Ca(NO_3)_2$ 溶液　　（2）电解熔融 $MgCl_2$

（3）电解 KOH 溶液　　（4）电解 $Cu(NO_3)_2$ 溶液

六、分别用铂或铜作电极，电解 $CuSO_4$ 溶液时，阴极和阳极上各得到什么物质？写出电极反应式及电解反应式。

📖 科海拾贝

神奇的电解水技术，为绿色农业全程护航

随着人们对食物的需求逐步由吃饱转向吃好，农产品营养健康和绿色无污染已成为消费者优先考虑的问题。因此，急需发展绿色农业、低碳农业。

电解水技术在发展绿色农业、低碳农业中发挥了重要的作用。据了解，电解水是电解质水溶液在电解槽中电解形成的酸性或碱性电解水。电解水用于农业，在土壤改良、促进种子发芽、替代农药杀虫消毒、农产品保鲜等方面具有巨大的应用潜力。可应用于农业种植整个生产周期，为绿色农业全程护航。由于电解水经过一段时间就会还原成水，不会有残留，对环境不会有任何破坏，是实施绿色农业重要的技术保障，是食品安全的可靠保障。

① 用于土壤改良：用酸性电解水调节碱地，用碱性电解水调节酸土，不但可以有效防止土壤板结，调节土壤酸碱度，而且不会有任何残留，成本低廉。

② 促进种子发芽：电解水浸泡小麦、大豆等种子，可以提高发芽率，同时可以抑制发芽过程中的霉菌，对提高产量和品质效果显著。

③ 替代农药杀虫消毒：强酸性电解水对各种植物病虫害有迅速致死作用，可以替代化学农药，应用范围广泛，不像化学农药那样只对特定对象起作用。而且酸性电解水具有高氧化电位，能够强制性夺取细菌病毒的生物膜电子，其杀菌高效、使用安全、没有化学物质残留。

④ 作为农作物生长剂：强碱性电解水可以加强光合作用，促进作物萌芽生长、果实着色、增加糖度，是安全的生长剂。

⑤ 作为农产品的防霉保鲜剂：电解水处理农产品，可以杀灭果蔬表面的细菌、真菌、病原体，延长保鲜时间，保证果蔬的绿色、安全。

电解水用于农业极为方便，可以直接施入土壤改良土壤；可以直接浸泡种子；可以直接喷施，对植物病害和虫害进行有效防治；可以直接用于清洗农产品，保鲜消毒。

电解水用于农业，改变了传统农业的种植养殖方式，在农业种植中减少化学农药，提高农产品质量，满足了发展绿色安全农产品的需求，构建了绿色发展产业链和价值链，是一场绿色的农业革命。

另外，微酸电解水在畜禽养殖环境消毒、动物疫病防控、改善水产养殖水质、餐具杀菌消毒等方面具有巨大的潜力。

第五节　金属的腐蚀与防护

一、金属的腐蚀

金属或合金和周围接触到的液体或气体等介质发生化学反应而使金属或合金受到破坏，这种现象称为金属的腐蚀。金属腐蚀的现象十分普遍，如钢铁的生锈。金属管道、金属设备、金属材料的腐蚀都给国民经济带来很大的损失。因此，了解腐蚀发生的原因，采取有效的防护措施，对工农业生产及人们生活都有很大的意义。

根据金属腐蚀的原因不同，分为化学腐蚀和电化学腐蚀。

1. 化学腐蚀

金属与其周围的物质通过发生化学反应造成的腐蚀称为化学腐蚀。这类腐蚀一般发生在金属表面，在金属表面形成一层化合物的薄膜，如氧化物、硫化物、氯化物等。如果所生成的化合物的薄膜比较致密、结实，就会保护内层的金属不再进一步被腐蚀。例如铅、铬等被氧化而形成的氧化膜就属于此类。这些金属一般在常温下的中性环境中耐腐蚀性能较强。如果形成化合物的薄膜疏松、易脱落，就没有保护内层金属的作用，如铁的氧化膜。

化学腐蚀的化学反应比较简单，仅仅是金属与氧化剂之间直接发生氧化还原反应。在常温时腐蚀较慢，其反应速率随温度升高而加快，高温时比较显著。

2. 电化学腐蚀

不纯的金属（或合金）与电解质溶液接触发生电化学反应（即产生了原电池作用）而引起的腐蚀，称为电化学腐蚀。

从原电池的反应原理可以知道，只要是两种互相接通的金属与其对应的盐溶液接触，就存在电势差，能形成原电池。容易失去电子而被溶解的物质是原电池的负极。而另一种难失去电子的物质组成电池的正极。

例如钢铁在潮湿的空气里发生的腐蚀就是电化学腐蚀。钢铁中除含铁外，还含有 Si、Mn、C 等杂质。这些杂质都比铁不易失去电子，但都能导电，与铁构成原电池的两极，即铁是负极，另一组分是正极。当钢铁暴露在潮湿的空气中，它的表面会吸附水汽，形成一层极薄的水膜，这层水膜又溶有空气中的 CO_2、SO_2、H_2S 等气体，使水膜中 H^+ 浓度增大，形成了电解质溶液。这样 Fe 单质和可导电的杂质与电解质溶液接触正好构成了原电池。由于杂质是极小的颗粒，又分散在钢铁各处，所以在钢铁表面同时形成了无数微小的原电池，如图 6-5 所示。从而发生电化学腐蚀。其腐蚀过程有两种，一种是当水膜吸附了空气中的酸性气体而显酸性（$pH \approx 4$）时，即腐蚀是在酸性介质中进行。发生的电极反应如下。

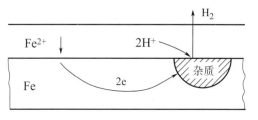

图 6-5　钢铁的电化学腐蚀示意图

$$负极 \qquad\qquad Fe-2e \longrightarrow Fe^{2+}$$
$$Fe^{2+}+2OH^- \longrightarrow Fe(OH)_2$$
$$正极 \qquad\qquad 2H^++2e \longrightarrow H_2 \uparrow$$
$$总反应式为 \qquad\qquad Fe+2H_2O \longrightarrow Fe(OH)_2+H_2 \uparrow$$

腐蚀过程中有氢气放出，故称为析氢腐蚀。生成的 $Fe(OH)_2$ 在空气中进一步被氧化成 $Fe(OH)_3$，$Fe(OH)_3$ 脱水生成易脱落的铁锈 Fe_2O_3。另一种是电解液（水膜）呈中性，但水膜中溶解有氧气，发生的电解反应为

$$负极 \qquad\qquad 2Fe-4e \longrightarrow 2Fe^{2+}$$
$$正极 \qquad\qquad O_2+2H_2O+4e \longrightarrow 4OH^-$$
$$总反应式为 \qquad\qquad 2Fe+O_2+2H_2O \longrightarrow 2Fe(OH)_2$$

$Fe(OH)_2$ 继续被氧化成 $Fe(OH)_3$，在腐蚀过程中，溶解在介质中的氧参加了反应，称为吸氧腐蚀。钢铁的腐蚀主要是吸氧腐蚀。

化学腐蚀和电化学腐蚀的本质，都是金属原子失去电子成为阳离子的氧化过程，在一般情况下这两种腐蚀往往同时发生。高温下主要是化学腐蚀。常温下在潮湿的环境中电化学腐蚀最普遍，破坏作用也最强，所以金属的腐蚀主要是电化学腐蚀。

金属的腐蚀是一个复杂的氧化还原过程。腐蚀的程度决定于金属本身的性质、结构和周围介质的成分。介质对金属的腐蚀有很大影响，如金属在潮湿空气中比在干燥空气中容易腐蚀；埋在地下的铁管比地面上的容易腐蚀；介质的酸性愈强，金属腐蚀得愈快；介质中含有较多的 Cl^- 或氧时，会加速金属的腐蚀。

二、金属的防护

金属的腐蚀主要是由于金属与周围物质发生氧化还原反应引起的。所以要防止金属腐蚀，必须设法阻止金属与周围的物质发生反应。

1. 加保护层

在金属表面涂上一层保护层，将金属与周围物质隔绝起来。如在金属表面涂一层油漆、沥青或覆盖搪瓷、塑料、橡胶等物质。另外，还可在金属表面镀一层不易被腐蚀的金属，如锌、锡、铬、镍等，保护内部金属不受腐蚀。

2. 制成耐腐蚀的合金

在普通钢中加入铬、镍等元素制成不锈钢，改变了钢内部的组织结构，增强了钢的耐腐蚀能力。不锈钢制品具有较强的抗腐蚀性能，不易生锈，常用它制作各种生活用品及工业用品。

3. 电化学保护

根据原电池正极不受腐蚀的原理，常在被保护的金属上连接比其更活泼的金属，活泼金属作为原电池的负极被腐蚀，被保护的金属作为正极受到了保护。

除以上方法外，还有化学处理法、缓蚀剂法等，根据不同的金属及所处的不同环境，采取适当的防护措施，可以减缓或基本消除金属的腐蚀。

思考与练习

一、选择题

1. 钢铁中所含杂质的电极电势比铁的电极电势大，则电化腐蚀的是（　　　）。

    A. 铁　　　　　　　　B. 杂质

2. 电化学保护法就是将被保护的金属作原电池的（　　　）。

    A. 阳极　　　　　B. 阴极　　　　　C. 正极　　　　　D. 负极

3. 钢铁在潮湿的空气里发生的腐蚀有（　　　）两种。

    A. 吸氧腐蚀和析氢腐蚀　　　　　　B. 化学腐蚀和空气腐蚀

    C. 化学腐蚀和非化学腐蚀　　　　　D. 化学腐蚀和电化学腐蚀

4. 有杂质的钢铁，发生电化学腐蚀时，铁被腐蚀，这说明杂质的电极电势比铁的（　　　）。

    A. 大　　　　　　　　B. 小

二、判断题

1. 化学腐蚀在常温时一般较慢。　　　　　　　　　　　　　　　　（　　　）

2. 钢铁的腐蚀主要是析氢腐蚀。　　　　　　　　　　　　　　　　（　　　）

3. 钢铁的腐蚀在常温下主要是化学腐蚀。　　　　　　　　　　　　（　　　）

4. 防止金属腐蚀就要阻止金属与周围物质发生反应。　　　　　　　（　　　）

三、问答题

1. 什么是金属的腐蚀？

2. 金属的腐蚀分为哪几类？

3. 什么是电化学腐蚀？

4. 金属防护的方法有哪些？

5. 什么是吸氧腐蚀和析氢腐蚀？

电解获得金属钾、钠、钙、镁的戴维

1799年意大利物理学家伏打发明了将化学能转化为电能的电池，使人类第一次获得了可供实用的持续电流。1800年英国的尼科尔逊和卡里斯尔采用伏打电池电解水获得成功，使人们认识到可以将电用于化学研究。许多科学家纷纷用电做各种实验。戴维在思考，电既然能分解水，那么对于盐溶液、固体化合物会产生什么作用呢？他开始研究各种物质的电解作用。首先他很快地熟悉了伏打电池的构造和性能，并组装了一个特别大的电池用于实验。然后他针对拉瓦锡认为苏打、木灰一类化合物的主要成分尚不清楚的看法，选择了木灰（即苛性钾）作第一个研究对象。开始他将苛性钾制成饱和水溶液进行电解，结果在电池两极分别得到的是氧和氢，加大电流强度仍然没有其他收获。在仔细分析原因后，他认为是水从中作祟。随后他改用熔融的苛性钾，在电流作用下，熔融的苛性钾发生明显变化，在导线与苛性钾接触的地方不停地出现紫色火焰。这产生紫色火焰的未知物质因温度太高而无法收集。再次总结经验后，戴维终于成功了。在1807年皇家学会的学术报告会上，戴维是这样介绍的：将一块纯净的苛性钾先露置于空气中数分钟，然后放在一特制的白金盘上，盘上连接电池的负极，电池正极由一根白金丝与苛性钾相接触。通电后，看到苛性钾慢慢熔解，随后看到正极相连的部位沸腾不止，有许多气泡产生，负极接触处，只见有形似小球、带金属光泽、非常像水银的物质产生。这种小球的一部分一经生成就燃烧起来，并伴有爆鸣声和紫色火焰，剩下来的那部分的表面慢慢变得暗淡无光，随后被白色的薄膜所包裹。这小球状的物质经过检验，知道它就是我所要寻找的物质。

通过实验戴维进一步认识到，这种物质投入水中，沉不下去，而是在水面上急速奔跃，并发出咝咝响声，随后就有紫色火花出现。这些奇异的现象使他断定这是一种新发现的元素，它比水轻，并使水分解而释放出氢气，紫色火焰就是氢气在燃烧。因为它是从木灰中提取的，故命名为钾。

对木灰电解成功，使戴维对电解这种方法更有信心，紧接着他采用同样方法电解了苏打，获得了另一种新的金属元素。这元素来自苏打，故命名为钠。

从1808年3月起，他进而对石灰、苦土（氧化镁）等进行电解，开始时他仍采用电解苏打的同样方法，但是毫不见效。又采用了其他几种方法，仍未获得成功。这时瑞典化学家贝采里乌斯来信告诉戴维，他和篷丁曾对石灰和水银混合物进行电解，成功地分解了石灰。根据这一提示，戴维将石灰和氧化汞按一定比例混合电解，成功地制取了钙汞齐，然后加热蒸发掉汞，得到了银白色的金属钙。紧接着又制取了金属镁、锶和钡。电化学实验之花在戴维手中结出了丰硕的果实。

第七章
沉淀反应

 学习目标

1. 能够复述溶度积 K_{sp}、溶解度的意义，并能够完成有关计算。

2. 能够通过小组讨论总结溶度积规则，能运用溶度积规则判断沉淀的生成或溶解。

3. 能够复述运用控制沉淀剂、酸度及相关方法实现沉淀的生成途径。

4. 能够复述运用生成弱电解质、氧化还原溶解、配位溶解等方法实现沉淀的溶解途径。

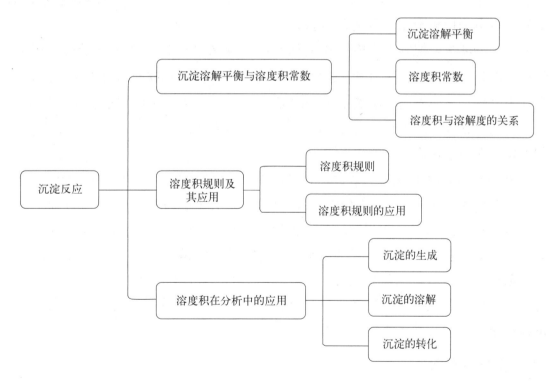

在实际工作中，经常会遇到利用沉淀反应来制取某些物质，鉴定和分离某些离子，那么，如何判断沉淀反应是否会发生？什么条件下沉淀可以溶解？怎样才

能使沉淀更完全？如果溶液中同时存在几种离子，如何控制条件实现指定的离子产生沉淀？本章将针对这些问题，由讨论难溶电解质在溶液中的沉淀溶解平衡开始，逐一予以介绍。

第一节　沉淀溶解平衡与溶度积常数

一、沉淀溶解平衡

物质在水中的溶解作用是一个较复杂的物理化学过程。溶解度的大小受多种因素的影响。各种不同的物质在水中的溶解度不同，有些表面上看来不溶的物质实际上也不是绝对不溶。绝对不溶的物质是没有的，通常把溶解度小于 $0.01g/100g\ H_2O$ 的物质叫做不溶物，严格来说，应叫难溶物或微溶物。上述界限也不是绝对的。例如 $PbCl_2$（固体）的溶解度常温下为 $0.675g/100g\ H_2O$，远大于上述标准。但由于 $PbCl_2$ 的摩尔质量较大，其饱和时的浓度（用物质的量浓度表示）很小，故此类物质也属于难溶或微溶物。$PbCl_2$、$AgCl$、$CaCO_3$ 等物质虽然溶解度很小，但溶解的部分都是完全电离的，溶液中不存在未电离的分子，故也常称为难溶强电解质或简称为难溶盐。

一定温度下，把难溶强电解质例如 $CaCO_3$ 放在水中时，在水分子的作用下，使得一部分 Ca^{2+} 和 CO_3^{2-} 离开 $CaCO_3$ 固体表面进入溶液，成为水合离子，这个过程称为溶解。另一方面，溶液中水合的 Ca^{2+} 和 CO_3^{2-} 处于无序的运动中，其中有些离子相互碰撞到固体 $CaCO_3$ 表面时，受到固体表面的吸引力，又会重新析出回到固体表面上来，这个过程称为沉淀。

溶解初期，由于溶液中水合 Ca^{2+} 和 CO_3^{2-} 浓度极小，$CaCO_3$ 的溶解速度较大，这时溶液是未饱和的；随着溶解的继续，水合 Ca^{2+} 和 CO_3^{2-} 浓度逐渐加大，相互碰撞返回固体 $CaCO_3$ 表面的机会增多，即沉淀的速度增大。当溶解的速度和沉淀的速度相等，便达到了动态平衡，这时的溶液是饱和溶液。此时溶液中的离子浓度不再改变，未溶解的固体 $CaCO_3$ 与溶液中的 Ca^{2+} 和 CO_3^{2-} 之间处于动态平衡。可见，沉淀溶解平衡是一种涉及固态和溶液、分子和离子的复杂平衡。沉淀溶解平衡简称溶解平衡。

二、溶度积常数

难溶电解质固体进入水中后，在水分子的作用下，会有一定程度的溶解，经过一定时间后溶液中的离子与固体难溶电解质之间建立起平衡。例如，$AgCl$ 在水中溶解的部分与固体部分会建立起如下平衡。

$$AgCl(固体) \Longleftrightarrow Ag^+ + Cl^-$$

与电离平衡一样，沉淀溶解平衡也有自己的平衡常数

$$K = \frac{[Ag^+][Cl^-]}{[AgCl]}$$

纯的固态物质浓度作 1 处理，因此得到

$$[Ag^+][Cl^-] = K[AgCl] = K_{sp}$$

K_{sp} 表示在难溶电解质饱和溶液中有关离子浓度（单位为 mol/L）幂的乘积，在一定温度下是一个常数，其大小与物质的溶解度有关，反映了物质的溶解能力，称为难溶电解质的溶度积常数，简称溶度积。

对于一般的沉淀物质 $A_m B_n$（固体）来说，在一定温度下，其饱和溶液的沉淀溶解平衡为

$$A_m B_n(固体) \Longleftrightarrow m A^{n+} + n B^{m-} \tag{7-1}$$

$$K_{sp} = [A^{n+}]^m [B^{m-}]^n \tag{7-2}$$

难溶电解质的溶度积常数的数值在稀溶液中不受其他离子存在的影响，只取决于温度。温度升高，多数难溶化合物的溶度积增大。在实际应用中常采用 25℃时溶度积。

三、溶度积与溶解度的关系

溶解性是物质的重要性质之一。常以溶解度定量标明物质的溶解性。溶解度被定义为：在一定温度下，达到溶解平衡时，一定量的溶剂中含有溶质的质量。物质的溶解度有多种表示方法。对水溶液来说，通常以饱和溶液中每 100g 水所含溶质质量来表示。

溶度积和溶解度都可以用来表示难溶电解质的溶解性。两者既有联系，又有区别。它们之间可以相互换算，既可以从溶解度求得溶度积，也可以从溶度积求得溶解度。它们之间的区别在于：溶度积是未溶解的固相与溶液中相应离子达到平衡时的离子浓度的乘积，只与温度有关；溶解度不仅与温度有关，还与溶液的组成、pH 等因素有关。

有关溶度积的计算中，离子浓度必须是物质的量浓度，其单位为 mol/L；而通常使用的溶解度的单位是 g/100g H_2O，有时也使用 g/L 或 mol/L 作单位。对难溶电解质溶液来说，其饱和溶液是极稀的溶液，可将溶剂水的质量看作与溶液的质量相等，这样就能很便捷地计算出饱和溶液浓度，进而得出溶度积。

由于难溶电解质的溶度积常数等于其饱和溶液中各离子浓度幂的乘积。显然

难溶电解质的溶解度越大，溶液中的水合离子的浓度越大，K_{sp} 的数值也就越大。当以饱和溶液中难溶电解质的物质的量浓度代表其溶解度时，同类型难溶电解质的 K_{sp} 越大，其溶解度也越大；K_{sp} 越小，其溶解度也越小。但对于不同类型的难溶电解质来说，由于溶度积表达式中离子浓度的幂指数不同，往往不能直接用溶度积的大小来比较溶解度的大小。设 S 为难溶电解质在纯水中的溶解度（单位为 mol/L），S 与 K_{sp} 有如下关系。

（1）AB 型难溶电解质　$BaSO_4$、$AgCl$、$BaCrO_4$ 等属于这种类型，这类难溶电解质的沉淀溶解平衡为

$$AB(固体) \Longleftrightarrow A^{n+} + B^{n-}$$

平衡时，$[A^{n+}] = [B^{n-}] = S$，所以

$$K_{sp} = [A^{n+}][B^{n-}] = S^2$$

因此

$$S = \sqrt{K_{sp}} \tag{7-3}$$

（2）A_2B 或 AB_2 型难溶电解质　Ag_2CrO_4 和 $Mg(OH)_2$ 分别属于这两类难溶电解质。以 A_2B 型为例，其在水中的沉淀溶解平衡为

$$A_2B(固体) \Longleftrightarrow 2A^+ + B^{2-}$$

平衡时，$[A^+] = 2S$，$[B^-] = S$ 所以

$$K_{sp} = [A^+]^2[B^{2-}] = (2S)^2 S = 4S^3$$

因此

$$S = \sqrt[3]{\frac{K_{sp}}{4}} \tag{7-4}$$

【例 7-1】　铬酸银 Ag_2CrO_4 和氯化银 $AgCl$ 在 25℃ 时的 K_{sp} 分别为 1.1×10^{-12} 和 1.8×10^{-10}，在此温度下，铬酸银和氯化银在水中的溶解度哪一个大？

解　这两种难溶电解质不是同一种类型，不能直接从溶度积的大小判断其溶解度的大小，须先计算出溶解度，然后进行比较。

铬酸银的溶解度

$$S(Ag_2CrO_4) = \sqrt[3]{\frac{K_{sp}}{4}} = \sqrt[3]{\frac{1.1 \times 10^{-12}}{4}} = 6.5 \times 10^{-5} \text{（mol/L）}$$

氯化银的溶解度

$$S(AgCl) = \sqrt{K_{sp}} = \sqrt{1.8 \times 10^{-10}} = 1.3 \times 10^{-5} \text{（mol/L）}$$

由计算结果可知，铬酸银在纯水中的溶解度比氯化银的溶解度大。

值得注意的是，上面关于溶度积与溶解度关系的讨论是有前提的，即所讨论的难溶电解质应符合如下两个条件。

第一，难溶电解质溶于水的部分全部以简单的水合离子存在，即在水中不存在未电离的分子或离子对，也不存在未电离完全的中间离子状态。

第二，离子在水中不会发生任何化学反应，如水解、聚合、配位反应等。

实际上大多数难溶电解质并不完全符合这两个条件。有的物质溶于水的部分并不完全电离，如 $HgCl_2$ 在水溶液中既存在水合 Hg^{2+} 和水合 Cl^-，也有未电离的 $HgCl_2$ 分子和未电离完全的 $HgCl^+$ 存在。像 $Fe(OH)_3$ 这样的难溶电解质在水中是分步电离的，溶液中除存在水合 Fe^{3+} 和 OH^- 外，还有 $Fe(OH)_2^+$ 等存在。有些金属离子，如 Fe^{3+}、Al^{3+}、Cr^{3+} 等，在水中很容易发生水解。所有这些都会使溶解度偏离上述关系，当这些副反应显著时，上述关系将完全不适用。本书所讨论的例子都基本符合上面两个条件。

对于不同类型的难溶电解质，如 AgCl 与 Ag_2CrO_4，是不能用 K_{sp} 来直接比较其溶解度大小的（见表 7-1）。

表 7-1　几种难溶电解质 25℃ 时的溶度积常数和溶解度

类　型	难溶电解质	K_{sp}	$S/(mol/L)$	换算公式
AB	AgCl	1.8×10^{-10}	1.3×10^{-5}	$K_{sp}=S^2$
AB	AgBr	5.4×10^{-13}	7.3×10^{-7}	$K_{sp}=S^2$
AB	AgI	8.5×10^{-17}	9.2×10^{-9}	$K_{sp}=S^2$
A_2B	Ag_2CrO_4	1.1×10^{-12}	6.5×10^{-5}	$K_{sp}=4S^3$

由表中可以看出，氯化银的溶度积大于溴化银的溶度积，氯化银的溶解度也大；然而氯化银的溶度积大于铬酸银的溶度积，氯化银的溶解度反而比铬酸银的小。这是由于氯化银的溶度积的表达式与铬酸银的表达式不同，两者的溶度积与溶解度的换算关系不同所致。

 思考与练习

一、选择题

1. 下列化学反应中属于沉淀反应的是（　　）。

　　A. $NaOH + HCl \longrightarrow NaCl + H_2O$　　　　B. $2KClO_3 \xrightarrow{\triangle} 2KCl + 3O_2\uparrow$

　　C. $Zn + 2HCl \longrightarrow ZnCl_2 + H_2\uparrow$　　　D. AgCl（固体）$\Longleftrightarrow Ag^+ + Cl^-$

2. 根据所给 K_{sp} 数据，哪种物质的溶解度最大（　　）。

　　A. $K_{sp}(AgCl) = 1.8\times10^{-10}$　　　　　　B. $K_{sp}(AgBr) = 5.4\times10^{-13}$

　　C. $K_{sp}(AgI) = 8.5\times10^{-17}$　　　　　　D. $K_{sp}(AgCN) = 1.2\times10^{-16}$

3. 根据所给 K_{sp} 数据，哪种物质的溶解度最小（　　）。

　　A. $K_{sp}(CuBr) = 5.3\times10^{-9}$　　　　　　B. $K_{sp}(CuCN) = 3.2\times10^{-20}$

　　C. $K_{sp}(Cu_2S) = 2.5\times10^{-48}$　　　　　D. $K_{sp}(CaS) = 6.3\times10^{-36}$

4. 对于反应 $Ag_2CrO_4(s) \Longrightarrow 2Ag^+ + CrO_4^{2-}$，下列溶度积表达正确的是（　　　）。

A. $K_{sp}(Ag_2CrO_4) = [Ag^+][CrO_4{}^{2-}]$　　　B. $K_{sp}(Ag_2CrO_4) = \dfrac{[Ag^+][CrO_4^{2-}]}{[Ag_2CrO_4]}$

C. $K_{sp}(Ag_2CrO_4) = [Ag^+]^2[CrO_4^{2-}]$　　　D. $K_{sp}(Ag_2CrO_4) = [Ag^+][CrO_4^{2-}]^2$

二、判断题

1. 两种难溶电解质，溶度积越大则其溶解度就越大。 （　　　）

2. 对于 AgCl(固体) $\Longrightarrow Ag^+ + Cl^-$ 来说其 $K_{sp} = [Ag^+][Cl^-]$。 （　　　）

3. $BaSO_4$ 不溶于盐酸，而 $BaCO_3$ 却可溶于盐酸。 （　　　）

4. 在 25℃时，铬酸银在纯水中的溶解度比氯化银的溶解度大。 （　　　）

5. 溶度积相同的两物质，溶解度也相同。 （　　　）

三、按要求回答问题

1. 写出下列难溶化合物的沉淀溶解反应方程式及溶度积常数表达式。

(1) CaC_2O_4　　　　(2) PbI_2　　　　(3) Ag_3PO_4

2. 为什么不同类型的难溶电解质不能直接通过其溶度积常数的大小来判断它们的溶解度的大小？

四、计算题

*1. 将 30.0mL 0.10mol/L $CaCl_2$ 溶液与 70.0mL 0.050mol/L Na_2SO_4 溶液混合，达到平衡后测得溶液中 SO_4^{2-} 离子浓度为 6.5×10^{-3} mol/L，求 $CaSO_4$ 的 K_{sp}。

2. 在 25℃时，$Zn(OH)_2$ 的溶度积 $K_{sp} = 1.8 \times 10^{-14}$，求其溶解度。

3. 已知下列难溶电解质的溶解度，计算它们的溶度积。

(1) CaF_2 在纯水中的溶解度为 1.46×10^{-10} mol/L。

*(2) $PbCl_2$ 在 0.130mol/L 的 $Pb(Ac)_2$ 溶液中的溶解是 5.7×10^{-3} mol/L。

第二节　溶度积规则及其应用

一、溶度积规则

溶液中是否会有沉淀生成？某物质在一定条件下能否沉淀完全？沉淀在什么条件下会发生溶解？研究沉淀反应首先要回答这些问题。

难溶电解质固体与溶液中的水合离子的平衡关系为

$$A_m B_n(固体) \Longrightarrow m A^{n+} + n B^{m-}$$

$$K_{sp} = [A^{n+}]^m [B^{m-}]^n$$

任一状态时，离子浓度以其离子反应系数为指数的幂乘积用 Q_i 表示，则

$$Q_i = [A^{n+}]^m [B^{m-}]^n$$

Q_i 称为该难溶电解质的离子积。可以用 Q_i 与 K_{sp} 进行比较来判断沉淀的生成或溶解。

当 $Q_i = [A^{n+}]^m[B^{m-}]^n = K_{sp}$ 时,沉淀和溶解刚好达到平衡,溶液为饱和溶液,既无沉淀生成,又无固体溶解;

当 $Q_i = [A^{n+}]^m[B^{m-}]^n > K_{sp}$ 时,溶液处于不稳定的过饱和状态,会有沉淀生成,随着沉淀的生成,溶液中离子浓度下降,直至 $Q_i = K_{sp}$ 溶液达到沉淀溶解平衡状态为止;

当 $Q_i = [A^{n+}]^m[B^{m-}]^n < K_{sp}$ 时,溶液未达到饱和状态,若溶液中有难溶电解质固体存在,固体将溶解形成离子进入溶液,溶液中离子浓度增大,直到 $Q_i = K_{sp}$ 时达到平衡。

以上三条称为溶度积规则,我们不仅可以利用溶度积规则来判断溶液中是否有沉淀析出,而且可以利用溶度积规则,通过控制溶液中离子的浓度,使沉淀溶解或产生沉淀。

二、溶度积规则的应用

1. 判断沉淀的生成或溶解

现以碳酸钙沉淀的生成和溶解为例来加以说明。

在浓度为 0.1mol/L $CaCl_2$ 溶液中,加入少量 Na_2CO_3,使 Na_2CO_3 浓度为 0.001mol/L,此时

$$Q_i = [Ca^{2+}][CO_3^{2-}] = 0.10 \times 0.0010 = 1.0 \times 10^{-4}$$

而 $CaCO_3$ 的 $K_{sp} = 8.7 \times 10^{-9}$,$Q_i > K_{sp}$,按溶度积规则,有 $CaCO_3$ 沉淀生成。反应完成后,$Q_i = K_{sp}$,溶液中的离子与生成的沉淀建立起平衡。如果此时再向溶液中滴几滴稀盐酸溶液,将会发生下列反应。

$$CO_3^{2-} + H^+ \rightleftharpoons HCO_3^-$$

$$HCO_3^- + H^+ \rightleftharpoons H_2CO_3 \longrightarrow H_2O + CO_2$$

这时溶液中的 CO_3^{2-} 浓度减小,使得 $Q_i < K_{sp}$,按溶度积规则,原先生成的沉淀就会发生溶解。若加入的盐酸很少时,沉淀仅部分溶解;直到 $Q_i = K_{sp}$ 时,沉淀的溶解停止。当加入的盐酸量足够多时,溶解出的 CO_3^{2-} 会继续转化为 HCO_3^- 或 CO_2,原先生成的 $CaCO_3$ 沉淀有可能全部溶解。

【例 7-2】 将等体积的 0.020mol/L 的 $CaCl_2$ 溶液与 0.02mol/L 的 Na_2CO_3 溶液混合,判断能否析出 $CaCO_3$ 沉淀?

解 两种溶液等体积混合后,体积增大一倍,浓度各自减小至原来的 1/2。

混合后 $$c(Ca^{2+}) = \frac{0.020}{2} = 0.010 (mol/L)$$

$$c(CO_3^{2-}) = \frac{0.020}{2} = 0.010(mol/L)$$

$$Q_i = c(Ca^{2+})c(CO_3^{2-}) = 0.010 \times 0.010 = 1.0 \times 10^{-4}$$

查表 $K_{sp}(CaCO_3) = 2.8 \times 10^{-9}$。

$Q_i > K_{sp}$，则有沉淀生成。

在化工生产中，可利用沉淀的生成除去某些杂质离子。如在无机盐工业中，除 Fe^{3+} 杂质常利用调节溶液的 pH 的方法，使 Fe^{3+} 生成 $Fe(OH)_3$ 沉淀而除去。

根据溶度积规则，要使沉淀溶解，需降低难溶电解质饱和溶液中离子的浓度，即满足 $Q_i < K_{sp}$ 的条件。例如，$CaCO_3$ 溶于盐酸的反应可表示如下。

$$CaCO_3(固体) \Longrightarrow Ca^{2+} + CO_3^{2-}$$
$$+$$
$$2HCl \longrightarrow 2Cl^- + 2H^+$$
$$\Downarrow$$
$$H_2CO_3 \longrightarrow CO_2\uparrow + H_2O$$

由于 H^+ 与 CO_3^{2-} 结合生成易分解的弱酸 H_2CO_3，使得 CO_3^{2-} 浓度降低。导致 $Q_i < K_{sp}$，结果 $CaCO_3$ 溶解。实验室中常利用此反应制取 CO_2。

除了利用生成弱电解质使沉淀溶解，还可以通过发生氧化还原反应，生成难电离的配离子等途径，使沉淀溶解。例如

$$3CuS + 8HNO_3 \longrightarrow 3Cu(NO_3)_2 + 3S\downarrow + 2NO\uparrow + 4H_2O$$

2. 判断沉淀的完全程度

当用沉淀反应制备产品或分离杂质时，沉淀是否完全是人们最关心的问题。由于难溶电解质溶液中存在着沉淀溶解平衡，一定温度下 K_{sp} 为常数，因此，没有任何一种沉淀反应是绝对完全的。所谓"沉淀完全"并不是说溶液中某种离子完全不存在，而是含量极少。在定性分析中，一般要求离子浓度小于 10^{-5} mol/L；在定量分析中，通常要求离子浓度小于 10^{-6} mol/L，就可以认为沉淀完全了。

【例 7-3】 欲分析溶液中的 Ba^{2+} 含量，常加入 SO_4^{2-} 作为沉淀剂。若将 0.010mol/L 的 $BaCl_2$ 与 0.010mol/L 的 Na_2SO_4 等体积混合，问溶液中 Ba^{2+} 是否沉淀完全？

解 $BaSO_4(固体) \Longrightarrow Ba^{2+} + SO_4^{2-}$ $\qquad K_{sp}(BaSO_4) = 1.1 \times 10^{-10}$

$$K_{sp}(BaSO_4) = [Ba^{2+}][SO_4^{2-}]$$

$$[Ba^{2+}] = [SO_4^{2-}] = \sqrt{K_{sp}(BaSO_4)} = 1.1 \times 10^{-5} mol/L$$

$$[Ba^{2+}] = [SO_4^{2-}] = 1.1 \times 10^{-5} mol/L$$

求得离子浓度大于 1×10^{-5} mol/L，说明此时 Ba^{2+} 未能沉淀完全。

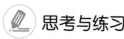 思考与练习

一、选择题

1. 能够生成沉淀的情况是下列的（　　）。

    A. $Q_i = K_{sp}$　　　　B. $Q_i < K_{sp}$　　　　C. $Q_i > K_{sp}$　　　　D. 与 Q_i 和 K_{sp} 无关

2. 难溶电解质 $CaCO_3$ 的 $K_{sp} = 2.8 \times 10^{-9}$，能够生成 $CaCO_3$ 沉淀的情况是（　　）。

    A. $c(Ca^{2+}) = 1.0 \times 10^{-5} mol/L$，$c(CO_3^{2-}) = 2.0 \times 10^{-5} mol/L$

    B. $c(Ca^{2+}) = 3.0 \times 10^{-10} mol/L$，$c(CO_3^{2-}) = 1.0 \times 10^{-2} mol/L$

    C. $c(Ca^{2+}) = 0.1000 mol/L$，$c(CO_3^{2-}) = 0.0100 mol/L$

    D. $c(Ca^{2+}) = 0.010 mol/L$，$c(CO_3^{2-}) = 2.0 \times 10^{-9} mol/L$

3. 难溶电解质 $AgCl$ 的 $K_{sp} = 1.8 \times 10^{-10}$，能够使 $AgCl$ 沉淀溶解的情况是（　　）。

    A. $c(Ag^+) = 0.010 mol/L$，$c(Cl^-) = 0.010 mol/L$

    B. $c(Ag^+) = 1.0 \times 10^{-5} mol/L$，$c(Cl^-) = 0.010 mol/L$

    C. $c(Ag^+) = 1.0 \times 10^{-6} mol/L$，$c(Cl^-) = 1.0 \times 10^{-6} mol/L$

    D. $c(Ag^+) = 0.010 mol/L$，$c(Cl^-) = 0.00010 mol/L$

二、判断题

1. 能生成沉淀的两种离子溶液混合后没有立即生成沉淀，一定是 $K_{sp} > Q_i$。　　（　　）

2. 若某溶液中离子积等于溶度积，则该溶液必然存在固态物质。　　（　　）

3. 任何种类的难溶电解质都可通过其溶度积计算其溶解度。　　（　　）

4. 沉淀反应 $AgCl$（固体）$\Longleftrightarrow Ag^+ + Cl^-$，当 $Q_i = K_{sp}$ 时，无沉淀生成或沉淀溶解，化学反应处于动态平衡。　　（　　）

5. 将等体积的 $0.004 mol/L\ AgNO_3$ 和 $0.004 mol/L\ K_2CrO_4$ 溶液混合时有 Ag_2CrO_4 沉淀生成。　　（　　）

三、计算题

1. 已知 $Mg(OH)_2$ 的 $K_{sp} = 1.2 \times 10^{-11}$，在 $0.050 mol/L$ 的 $MgCl_2$ 溶液中加入等体积的 $0.5 mol/L$ 氨水，问有无 $Mg(OH)_2$ 沉淀生成？

2. $NaCl$ 试液 $20.00 mL$，用 $0.1023 mol/L\ AgNO_3$ 溶液 $27.00 mL$ 滴定至终点。求每升溶液中含 $NaCl$ 多少克？

3. 溶液中 Cl^- 浓度为 $0.10 mol/L$，溶液中同时存在 CrO_4^{2-}，为了保证逐滴加入 $AgNO_3$ 时，在 Cl^- 刚好沉淀完全的同时生成 Ag_2CrO_4 沉淀，溶液中 CrO_4^{2-} 浓度为多少？

＊4. 氯化亚锡很容易水解，配制其溶液时需将 $SnCl_2 \cdot 2H_2O$ 晶体溶解在盐酸溶液中。假设 $SnCl_2$ 水解生成的是 $Sn(OH)_2$ 沉淀，若要配制浓度为 $0.20 mol/L$ 的 $SnCl_2$ 溶液，溶液中所含的盐酸浓度至少应为多少时才不会有 $Sn(OH)_2$ 沉淀生成？

第三节　溶度积在分析化学中的应用

一、沉淀的生成

根据溶度积规则，$Q_i > K_{sp}$ 是沉淀生成的必要条件。

1. 同离子效应与盐效应

向难溶电解质的溶液中加入与其具有相同离子的可溶性强电解质，溶液中难溶电解质与可溶性强电解质共同的那种离子的浓度显著增大，按照平衡移动原理，平衡将向生成沉淀的方向移动。其结果是难溶电解质的溶解度减小了。这种因加入含有相同离子的强电解质而使难溶电解质的溶解度减小的现象称为同离子效应。

【例 7-4】　已知 Ag_2CrO_4 的 $K_{sp} = 1.1 \times 10^{-12}$，求 Ag_2CrO_4 分别在纯水中、0.0010mol/L $AgNO_3$ 溶液中和 0.0010mol/L K_2CrO_4 溶液中的溶解度。

解　（1）Ag_2CrO_4 是 A_2B 型难溶电解质，在纯水中的溶解度为

$$S = \sqrt[3]{\frac{K_{sp}}{4}} = \sqrt[3]{\frac{1.1 \times 10^{-12}}{4}} = 6.5 \times 10^{-5} \ (mol/L)$$

（2）Ag_2CrO_4 在 0.0010mol/L $AgNO_3$ 溶液中的溶解度等于平衡时 $[CrO_4^{2-}]$。Ag_2CrO_4 在 $AgNO_3$ 溶液中的平衡为

$$Ag_2CrO_4（固体）\Longleftrightarrow 2Ag^+ \quad + \quad CrO_4^{2-}$$

平衡浓度/(mol/L)　　　　　　$0.0010 + 2S \approx 0.0010$　　S

$$K_{sp} = [Ag^+]^2[CrO_4^{2-}] = (0.0010)^2 S = 1.1 \times 10^{-12}$$

所以

$$S = \frac{1.1 \times 10^{-12}}{(0.0010)^2} = 1.1 \times 10^{-6} \ (mol/L)$$

Ag_2CrO_4 在 0.0010mol/L $AgNO_3$ 溶液中的溶解度为 1.1×10^{-6} mol/L，仅为纯水中溶解度的 $\frac{1}{59}$。

（3）Ag_2CrO_4 在 0.0010mol/L K_2CrO_4 溶液中的溶解度等于平衡时 $[Ag^+]$ 的一半。Ag_2CrO_4 在 K_2CrO_4 溶液中的平衡为

$$Ag_2CrO_4（固体）\Longleftrightarrow 2Ag^+ \quad + \quad CrO_4^{2-}$$

平衡浓度/(mol/L)　　　　　　　　$2S$　　$S + 0.0010 \approx 0.0010$

$$K_{sp} = [Ag^+]^2[CrO_4^{2-}] = (2S)^2 \times 0.0010 = 1.1 \times 10^{-12}$$

所以

$$S = \sqrt{\frac{1.1 \times 10^{-12}}{4 \times 0.0010}} = 1.7 \times 10^{-5} \text{（mol/L）}$$

Ag_2CrO_4 在 0.0010mol/L K_2CrO_4 溶液中的溶解度为 1.7×10^{-5} mol/L，约为纯水中溶解度的 $\frac{1}{4}$。

同离子效应使难溶电解质的溶解度大为降低，当应用沉淀反应来分离溶液中的离子时，为了使离子沉淀完全，往往需要加入适当过量的沉淀剂。例如为了使 $BaSO_4$ 沉淀，就不能仅按反应所需的量加入 Na_2SO_4，而应当加入适当过量的 Na_2SO_4，这样，在有过量的 Na_2SO_4 存在条件下，因同离子效应，溶液中的 Ba^{2+} 就可以沉淀得非常完全。

从溶液中分离出的沉淀物，常常夹带有各种杂质，要除去这些杂质得到纯净的沉淀，就必须对沉淀进行洗涤。沉淀在水中总有一定程度的溶解，当利用沉淀的量来对某种离子的含量进行测定时，在洗涤过程中沉淀的溶解将会对测定结果造成很大的误差。因此，在洗涤沉淀时，为防止沉淀的溶解损失，常常用含有与沉淀具有相同离子的电解质的稀溶液作洗涤剂对沉淀进行洗涤，而不是直接用水洗涤。

加入过量的沉淀剂可以使难溶电解质沉淀得更加完全，但沉淀剂的加入量并非越多越好，有时当沉淀剂过量太多时，沉淀反应会出现溶解现象。例如在 $AgNO_3$ 溶液中加入适量的稀盐酸会生成大量 AgCl 白色沉淀。但如果再加入过量很多的浓盐酸，已生成的 AgCl 沉淀就会发生溶解而变为配离子 $[AgCl_2]^-$。多数沉淀剂不一定能使沉淀转变为可溶性的配位化合物，但是加入太多的沉淀剂也会使沉淀的溶解度增大，即出现盐效应，而达不到沉淀完全的目的。

人们从实验中发现，难溶电解质在不具有共同离子的强电解质溶液中的溶解度比在纯水中的溶解度要大一些。例如，在 25℃ 时，AgCl 在纯水中的溶解度为 1.25×10^{-5} mol/L，而在 0.010mol/L 的 KNO_3 溶液中的溶解度则为 1.43×10^{-5} mol/L。这种因有其他强电解质的存在而使难溶电解质的溶解度增大的现象称为盐效应。

在难溶电解质的溶液中只要有其他电解质的存在就会产生盐效应。这些电解质既可以是盐，也可以是酸或碱，既可以是与难溶电解质不具有共同离子的电解质，也可以是与难溶电解质具有共同离子的电解质。所以当向难溶电解质溶液中加入过量沉淀剂时，在产生同离子效应的同时也会产生盐效应。在沉淀剂过量不多的情况下，同离子效应是主要的。随着过量沉淀剂的增多，离子浓度不断增大，盐效应会越来越显著。当过量沉淀的浓度增大到一定程度后，盐效应的作用超过同离子效应的作用。这时难溶电解质的溶解度不是变小，而是有所增大。因此，使用过量太多的沉淀剂，并不能达到沉淀更完全的目的。

2. 酸度的影响

许多沉淀的生成和溶解与酸度有着十分密切的关系，一些难溶电解质本身就是氢氧化物或弱酸，溶液中 OH^- 浓度或 H^+ 浓度与沉淀的生成当然有着直接的关系。另一些难溶电解质是弱酸盐，而弱酸根离子在水溶液中有发生水解的倾向。它与溶液的酸度直接相关。所以这类难溶电解质的沉淀溶解平衡也与酸度有密切的关系。

通过实验数据可知，K_{sp} 较大的硫化物在酸性较强的溶液中难以生成沉淀，而 K_{sp} 很小的硫化物即使在很浓的酸中也可以生成沉淀。大多数金属的氢氧化物是难溶电解质，金属氢氧化物沉淀的生成和溶解与溶液的酸度有着直接的关系。各种金属氢氧化物的 K_{sp} 大小不同，当金属离子浓度相同时不同金属氢氧化物开始生成沉淀和沉淀完全的 pH 也各不相同。当溶液中含有两种或两种以上可以生成氢氧化物沉淀的金属离子时，通过控制溶液的 pH，可以对金属离子进行分离。随着溶液 pH 值逐渐升高，K_{sp} 小的金属氢氧化物先沉淀出来，而 K_{sp} 大的氢氧化物仍以金属离子的形式存在于溶液中。

3. 分步沉淀

假定溶液中有几种离子都可和某种试剂反应，现通过控制沉淀条件，仅仅使混合物中的某一种或几种离子的浓度与试剂的浓度的乘积超过溶度积，形成沉淀，而其他离子不沉淀，这样就达到了分步沉淀的目的。一般在沉淀剂浓度逐渐增加的过程中，所需沉淀剂浓度（或量）最小的离子首先沉淀（请注意：并不一定指溶度积最小的物质，因为 K_{sp} 不仅与溶解度有关，且与难溶电解质的类型有关）。进一步加入沉淀剂可能引起其他离子同时沉淀，或在第一种离子完全沉淀后再沉淀，这主要取决于混合物中被沉淀物质溶解度的差别和离子的浓度。

为说明分步沉淀，现以 I^- 和 Cl^- 分步沉淀的例子加以说明。

【例 7-5】 溶液中含有 0.01mol/L I^- 和 0.01mol/L Cl^-，滴入 $AgNO_3$ 溶液后，两种离子中哪种离子首先沉淀？［已知 $K_{sp}(AgCl)=1.8\times10^{-10}$，$K_{sp}(AgI)=8.5\times10^{-17}$］

解 为解决这个问题，首先要根据溶度积，求出开始沉淀 AgI 和 AgCl 所需要的 Ag^+ 的浓度，哪个所需浓度最低，哪个就首先沉淀出来。据此，AgCl 开始沉淀时所需 Ag^+ 浓度为

$$[Ag^+]=\frac{1.8\times10^{-10}}{0.01}=1.8\times10^{-8}\ (mol/L)$$

AgI 开始沉淀时所需 Ag^+ 浓度为

$$[Ag^+]=\frac{9.3\times10^{-17}}{0.01}=9.3\times10^{-15}\ (mol/L)$$

显然，在滴加 Ag^+ 的过程中，首先达到 AgI 的溶度积，故 AgI 首先沉淀。但 AgI 开始沉淀后，溶液中 $[I^-]$ 不断降低，所以要有更高的 Ag^+ 浓度才能使 AgI 继续沉淀。继续加入 $AgNO_3$ 溶液，直到 Ag^+ 浓度刚好到达 $1.8×10^{-8}$ mol/L 时，AgCl 开始沉淀。此时，Ag^+ 的浓度应同时满足两个平衡，即

$$[Ag^+]=\frac{K_{sp}(AgI)}{[I^-]}=\frac{K_{sp}(AgCl)}{[Cl^-]}$$

进而得到

$$[I^-]=\frac{K_{sp}(AgI)}{K_{sp}(AgCl)}×[Cl^-]=\frac{8.5×10^{-17}}{1.8×10^{-10}}×0.01 \text{（mol/L）}$$
$$=5.2×10^{-9} \text{（mol/L）}$$

可见当 AgCl 开始沉淀时，I^- 浓度已由原来的 0.01mol/L 降低到 $5.2×10^{-9}$ mol/L（在一般分析中，当浓度降低到 $1×10^{-6}$ mol/L 时就认为是完全沉淀了），先达到溶度积者，先沉淀，这就是分步沉淀的原理。

分步沉淀能否进行，主要取决于溶度积的大小，但二者溶度积相差的倍数不大，而且物质的浓度又相差过于悬殊的话，就要具体分析了。

二、沉淀的溶解

根据溶度积规则，沉淀溶解的必要条件是 $Q_i<K_{sp}$。

当 $Q_i<K_{sp}$ 时，溶液中的沉淀开始溶解，常用的沉淀溶解方法是在平衡溶液中加入一种化学试剂，让其与溶液中难溶电解质的阴离子或阳离子发生化学反应，从而降低该离子的浓度，使难溶电解质溶解。根据反应的类型或反应产物的不同，使沉淀溶解的方法可分为下列几类。

*1. 生成弱电解质

对于弱酸盐沉淀，可通过加入一种试剂使其生成弱电解质而溶解。如草酸钙、磷酸钙、碳酸钙及碳酸盐难溶物，大多数能溶于强酸，以碳酸钙溶于盐酸为例，其溶解过程可表示为

$$CaCO_3(固体) \Longleftrightarrow Ca^{2+}+CO_3^{2-}$$
$$\downarrow 2H^+$$
$$H_2CO_3 \Longleftrightarrow CO_2\uparrow + H_2O$$

即在碳酸钙的沉淀平衡体系中，碳酸根与氢离子结合生成了弱电解质 H_2CO_3（进一步分解为二氧化碳和水），降低了碳酸根的浓度，破坏了碳酸钙在水中的离解平衡，使反应向碳酸钙沉淀溶解的方向进行，并最终溶解。对于一些难溶性氢氧化物，也可以通过加入一种试剂使其生成弱电解质而溶解。如 $Mg(OH)_2$、

$Mn(OH)_2$、$Al(OH)_3$ 和 $Fe(OH)_3$ 都能溶于强酸溶液中，其中 $Mg(OH)_2$ 和 $Mn(OH)_2$ 还能溶于足量的铵盐溶液中。以 $Mg(OH)_2$ 沉淀溶于强酸和铵盐为例，其溶解过程为

$$Mg(OH)_2(固体) \rightleftharpoons Mg^{2+} + 2OH^-$$

$Mg(OH)_2$ 在水中电离出 Mg^{2+} 和 OH^-，达到平衡时 $Q_i = K_{sp}$，此时若加入含有 H^+ 或 NH_4^+ 的溶液，则生成水或氨水，降低了氢氧根离子的浓度，破坏了 $Mg(OH)_2$ 在水中的沉淀溶解平衡，使 $Q_i < K_{sp}$，平衡向沉淀溶解的方向移动，致使 $Mg(OH)_2$ 沉淀溶解。

* 2. 发生氧化还原反应

对于一些能够发生氧化还原反应的难溶电解质，则可加入氧化剂或还原剂使其溶解。如硫化铜、硫化铅等硫化物，溶度积特别小，一般不能溶于强酸，而加入强氧化剂后发生氧化还原反应，可使硫化物溶解。

$$3CuS(固体) + 2NO_3^- + 8H^+ \longrightarrow 3Cu^{2+} + 2NO\uparrow + 3S\downarrow + 4H_2O$$

由于硫离子被氧化成单质硫析出，降低了硫离子的浓度，使 $Q_i < K_{sp}$，所以，硫化铜能溶于硝酸。

氧化还原反应的发生，使难溶电解质的组成离子的氧化态发生变化，原来建立起的沉淀溶解平衡遭到破坏，最终使沉淀转化为另外的物质。例如，CuCl 为白色的沉淀，如果将含沉淀的水溶液放置于空气中，空气中的 O_2 可以将 Cu^+ 氧化为 Cu^{2+}，随着氧化反应的进行沉淀渐渐溶解，最终变成 $CuCl_2$ 溶液，白色的 CuCl 沉淀也就不存在了。

$$4CuCl + O_2 + 4H^+ \longrightarrow 4Cu^{2+} + 4Cl^- + 2H_2O$$

沉淀的形成也会改变一些物质的氧化还原性质，从而影响氧化还原反应进行的方向。例如，Cu^{2+} 本来是一种较弱的氧化剂，但在与 KI 反应时，因可形成难溶的 CuI 沉淀，结果 Cu^{2+} 将 I^- 氧化成 I_2。

$$2Cu^{2+} + 4I^- \longrightarrow 2CuI\downarrow + I_2$$

* 3. 生成配合物

对于一些能够发生配位反应的难溶电解质，加入适当配位剂则可使其溶解。如氯化银沉淀中加入适量氨水，由于银离子形成配位离子，降低了银离子浓度，使 $Q_i < K_{sp}$，即氯化银沉淀溶于氨水。

$$AgCl(固体) \rightleftharpoons Ag^+ + Cl^-$$
$$\downarrow +2NH_3$$
$$[Ag(NH_3)_2]^+$$

不少金属氢氧化物沉淀可以溶解在过量的强碱溶液中，溶液所生成的离子是一种配位离子，例如

$$Al(OH)_3 + OH^- \longrightarrow [Al(OH)_4]^-$$
$$Zn(OH)_2 + 2OH^- \longrightarrow [Zn(OH)_4]^{2-}$$
$$Cr(OH)_3 + OH^- \longrightarrow [Cr(OH)_4]^-$$

过量的沉淀剂常常可以与金属离子形成配位化合物，这种配位化合物的形成会使已经产生的沉淀发生溶解，所以对于那些能与过量的沉淀剂形成配位化合物的沉淀，尤其不能用过量太多的沉淀剂，而应尽可能在溶液中进行沉淀。

三、沉淀的转化

在含有沉淀的溶液中加入适当试剂使其转化为更难溶的物质的过程叫做沉淀的转化。如在 $CaSO_4$ 的溶液中加入 Na_2CO_3 溶液后，生成比 $CaSO_4$ 更难溶的 $CaCO_3$ 沉淀。

$$CaSO_4 \downarrow + Na_2CO_3 \longrightarrow CaCO_3 \downarrow + Na_2SO_4$$

只要加入足够的 Na_2CO_3，就能使 $CaSO_4$ 全部转化为 $CaCO_3$ 沉淀。

沉淀之间能否发生转化及转化的程度如何，完全取决于两种沉淀的溶度积的相对大小。一般溶度积大的能转化为溶度积小的，而且两者的差别越大，转化越完全。

 思考与练习

一、选择题

1. 设溶液中含有 0.01mol/L I^- 和 0.01mol/L Cl^-，滴入 $AgNO_3$ 溶液后，下列说法中正确的是（　　）。

　　A. AgI 先沉淀　　　B. $AgCl$ 先沉淀　　　C. AgI 和 $AgCl$ 同时产生沉淀

2. 欲使 1.0g BaCO_3 转化为 $BaCrO_4$，需加入多少毫升 $0.10\text{mol/L K}_2CrO_4$ 溶液（　　）。

　　A. 小于 5.3mL　　　B. 不小于 5.3mL　　C. 小于 0.0053mL　　D. 大于 0.0053mL

3. 在混合离子的溶液中，能够先产生沉淀的条件是（　　）。

　　A. 在混合离子的溶液中，离子浓度大的先沉淀

　　B. 在混合离子的溶液中，离子浓度小的先沉淀

　　C. 在混合离子的溶液中，先达到溶度积者先沉淀

　　D. 在混合离子的溶液中，溶解度大的先沉淀

4. 沉淀溶解的必要条件是（　　）。

　　A. $Q_i < K_{sp}$　　　　　　　　　　B. $Q_i > K_{sp}$

　　C. 加入弱电解质　　　　　　　　D. 加入与难溶电解质具有相同离子的盐

二、判断题

1. 欲使溶液中某离子沉淀完全，加入的沉淀剂应该是越多越好。 （ ）

2. 在一定温度下，用水稀释含有 AgCl 固体的溶液时，AgCl 的溶度积常数不变。 （ ）

3. 两种难溶电解质，K_{sp} 大的溶解度一定也大。 （ ）

4. 溶液中若同时含有两种离子都能与沉淀剂发生沉淀反应，则加入沉淀剂总会同时产生两种沉淀。 （ ）

5. 分步沉淀的结果总能使两种溶度积不同的离子通过沉淀反应完全分离开。 （ ）

6. 所谓沉淀完全就是用沉淀剂将溶液中某一离子除净。 （ ）

三、按要求回答问题

1. 解释现象：将 H_2S 通入 $ZnSO_4$ 溶液中，ZnS 沉淀不完全；但如在 $ZnSO_4$ 溶液中先加入 NaAc，再通入 H_2S，则 ZnS 沉淀得很完全。

2. $BaSO_4$ 不溶于盐酸，而 $BaCO_3$ 却可溶于盐酸。

3. 大约 50% 的肾结石是由磷酸钙 $Ca_3(PO_4)_2$ 组成的（$K_{sp}=2.1\times10^{-33}$）。正常尿液中的钙含量每天约为 0.10g Ca^{2+}，正常的排尿量每天为 1.4L。为不使尿中形成 $Ca_3(PO_4)_2$，其中最大的 PO_4^{3-} 浓度不得高于多少？对肾结石患者来说，医生总让其多饮水。你能对其加以简单说明吗？

四、计算题

1. 某溶液中含有 Pb^{2+} 和 Ba^{2+}，其浓度都是 0.01mol/L。若向此溶液逐滴加入 K_2CrO_4 溶液，问哪种金属离子先沉淀？这两种离子有无分离的可能？

2. 某溶液中含有 Ag^+、Pb^{2+}、Ba^{2+}、Sr^{2+}，各种离子浓度均为 0.10mol/L。如果逐滴加入 K_2CrO_4 稀溶液（溶液体积变化略而不计），通过计算说明上述多种离子的铬酸盐开始沉淀的顺序。

📖 **科海拾贝**

沉淀反应在冶金与医学中的应用实例

在实际生产生活中，沉淀反应是一类重要反应。在此，仅就其在冶金和医学中的应用举例说明之。

湿法冶金中常涉及沉淀反应。这里仅介绍铝和镁冶炼中的沉淀反应。

在现代工业和日常生活中，除铁之外，铝是应用最广的金属，也是大家最熟悉的。铝矿石主要是铝矾土——含水合氧化铝 $Al_2O_3 \cdot nH_2O$ 的混合物，其中常含有 Fe_2O_3 和 SiO_2。在电解还原为铝金属之前，必须除去铝矾土中的杂质，方法是采用热的浓 NaOH 溶液与铝矾土反应。

$$SiO_2(固体)+2OH^-(溶液)+2H_2O(液体)\xrightarrow{\triangle}Si(OH)_6^{2-}(溶液)$$

$$Al_2O_3(固体)+2OH^-(溶液)+3H_2O(液体)\xrightarrow{\triangle}2Al(OH)_4^-(溶液)$$

生成可溶性的 $Si(OH)_6^{2-}$ 和 $Al(OH)_4^-$。碱性氧化物 Fe_2O_3 不反应,经过滤后分离开。滤液中通入 CO_2,使 Al_2O_3 沉淀出来。

$$2Al(OH)_4^-+CO_2(气体)\longrightarrow Al_2O_3(固体)+CO_3^{2-}(溶液)+4H_2O(液体)$$

然后过滤分离即得到纯净的 Al_2O_3。

金属镁是重要的轻合金元素之一,镁铝合金用于飞机制造;镁又是生产铀和钛等的重要还原剂。镁除了以菱镁矿($MgCO_3$)等存在于自然界之外,它的另一重要来源是海水和天然卤水。电解氯化镁生产金属镁的第一步是将海水和卤水中的 Mg^{2+} 分离和富集起来。常采用的方法是石灰法,加熟石灰与 Mg^{2+} 反应生成难溶于水的 $Mg(OH)_2$。

$$Mg^{2+}(溶液)+Ca(OH)_2(固体)\longrightarrow Mg(OH)_2(固体)+Ca^{2+}(溶液)$$

然后再将 $Mg(OH)_2$ 转化为能用于电解的 $MgCl_2$。

医学上沉淀反应应用的实例,可以举出钡餐透视和龋齿的防治。

在医疗诊断中,难溶 $BaSO_4$ 被用于消化系统的 X 射线透视中,通常称为钡餐透视。在进行透视之前,患者要吃进 $BaSO_4$(固体)在 Na_2SO_4 溶液中的糊状物,以便 $BaSO_4$ 能到达消化系统。因为 X 射线是不能透过 $BaSO_4$ 的,这样在屏幕上或照片上就能很清楚地将消化系统显现出来。虽然 Ba^{2+} 是有毒的,但是,由于存在同离子效应,$BaSO_4$ 的溶解度非常之小,对患者没有任何危险。

几个世纪以来,龋齿一直困扰着人类。虽然,对龋齿的起因已有了很好的了解,但是绝对防止龋齿仍是不可能的。

牙齿表面有一薄层珐琅质(釉质)层,釉质由难溶的羟基磷酸钙 $Ca_5(PO_4)_3OH$ ($K_{sp}^{\ominus}=6.8\times10^{-37}$)组成。当它溶解时(这个过程叫做脱矿化作用),相关离子进入了唾液。

$$Ca_5(PO_4)_3OH(固体)\longrightarrow 5Ca^{2+}(溶液)+3PO_4^{3-}(溶液)+OH^-(溶液)$$

在正常情况下,这个反应向右进行的程度是很小的。该溶解反应的逆过程叫做再矿化作用,是人体自身的防龋齿过程。

$$5Ca^{2+}(溶液)+3PO_4^{3-}(溶液)+OH^-(溶液)\longrightarrow Ca_5(PO_4)_3OH(固体)$$

在儿童时期,釉质层(矿化作用)生长比脱矿化作用快;而在成年时期,脱矿化与再矿化作用的速率大致是相等的。

进餐之后，口腔中的细菌分解食物产生有机酸，如醋酸（CH_3COOH）、乳酸 [$CH_3CH(OH)COOH$]。特别是像糖果、冰淇淋和含糖饮料这类高糖含量的食物产生的酸最多，因而导致 pH 值减小，促进了牙齿的脱矿化作用。保护性的釉会使牙齿的釉质层组成发生变化，形成的氟磷灰石 $Ca_5(PO_4)_3F$ 是更难溶的化合物，其 $K_{sp}^{\ominus}$ 为 1×10^{-60}；且 F^- 是比 OH^- 更弱的碱，不易与酸反应。从而使牙齿有较强的抗酸能力，以利于防止龋齿。

第八章
配合物

 学习目标

1. 可以正确阐述配位化合物的定义、组成，掌握配合物的命名。
2. 能够举例说明什么是螯合物。
3. 能够独立使用配位化合物稳定常数进行简单的说明。
4. 可以说出生活、生产中配位化合物的应用。

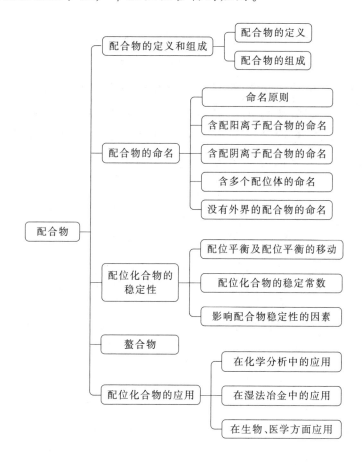

一、配合物的定义和组成

1. 配合物的定义

在一些简单无机化合物的分子中，各元素的原子间都有确定的整数比，符合经典的化合价理论，如 H_2SO_4、$NaOH$、$FeCl_3$ 等。另外，还有许多由简单化合物"加合"而成的物质，例如

$$CuSO_4 + 4NH_3 \longrightarrow [Cu(NH_3)_4]SO_4$$

$$AgCl + 2NH_3 \longrightarrow [Ag(NH_3)_2]Cl$$

在"加合"过程中，没有电子得失和价态的变化，也没有形成共用电子的共价键。所以配合物的形成并不符合经典化合价理论。在这类化合物中，都含有稳定存在的复杂离子，如 $[Cu(NH_3)_4]^{2+}$、$[Ag(NH_3)_2]^+$，这样的离子称为配离子，它是由中心离子（原子）与几个中性分子或阴离子以配位键结合而成的。配位键是一方阳离子或原子存在电子空轨道，而由另一方阴离子或分子单方提供电子对而形成的共价键。含配离子的化合物叫配合物。

2. 配合物的组成

配合物结构较复杂，通常配合物是由配离子和带相反电荷的其他离子所组成的化合物。

配合物分为两个组成部分，即内界和外界，外界和内界以离子键结合。在配合物内，提供电子对的分子或离子称为配位体；接受电子对的离子或原子称为中心离子（原子）。中心离子（原子）与配位体以配位键结合组成配合物的内界，书写化学式时，用 [] 把内界括起来。配合物中的其他离子构成配合物的外界，写在括号外面。

以 $[Cu(NH_3)_4]SO_4$、$K_3[Fe(CN)_6]$ 为例说明如下。

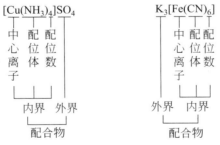

（1）中心离子（原子）　中心离子（原子）是配合物的形成体，是配合物的核心部分，位于配合物的中心位置。中心离子绝大多数是过渡金属阳离子如 Fe^{2+}、Fe^{3+}、Cu^{2+}、Co^{2+}、Ni^{2+}、Zn^{2+} 等，因为过渡金属离子的价电子轨道，能形成配位键。中心离子也可能是一些金属原子或高氧化数的非金属元素。

（2）配位体　指与中心离子（原子）直接相连的分子或离子。能提供配位体

的物质称为配位剂。如下面反应式中的 KI 就是配位剂。

$$HgCl_2 + 4KI \longrightarrow K_2[HgI_4] + 2KCl$$

配位体位于中心离子周围,它可以是中性分子,如 NH_3、H_2O 等,也可以是阴离子,如 Cl^-、CN^-、OH^-、S^{2-} 等。配位体以配位键与中心离子(原子)结合。配位体中与中心离子(原子)直接相连的原子称为配位原子。如 NH_3 中的 N 原子,H_2O 中的 O 原子,CO 中的 C 原子等。一般常见的配位原子主要是周期表中电负性较大的非金属原子,如 F、Cl、Br、I、O、N、S、P、C 等。

根据配位体所含配位原子的数目不同,可分为单齿配位体和多齿配位体。单齿配位体只含有一个配位原子,如 X^-、NH_3、H_2O、CN^- 等。多齿配位体中含有两个或两个以上的配位原子,如乙二胺、$C_2O_4^{2-}$、EDTA 等。

(3)配位数   直接和中心离子(原子)相连的配位原子总数称该中心离子(原子)的配位数。计算中心离子的配位数时,如果配位体是单齿的,配位体的数目就是该中心离子(原子)的配位数,配位体的数目和配位数相等。如果配位体是多齿的,配位体的数目就不等于中心离子(原子)的配位数,如配离子 $[Ni(NH_2CH_2CH_2NH_2)_2]^{2+}$ 中,乙二胺(简写为 en)是双齿配位体,Ni^{2+} 的配位数是 4 而不是 2。

(4)配离子的电荷   配离子的电荷数等于中心离子和配位体总电荷的代数和。如在 $[Fe(CN)_6]^{4-}$ 中,由于中心离子 Fe^{2+} 带 2 个单位正电荷,配位体共有 6 个 CN^-,每一个 CN^- 带 1 个单位负电荷,所以配离子 $[Fe(CN)_6]^{4-}$ 带 4 个单位负电荷。配离子的电荷数还可根据外界离子的电荷总数和配离子的电荷总数相等而符号相反这一原则来推断。如在 $K_4[Fe(CN)_6]$ 中,外界由 4 个 K^+ 构成,可推断出配离子带 4 个单位负电荷。配离子有的带正电荷有的带负电荷,带正电荷的配离子叫配阳离子,如 $[Cu(NH_3)_4]^{2+}$、$[Ag(NH_3)_2]^+$ 等,带负电荷的配离子叫配阴离子,如 $[FeF_6]^{3-}$、$[Ag(CN)_2]^-$ 等。还有一些配离子不带电荷,它本身构成配合物,如 $[Fe(CO)_5]$、$[Co(NO_2)_3(NH_3)_3]$ 等。

二、配合物的命名

配合物的结构组成较复杂,它不能再按一般简单的无机物命名,它的命名方法如下。

1. 命名原则

① 配位体名称列在中心原子之前,配位体的数目用一、二、三、四等数字表示。

② 不同配位体名称之间以居中圆点"·"分开。

③ 配位体与中心离子之间用"合"字连接,即在最后一个配位体名称之后

缀以"合"字。

　　④ 中心离子后用罗马数字标明氧化数，并加括号。

2. 含配阳离子配合物的命名

命名顺序为外界阴离子—配位体—中心离子，与无机盐的命名相似。例如

$[Cu(NH_3)_4]SO_4$　　　　　　　硫酸四氨合铜（Ⅱ）

$[Ag(NH_3)_2]Cl$　　　　　　　　氯化二氨合银（Ⅰ）

$[Pt(NH_3)_6]Cl_4$　　　　　　　四氯化六氨合铂（Ⅳ）

3. 含配阴离子配合物的命名

命名顺序为配位体—中心离子—外界阳离子，外界与配离子用酸字连接。例如

$K_3[Fe(CN)_6]$　　　　　　　　六氰合铁（Ⅲ）酸钾

$Na_3[Ag(S_2O_3)_2]$　　　　　　二硫代硫酸合银（Ⅰ）酸钠

$H_2[SiF_6]$　　　　　　　　　　六氟合硅（Ⅳ）酸

4. 含多个配位体配合物的命名

　　配位体的命名顺序为先读阴离子后读中性分子，同类配位体中按配位原子元素符号的英文字母顺序排列。无机配位体与有机配位体，无机配位体排在前面，有机配位体排在后面。例如

$K[Pt(NH_3)Cl_5]$　　　　　　　五氯·一氨合铂（Ⅳ）酸钾

$[Co(NH_3)_5(H_2O)]Cl_3$　　　　三氯化五氨·一水合钴（Ⅲ）

$[CoCl_2(en)_2]Cl$　　　　　　　氯化二氯·二乙胺合钴（Ⅲ）

5. 没有外界的配合物的命名

命名方法与配离子的命名相同。

$[Ni(CO)_4]$　　　　　　　　　　四羰基合镍

$[CoCl_3(NH_3)_3]$　　　　　　　三氯·三氨合钴（Ⅲ）

$[PtCl_4(NH_3)_2]$　　　　　　　四氯·二氨合铂（Ⅳ）

三、配合物的稳定性

　　在配合物中，配合物的外界和配离子是以离子键结合的，与强电解质相似，配合物在水溶液中完全电离为配离子和外界离子。而在配离子中，中心离子和配位体是以配位键相结合的，比较稳定，一般仅部分发生解离。配合物的稳定性指的是配离子或配分子在溶液中解离为水合金属离子和配位体的程度。

　　配位平衡及配位平衡的移动，可由以下实验说明。

　　【演示实验 8-1】　在 2 支试管中分别加入制备好的 $[Cu(NH_3)_4]SO_4$ 溶液各 1mL，在一支试管中滴入 3mol/L NaOH 溶液，在另一试管中滴入 3mol/L Na_2S 溶液。

可以观察到加入 NaOH 溶液的试管里没有沉淀生成，说明溶液中 Cu^{2+} 很少，不能生成 $Cu(OH)_2$ 沉淀；加入 Na_2S 溶液的试管里有黑色沉淀生成，并嗅到有氨的气味。这说明 $[Cu(NH_3)_4]^{2+}$ 有微弱的解离，解离出少量 Cu^{2+} 及 NH_3。类似于弱电解质的电离平衡，其解离平衡式为

$$[Cu(NH_3)_4]^{2+} \underset{配合}{\overset{解离}{\rightleftharpoons}} Cu^{2+} + 4NH_3$$

当加入 S^{2-} 时，由于生成了溶解度更小的 CuS 沉淀，使平衡发生了移动。像这种在一定条件下配离子与中心离子、配位体之间在水溶液中建立的平衡就是配位平衡。

配位平衡和其他化学平衡一样，是有条件的，一旦外界条件发生改变，平衡就会发生移动。当溶液的酸碱性发生变化，或有沉淀生成、有氧化还原反应发生、有更稳定配离子的生成，都会使配位平衡发生移动。

上述平衡，也存在平衡常数，称为配合物的配合常数，也称为稳定常数，用 $K_{稳}^{\ominus}$ 表示。其表达式为

$$K_{配合}^{\ominus} = K_{稳}^{\ominus} = \frac{[Cu(NH_3)_4]^{2+}}{[Cu^{2+}][NH_3]^4}$$

不同的配合物具有不同的稳定常数。配合物的稳定常数是配合物的特征常数，同类型（配位体数相同）的配合物，$K_{稳}^{\ominus}$ 越大，生成配合物的趋势越大，配合物就越稳定。要注意不同类型（配位体数目的不同）的化合物，不能直接比较它们的稳定性。

同样，配位平衡常数还有另一种形式，称为配合物的解离常数，也称为不稳定常数，用 $K_{不稳}^{\ominus}$ 表示。其表达式为

$$K_{解离}^{\ominus} = K_{不稳}^{\ominus} = \frac{[Cu^{2+}][NH_3]^4}{[Cu(NH_3)_4]^{2+}}$$

$K_{不稳}^{\ominus}$ 越大，表示配合物越不稳定，越容易解离，利用 $K_{不稳}^{\ominus}$ 可以比较同类型（配位体数相同）的配合物在水溶液中的不稳定性。

从上面式子可以看出稳定常数和不稳定常数互为倒数。

$$K_{稳}^{\ominus} = \frac{1}{K_{不稳}^{\ominus}}$$

配合物稳定性受温度、压力、溶剂等因素的影响，但主要是由中心离子和配位体的性质决定。

四、螯合物

由多齿配位体和中心离子形成的具有环状结构的配合物称螯合物，又称为内配合物。"螯"字形象地说明这类配合物中配位体提供的配位原子将中心原子钳

住，形成多原子组成的螯环结构，所以螯合物比一般配合物稳定得多，难于分解和离解。与中心离子形成螯合物的配体称为螯合剂。最常见的螯合剂是一些胺、羧酸类的化合物。如乙二胺四乙酸和它的二钠盐，是化学上应用最广的螯合剂，可简写为 EDTA。

环状结构是螯合物的特征，螯合物中的环一般是五元环或六元环。螯合物中环数越多，其稳定性越强。在 EDTA 的分子中，可提供六个配位原子，与中心离子结合成六配位、五个五元环的螯合物。有些金属离子与螯合剂形成具有特殊颜色的螯合物，可用于金属离子的鉴别和测定。

五、配合物的应用

1. 在分析化学中的应用

（1）离子鉴定　在定性分析中，广泛应用形成配合物的方法进行离子鉴定。

如
$$Cu^{2+} + 4NH_3 \longrightarrow [Cu(NH_3)_4]^{2+}$$
（蓝色）　　　　　　　　（深蓝色）

$$Fe^{3+} + 6SCN^- \longrightarrow [Fe(SCN)_6]^{3-}$$
（淡黄色）　　　　　　　（血红色）

所以氨水和硫氰酸盐分别可用来鉴定 Cu^{2+} 和 Fe^{3+}，它们分别是鉴定 Cu^{2+} 和 Fe^{3+} 的特效试剂。

配合物本身也可以作为一种特效试剂鉴定一些离子。如

$$3Fe^{2+} + 2[Fe(CN)_6]^{3-} \longrightarrow Fe_3[Fe(CN)_6]_2 \downarrow$$
（浅绿色）　　　　　　　　　　　（滕氏蓝）

（2）测定物质含量　溶液中 Fe^{3+} 含量不同，与 SCN^- 形成血红色颜色的深浅也不同，根据其颜色进行比色可以测定 Fe^{3+} 的含量。用 EDTA 作配位剂，采用直接滴定方法或返滴定方法可以测定 Ca^{2+}、Mg^{2+}、Al^{3+}、Fe^{3+} 等的含量。

（3）掩蔽干扰离子　当溶液中有多种金属离子共存时，要测定其中某种金属离子，其他离子往往可能发生类似反应而干扰测定。如在含有 Co^{2+} 和 Fe^{3+} 的混合溶液中用 KSCN 进行 Co^{2+} 鉴定，Fe^{3+} 干扰严重，影响了对 Co^{2+} 的鉴定。

$$Co^{2+} + 4SCN^- \longrightarrow [Co(SCN)_4]^{2-}$$
（粉红色）　　　　　　　（宝石蓝色）

$$Fe^{3+} + 6SCN^- \longrightarrow [Fe(SCN)_6]^{3-}$$
（淡黄色）　　　　　　　（血红色）

如果先在溶液中加入足够量的 NaF，使 Fe^{3+} 生成无色的稳定性较高的 $[FeF_6]^{3-}$，就排除了 Fe^{3+} 的干扰。这种防止干扰的作用称掩蔽效应，所用的配位剂称掩蔽剂。

（4）物质分离　如果有 $BaSO_4$ 与 $AgCl$ 的混合物体系，为了使两种物质分离，可加入浓 $NH_3 \cdot H_2O$，$AgCl$ 溶解于浓 $NH_3 \cdot H_2O$ 中形成 $[Ag(NH_3)_2]^+$，而 $BaSO_4$ 不溶，从而达到分离目的。这种分离方法在稀有元素的分离中有十分重要的意义。

2. 在湿法冶金中的应用

湿法冶金就是在水溶液中直接从矿石中将金属化合物浸取出来，然后再进一步还原为金属的过程。湿法冶金比火法冶金更经济、更简单，广泛用于从矿石中提取稀有金属。在湿法冶金中配合物的形成起着重要的作用，如金的冶炼。

$$4Au + 8CN^- + 2H_2O + O_2 \longrightarrow 4[Au(CN)_2]^- + 4OH^-$$

利用该法，可从含金很低的矿石中将金基本上浸取完全。然后将含有 $[Au(CN)_2]^-$ 的溶液用锌还原成单质金。

$$Zn + 2[Au(CN)_2]^- \longrightarrow 2Au + [Zn(CN)_4]^{2-}$$

3. 在生物、医药方面的应用

配合物在生物化学上具有重要的作用，如人体中的血红素就是典型的配合物。氧以血红蛋白配合物的形式，被红细胞吸收。血红蛋白担负输送氧的任务。某些分子或阴离子，如 CO 和 CN^- 等能与血红蛋白形成比血红蛋白与氧气的结合物更为稳定的配合物，使血红蛋白不能再输送氧，造成人体组织缺氧而中毒。

在医药上，一些水溶性大、抗癌能力强的广谱抗癌配合物，正在逐渐地用于临床治疗。如顺式二氯·二氨合铂（Ⅱ），就有抑制某些癌的作用，临床效果很好。

除上述领域外，配合物还在配位催化、电镀工业、制革工业、食品工业、环境保护等方面有重要用途。

 思考与练习

一、选择题

1. 下列物质不是配合物的是（　　　）。

    A. $CuSO_4 \cdot 5H_2O$ B. $KAl(SO_4)_2 \cdot 12H_2O$

    C. Na_3AlF_6 D. $[Cu(NH_3)_4]SO_4$

2. 下列配合物命名错误的是（　　　）。

    A. $Na_2[SiF_6]$ 六氟合硅（Ⅳ）酸钠   B. $[Cu(NH_3)_4]Cl_2$ 二氯化四氨合铜（Ⅱ）

    C. $[Pt(NH_3)_2Cl_2]$ 二氯二氨合铂（Ⅱ）   D. $K_3[Fe(CN)_6]$ 六氰合铁（Ⅱ）酸钾

二、问答题

1. 什么是配合物？它由哪些部分组成？

2. 什么是单齿配位体、多齿配位体？

3. 配合物的命名原则有哪些？

4. 什么是螯合物？

5. 配合物在分析化学上有哪些应用？

三、按要求完成下列各题

1. 写出下列配合物的化学式。

（1）六氯合铂（Ⅳ）酸钾

（2）硝酸四氨合铜（Ⅱ）

（3）二硫代硫酸合银（Ⅰ）酸钠

（4）四硫氰酸合汞（Ⅱ）酸钙

（5）四氰合镍（Ⅱ）酸钾

2. 二价铜的配位数为4，分别写出它与氨的配离子和与氰的配离子的离子式。并根据配离子所带电荷的符号和数量，各写出一个配合物的分子式。

3. $AgNO_3$ 能从 $Pt(NH_3)_6Cl_4$ 溶液中将所有的氯沉淀为 $AgCl$，在 $Pt(NH_3)_3Cl_4$ 溶液中只能沉淀出 1/4 的氯，试写出这两种配合物的化学式并命名。

4. 完成下表。

配合物	中心离子	配位体	配位数	配离子电荷数	名称
$[Ag(NH_3)_2]Cl$					
$[Co(NH_3)_2]Cl_3$					
$K_3[AlF_6]$					
$Na_2[HgI_4]$					
$K_3[Cu(CN)_4]$					
$K_4[Fe(CN)_6]$					

四、计算题

有一配合物，其组成（质量分数）为氧 24.19%，硫 12.12%，氮 10.58%，氢 2.28%，铜 24.02%，氯 26.81%。在配合物的水溶液中加入 $AgNO_3$ 溶液不产生白色沉淀，但加入 $BaCl_2$ 溶液生成白色的沉淀。它与稀碱也不反应。若其摩尔质量为 264.58g/mol，试写出该配合物的化学式。

 科海拾贝

普鲁士蓝的来历

普鲁士蓝是一种古老的蓝色染料，也是用来上釉和画油画的颜料。

18 世纪有一个名叫狄斯巴赫的德国人，他是制造和使用涂料的工人，因此对各种有颜色的物质都感兴趣，总想用便宜的原料制造出性能良好的涂料。

有一次，狄斯巴赫将草木灰和牛血混合在一起进行焙烧，再用水浸取焙烧后的物质，过滤掉不溶解的物质以后，得到清亮的溶液，把溶液蒸浓以后，便析出一种黄色的晶体。当狄斯巴赫将这种黄色晶体放进三氯化铁的溶液中，便产生了一种颜色很鲜艳的蓝色沉淀。狄斯巴赫经过进一步的试验，这种蓝色沉淀竟然是一种性能优良的涂料。

狄斯巴赫的老板是个唯利是图的商人，他感到这是一个赚钱的好机会。于是，他对这种涂料的生产方法严格保密，并为这种颜料起了个令人捉摸不透的名称普鲁士蓝，以便高价出售这种涂料。

直到 20 年以后，一些化学家才了解普鲁士蓝是什么物质，也掌握了它的生产方法。原来，草木灰中含有碳酸钾，牛血中含有碳和氮两种元素，这些物质发生反应，便可得到亚铁氰化钾，它便是狄斯巴赫得到的黄色晶体，由于它是从牛血中制得的，又是黄色晶体，因此更多的人称它为黄血盐。它与三氯化铁反应后，得到亚铁氰化铁，也就是普鲁士蓝。

第九章
烃

学习目标

1. 复述有机化合物的定义和五个结构特点。

2. 举例说明有机化合物的分类。

3. 归纳甲烷、乙烯、乙炔、苯的主要物理性质、化学性质及其在生产和生活中的重要用途，能够举一反三。

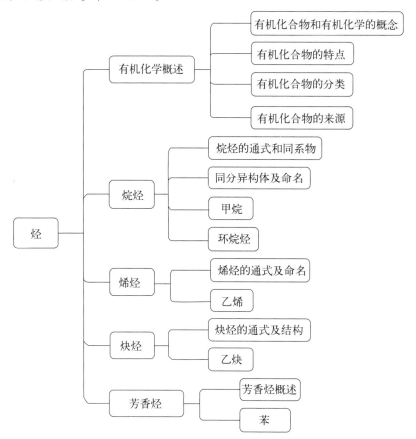

烃是有机化合物的一类。那么，什么是有机化合物呢？需要我们首先介绍一下。

第一节　有机化学概述

一、有机化合物的概念

有机化合物与我们的衣、食、住、行息息相关。从前人们认为来源于动物和植物的物质是有生物机能的，故叫做有机物，而把从无生命的矿物中得到的物质叫做无机物。有机物就是有机化合物，因为有机物没有单质。实际上有机化合物不一定都来自有机体，也可以以无机物为原料，在实验室中人工合成出来。如1828年，德国化学家武勒就用氰酸铵制得了尿素；我国于1965年在世界上第一个成功合成了具有生物活性的蛋白质——牛胰岛素等。我国著名科学家屠呦呦从黄花蒿茎叶中提取了有机化合物——青蒿素，是目前治疗疟疾耐药性效果最好的药物，她也因此获得2015年诺贝尔奖。

大量的研究证明，所有的有机化合物中都含有碳元素，绝大多数有机化合物中含有氢元素，许多有机化合物除含碳、氢元素外，还含有氧、氮、硫、磷和卤素等。所以，现在有人把有机化合物定义为碳氢化合物及其衍生物，即碳氢化合物中的一个或几个氢原子被其他原子或原子团取代后得到的化合物。但是，含碳的化合物不一定都是有机化合物，如一氧化碳、二氧化碳、碳酸盐及金属氰化物等，由于它们的结构简单且性质与无机化合物相似，因此习惯上仍把它们放在无机化学中讨论。

研究有机化合物的化学叫做有机化学，它主要研究有机化合物的组成、结构、性质，相互之间的转化关系以及来源和用途。

二、有机化合物的特点

1. 结构特点

（1）碳原子是四价的　碳原子最外层有四个价电子，它不仅能与电负性较小的氢原子结合，也能与电负性较大的氧、硫、卤素、氮等元素形成四个化学键。

（2）碳原子与其他原子以共价键相结合　碳原子与其他原子结合成键时，既不易得到电子，也不易失去电子，而是以共价键相结合。每个碳原子不仅能与其他原子形成共价键，而且碳原子与碳原子之间也能相互形成共价键。不仅可以形成单键，还可以形成双键或三键，多个碳原子可以相互连接形成长长的碳链，也可以形成碳环。

（3）分子中的原子是按一定次序和方式相连接的　有机化合物分子中的原子是按一定的顺序和方式相连接的，在书写时一定要注意。分子中原子间的排列顺序和连接方式叫做分子的构造，表示分子构造的式子叫做构造式。

（4）构造式的表达式

① 结构式（短线式）。用一条短线代表一个共价键，双键或三键则以两条或三条短线相连。如

乙烷　　　　　　　　乙烯　　　　　　　　乙炔

② 结构简式（缩简式）。省略结构式中代表单键的短线。如

$CH_3 CH_3$　　　　$CH_2{=}CH_2$　　　　$CH{\equiv}CH$　　　　$\begin{array}{c}CH_2{-}CH_2\\ |\qquad\ |\\ CH_2{-}CH_2\end{array}$

乙烷　　　　　乙烯　　　　　乙炔　　　　环丁烷

③ 键线式。不写出碳原子和氢原子，用短线代表碳碳键，短线的连接点和端点代表碳原子。如

环丁烷　　　环戊烯

（5）同分异构现象　分子式相同而构造式不同的化合物称为同分异构体，这种现象称为同分异构现象。如

$CH_3{-}CH_2{-}CH_2{-}CH_2{-}CH_3$　　　$\begin{array}{c}CH_3{-}CH{-}CH_2{-}CH_3\\ |\\ CH_3\end{array}$　　　$\begin{array}{c}\ \ \ CH_3\\ |\\ CH_3{-}C{-}CH_3\\ |\\ CH_3\end{array}$

它们的分子式都是 C_5H_{12}，但由于碳原子的排列次序和方式不同，产生了不同的构造式，具有不同的性质，是不同的化合物。同分异构现象的普遍存在，是有机化合物数目繁多（至今已达 1000 万种以上）的一个主要原因。

2. 性质特点

（1）熔点、沸点较低，热稳定性差　有机化合物的熔点通常比无机化合物要低。有机物在常温下通常为气体、液体或低熔点的固体，其熔点多在 400℃ 以下，如冰醋酸的熔点为 16.6℃。而无机物很多是固体，其熔点高得多，如氯化钠的熔点为 808℃。同样，液体有机化合物的沸点也比较低。与典型的无机化合物相比，有机化合物一般对热不稳定，有的甚至在常温下就能分解；有的虽在常温下稳定，但一放在坩埚中加热，即炭化变黑。由于有机物的熔点、沸点都较低，又比较容易测定，且纯的有机物有固定的熔点，含有杂质时熔点一般会降低，因此，可以利用测定熔点来鉴别固体有机物或检验其纯度。

（2）易于燃烧　绝大多数有机物都能燃烧，如天然气、液化石油气、酒精、

汽油等，燃烧时放出大量的热，最后产物是二氧化碳和水。大多数无机化合物则不易燃烧，也不能燃尽，故常利用这一性质来初步鉴别有机物和无机物。当然这一性质也有例外，有的有机物不易燃烧，甚至可以作灭火剂，如 CF_2ClBr、CF_3Br、CCl_4 等。

（3）难溶于水，易溶于有机溶剂　绝大多数有机化合物都难溶于水，而易溶于有机溶剂，但是，当有机化合物分子中含有能够和水形成氢键的羟基（如乙醇）、羧基（如醋酸）、氨基、磺酸基时，该有机化合物也可能溶于水。这就是"相似相溶"规则。

（4）反应速率慢，副反应多　由于有机化合物的反应一般为分子之间（而不是离子之间）的反应，反应速率决定于分子之间有效的碰撞，所以比较慢，为了增加有机反应的速率，往往需要采取加热、加压、振荡或搅拌，以及使用催化剂等方法。且有机反应的产率较低，在主要反应的同时，还常伴随着副反应。因此，在有机反应中，一定要选择适当的试剂，控制适宜的反应条件，尽可能减少副反应的发生，有效地提高产率。

三、有机化合物的分类

有机化合物种类繁多，数目庞大，为了系统地进行学习和研究，对有机化合物进行科学分类是非常必要的。常用的分类方法有两种，一种是按有机化合物的碳原子连接方式（碳骨架）分类，另一种是按决定分子的主要化学性质的原子或基团（官能团）来分类。

1. 按碳骨架分类

根据组成有机化合物的碳架不同，可将其分为三类。

（1）开链化合物（脂肪族化合物）　这类化合物的共同特点是分子中的碳原子相互连接成链状。开链化合物最早是从动植物油脂中获得的，所以又称为脂肪族化合物。如

$$CH_3-CH_2-CH_3 \qquad CH_2=CH-CH_3 \qquad CH_3-CH_2-OH$$
$$\text{丙烷} \qquad\qquad\qquad \text{丙烯} \qquad\qquad\qquad \text{乙醇}$$

（2）碳环化合物　这类化合物的共同特点是碳原子间互相连接成环状。按性质不同，它们又分为两类。

① 脂环族化合物。分子中的碳原子连接成环，性质与脂肪族相似的一类化合物。如

环戊烷　　　　环己烯　　　　环己醇

② 芳香族化合物。这类化合物中都含有由六个碳原子组成的苯环，且性质与脂肪族和脂环族化合物不同。由于这类化合物最初是从具有芳香味的香树脂中发现的，故又叫芳香族化合物。如

苯　　　甲苯　　　　苯酚　　　　　萘

（3）杂环化合物　这类化合物的共同特点是，在它们的分子中也具有环状结构，但在环中除碳原子外，还有其他原子（如氧、硫、氮等），故称为杂环。如

呋喃　　　噻吩　　　吡啶

2. 按官能团分类

根据 IUPAC《有机化合物命名原则（2017）》（CCS2017）的定义，官能团是指有机化合物分子中那些特别容易发生反应的、决定有机化合物主要性质的原子或基团，也叫特性基团。一般来说，含有相同官能团的化合物，性质也相似，所以将它们归为一类，便于学习和研究。一些常见的重要官能团见表 9-1。

表 9-1　一些常见的重要官能团

官　能　团	名　　称	官　能　团	名　　称
—C=C—	双键	$\overset{O}{\underset{\|}{—C}}$	羰基
—C≡C—	三键	$\overset{O}{\underset{\|}{—C}}$—OH	羧基
—X(F,Cl,Br,I)	卤原子	—CN	氰基
—OH	羟基	NO₂	硝基
—O—	醚键	—NH₂	氨基
$\overset{O}{\underset{\|}{—C}}$—H	醛基	—SO₃H	磺酸基

四、有机化合物的来源

有机化合物的主要来源是煤、石油、天然气等。

（1）煤　煤是蕴藏在地层下的可燃性固体，主要由深埋在地下的各地质时代的植物，经长期煤化作用而形成，其主要成分为碳及少量的氢、氮、硫、磷等。依碳化程度将煤分为无烟煤（含碳量 85%～95%）、烟煤（含碳量 70%～85%）、褐煤（含碳量 60%～70%）、泥煤（含碳量 50%～60%）。煤干馏（隔绝空气加强热 950～1050℃ 的过程）后可得到甲烷、乙烯、苯、甲苯、二甲苯、萘、蒽、酚类、杂环类化合物及沥青等有机物。

（2）石油　石油是蕴藏在地层内的可燃烧黏稠液体，一般为黑色或深褐色，也称原油。主要成分是烃类的混合物，此外，还有少量含氢、氮、硫的有机化合物。将原油分段蒸馏会得到不同成分、不同用途的有机物，见表9-2。

表9-2　原油分段蒸馏产物

成分	组成	分馏温度/℃	用途
石油气	$C_1 \sim C_4$	20 以下	燃料
石油醚	$C_5 \sim C_6$	20～60	有机溶剂
汽油	$C_6 \sim C_9$	60～200	汽车燃料、有机溶剂
煤油	$C_{10} \sim C_{16}$	175～300	柴油机、喷气燃料
柴油	$C_{15} \sim C_{20}$	250～400	柴油机燃料
蜡油	$C_{18} \sim C_{22}$	>300	润滑油、蜡纸
残留物	$C_{18} \sim C_{40}$		沥青

一般家庭用的液化石油气是石油分馏的产物，主要成分为丙烷和丁烷，其他为较低沸点的烃类。

（3）天然气　天然气是蕴藏在地层内的可燃烧气体。可分为干气和湿气两种。干气的主要成分是甲烷；湿气的主要成分除甲烷外，还含有乙烷、丙烷和丁烷等低度烷烃。天然气主要用作气体燃料，也可用作化工原料。

 思考与练习

一、判断题

1. 有机物分子中都含有碳元素，所以凡是含有碳元素的化合物都属于有机物。　（　　）
2. 有机物都很容易燃烧。　（　　）
3. 凡是有机物反应都较缓慢。　（　　）
4. 有机化合物都难溶于水，而易溶于有机溶剂。　（　　）
5. 有机化合物的主要来源是煤、石油、天然气等。　（　　）

二、问答题

1. 有机化合物的定义是什么？它们有哪些特点？
2. 有机化合物按官能团分类可分为哪些？

第二节　烷　烃

只有碳和氢两种元素组成的有机化合物叫做烃。开链的碳氢化合物叫做脂肪烃。在脂肪烃分子中，只有 C—C 单键和 C—H 单键的叫做烷烃，也叫石蜡烃。由于烷烃分子中碳的四价达到饱和，所以烷烃又叫饱和烃。

烷烃是最简单和最基本的一类有机化合物。在一定条件下，烷烃可以转变成一系列其他的化合物。因此，我们学习有机化学首先从烷烃开始，了解烷烃的结构和性质以后，将有助于学习其他各类有机化合物。

一、烷烃的通式和同系物

在烷烃分子中，碳原子和氢原子之间的数量关系是一定的。例如

烷烃	构造式	碳原子数目	氢原子数目
甲烷	$H-\underset{\underset{H}{\overset{\displaystyle H}{|}}}{\overset{\displaystyle H}{\underset{|}{C}}}-H$	1	4
乙烷	$H-\underset{\underset{H}{|}}{\overset{\displaystyle H}{|}}C-\underset{\underset{H}{|}}{\overset{\displaystyle H}{|}}C-H$	2	6
丙烷	$H-C-C-C-H$	3	8

由上面所列的构造式和数字不难看出，从甲烷开始，每增加一个碳原子，就相应增加两个氢原子，碳原子与氢原子之间的数量关系为 C_nH_{2n+2}（n 为碳原子数目），这个式子就是烷烃的通式。从上面列举的 3 种烷烃可以看出，任何两个烷烃的分子式之间都相差整数个 CH_2。这些具有同一通式、结构和性质相似、相互间相差整数个 CH_2 的一系列化合物称为同系列。同系列中的各个化合物称为同系物。相邻同系物之间的差叫做系差。同系物一般具有相似的化学性质。在有机化合物中，同系列现象是普遍存在的。

二、烷烃的同分异构体及命名

1. 烷烃的同分异构体

烷烃的同分异构现象是由于分子中碳原子的排列方式不同而引起的，所以烷烃的同分异构又叫做构造异构。甲烷、乙烷、丙烷分子中的碳原子只有 1 种排列方式，所以没有构造异构体。丁烷的分子中有 4 个碳原子，它们可以有 2 种排列方式，所以有 2 种异构体，一种是直链的，另一种是带支链的。戊烷分子中有 5 个碳原子，它们可以有 3 种排列方式，所以有 3 种异构体，它们的构造式如下。

$$CH_3-CH_2-CH_2-CH_2-CH_3$$

$$CH_3-\underset{\underset{CH_3}{|}}{CH}-CH_2-CH_3 \qquad CH_3-\underset{\underset{CH_3}{|}}{\overset{\overset{CH_3}{|}}{C}}-CH_3$$

烷烃分子中，随碳原子数目的增加，构造异构体的数目迅速增加（见表 9-3）。

表 9-3　部分烷烃构造异构体的数目

烷烃	构造异构体数	烷烃	构造异构体数
丁烷	2	壬烷	35
戊烷	3	癸烷	75
己烷	5	十一烷	159
庚烷	9	二十烷	36 万多种
辛烷	18		

烷烃的异构体可以按一定的步骤推导写出。例如，己烷的异构体推导步骤如下。

① 先写出最长的碳直链（为方便起见，可只写出碳原子）。

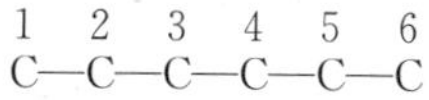

$$
\overset{1}{C}-\overset{2}{C}-\overset{3}{C}-\overset{4}{C}-\overset{5}{C}-\overset{6}{C}
$$

② 写出少一个碳原子的直链，把这一直链作为主链。剩余的一个碳原子作为支链连在主链中可能的位置上。

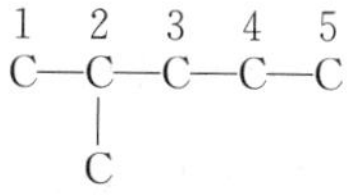

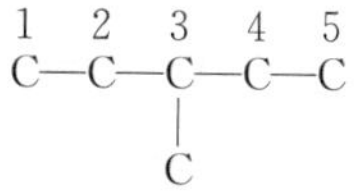

注意：支链不能连在端点的碳原子上，因为那样相当于又接长了主链；也不能连在可能出现重复的碳原子上，例如，上式中支链若连在 C-4 上就与连在 C-2 上的构造式相同了。

③ 写出少两个碳原子的直链作为主链，把剩余的两个碳原子作为一个或两个支链连在主链中可能的位置上，两个支链可以连在主链中不同的碳原子上，也可以连在同一碳原子上。

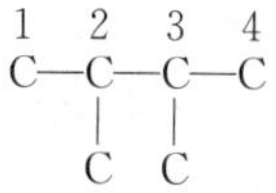

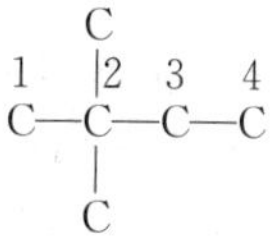

由于上式主链中只有 4 个碳原子，若将 2 个碳原子作为 1 个支链连在主链上，相当于又接长了主链，所以在这里，就不能将 2 个碳原子作为 1 个支链连在主链上了。

若碳原子数目较多，可依次类推。如写出少 3 个碳原子的直链作为主链，将剩余的 3 个碳原子作为 1 个、2 个、3 个支链连在主链中可能的位置上……这样就可以推导出烷烃所有可能存在的异构体。

最后，补写上氢原子。如己烷的 5 个异构体为

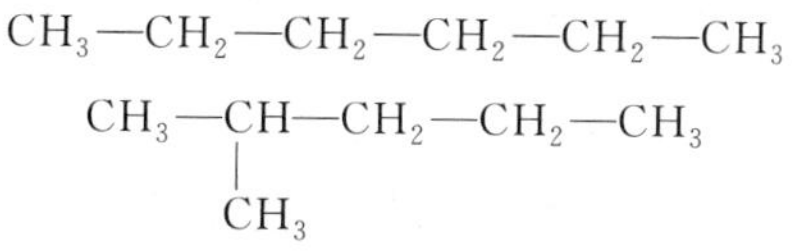

$$
CH_3-CH_2-CH_2-CH_2-CH_2-CH_3
$$

$$
CH_3-CH-CH_2-CH_2-CH_3 \\
\qquad\ \ |\ \ \\
\qquad\ \ CH_3
$$

$$CH_3-CH_2-CH-CH_2-CH_3$$
$$|$$
$$CH_3$$

$$CH_3-CH-CH-CH_3$$
$$|\quad\;\;|$$
$$CH_3\;CH_3$$

$$CH_3$$
$$|$$
$$CH_3-C-CH_2-CH_3$$
$$|$$
$$CH_3$$

2. 烷烃的命名

从烷烃分子中去掉一个氢原子后所得到的基团叫做烷基，通式为 C_nH_{2n+1}，常用 R—表示。如甲烷 CH_4 去掉一个氢原子后得到甲基 CH_3-，乙烷 CH_3-CH_3 去掉一个氢原子后得到乙基 CH_3-CH_2- 等。

（1）习惯命名法　烷烃的习惯命名法（也称普通命名法）是根据分子中碳原子的数目称为"某烷"。其中，碳原子数从 1 到 10 的烷烃用天干甲、乙、丙、丁、戊、己、庚、辛、壬、癸表示，碳原子数在 10 以上时，用中文数字十一、十二、十三……表示。为了区别同分异构体，通常在直链烷烃的名称前加"正"字；在链端第二个碳原子上有一个—CH_3 的烷烃名称前加"异"字。例如

$$CH_3-CH_2-CH_2-CH_2-CH_3 \qquad 正戊烷$$

$$CH_3-CH-CH_2-CH_3 \qquad 异戊烷$$
$$|$$
$$CH_3$$

习惯命名法简单方便，但只适用于结构比较简单的烷烃，难以命名碳原子数较多、结构较复杂的烷烃。

（2）系统命名法　由于习惯命名法在使用中存在较大的局限性，所以人们更多使用系统命名法。它是采用国际上通用的 IUPAC（国际纯粹与应用化学联合会）命名原则，结合我国的文字特点制定出来的命名方法。我国常用的是 1980 年制定的《有机化学命名原则（1980）》（CCS1980）。随着 IUPAC 对命名的不断更新，中国化学会有机化合物命名审定委员会也对现行规则进行了修订，并于 2017 年 12 月 20 日正式发布了《有机化合物命名原则（2017）》（CCS2017）。鉴于目前尚处于两种规则并行阶段，本书仅对 CCS2017 新规作一介绍，供读者选择性了解。当两种命名都标出时，分别在两种名称前加"CCS2017"和"CCS1980"予以标明。本书中如无特殊说明，依然沿用"CCS1980"规则。

① 直链烷烃的命名。系统命名法对于直链烷烃的命名与普通命名法基本相同，只是把"正"字去掉。例如 $CH_3-CH_2-CH_2-CH_2-CH_2-CH_3$，习惯命名法称正己烷，系统命名法称己烷。

② 支链烷烃的命名。对于带支链的烷烃则看成是直链烷烃的烷基衍生物，

按照下列步骤和规则进行命名。

a. 选取主链作为母体。选择一个带支链最多的最长碳链即主链作为母体，支链作为取代基。按照主链中所含的碳原子数目称为某烷，作为母体名称。

b. 给主链碳原子编号。为标明支链在主链中的位置，需要将主链上的碳原子编号。编号应从靠近支链的一端开始。当碳链两端相应的位置上都有支链时，编号应遵守最低序列规则。即顺次逐项比较第二个、第三个……支链所在的位次，以位次最低者为最低序列。

c. 写出烷烃的名称。按照取代基的位次（用阿拉伯数字表示）、相同基的数目（用中文数字表示）、取代基的名称、母体名称的顺序，写出烷烃的全称。注意阿拉伯数字之间需用“，”隔开，阿拉伯数字与文字之间需用半字线“-”隔开。

d. 当分子中含有不同支链时，写名称时将优先基团排在后面，靠近母体名称。按 CCS1980 规则，是根据立体化学次序规则，将取代基由小到大依次排列。但新修订的 CCS2017 规则是按 IUPAC 方法，按取代基英文名称的字母顺序排列。在立体化学的次序规则中，将常见的烷基按下列次序排列（符号“>”表示“优先于”）。

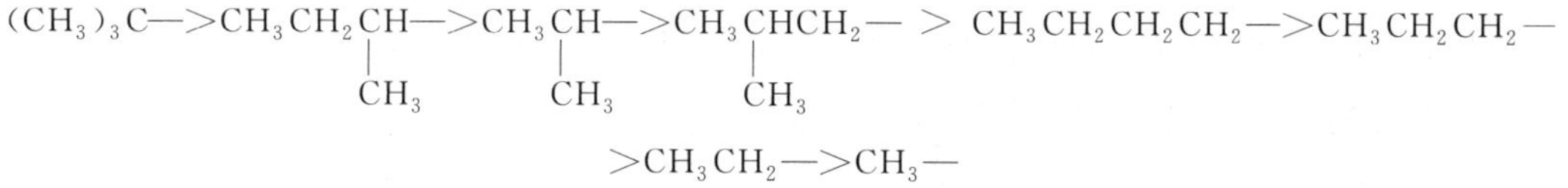

$$(CH_3)_3C— > CH_3CH_2CH— > CH_3CH— > CH_3CHCH_2— > CH_3CH_2CH_2CH_2— > CH_3CH_2CH_2—$$
$$\underset{CH_3}{|} \quad \underset{CH_3}{|} \quad \underset{CH_3}{|}$$

$$> CH_3CH_2— > CH_3—$$

例如

$$CH_3CH_2CHCHCH_2CH_2CH_3$$
（结构式，主链带 CH_3 及 CH_2CH_3 支链）

$$CH_3—C—CH_2—CH—CH_3$$
（结构式，带 CH_3 支链）

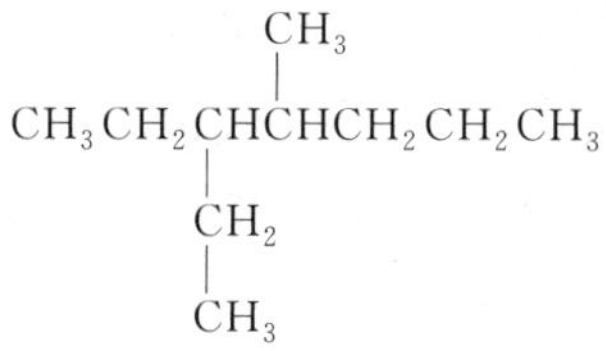

CCS1980：4-甲基-3-乙基庚烷　　　　CCS1980：2,2,4-三甲基戊烷

CCS2017：3-乙基-4-甲基庚烷　　　　CCS2017：2,2,4-三甲基戊烷

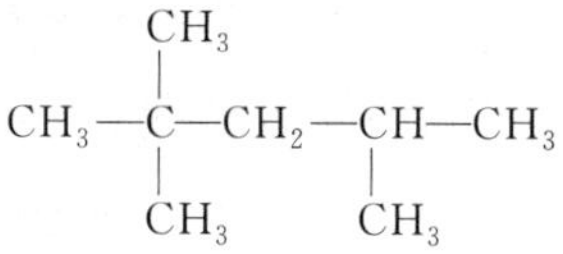

三、甲烷

甲烷是烃类里分子组成最简单的物质。甲烷是没有颜色、没有气味的气体，标准状态下的密度为 0.717g/L。它极难溶于水，很容易燃烧。

在自然界，甲烷主要存在于天然气和石油之中。

天然气中含有大量 $C_1 \sim C_4$ 的低级烷烃，其中主要成分是甲烷。我国是最早开发和利用天然气的国家，天然气资源也十分丰富，在四川、甘肃等地都有丰富的储藏量。

沼泽地的植物腐烂时，经细菌分解也会产生大量的甲烷，所以甲烷又称沼气。目前我国农村许多地方就是利用农产品的废弃物、人畜粪便及生活垃圾等经过发酵来制取沼气作为燃料的。甲烷是常用的民用燃料，也用作化工原料。

1. 甲烷分子的结构

甲烷是最简单的烷烃，分子中有 1 个碳原子和 4 个氢原子，分子式为 CH_4，实验测得甲烷分子为正四面体构型，碳原子处于四面体的中心，且 4 个 C—H 键是完全等同的，彼此间的夹角为 109.5°。

甲烷

2. 甲烷的制取

实验室中常用醋酸钠和碱石灰共热来制备甲烷。

$$CH_3COONa + NaOH \xrightarrow[\triangle]{CaO} CH_4 \uparrow + Na_2CO_3$$

3. 甲烷的化学性质

在通常情况下，甲烷是比较稳定的，与强酸、强碱或强氧化剂等不起反应。

但在一定条件下，如高温、光照或加催化剂，甲烷也能发生一系列的化学反应。

（1）氧化反应　常温下，甲烷一般不与氧化剂反应，也不与空气中的氧反应。但是，甲烷在空气中易燃烧，完全燃烧时，生成二氧化碳和水，同时放出大量的热。石油产品如汽油、煤油、柴油等作为燃料就是利用它们燃烧时放出的热能。烷烃燃烧不完全时会产生游离碳，如汽油、煤油等燃烧时带有黑烟（游离碳）就是因为空气不足燃烧不完全的缘故。

$$CH_4 + O_2 \xrightarrow{燃烧} CO_2 + 2H_2O + 889.9kJ/mol$$

应该注意，甲烷易燃易爆。甲烷（气体或蒸气）与空气混合达到一定程度时（爆炸范围以内，5%～15%）遇到火花就发生爆炸。在生活中、生产上和实验室中使用甲烷时必须小心。

（2）取代反应　有机化合物分子中的氢原子或其他原子与基团被别的原子与基团取代的反应称为取代反应。被卤素原子取代的反应称为卤化或卤代反应。

甲烷的卤代通常是指氯代或溴代，因为氟代反应过于激烈，难于控制，而碘代反应又难以发生。

甲烷与氯或溴在黑暗中并不作用，但在强光照射下则可发生剧烈反应，甚至引起爆炸。例如，甲烷与氯气的混合物在强烈的日光照射下，可发生爆炸反应，生成碳和氯化氢。

$$CH_4 + 2Cl_2 \xrightarrow{强光} C + 4HCl$$

但是，如果在漫射光或加热（400～450℃）的情况下，甲烷分子中的氢原子可逐渐被氯原子取代，生成一氯甲烷（CH_3Cl）、二氯甲烷（CH_2Cl_2）、三氯甲烷（$CHCl_3$）和四氯化碳（CCl_4）。

甲烷氯代反应得到的通常是 4 种氯代产物的混合物。工业上常把这种混合物作为有机溶剂或合成原料使用。

如果控制反应条件，特别是调节甲烷与氯气的配比，就可使其中的某种氯甲烷成为主要产物。例如，当甲烷：氯气＝10：1时，主要产物是一氯甲烷；当甲烷：氯气＝1：4时，则主要生成四氯化碳。

（3）裂化反应　烷烃在隔绝空气的情况下，加热到高温，分子中的C—C键和C—H键发生断裂，由较大分子转变成较小分子的过程，称为裂化反应。裂化反应的产物往往是复杂的混合物。

在隔绝空气的情况下，甲烷加热到1000～1200℃能分解为碳和氢。在短时间内加热到1500℃并迅速冷却，甲烷就分解为乙炔和氢气。

甲烷分解生成的炭黑可用作增强橡胶耐磨性的填充物，也可作黑色颜料、油漆、油墨的原料等；生成的氢气可作合成氨的原料。

四、环烷烃

环烷烃（脂环烃）是指分子中具有碳环结构（有一个或多个由碳原子组成的环）而性质与开链脂肪烃相似的一类有机化合物，它们在自然界中广泛存在，且大都具有生理活性。

根据分子中含有的碳环数目分类，可分为单环脂环烃（分子中只有一个碳环）和多环脂环烃（分子中有两个或两个以上的碳环）。

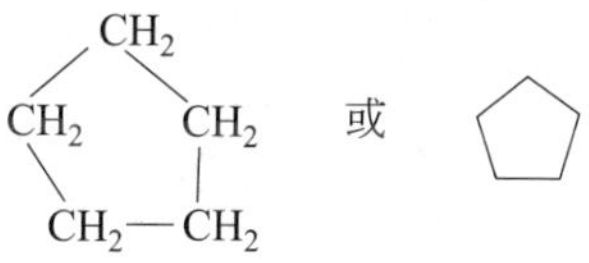

环戊烷（单环脂环烃） 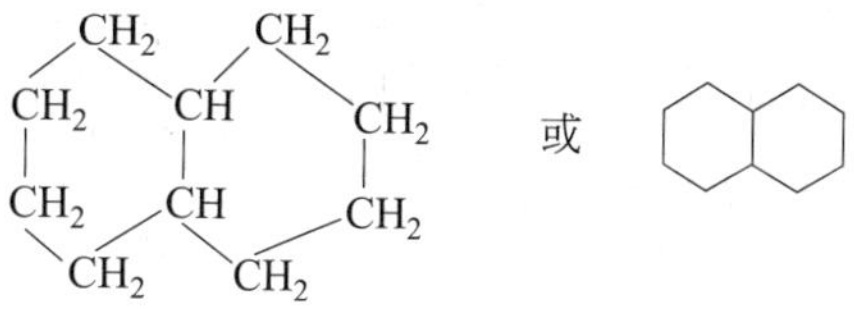　　　　　　　十氢萘（二环脂环烃）

根据分子中组成环的碳原子数目分类，可分为三元环、四元环、五元环脂环烃等。如

环丙烷（三元环） 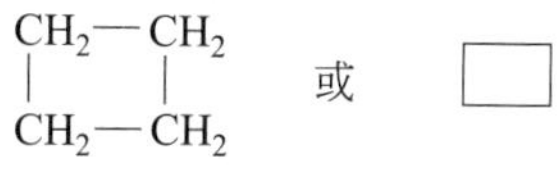　　　　　　　环丁烷（四元环）

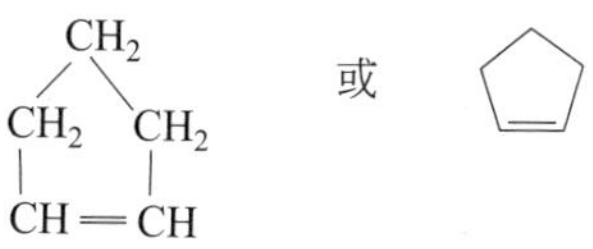

环戊烯（五元环） 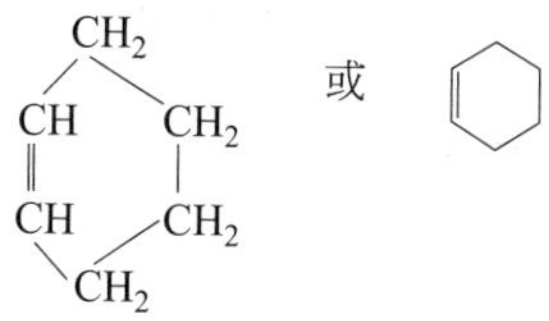　　　　　　　环己烯（六元环）

根据碳环中是否含有双键和三键来分类，可分为：饱和脂环烃，如环丙烷、环丁烷、环戊烷等；不饱和脂环烃，如环戊烯、环己烯等。

单环烷烃可看作是烷烃分子中两端的碳原子上各去掉一个氢后彼此连接而成。因此，单环烷烃比相应的烷烃少两个氢原子，它们的通式为 C_nH_{2n}（$n \geqslant 3$），与开链单烯烃互为同分异构体，但不是同一系列。

最简单的环烷烃是环丙烷（C_3H_6），没有异构体。

在环烷烃里，用途较广的是环己烷。它是无色液体，沸点 $80.8 \, ℃$，易挥发，不溶于水，可与许多有机溶剂混溶。

环己烷是重要的化工原料，主要用于合成尼龙纤维，制造己二酸、己二胺和己内酰胺以及用作溶剂等。

 思考与练习

一、判断题

1. 符合通式 C_nH_{2n+2} 的化合物一定是烷烃。 （   ）
2. 分子量相同的物质，一定是同一种物质。 （   ）
3. 分子式相同，而结构和性质不同的物质，一定是同分异构体。 （   ）
4. 分子组成相差若干个 CH_2 原子团的物质，一定互为同系物。 （   ）
5. 甲烷是烃类里分子组成最简单的物质。 （   ）

二、用系统命名法对下列化合物命名

1.
$$CH_3-CH-CH_2-CH-CH_3$$
$$\quad\quad | \quad\quad\quad\quad |$$
$$\quad\quad CH_3 \quad\quad\quad CH_3$$

2.
$$CH_3-CH-CH_2-CH-CH_2-CH_3$$
$$\quad\quad | \quad\quad\quad\quad |$$
$$\quad\quad CH_3 \quad\quad\quad CH_3$$

3.
$$\quad\quad\quad\quad\quad\quad CH_3$$
$$\quad\quad\quad\quad\quad\quad |$$
$$CH_3-CH_2-CH_2-C-CH_2-CH-CH_3$$
$$\quad\quad\quad\quad\quad\quad | \quad\quad\quad |$$
$$\quad\quad\quad\quad\quad CH_3 \quad CH_2CH_3$$

4.
$$CH_3-CH-CH_3$$
$$\quad\quad |$$
$$\quad\quad CH_2$$
$$\quad\quad |$$
$$\quad\quad CH_2$$

三、讨论题

分小组查阅资料，讨论汽油的主要成分是什么？如何区分不同型号的汽油？

 科海拾贝

温室气体甲烷

温室效应是由于大气中的大量二氧化碳（CO_2）、氟氯烃（CFCs）、甲烷（CH_4）、二氧化氮（NO_2）等温室气体（其中主要是 CO_2），像玻璃罩一样紧紧

地罩在上空，太阳照射在地球上的热量不断到达地面却无法逸散，从而使气候圈增温的现象。

甲烷（CH_4）是仅次于二氧化碳（CO_2）的全球第二大温室气体。甲烷的人为排放源主要包括煤炭开采、石油和天然气泄漏、水稻种植、反刍动物消化、动物粪便、燃料燃烧、垃圾填埋、污水处理等。其中农业是甲烷的主要来源，而在甲烷的农业排放量中，32%来自反刍动物消化的排放，8%来自水稻种植。在2021年苏格兰格拉斯哥气候大会上，中美两国达成强化气候行动联合宣言，特别提及要加大行动控制和减少甲烷排放。因此，对甲烷的合理应用及处理是全球亟待解决的问题。

第三节　烯　烃

分子中含有碳碳双键（ $\diagdown C=C \diagup$ ）的碳氢化合物，由于所含氢原子的数目比相应的烷烃少，因此称其为不饱和烃。它们的种类很多，包含开链和环状的各类不饱和烃，本节主要介绍开链不饱和烃中的烯烃、二烯烃和炔烃。如

$$CH_2{=}CH_2 \qquad CH_3{-}CH{=}CH_2 \qquad CH_2{=}CH{-}CH{=}CH_2$$

　　　　乙烯　　　　　　　丙烯　　　　　　　　1,3-丁二烯

一、烯烃的通式及命名

1. 单烯烃

分子中含有一个碳碳双键的链状不饱和烃，称为单烯烃，习惯上也叫烯烃。烯烃比相同碳原子数的烷烃少两个氢原子，也形成一个同系列，它们的通式为 C_nH_{2n}（$n \geqslant 2$），系差也是 CH_2。碳碳双键又叫烯键，是烯烃的官能团。

与烷烃相似，烯烃也有习惯命名法、衍生物命名法和系统命名法。

（1）习惯命名法　某些低级烯烃习惯上采用"正、异"等加在烯烃"天干"名称之前来称呼，如

$$CH_3CH_2CH{=}CH_2 \qquad 正丁烯$$

$$CH_2{=}\underset{\underset{CH_3}{|}}{C}{-}CH_3 \qquad 异丁烯$$

对于碳原子数较多和结构较为复杂的烯烃，只能用系统命名法命名。

（2）系统命名法　烯烃的系统命名分为构造异构体的命名和顺反异构体的命

名，下面仅介绍构造异构体的命名方法。

① 直链烯烃的命名。直链烯烃的命名是按照分子中碳原子的数目称为某烯，与烷烃一样，碳原子数在 10 以内的用天干表示，10 以上的用中文数字表示，并常在烯字前面加碳字。为区别位置异构体，需在烯烃名称前用阿拉伯数字标明双键在链中的位次。阿拉伯数字与文字之间同样要用半字线隔开。例如

$$CH_3—CH=CH_2 \qquad\qquad CH_2=CH_2$$
丙烯   乙烯

$$CH_2=CHCH_2CH_3 \qquad\qquad CH_3CH=CHCH_3$$
1-丁烯   2-丁烯

$$CH_3(CH_2)_5CH=CH(CH_2)_6CH_3$$
7-十五碳烯

② 支链烯烃的命名。

a. 选取主链作为母体。应选择含有双键且连接支链较多的最长碳链作为主链（母体），并按主链上碳原子数目命名"某烯"。

b. 给主链碳原子编号。从靠近双键一端开始给主链编号，用以标明双键和支链的位次。

c. 写出烯烃的名称。按取代基位次、相同基数目、取代基名称、双键位次、母体名称的顺序写出烯烃的名称。如

3-乙基-2-戊烯   2,5-二甲基-2-己烯   3-甲基-1-丁烯

2. 二烯烃

分子中含有两个碳碳双键的不饱和烃叫做二烯烃，二烯烃分子中比相应的单烯烃少两个氢原子，故通式为 $C_nH_{2n-2}(n\geqslant3)$。

在二烯烃分子中，由于两个碳碳双键的相对位置不同，致使其性质也有差异，因此通常根据二烯烃分子中两个碳碳双键相对位置的不同，将二烯烃分为三种类型。

（1）累积二烯烃　分子中两个双键连接在同一个碳原子上的二烯烃，如

$$CH_2=C=CH_2 \qquad 丙二烯$$

累积双键不稳定容易发生异构化——双键位置改变，因此它一般很活泼，也不容易制备。

（2）共轭二烯烃　分子中两个双键被一个单键隔开的二烯烃，如

$$CH_2=CH—CH=CH_2 \qquad 1,3-丁二烯（简称丁二烯）$$

共轭二烯烃是二烯烃中最重要的一类，它在理论和应用方面都具有重要

意义。

（3）孤立二烯烃　分子中两个双键被两个或两个以上单键隔开的二烯烃。如

$$CH_2=CH-CH_2-CH=CH_2 \qquad 1,4\text{-戊二烯}$$

孤立二烯烃的性质与单烯烃相似。

3. 命名

二烯烃的命名与烯烃相似，但有两点不同：①选择主链时应把两个双键都包含在内；②两个双键的位次都必须标明。例如

$$CH_3-\underset{\underset{CH_3}{|}}{CH}-CH=CH-CH=CH_2 \qquad 5\text{-甲基-}1,3\text{-己二烯}$$

二、乙烯

1. 乙烯的结构

在所有烯烃分子中，乙烯是最简单的烯烃，其分子式为 C_2H_4，结构式为

$H-\underset{\underset{H}{|}}{\overset{\overset{H}{|}}{C}}-\underset{\underset{H}{|}}{\overset{\overset{H}{|}}{C}}-H$ ，结构简式为 $CH_2=CH_2$。由物理方法测得，乙烯分子是平面型结构。两个碳原子和四个氢原子都在同一平面内，分子中的键角接近于 $120°$。

2. 乙烯的物理性质

乙烯是无色气体，略带甜味，标准状态下的密度为 $1.25g/L$，难溶于水。

3. 乙烯的化学性质

乙烯的主要反应有氧化、加成和聚合。

（1）氧化反应　烯烃的双键非常活泼，容易发生氧化反应，当氧化剂和氧化条件不同时，产物也不相同。

① 被氧气氧化。在点燃的情况下，乙烯与纯净的氧气发生反应生成二氧化碳和水。

$$CH_2=CH_2+3O_2(纯)\xrightarrow{点燃}2CO_2+2H_2O$$

如果乙烯在空气中的含量达到其爆炸极限 $3.0\%\sim33.5\%$（体积分数），遇火会引起爆炸。

② 催化氧化。在活性银催化剂作用下，乙烯被空气中的氧直接氧化，生成环氧乙烷。环氧乙烷有杀菌作用，对金属不腐蚀，无残留气味，可杀灭细菌（及其内孢子）、霉菌及真菌，因此可用于消毒一些不能耐受高温消毒的物品以及材料，广泛用于消毒医疗用品，诸如绷带、缝线及手术器具等。除此之外，环氧乙烷还被广泛地应用于洗涤、制药、印染等行业。

$$CH_2=CH_2+O_2\xrightarrow[220\sim300℃]{Ag}\underset{\underset{O}{\diagdown\diagup}}{CH_2-CH_2}$$

该反应必须严格控制反应温度，反应温度低于220℃，则反应太慢，超过300℃，便部分地氧化生成二氧化碳和水，致使产率下降。

当乙烯在氯化钯等催化剂存在下，也能被氧化，产物为乙醛。

$$CH_2\!=\!CH_2 + O_2 \xrightarrow[100\sim125℃]{PdCl_2\text{-}CuCl_2} CH_3CHO$$

环氧乙烷和乙醛都是重要的化工原料。

③ 氧化剂氧化。常用的氧化剂有高锰酸钾、重铬酸钾、硫酸和有机过氧化物等。

用适量冷的高锰酸钾稀溶液作氧化剂，在碱性或中性介质中，乙烯被氧化成乙二醇，而高锰酸钾被还原为棕色的二氧化锰从溶液中析出；当有酸存在时，乙烯使高锰酸钾溶液褪色。由此均可鉴定不饱和烃的存在。

$$3CH_2\!=\!CH_2 + 2KMnO_4 + 4H_2O \longrightarrow 3CH_2OHCH_2OH + 2MnO_2\!\downarrow + 2KOH$$

$$5CH_2\!=\!CH_2 + 8KMnO_4 + 12H_2SO_4 \longrightarrow 10HCOOH + 8MnSO_4 + 4K_2SO_4 + 12H_2O$$

（2）加成反应　在双键的两个碳原子上各加一个原子或基团，生成饱和化合物的反应叫加成反应，这是烯烃最普遍、最典型的反应。

① 催化加氢。在常温常压下，乙烯与氢气很难反应，但在催化剂存在下，乙烯能与氢气反应生成烷烃，故称为催化加氢。例如

$$CH_2\!=\!CH_2 + H_2 \xrightarrow{催化剂} CH_3\!-\!CH_3$$

工业上常用的催化剂有Pt、Pd、Ni等，实验常用活性较高的雷内镍。

② 加卤素。烯烃容易与卤素发生加成反应，生成邻位二卤代烃。不同的卤素反应活性不同，氟与烯烃的反应非常激烈，常使烯烃完全分解；氯与烯烃反应较氟缓和，但也要加溶液稀释；溴与烯烃可正常反应；碘与烯烃难以发生加成反应，即活性顺序为 $F_2 > Cl_2 > Br_2 > I_2$。如

$$CH_2\!=\!CH_2 + Cl_2 \xrightarrow[40℃,溶液]{FeCl_3} \begin{array}{c} CH_2\!-\!CH_2 \\ |\quad\quad| \\ Cl\quad\; Cl \end{array}$$

1,2-二氯乙烷

1,2-二氯乙烷为无色油状液体，有毒，大量吸入其蒸气或误食均能引起中毒死亡。

$$CH_2\!=\!CH_2 + Br_2 \xrightarrow[40℃,溶剂]{CCl_4} \begin{array}{c} CH_2\!-\!CH_2 \\ |\quad\quad| \\ Br\quad\; Br \end{array}$$

（红棕色）　　　　1,2-二溴乙烷（无色）

此反应前后有明显的颜色变化，因此可用来鉴别烯烃，工业上即用此来检验汽油、煤油中是否含有不饱烃。

③ 加卤化氢。烯烃与卤化氢气体或浓的氢卤酸在加热条件下发生加成反应，

生成一卤代烷，卤化氢的活性顺序为 HI＞HBr＞HCl。例如

$$CH_2{=}CH_2 + HCl \xrightarrow[130\sim250℃]{AlCl_3} CH_3CH_2Cl$$

氯乙烷

氯乙烷常温下是无色气体，能与空气形成爆炸性混合物，它能在皮肤表面很快蒸发，使皮肤冷至麻木，因此用作局部麻醉剂，也被称为足球场上的"化学大夫"。

④ 加硫酸（H—O—SO$_2$OH）。

$$CH_2{=}CH_2 + H{-}O{-}SO_2OH \longrightarrow CH_3CH_2O{-}SO_2OH$$

硫酸氢乙酯

⑤ 加水（H—OH）。烯烃与水不易直接作用，但在适当的催化剂和加压下也可与水直接加成生成相应的醇。如

$$CH_2{=}CH_2 + H_2O \xrightarrow[300℃，7MPa]{磷酸\text{-}硅藻土} CH_3CH_2OH$$

乙醇

这是工业上生产乙醇最重要的方法，叫做烯烃直接水化法。

（3）聚合反应　烯烃不仅能与许多试剂发生加成反应，还能在引发剂或催化剂的存在下，双键断裂，以头尾相连的形式自相加成，生成分子量较大的化合物，这种由低分子量的化合物转变为高分子量的化合物的反应，叫聚合反应，得到的产物称为聚合物或高聚物。如

$$n\,CH_2{=}CH_2 \xrightarrow[100MPa]{100\sim300℃} {+}CH_2{-}CH_2{+}_n$$

聚乙烯

式中 CH$_2$＝CH$_2$ 称为单体，${+}CH_2{-}CH_2{+}_n$ 称为链节，n 为链节数（聚合度）。

聚合反应在合成橡胶、塑料、纤维三大高分子材料工业上有十分重要的意义。

乙烯是有机化学工业最重要的起始原料之一。由乙烯出发，通过不同化学反应，可以制得许多有用的化工产品和中间体。乙烯还具有催熟水果的作用。

 思考与练习

一、选择题

1. 下列各物质中，能使高锰酸钾溶液褪色的是（　　）。

　　A. 金属钠　B. 氢氧化钠　C. 稀硫酸　D. 乙烯

2. 下列反应属于加成反应的是（　　）。

A. 乙烷与氯气在光的作用下生成氯乙烷和氯化氢

B. 乙醇与金属钠反应生成乙醇钠和氢气

C. 乙烯与溴水反应生成 1,2-二溴乙烷

D. 乙烯在空气中燃烧生成二氧化碳和水

二、用系统命名法对下列化合物命名

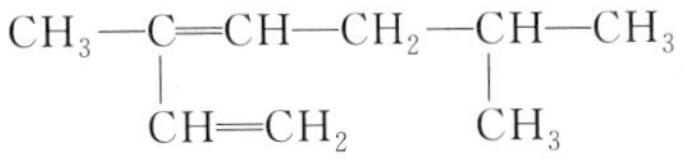

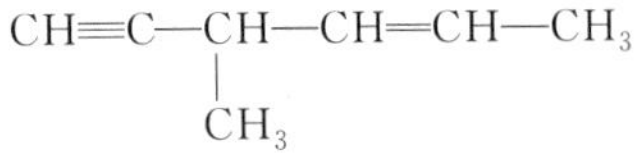

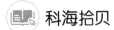

$$CH_3-\overset{\underset{\displaystyle CH=CH_2}{|}}{C}=CH-CH_2-\overset{\underset{\displaystyle CH_3}{|}}{CH}-CH_3$$

$$CH\equiv C-CH-CH=CH-CH_3$$
$$\qquad\quad |$$
$$\qquad\quad CH_3$$

三、写出 2,3-二甲基-1-丁烯的结构简式

四、完成下列反应式

1. $CH_2{=}CH_2 + HCl \longrightarrow$

2. $CH_2{=}CH_2 + H_2O \xrightarrow[\text{加热、加压}]{\text{催化剂}}$

五、计算题

已知某气态烃中碳氢的质量比为 6:1，该烃对氢气的相对密度为 14，求其分子式。

📖 科海拾贝

植物催熟剂——乙烯

乙烯是一种气体激素。成熟的组织释放乙烯较少，而在分生组织、萌发的种子、凋谢的花朵和成熟过程中的果实中乙烯的含量较大。它主要存在于成熟的果实、茎和衰老的叶子中。乙烯的产生具有"自促作用"（即乙烯的积累可以刺激更多的乙烯产生）。如果你家里有青香蕉、绿橘子等还没有成熟的水果，要想使它们尽快变熟怎么办？你可以把没有成熟的生水果和已经成熟的水果放在同一个塑料袋里扎紧袋口，这样，过几天青香蕉就会变黄、成熟。利用成熟水果释放出的乙烯气体可以催熟生水果。

第四节　炔　烃

分子中含有碳碳三键（—C≡C—）的开链不饱和烃叫做炔烃，碳碳三键是炔烃的官能团。

一、炔烃的通式及命名

炔烃比相同碳原子数的单烯烃少两个氢原子。通式为 C_nH_{2n-2}（$n \geqslant 2$），与

二烯烃互为同分异构体。

炔烃的命名法与烯烃相似。

① 衍生物命名法。此法是以乙炔为母体，其他部分看作是乙炔的烃基衍生物。如

$$CH_3—C\equiv C—CH_3 \qquad\qquad CH_3—C\equiv C—CH_2—CH_3$$

二甲基乙炔   甲基乙基乙炔

此法只适用于简单的炔烃。

② 系统命名法。炔烃的系统命名法与烯烃相似，只是把相应的"烯"字改成"炔"即可。例如

$$CH_3CH_2C\equiv CH \qquad\qquad CH_3—\underset{\underset{CH_3}{|}}{\overset{\overset{CH_3}{|}}{C}}—C\equiv C—CH_3$$

3-甲基-1-丁炔   4,4-二甲基-2-戊炔

二、乙炔

乙炔

1. 乙炔的结构

乙炔是最简单和最重要的炔烃，分子式为 C_2H_2。结构简式为 $CH\equiv CH$。

实验测得乙炔分子中的两个碳原子和两个氢原子都在同一条直线上，是直线型分子，其 $C\equiv C$ 键与 $C—H$ 键之间的夹角为 $180°$。

2. 乙炔的物理性质

乙炔俗称电石气。纯净的乙炔为无色、无臭气体，微溶于水，易溶于丙酮。乙炔与空气混合点火可能发生爆炸，爆炸极限为 $2.6\%\sim80\%$（体积分数），范围相当宽，使用时一定要注意安全。

3. 乙炔的化学性质

（1）氧化反应

① 燃烧。乙炔在氧气中燃烧，生成二氧化碳和水，同时放出大量的热。

$$2CH\equiv CH +5O_2 \xrightarrow{\text{点燃}} 4CO_2+2H_2O$$

② 被高锰酸钾氧化。碳碳三键也能进行氧化反应。将乙炔通入 $KMnO_4$ 的水溶液中，$KMnO_4$ 被还原为棕褐色的二氧化锰沉淀，原来的紫色消失，乙炔三键断裂，生成二氧化碳和水。

$$3CH\equiv CH +10KMnO_4+2H_2O \longrightarrow 6CO_2+10MnO_2\downarrow +10KOH$$

因此，可用高锰酸钾的颜色变化来鉴别炔烃（或烯烃）。

（2）加成反应

① 催化加氢。乙炔催化加氢可以生成相应的烯烃或烷烃。例如

$$CH \equiv CH + H_2 \xrightarrow{Pt(\text{或 Pd、Ni})} CH_2 = CH_2 \xrightarrow{Pt(\text{或 Pd、Ni})} CH_3CH_3$$

② 加卤素。炔烃容易与氯或溴发生加成反应。1mol 炔烃与 1mol 卤素加成生成二卤代烯烃，与 2mol 卤素加成生成四卤代烷烃，在较低温度下，反应可控制在二卤代烯烃阶段。例如

$$CH \equiv CH \xrightarrow[\text{较低温度}]{Cl_2} \underset{\underset{Cl}{|}}{CH} = \underset{\underset{Cl}{|}}{CH} \xrightarrow[80\sim85℃]{Cl_2} CHCl_2CHCl_2$$

溴与炔烃发生加成反应后，其红棕色褪去，可由此检验碳碳三键或碳碳双键的存在。

③ 加卤化氢。炔烃与 HX 的加成不如烯烃活泼，也比与卤素加成反应难，通常需要在催化剂存在下进行。例如，在氯化汞-活性炭催化作用下，于 180℃左右，乙炔与氯化氢加成生成氯乙烯。

$$CH \equiv CH + HCl \xrightarrow[180℃]{HgCl_2\text{-}C} CH_2 = CH - Cl$$

氯乙烯

④ 加水。一般情况下，炔烃与水不发生反应，但在催化剂（如硫酸汞的稀硫酸溶液）存在下，炔烃与水反应生成醛或酮。不对称炔烃与水加成时遵循马氏规则。1869 年俄国化学家马尔科夫根据大量的实验事实总结出一条经验规律：不对称烯烃或炔烃与 HX 加成时，氢原子主要加在含氢较多的双键或三键碳原子上，而卤原子加到含氢较少的双键或三键碳原子上，此规律叫做马尔科夫尼科夫规则，简称马氏规则。

$$CH \equiv CH + H_2O \xrightarrow[98\sim105℃，0.15MPa]{HgSO_4，\text{稀} H_2SO_4} \underset{\underset{OH}{|}}{CH_2} = CH \xrightarrow{\text{重排}} CH_3CHO$$

乙烯醇   乙醛

工业上利用上述反应来制取乙醛和丙酮。汞和汞盐的毒性很大，影响健康并严重污染环境，现已利用铜、锌等非汞催化剂来代替汞盐类催化剂。

*⑤ 加醇（R—OH）。在碱的催化下，乙炔与醇加成得到乙烯基醚。例如

$$CH \equiv CH + CH_3OH \xrightarrow[160\sim165℃，2\sim2.2MPa]{20\% \text{ KOH 水溶液}} CH_2 = CH - O - CH_3$$

甲醇   甲基乙烯基醚

甲基乙烯基醚聚合生成的高聚物，可作涂料、增塑剂和胶黏剂等。

*⑥ 加氢氰酸。乙炔在 Cu_2Cl_2 催化下，在 $80\sim90℃$ 下与 HCN 进行加成反应，生成丙烯腈。

$$CH \equiv CH + HCN \xrightarrow[80\sim90℃，约0.7MPa]{Cu_2Cl_2 \text{ 水溶液}} CH_2 \equiv CH-CN$$

丙烯腈

丙烯腈是合成人造羊毛的原料。

*⑦ 加羧酸（R—COOH）。在催化剂作用下，乙炔能与羧酸发生加成反应，生成羧酸乙烯酯。例如

$$CH \equiv CH + CH_3\overset{\text{O}}{\underset{}{\overset{\|}{C}}}O-H \xrightarrow[180\sim220℃]{ZnAc_2\text{-}C} CH_3\overset{\text{O}}{\underset{}{\overset{\|}{C}}}-O-CH \equiv CH_2$$

乙酸　　　　　　　　　　乙酸乙烯酯

乙酸乙烯酯主要用作合成纤维——维纶的原料。

（3）聚合反应　乙炔的聚合产物随催化剂和反应条件的不同而不同。

如乙炔可发生两分子聚合、三分子聚合和多分子聚合。

$$2CH \equiv CH \xrightarrow[\text{少量 HCl，70℃}]{CuCl\text{-}NH_4Cl} CH_2 \equiv CH-C \equiv CH$$

乙烯基乙炔

乙烯基乙炔是合成橡胶的主要原料。

$$3CH \equiv CH \xrightarrow[600\sim650℃]{\text{活性炭}} \text{（苯环）}$$

苯

$$nCH \equiv CH \xrightarrow{\text{齐格勒-纳塔催化剂}} \left[CH \equiv CH\right]_n$$

聚乙炔

（4）炔氢的反应　与三键碳原子直接相连的氢原子叫做炔氢原子，它具有微弱的酸性，比较活泼。因此炔烃可以与强碱、碱金属或某些重金属离子反应生成金属炔化物。例如将乙炔通入硝酸银或氯化亚铜的氨溶液中，炔氢原子可被 Ag^+ 或 Cu^+ 取代生成灰白色的乙炔银或棕红色的乙炔亚铜沉淀。

$$CH \equiv CH + 2Ag(NH_3)_2NO_3 \longrightarrow Ag-C \equiv C-Ag\downarrow + 2NH_4NO_3 + 2NH_3$$

乙炔银（白色）

$$CH \equiv CH + 2Cu(NH_3)_2Cl \longrightarrow Cu-C \equiv C-Cu\downarrow + 2NH_4Cl + 2NH_3$$

乙炔亚铜（棕色）

故实验室中常由此来鉴别乙炔和末端炔烃，也可利用这一性质分离、提纯炔烃，或从其他烃类中除去少量炔烃杂质。

炔银和炔亚铜潮湿时比较稳定，干燥时，因撞击、震动或受热会发生爆炸。因此，实验中对生成的炔银或炔亚铜要及时用酸处理，以免发生危险。

此外，炔氢也可与钠或氨基钠反应。

4. 乙炔的制法和用途

（1）电石法　将生石灰和焦炭在高温电炉中加热至 $2200\sim2300℃$ 就生成电

石（碳化钙）。电石水解即生成乙炔。

$$CaO+3C \xrightarrow{2200\sim2300℃} \underset{Ca}{C\equiv C} +CO$$

$$\underset{Ca}{C\equiv C} +H_2O \longrightarrow CH\equiv CH +Ca(OH)_2$$

电石法技术比较成熟，但因耗能较高，故工业上多采用甲烷裂解法。

（2）甲烷裂解法　甲烷在 1500～1600℃时发生裂解，可制得乙炔。

$$2CH_4 \xrightarrow{1500\sim1600℃} CH\equiv CH +3H_2$$

反应只需 0.001～0.01s，瞬间完成。

乙炔是三大合成材料工业重要的基本原料之一。由乙炔出发，通过化工过程，可以生产出塑料、橡胶、纤维以及其他许多化工原料和化工产品。还可以用于制造染料、药品等。

除了作为化学原料外，炔烃还有其他的应用。乙炔在氧气中燃烧，火焰温度高达 3000～4000℃，一般称为氧炔焰，可以使金属熔化，从而实现焊接，因此乙炔广泛用于焊接和切割金属材料。此外，炔烃还可以用于制造火柴、烟花等。

 思考与练习

一、选择题

1. 根据系统命名法，检查下列各化合物的名称，其中正确的是（　　）。

　　A. 1,4-二甲基丁烷 　　　　　　　　　　B. 2-甲基-3-乙基戊烯

　　C. 3,4-二甲基-1-戊炔 　　　　　　　　 D. 2,3-二甲基-1,3-丁二烯

2. 下列反应属于取代反应的是（　　）。

　　A. 乙烯和氯气反应生成二氯乙烷 　　　　B. 苯和氯气反应生成氯苯

　　C. 乙炔和水反应生成乙醛 　　　　　　　D. 乙炔和氯气反应生成二氯乙烯

3. 在一定条件下，能与水发生反应的是（　　）。

　　A. 甲烷 　　　　　B. 乙烷 　　　　　　C. 乙炔 　　　　　　D. 苯

4. 工业上制取氯乙烯的原料是（　　）。

　　A. 乙烯和氯气 　　　　　　　　　　　　B. 乙炔和氯气

　　C. 乙烯和氯化氢 　　　　　　　　　　　D. 乙炔和氯化氢

5. 实验室中制取下列物质不需加热的是（　　）。

　　A. 甲烷 　　　　　B. 乙炔 　　　　　　C. 硝基苯 　　　　　D. 溴苯

二、写出 3-甲基-1-戊炔的结构简式

三、完成下列反应式

1. $CaC_2+H_2O \longrightarrow Ca(OH)_2+$

$$2.\ CH\!\equiv\!CH\ +HCN\ \xrightarrow[80\sim90℃]{Cu_2Cl_2}$$

$$3.\ CH\!\equiv\!CH\ +\ CH\!\equiv\!CH\ \xrightarrow[80\sim90℃]{Cu_2Cl_2、NH_4Cl}$$

四、写出实验室制取甲烷、乙烯、乙炔的反应方程式，并写出用化学方法鉴别它们的反应式。

五、计算题

含杂质 10% 的碳化钙 0.2kg 和足量的水反应，在标准状况下可得到多少立方米的乙炔气体？

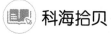 **科海拾贝**

乙炔的健康危害与应急防护

乙炔，俗称风煤、电石气，是炔烃化合物系列中体积最小的一员，主要作工业用途，特别是烧焊金属方面。乙炔在室温下是一种无色、极易燃的气体。纯乙炔是无臭的，但工业用乙炔由于含有硫化氢、磷化氢等杂质，而有一股大蒜的气味。

乙炔主要是对中枢神经系统产生抑制、麻醉作用，高浓度接触对个别人可能出现肝、肾和胰腺的损害。由于其毒性低，代谢解毒快，生产条件下急性中毒较为少见。急性中毒时可发生呕吐、气急、痉挛甚至昏迷，口服后，口唇、咽喉烧灼感，经数小时的潜伏期后可发生口干、呕吐、昏睡、酸中度和酮症，甚至出现暂时性意识障碍。乙炔对人体的长期损害，表现为对眼的刺激症状，如流泪、畏光和角膜上皮浸润等，还可表现为眩晕、灼热感、咽喉刺激、咳嗽等。

人身防护措施如下：

1. 吸入：如蒸气浓度不明或超过暴露极限时，应佩戴合适的呼吸器。

2. 皮肤：如果需要，应使用手套、工作服和工作鞋，合适的材料是丁基橡胶。在直接工作的场所应备有可用的安全淋浴和眼睛冲洗器具。

3. 眼睛：戴化学防溅眼镜，必要时可佩戴面罩。

应急救护措施如下：

1. 吸入：脱离乙炔产生源或将患者移到新鲜空气处，如呼吸停止应进行人工呼吸。

2. 眼睛接触：眼睑张开，用微温的、缓慢的流水冲洗眼睛约 10min。

3. 皮肤接触：用微温的、缓慢的流水冲洗患处至少 10min。

4. 口服：用水充分漱口，不可催吐，给患者饮水约 250mL。

5. 一切患者都应请医生治疗。

第五节　芳香烃

一、芳香烃概述

芳香烃是芳香族碳氢化合物的简称，也可简称为芳烃。芳烃及其衍生物总称为芳香族化合物。

芳香烃可按分子中所含苯环的数目和结构分为三大类。

① 单环芳烃。分子只含一个苯环结构的芳烃。通式为 C_nH_{2n-6}（$n \geqslant 6$），例如

苯 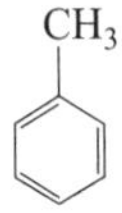　　　　　　　甲苯 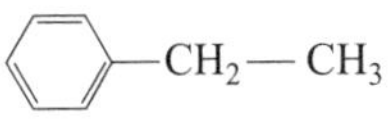　　　　　　　乙苯

② 多环芳烃。分子含有两个或两个以上独立苯环的芳烃。例如

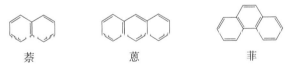

联苯　　　　　　　　　　三苯甲烷

③ 稠环芳烃。分子中含有两个或两个以上苯环，彼此共用相邻的两个碳原子稠合而成的芳烃。例如

萘　　　　　　　　蒽　　　　　　　　菲

二、苯

苯是芳香烃中最简单和最重要的化合物，要掌握芳烃的特性，首先要从认识苯的结构开始。

苯的结构
及电子云

1. 苯分子的结构

近代研究证明，苯（C_6H_6）分子中的 6 个碳原子和 6 个氢原子处在同一平面内，6 个碳原子构成平面正六边形，所有键角都是 120°。

为了表示苯分子中的环状结构，有些书刊上采用⬡表示苯分子的结构，而有的书刊上则采用⬡或⬡。对于苯的这种特殊的结构，在没有更好的表达方式之前，采用这两种表示方法均可。

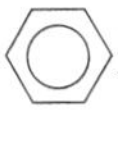

苯环上去掉了一个氢原子后剩余的部分叫苯基，写作 或 C_6H_5—。常用 Ph-表示。

2. 苯的物理性质

在常温下，苯和苯的同系物大多是无色具有芳香气味的液体。

苯是无色易挥发和易燃的液体，有芳香味，其蒸气有毒，且毒性较大，长期吸入苯的蒸气有害健康。熔点 5.5℃，沸点 80.1℃，相对密度 0.879，爆炸极限 $1.5\%\sim8\%$（体积分数）。不溶于水，溶于四氯化碳、乙醇、乙醚等有机溶剂。

苯是有机合成工业的重要原料之一，广泛应用于生产塑料、合成橡胶、合成纤维、染料、医药及合成洗涤剂等。

3. 苯的化学性质

苯具有特殊的稳定性，没有典型的 $C=C$ 双键的性质，不易发生加成反应和氧化反应。而容易发生氢原子被取代的反应，苯这种特殊的性质称为芳香性。对于苯来说，反应只发生在环上。

（1）氧化反应　苯环很稳定，一般不易氧化，只有在较高的温度和催化剂存在时，才被空气氧化，苯环破裂，生成顺丁烯二酸酐（简称顺酐）。

$$2\,\text{苯}+9O_2 \xrightarrow[400\sim500℃]{V_2O_5} 2\,\begin{array}{c}CH-CO\\\|\ \ \ \ \ \ O\\CH-CO\end{array}+4CO_2+4H_2O$$

顺丁烯二酸酐

顺酐为白色结晶，熔点 60℃，沸点 200℃，相对密度 1.480。主要用于制造聚酯树脂和玻璃钢，也用于增塑剂、医药、农药等的生产。工业上采用此法来生产顺丁烯二酸酐。

（2）取代反应

① 硝化。苯与浓硝酸和浓硫酸的混合物（通常称为混酸）在一定温度下发生反应，苯环上的氢原子被硝基（—NO_2）取代，生成硝基化合物，这类反应叫硝化反应。例如

$$\text{苯}+HNO_3 \xrightarrow[50\sim60℃]{H_2SO_4} \text{苯}-NO_2+H_2O$$

硝基苯是无色或浅黄色油状液体，熔点 5.7℃，沸点 210.8℃，比水重，具有苦杏仁气味，有毒，不溶于水，工业上主要用来生产苯胺及制备染料和药物。

硝化是不可逆反应，苯环上的硝化是制备芳香族硝基化合物的重要方法之一。

② 卤化。卤化反应中最重要的是氯化和溴化反应。以铁粉或无水氯化铁为催化剂，苯与氯发生氯化反应生成氯苯。

$$\text{苯}+Cl_2 \xrightarrow{Fe} \text{苯}-Cl+HCl$$

苯的溴化条件与氯化相似。在苯的氯化或溴化反应中，真正起催化作用的是氯化铁或溴化铁。当用铁粉催化时，氯或溴先与铁粉反应生成氯化铁或溴化铁，生成的氯化铁或溴化铁作为催化剂。

苯环上的氯化或溴化是不可逆反应。氯化或溴化是制备芳香族氯化物或溴化物的重要方法之一。芳香族卤化物是制造农药、医药和合成高分子材料的重要原料。

③ 磺化反应。苯与浓硫酸或发烟硫酸作用，在苯环上引入磺基（—SO_3H），生成芳磺酸。这种在有机化合物分子中引入磺基的反应，称为磺化反应。例如

$$\text{\Large \hexagon} + H_2SO_4 \underset{}{\overset{70\sim80℃}{\rightleftharpoons}} \text{\Large \hexagon}—SO_3H + H_2O$$

苯磺酸

磺化反应是制备芳磺酸的重要方法。

（3）加成反应　苯与烯烃或炔烃相比，不易进行加成反应，但在一定条件下，仍与氢、氯等加成，生成脂环烃或其衍生物。

① 加氢。在镍催化剂作用下，于 150～250℃，2.5MPa 压力下，苯与氢加成生产环己烷。

$$\text{\Large \hexagon} + 3H_2 \xrightarrow[150\sim250℃,\ 2.5MPa]{Ni} \text{\Large \hexagon}$$

工业上利用此法来制备环己烷。环己烷主要用于制造尼龙-66 和尼龙-6 的单体己二酸、己二胺及己内酰胺。

② 加氯。在日光或紫外线照射下，苯与氯加成，生成六氯环己烷，也叫六氯化苯，简称六六六。

$$\text{\Large \hexagon} + Cl_2 \xrightarrow{\text{日光或紫外线}} \text{六氯环己烷结构式}$$

六六六曾作为农药大量使用，对昆虫有触杀、熏杀和胃毒作用，过去主要用于防治蝗虫、稻螟虫、小麦吸浆虫和蚊、蝇、臭虫等。由于对人、畜都有一定毒性，20 世纪 60 年代末我国已经下令停止生产和禁止使用。

 思考与练习

一、选择题

1. 在铁的催化作用下，苯与液溴反应，使溴的颜色逐渐变浅直至无色，属于（　　）。

　　A. 取代反应　　B. 加成反应　　　　C. 氧化反应　　　　　D. 萃取反应

2. 在苯的硝化反应中，浓硫酸所起的作用是（　　）。

　　A. 脱水剂　　B. 氧化剂　　　　　C. 催化剂　　　　　　D. 脱水剂和催化剂

3. 下列物质中，具有相同的碳、氢质量分数的一组是（　　）。

    A. 苯和甲苯   B. 苯和乙炔   C. 乙烯和乙炔   D. 乙烯和丙烯

二、判断题

1. 甲苯和苯乙烯都是苯的同系物。   （　　）

2. 苯分子是由单、双键交替组成的环状结构。   （　　）

3. 在有机物分子中引入磺基的反应叫做磺化反应。   （　　）

三、完成下列反应式

1. 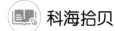 $+ Cl_2$ $\xrightarrow[\text{加热、加压}]{\text{催化剂}}$（　　　　　　　　）$+ HCl$

2. ⬡$+ HO{-}NO_2$ $\xrightarrow{\text{加热}}$（　　　　　　）$+ H_2O$

3. ⬡$+ HO{-}SO_3H$ $\xrightarrow{\text{加热}}$（　　　　　　）$+ H_2O$

四、讨论题

查阅资料，小组讨论，说一说苯有哪些危害？工作、生活中如何减少苯对人体的危害？

📖 科海拾贝

居室装修中的隐形杀手

随着人们生活水平的提高，居室装修成了热点。装修越来越普及和豪华。可人们在装修的同时，忽视了一些隐形杀手——装修中的一些化学污染物。它们悄悄地蒸发于空气中，导致人们的健康受损，甚至带来严重的疾病。

苯、甲苯、二甲苯都属于有机化合物中芳香烃家族，是一类无色、易挥发、具有芳香气味的物质，是一类重要溶剂，常用作某些涂料的稀释剂、溶剂。别看它们气味香，可害人不浅。主要对人的中枢神经系统和造血系统有毒性。轻者出现头晕、兴奋、昏迷、抽搐、血压下降。重者白细胞、血小板和红细胞减少，脉搏细微，呼吸衰竭，严重的引发白血病。在2017年世界卫生组织国际癌症研究机构公布的致癌物清单中，苯、甲苯、二甲苯均被列为3类致癌物。装修后，一定要通风对流，过一段时间方可入住。需要注意的是，苯易挥发，7～30天为急速挥发期，大部分油漆、墙漆中含有的苯能在该周期内，随着油漆干燥而挥发80%以上；3～6个月为快速挥发期，一般剩余的苯会在这个周期内挥发殆尽；1～3年为缓慢释放期，一些较差的油漆及墙漆，或施工工艺较差，导致中深层的苯未能快速释放或者本身含量过大，这部分的苯会在1～3年内缓慢释放殆尽。

第十章
烃的重要衍生物

 学习目标

1. 能够说出卤代烃至少三条物理性质和主要的化学性质，掌握其命名和用途。

2. 能够总结乙醇、苯酚至少四条重要的化学性质，并说明其生产、生活中的用途；能够举例至少两种重要的醚，并说明其在实际生活中的应用，能够举一反三。

3. 掌握醛和酮的官能团和化学结构，并能够根据其化学性质区分两者，举例说明重要的醛和酮，如甲醛、丙酮等在实际生产、生活中的用途。

4. 掌握重要的有机酸，如甲酸、乙酸、苯甲酸、乙二酸等，并能联系实际，复述羧酸至少三条重要的化学性质，并举例其在实际生产、生活中的用途。

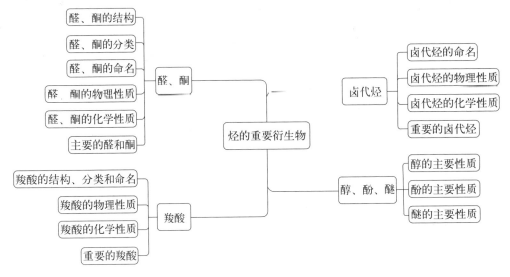

第一节　卤代烃

烃分子中的一个或几个氢原子被卤素原子取代生成的化合物，称为卤代烃，简称卤烃。卤素原子是卤烃的官能团，常用 R—X 表示。

按照卤代烃分子中烃基种类的不同，卤代烃可分为饱和卤代烃（卤烷）、不饱和卤代烃和芳香族卤代烃。例如

$$CH_3CH_2CH_2Cl \qquad\qquad CH_2\!=\!CH\!-\!Cl \qquad\qquad \text{⬡}\!-\!CH_2Cl$$

   饱和卤代烃   不饱和卤代烃   芳香族卤代烃

按照与卤素相连的碳原子类型不同，可分为伯卤代烃、仲卤代烃和叔卤代烃。例如

$$RCH_2\!-\!X \qquad\qquad \begin{array}{c} R \\ | \\ CH\!-\!X \\ | \\ R \end{array} \qquad\qquad \begin{array}{c} R \\ | \\ R\!-\!C\!-\!X \\ | \\ R \end{array}$$

   伯卤代烃   仲卤代烃   叔卤代烃

一、卤代烃的命名

1. 卤烷的命名

简单的卤烷可根据与卤原子相连的烃基来命名。例如

$$CH_3\!-\!Cl \qquad\qquad (CH_3)_2CH\!-\!Br$$

   甲基氯   异丙基溴

一般卤代烃命名时以相应的烃作母体，卤原子作取代基；选择连有卤原子的最长碳链作主链，根据主链上碳原子的数目称为某烷；从靠近卤原子的一端将主链上的碳原子依次编号；将卤原子和支链当作取代基，将它们的位次、数目和名称写在烷烃名称之前。例如

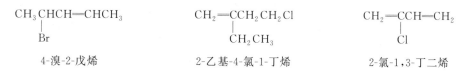

$$\underset{\substack{|\\CH_3}}{CH_3CHCH_2}\underset{\substack{|\\Cl}}{CHCH_3} \qquad\qquad\qquad (CH_3)_3C\!-\!Cl$$

   4-甲基-2-氯戊烷   2-甲基-2-氯丙烷

$$\underset{\substack{|\\CH_2Br}}{CH_3CH_2CHCH_2CH_2CH_3} \qquad\qquad \underset{\substack{|\quad\;|\\Br\;\;Cl}}{CH_3CH_2CHCHCH_2CH_3}$$

   2-乙基-1-溴戊烷   3-氯-4-溴己烷

2. 卤烯的命名

选择连有碳碳不饱和键和卤原子的最长碳链作为主链，从靠近不饱和键的一端将主链编号，以烯为母体来命名。例如

$$\underset{\substack{|\\Br}}{CH_3CHCH}\!=\!CHCH_3 \qquad\; \underset{\substack{|\\CH_2CH_3}}{CH_2\!=\!CCH_2CH_2Cl} \qquad\; \underset{\substack{|\\Cl}}{CH_2\!=\!CCH}\!=\!CH_2$$

  4-溴-2-戊烯   2-乙基-4-氯-1-丁烯   2-氯-1,3-丁二烯

二、卤代烃的物理性质

1. 物态和颜色

在室温下，只有少数低级卤代烃是气体，例如氯甲烷、氯乙烷、溴甲烷等。其他常见的卤代烃大多是液体，C_{15} 以上的卤代烃是固体。纯净的卤代烷是无色的。溴代烷和碘代烷对光较敏感，光照时缓慢分解游离出卤素而带棕黄色和紫色。

2. 溶解性

卤代烷不溶于水，但彼此之间可互溶，也能溶于醇、醚、烃等其他溶剂，有些卤代烷本身就是良好的溶剂。

3. 沸点

卤代烷的沸点随分子量的增加而升高。当烃基相同而卤素不同时，其沸点的变化顺序是 RI＞RBr＞RCl＞RF。直链卤代烷的沸点高于含相同碳原子数的带支链的卤代烷，且支链越多，沸点越低，这与烷烃类似。此外，氯代烷、溴代烷、碘代烷与分子量相近的烷烃的沸点相近。

4. 相对密度

一氯代烷的相对密度小于1，比水轻。一溴代烷和一碘代烷的相对密度大于1，比水重。在同系列中，卤代烷的相对密度随分子量的增加而减小。这是由于卤原子在分子中的质量分数减小的缘故。

5. 火焰颜色

卤代烷在铜丝上燃烧时能产生绿色火焰，这是鉴定卤代烃的简便方法。

三、卤代烃的化学性质

卤素原子是卤代烷的官能团，卤代烃的化学性质主要表现在卤素原子上，容易发生卤原子被取代的反应。卤代烃中的烃基一般也发生烃类所固有的反应。卤代烃还可发生从分子中消去卤化氢生成 C ═C 双键的反应，即消除反应。

卤代烃的化学性质非常活泼，能发生多种反应而转变成其他类型的各种化合物，所以卤代烃在有机合成中起着桥梁的作用。

1. 取代反应

（1）被羟基取代　卤代烷与稀的氢氧化钠水溶液反应，卤原子被羟基取代生成醇。例如

$$CH_3CH_2CH_2—Br + NaOH \xrightarrow{\text{回流}} CH_3CH_2CH_2—OH + NaBr$$

正丙醇

（2）与硝酸银作用　卤代烷与硝酸银的乙醇溶液反应生成卤化银沉淀。

$$R—X+AgNO_3 \xrightarrow{乙醇} R—O—NO_2+AgX\downarrow$$

硝酸烷基酯

【演示实验 10-1】　取 3 支 50mL 试管，各放入饱和硝酸银-乙醇溶液 30mL，然后分别加入 6～9 滴 1-溴丁烷、2-溴丁烷、2-甲基-2-溴丙烷，振荡后，可观察到 2-甲基-2-溴丁烷立即生成沉淀，前两者加热才出现沉淀，2-溴丁烷较快出现沉淀。

卤代烷的活性顺序为叔卤代烷＞仲卤代烷＞伯卤代烷。

此反应在有机分析上常用来检验卤代烷。

此外，卤原子还可被氰基取代生成腈；被氨基取代生成胺；被烷氧基取代生成醚。

2. 消除反应

卤代烷在强碱的浓醇溶液中加热，分子中脱去一分子 HX 而生成烯烃。

$$CH_3CH_2Cl \xrightarrow[\triangle]{KOH-C_2H_5OH} CH_2{=\!\!=}CH_2+HCl$$

这种在一定条件下，从分子中相邻两个碳原子上脱去一些小分子，如 HX、H_2O 等，同时形成不饱和烯烃的反应叫消除反应。

此法是制备烯烃的方法之一。

在仲卤代烷中，消除卤化氢可在碳链的两个不同方向进行，从而得到两种不同的产物。例如

$$CH_3CH_2\underset{\underset{Br}{|}}{CH}CH_3 \xrightarrow{KOH-C_2H_5OH} CH_3CH{=\!\!=}CHCH_3 + CH_3CH_2CH{=\!\!=}CH_2$$
2-丁烯（81%）　　1-丁烯（19%）

$$CH_3CH_2\underset{\underset{Br}{|}}{\overset{\overset{CH_3}{|}}{C}}CH_3 \xrightarrow[\triangle]{KOH-C_2H_5OH} CH_3CH{=\!\!=}\underset{\overset{CH_3}{|}}{C}CH_3 + CH_3CH_2\underset{\overset{CH_3}{|}}{C}{=\!\!=}CH_2$$
2-甲基-2-丁烯（71%）　2-甲基-1-丁烯（29%）

通过大量实验，查依采夫总结出以下规律：仲卤代烷和叔卤代烷脱卤化氢时，氢原子是从含氢较少的碳原子上脱去的，也就是说生成双键碳上连接较多烃基的烯烃。这就是查依采夫规则。

卤代烷也可以与某些金属（例如锂、钠、钾、镁等）反应，生成金属原子与碳原子直接相连的一类化合物，也就是有机金属化合物。在此不做赘述。

四、重要的卤代烃

1. 三氯甲烷

三氯甲烷（俗称氯仿）是一种无色具有甜味的液体，有强烈麻醉作用（因其

对肝脏有严重损害且致癌，现已不再使用），沸点 61.2℃，相对密度 1.483，不溶于水，能溶于乙醇、乙醚、苯、石油醚等有机溶剂，氯仿也是一种良好的不燃性溶剂，能溶解油脂、蜡、有机玻璃和橡胶等。

光照下，氯仿能被空气氧化为毒性很强的光气，光气吸入肺中会引起肺水肿。

$$2CHCl_3 + O_2 \xrightarrow{\text{日光}} 2 \underset{Cl}{\overset{Cl}{\diagdown}} C = O + 2HCl$$

因此，氯仿应保存在密封的棕色瓶中，通常加 1%（体积分数）的乙醇作为稳定剂来破坏光气。

氯仿的生产方法一般采用甲烷氯化法。

2. 四氯化碳

四氯化碳是无色液体，沸点 76.5℃，相对密度 1.5940，微溶于水，可与乙醇、乙醚混溶。能灼伤皮肤，损伤肝脏，使用时应注意安全。

由于四氯化碳的沸点低，易挥发，蒸气比空气重，且不导电，不能燃烧，常用作灭火剂，特别适宜于扑灭油类着火以及电器设备的火灾。

四氯化碳在 500℃ 以上高温时，能水解生成剧毒光气。

$$CCl_4 + H_2O \xrightarrow{500℃} COCl_2 + 2HCl$$

因此灭火时要注意空气流通，以防止中毒。

四氯化碳主要用作溶剂、萃取剂和灭火剂，也用于干洗剂。目前主要生产方法是甲烷的完全氯化。

3. 二氟二氯甲烷

二氟二氯甲烷是无色、无臭、不燃的气体，无毒，200℃ 以下对金属无腐蚀性。溶于乙醇和乙醚。化学性质稳定。沸点 -30℃，易压缩成液体，当解除压力后立即挥发而吸收大量的热，因此是良好的制冷剂和气雾剂。

二氟二氯甲烷的商品名称为氟里昂，商品代号 F-12，曾作为制冷剂，因其排放会破坏大气臭氧层已被禁止使用。

4. 氯乙烯

氯乙烯是无色气体，具有微弱芳香气味，沸点 -13.9℃，易溶于乙醇、丙酮等有机溶剂。氯乙烯容易燃烧，与空气能形成爆炸混合物，爆炸极限为 3.6%～26.4%（体积分数）。它主要用于生产聚氯乙烯，也用作冷冻剂等。分子结构见码 10-1。

氯乙烯

氯乙烯聚合生成聚氯乙烯。聚氯乙烯是目前我国产量最大的塑料，广泛用于农业、工业和日常生活中。但聚氯乙烯制品不耐热，不耐有机溶剂，而且在使用过程中由于其缓慢释放有毒物质而不可盛放食品。

$$n\mathrm{CH_2}\!=\!\mathrm{CHCl} \xrightarrow[\text{40\sim80℃，0.63\sim1.5MPa}]{\text{偶氮二异丁腈}} \begin{array}{c}\\ \!-\!\!\!-\!\mathrm{CH_2}\!-\!\mathrm{CH}\!-\!\!\!-\!\!\!\!\!\!\!-_n\\ |\\ \mathrm{Cl}\end{array}$$

5. 四氟乙烯

四氟乙烯是无色气体，沸点－76.3℃，不溶于水，易溶于有机溶剂。在催化剂过硫酸铵作用下聚合成聚四氟乙烯。

$$n\mathrm{CF_2}\!=\!\mathrm{CF_2} \xrightarrow{\text{催化剂}} \ \!-\!\!\!-\!\mathrm{CF_2}\!-\!\mathrm{CF_2}\!-\!\!\!-\!\!\!\!\!\!\!-_n$$

聚四氟乙烯（PTFE）又名"特氟龙"，是一种性能优异的工程塑料，常温常压下稳定，其具有耐化学腐蚀性、耐高低温性、电绝缘性、表面不粘性等，为许多其他工程塑料所不及，因而有"塑料王"之称。

6. 氯苯

氯苯为无色液体，沸点131.6℃，不溶于水，易溶于乙醇、氯仿等有机溶剂。易燃，在空气中爆炸极限为1.3%～7.1%（体积分数）。分子结构见码10-2。

氯苯

氯苯主要用于制造硝基氯苯、苦味酸、苯胺等，还可作油漆溶剂。

✏️ **思考与练习**

一、选择题

1. 按照系统命名法，构造式 $\mathrm{CH_3CH\!-\!C\!-\!CHCH_3}$ 的正确名称是（　　）。

（上标 $\mathrm{CH_3}$；下标 $\mathrm{CH_3}$ Br Cl）

A. 2,3-二甲基-3-溴-4-氯戊烷　　　　　B. 2,3-二甲基-4-氯-3-溴戊烷

C. 2-氯-3-溴-3,4-二甲基戊烷　　　　　D. 3,4-二甲基-2-氯-3-溴戊烷

2. 一氯丁烯的同分异构体有（　　）。

A. 7 种　　　　　B. 8 种　　　　　C. 9 种　　　　　D. 10 种

3. 俗称"塑料王"的物质是指（　　）。

A. 聚乙烯　　　　B. 聚丙烯　　　　C. 聚氯乙烯　　　　D. 聚四氟乙烯

二、判断题

1. 氯代烷的相对密度都小于1。（　　）

2. 粗苯溴乙烷中含有乙醇杂质，可用食盐水洗涤后过滤除去。（　　）

3. "氟里昂"是专指二氟二氯甲烷这种冷冻剂。（　　）

4. 卤代烷与碱作用的反应是取代反应和消除反应同时进行的。卤代烷与碱的水溶液作用时，是以取代反应为主；与碱的醇溶液作用时，是以消除反应为主。（　　）

三、请选取合适原料，仅经一步化学反应制取下列纯有机物。

1. CH_3CH_2Cl 2. 氯化苄   3. $\underset{\underset{Br}{|}}{\overset{\overset{CH_3}{|}}{CH_3CCH_3}}$

📖 科海拾贝

氟里昂

氟里昂是氯氟烃化合物（CFCs）的商品名称。它自 20 世纪 30 年代开发以来，由于其不易燃烧、不具腐蚀性、无毒、性能稳定、价格便宜，被广泛应用于各种冷冻空调的冷媒、电子和光学元件的清洗溶剂、化妆品等喷雾剂以及泡沫塑料的发泡剂等领域。在对氟里昂实行控制之前，全世界向大气中排放的氟里昂已达到 2000 万吨。

氟里昂有其致命的缺点，它是一种"温室气体"，温室效应值比二氧化碳大 1700 倍，会破坏大气中的臭氧。CFCs 在紫外线的作用下，一个氯原子就可以消耗上万个臭氧分子，从而影响臭氧分子 250～320nm 紫外线的吸收，使过量紫外线到达地球表面，可加剧人类眼部疾病、皮肤癌和传染性疾病的发病率；在植物中，紫外线可能改变物种的组成，进而影响生物多样性分布，并对植物的竞争平衡、食草动物、植物致病菌和生物地球化学循环等产生潜在影响。

我国于 2007 年出台相关文件，任何企业不得生产以氯氟烃（CFCs）为制冷剂、发泡剂的家用电器产品，不得在家用电器产品的生产过程中使用氯氟烃作为清洗剂。目前，我国制冷行业已经形成了新型无氟制冷剂体系，节能环保制冷剂及各种氟里昂的替代技术已不断涌现，含氟冰箱、冷柜基本退出家电市场。

第二节　醇、酚、醚

醇、酚和醚都是烃的含氧衍生物。脂肪烃或脂环烃分子中氢原子被羟基取代的衍生物叫做醇；芳环上氢原子被羟基取代的衍生物叫做酚；醇或酚羟基的氢原子被烃基取代后的产物叫做醚。它们的通式分别为

R—OH　　　　　　Ar—OH　　　　　　R—O—R′

醇　　　　　　　　酚　　　　　　　　醚

一、醇

1. 醇的结构和分类

（1）醇的结构　醇分子中含有羟基（—OH）官能团（又称醇羟基）。醇也可以看作是烃分子中的氢原子被羟基取代后的生成物。饱和一元醇的通式是 $C_nH_{2n+1}OH$，或简写为 ROH。在醇分子中 C—O 键和 O—H 键都是极性较强的共价键，因此醇的化学活泼性较强。

（2）醇的分类　醇有许多种，可按照不同的方法加以分类。

① 按羟基所连接的烃基不同，分为饱和醇、不饱和醇和芳香醇。

饱和醇，如 C_2H_5OH　乙醇　　$CH_3—\underset{\underset{\displaystyle OH}{|}}{CH}—CH_3$　异丙醇

不饱和醇，如 $CH_2{=}CH—CH_2OH$　烯丙醇

芳香醇，如 $\langle\!\!\!\bigcirc\!\!\!\rangle{-}CH_2—OH$　苯甲醇（苄醇）

② 根据分子中所含羟基数目分为一元醇、二元醇、三元醇等。二元醇或二元以上的醇称为多元醇。例如

$$CH_3—CH_2OH\qquad 乙醇（一元醇）$$

$$\underset{\displaystyle CH_2OH}{\overset{\displaystyle CH_2OH}{|}}\qquad 乙二醇（二元醇）$$

$$\begin{array}{c}CH_2OH\\|\\CHOH\\|\\CH_2OH\end{array}\qquad 丙三醇（三元醇）$$

此外根据羟基连接的碳原子种类的不同，可分为伯醇、仲醇和叔醇等。羟基连接在伯（连接两个氢的）碳原子上的称为伯醇（第一醇），连接在仲（连接一个氢的）碳原子上的称为仲醇（第二醇），连接在叔（不连接氢的）碳原子上的称为叔醇（第三醇）。例如

$$R—CH_2OH\qquad\qquad \underset{\displaystyle R}{\overset{\displaystyle CH_3}{|}}CHOH\qquad\qquad CH_3—\underset{\underset{\displaystyle R}{|}}{\overset{\overset{\displaystyle R'}{|}}{C}}—OH$$

伯醇（第一醇）　　　　仲醇（第二醇）　　　　叔醇（第三醇）

在各类醇当中，饱和一元醇在理论上和实际应用上都比较重要。乙醇是最常见的饱和一元醇，具有广泛的应用，其结构式见码 10-3。

2. 醇的命名

饱和一元醇的命名可以采用以下三种方法。

① 习惯命名法。低级一元醇可以按烃基的习惯名称在后面加一“醇”字来

命名。

② 衍生命名法。对于结构不太复杂的醇，可以甲醇作为母体，把其他醇看作是甲醇的烷基衍生物来命名。

③ 系统命名法。选择连有羟基的最长碳链作为主链，而把支链看作取代基；主链中碳原子的编号从靠近羟基的一端开始，按照主链中所含碳原子数称为某醇；支链的位次、名称及羟基的位次用阿拉伯数字写在名称的前面，并分别用半字线隔开。例如，丁醇有四种异构体，它们的构造式和命名如下。

构造式	习惯命名法	衍生命名法	CCS1980	CCS2017
$CH_3-CH_2-CH_2-CH_2OH$	正丁醇	正丙基甲醇	1-丁醇	丁-1-醇
$CH_3-\underset{\underset{OH}{\mid}}{CH}-CH_2-CH_3$	仲丁醇	甲基乙基甲醇	2-丁醇	丁-2-醇
$CH_3-\underset{\underset{CH_3}{\mid}}{CH}-CH_2OH$	异丁醇	异丙基甲醇	2-甲基-1-丙醇	2-甲基丙-1-醇
$\overset{3}{CH_3}-\overset{\overset{CH_3}{\mid}}{\underset{\underset{OH}{\mid}}{\overset{2}{C}}}-\overset{1}{CH_3}$	叔丁醇	三甲基甲醇	2-甲基-2-丙醇	2-甲基丙-2-醇

含有两个以上羟基的多元醇，结构简单的常用俗名，结构复杂的，应尽可能选择包含多个羟基在内的碳链作为主链，并把羟基的数目（以二、三、四……表示）和位次（用1，2，3…表示）放在醇名之前表示出来。例如

$$\underset{\underset{OH}{\mid}}{CH_2}-\underset{\underset{OH}{\mid}}{CH_2}$$

乙二醇（甘醇）

$$\underset{\underset{OH}{\mid}}{CH_2}-\underset{\underset{OH}{\mid}}{CH}-\underset{\underset{OH}{\mid}}{CH_2}$$

丙三醇（甘油）

$$HOH_2C-\underset{\underset{CH_2OH}{\mid}}{\overset{\overset{CH_2OH}{\mid}}{C}}-CH_2OH$$

2,2-二羟甲基-1,3-丙二醇（季戊四醇）

括号中的名称即为俗名。

不饱和醇的系统命名，应选择连有羟基同时含有重键（双键、三键）碳原子在内的碳链作为主链，编号时尽可能使羟基的位次最小。例如

$$CH_3-CH_2-CH_2-\underset{\underset{\underset{5}{CH}=\underset{6}{CH_2}}{\mid}}{\overset{4}{CH}}-\overset{3}{CH_2}-\overset{2}{CH_2}-\overset{1}{CH_2}OH$$

4-(正)丙基-5-己烯-1-醇

3. 醇的物理性质

（1）物态　直链饱和一元醇中含 C_4 以下的是具有酒精味的流动液体，含 $C_5 \sim C_{11}$ 的为具有不愉快气味的油状液体，含 C_{12} 以上的醇为无臭无味的蜡状固体，二

元醇、三元醇等多元醇为具有甜味的无色液体或固体。

（2）沸点　与烷烃相似，直链饱和一元醇的沸点也是随着碳原子数的增加而上升，每增加一个碳原子，沸点升高约 $18\sim20℃$。碳原子数目相同的醇含支链愈多者，沸点就愈低。低级醇的沸点比和它分子量相近的烷烃要高得多，随着碳链的增长，醇与烷烃的沸点差逐渐缩小。

（3）溶解性　甲醇、乙醇、丙醇能以任何比例与水混溶。从正丁醇起，在水中的溶解度显著降低，到癸醇以上则不溶于水而溶于有机溶剂中。

多元醇分子中所含的羟基越多，在水中的溶解度越大。

（4）生成结晶醇　低级醇与水相似，能和一些无机盐类（$MgCl_2$、$CaCl_2$、$CuSO_4$ 等）形成结晶状的分子化合物，称为结晶醇，亦称醇化物，如 $MgCl_2 \cdot 6CH_3OH$、$CaCl_2 \cdot 4C_2H_5OH$、$CuSO_4 \cdot 2C_2H_5OH$ 等。结晶醇不溶于有机溶剂而溶于水，在实际工作中常利用这一性质使醇与其他化合物分开或从反应物中除去醇类。

（5）相对密度　饱和一元醇的相对密度小于1，比水轻。芳香醇和多元醇的相对密度大于1，比水重。

4. 醇的化学性质

醇的化学性质主要由羟基官能团所决定，同时，也受烃基的一定影响。

（1）与活泼金属的反应　醇和水都含有羟基，它们都是极性化合物，且具有相似的化学性质。例如，水和金属钠作用，生成氢氧化钠和氢。醇和金属钠作用则生成醇钠和氢气，但反应比水慢。

$$HO-H+Na \longrightarrow NaOH+1/2H_2\uparrow$$

$$C_2H_5O-H+Na \longrightarrow C_2H_5ONa+1/2H_2\uparrow$$

这个反应随着醇的分子量的增大而反应速率减慢。醇的反应活性，以甲醇最活泼，其次为一般伯醇，再次为仲醇，而以叔醇最差。

$$CH_3OH>伯醇>仲醇>叔醇$$

醇钠是白色固体，它的化学性质相当活泼，常在有机合成中作为碱性催化剂及缩合剂使用，并可用作引入烷氧基的试剂。

（2）与氢卤酸的反应　醇与氢卤酸反应生成卤代烷和水，这是制备卤代烃的一种重要方法，反应通式如下。

$$R-OH+H-X \Longleftrightarrow R-X+H_2O$$

这个反应是可逆的，如果使反应物之一过量或使生成物之一从平衡混合物中移去，都可使反应向有利于生成卤烃的方向进行，使产量提高。

$$CH_3CH_2CH_2CH_2OH+HI \xrightarrow{\triangle} CH_3CH_2CH_2CH_2I+H_2O$$

$$CH_3CH_2CH_2CH_2OH + HBr \xrightarrow[\triangle]{\text{浓 } H_2SO_4} CH_3CH_2CH_2CH_2Br + H_2O$$

$$CH_3CH_2CH_2CH_2OH + HCl \xrightarrow[\triangle]{ZnCl_2} CH_3CH_2CH_2CH_2Cl + H_2O$$

醇与卤代酸反应速率与氢卤酸的类型及醇的结构有关。

氢卤酸的活性次序是 HI＞HBr＞HCl。

醇的活性次序是烯丙型醇＞叔醇＞仲醇＞伯醇＞甲醇。

由醇制备氯代烷时一般采用浓盐酸与无水氯化锌（作脱水剂和催化剂）为试剂，使反应有利于生成氯代烷。

浓盐酸与无水氯化锌所配制的溶液称为卢卡斯试剂。卢卡斯试剂与叔醇反应速率很快，立即生成不溶于酸的氯代烷而使溶液浑浊；仲醇则较慢，放置片刻才变浑浊；伯醇在常温下不发生反应（烯丙型醇的伯醇除外，它可以很快发生反应）。因此，可以利用卢卡斯试剂与醇反应由生成卤代烃（溶液出现浑浊）的速率来区别伯、仲、叔醇。例如

$$CH_3\!-\!\underset{\underset{CH_3}{|}}{\overset{\overset{CH_3}{|}}{C}}\!-\!OH + HCl \xrightarrow[20℃]{ZnCl_2} CH_3\!-\!\underset{\underset{CH_3}{|}}{\overset{\overset{CH_3}{|}}{C}}\!-\!Cl + H_2O$$

（1min 内变浑浊，随后分层）

$$CH_3\!-\!\underset{\underset{OH}{|}}{CH}\!-\!CH_2\!-\!CH_3 + HCl \xrightarrow[20℃]{ZnCl_2} CH_3\!-\!\underset{\underset{Cl}{|}}{CH}\!-\!CH_2\!-\!CH_3 + H_2O$$

（10min 内开始浑浊并分层）

卢卡斯试剂不适用于 6 个碳原子以上醇的鉴别，因为这样的醇不溶于试剂，很难辨别反应是否发生。应注意异丙醇虽属分子量低的醇，但是生成的 2-氯丙烷沸点只有 36.5℃，在未分层以前就挥发逸去，故此反应也不适用。

（3）脱水反应　醇脱水有两种形式，一种是分子内脱水生成烯烃；另一种是分子间脱水生成醚。具体按哪一种方式脱水则要看醇的结构和反应条件。通常，在较高温度下发生分子内脱水（消除反应）；在较低温度下发生分子间脱水。例如

分子内脱水

$$\underset{\underset{H}{|}}{CH_2}\!-\!\underset{\underset{OH}{|}}{CH_2} \xrightarrow[\text{或 } Al_2O_3,\ 360℃]{\text{浓 } H_2SO_4,\ 170℃} CH_2\!=\!CH_2 + H_2O$$

分子间脱水

$$CH_3\!-\!CH_2\ \boxed{OH + H}\ OCH_2\!-\!CH_3 \xrightarrow[\text{或 } Al_2O_3,\ 260℃]{\text{浓 } H_2SO_4,\ 140℃} CH_3CH_2OCH_2CH_3 + H_2O$$

乙醚

醇的消除反应速率快慢为叔醇＞仲醇＞伯醇。例如

$$CH_3-CH_2OH \xrightarrow[170℃]{\text{质量分数90\%浓 } H_2SO_4} CH_2=CH_2+H_2O$$

$$CH_3-CH_2-\underset{\underset{OH}{|}}{CH}-CH_3 \xrightarrow[100℃]{\text{质量分数60\%浓 } H_2SO_4} CH_3-CH=CH-CH_3+H_2O$$

$$CH_3-\underset{\underset{CH_3}{|}}{\overset{\overset{CH_3}{|}}{C}}-OH \xrightarrow[85\sim90℃]{\text{质量分数20\%浓 } H_2SO_4} CH_3-\underset{}{\overset{\overset{CH_3}{|}}{C}}=CH_2+H_2O$$
异丁烯（100%）

醇脱水的消除反应取向和卤代烷消除卤化氢的规律一样，符合查依采夫规则，脱去的是羟基和含氢较少的 β-碳原子上的氢原子，这样形成的烯烃比较稳定。

$$CH_3-\overset{\beta}{C}H_2-\underset{\underset{OH}{|}}{\overset{\alpha}{C}H}-CH_3 \xrightarrow[85\sim90℃]{65\%\text{浓 } H_2SO_4} CH_3-CH=CH-CH_3 + CH_3-CH_2-CH=CH_2$$

2-丁烯　　　　　　　1-丁烯
（65%～80%）　　　　（少量）

（4）氧化和脱氢　醇分子中由于羟基的影响，烃基 α-碳原子上的氢原子较活泼而易被氧化。不同结构的醇氧化所得产物也不同。常用的氧化剂是重铬酸钠（钾）和硫酸、氧化铬和冰醋酸或热的高锰酸钾水溶液。

伯醇分子中 α-碳原子上有两个氢原子，可相继被氧化。首先第一个氢原子被氧化而生成相同碳原子数目的醛，醛继续氧化而生成含相同碳原子数目的羧酸。

$$R-\overset{\alpha}{C}H_2-OH \xrightarrow[-H_2O]{[O]} R-\overset{\overset{O}{\|}}{C}-H \xrightarrow{[O]} R-\overset{\overset{O}{\|}}{C}-OH$$
醛　　　　　羧酸

$$3CH_3CH_2OH+2Na_2Cr_2O_7+H_2SO_4 \xrightarrow{25℃} 3CH_3-\overset{\overset{O}{\|}}{C}-OH+2Na_2SO_4+2Cr_2(SO_4)_3+11H_2O$$
（橙红色）　　　　　　　　　　　　　　　　　　　　　　（绿色）

如果要得到醛，就必须把生成的醛立即从反应混合物中蒸馏出去，以防止与氧化剂继续反应生成羧酸，或者使用温和的氧化剂（CrO_3 在吡啶中）也可以使反应停留在醛的阶段，反应的标志是溶液的颜色由橙红色变成绿色。

仲醇分子中 α 碳原子上只有一个氢原子，被氧化成羟基后，失水生成相同碳原子数目的酮。

$$R-\underset{\underset{OH}{|}}{\overset{\alpha}{C}H}-R \xrightarrow{[O]} R-\underset{\underset{OH}{|}}{\overset{\overset{OH}{|}}{C}}-R \xrightarrow{-H_2O} R-\overset{\overset{O}{\|}}{C}-R$$
酮

$$3CH_3-\underset{\underset{OH}{|}}{C}H-CH_3 + 2CrO_3 + 6CH_3COOH \xrightarrow{25℃} 3CH_3-\overset{\overset{O}{\|}}{C}-CH_3 + 2Cr(OOCCH_3)_3 + 6H_2O$$

（橙红色）　　　　　　　　　　　　　　　　（绿色）

叔醇分子中 α-碳原子上没有氢原子，所以在上述同样的氧化条件下不被氧化，但在强烈的氧化条件下（如在热的重铬酸钠和硫酸溶液中或酸性高锰酸钾溶液中）碳碳键断裂，生成含碳原子数较少的氧化产物。

醇的氧化反应是制备醛和酮以及羧酸的一个重要途径。实验室中常用重铬酸盐氧化的方法来区别叔醇与伯醇、仲醇。伯醇与仲醇则根据氧化产物的不同来鉴别。热的高锰酸钾水溶液氧化醇的方式与重铬酸钾相同，只不过反应后溶液紫色消失而有棕褐色沉淀生成。

检查司机是否酒后驾车的呼吸分析仪就是利用乙醇与重铬酸的氧化反应。在 100mL 血液中如含有超过 80mg 乙醇（最大允许量），这时呼出的气体中所含乙醇量即可使呼吸分析仪中的溶液颜色由橙红色变为绿色。

伯醇或仲醇的蒸气在高温下通过活性铜或银、镍等催化剂时，发生脱氢反应，分别生成醛和酮。例如

$$CH_3-CH_2OH \xrightarrow{Cu，250\sim350℃} CH_3-CHO + H_2$$

$$CH_3-\underset{\underset{OH}{|}}{C}H-CH_3 \xrightarrow{Cu，500℃，0.3MPa} CH_3-\overset{\overset{O}{\|}}{C}-CH_3 + H_2$$

此外，醇还可与含氧无机酸或有机酸反应。

5. 重要的醇

（1）甲醇　甲醇最初由木材干馏（隔绝空气加强热）得到，所以又称木精、木醇。近代工业上是用一氧化碳和氢气在高温、高压和催化剂存在的条件下合成的。

$$CO + 2H_2 \xrightarrow[350\sim400℃，20\sim30MPa]{ZnO\text{-}Cr_2O_3} CH_3OH$$

若改用其他催化剂，如用 Cu-Zn-Cr 催化剂，则可在较低的压力（5MPa）下进行。

甲醇也可通过甲烷的部分催化氧化直接制取。

$$2CH_4 + O_2 \xrightarrow[10MPa，200℃]{通过铜管} 2CH_3OH$$

纯粹的甲醇是无色易燃的液体，沸点 64.7℃。爆炸极限为 6.0%～36.5%（体积分数）。能与水及大多数有机溶剂混溶。甲醇的毒性很强，少量饮用（10mL）或长期与它的蒸气接触会使眼睛失明，严重时致死。

甲醇不仅是优良的溶剂，而且也是重要的化工原料，大量用于生产甲醛。此外，甲醇还是合成氯甲烷、甲胺、有机玻璃、合成纤维（涤纶）等产品的原料，甲醇还可用作无公害燃料。

（2）乙醇　乙醇即酒精。我国古代就知道谷类用曲发酵酿酒。随着近代石油化工的飞速发展，目前工业上用乙烯为原料来大量生产乙醇，但用发酵法仍是工业生产乙醇的方法之一。发酵过程较复杂，大致步骤为

$$(C_6H_{12}O_6)_n \xrightarrow{\text{淀粉酶}} C_{12}H_{22}O_{11} \xrightarrow{\text{麦芽糖酶}} C_6H_{12}O_6 \xrightarrow{\text{酒化酶}} C_2H_5OH + CO_2$$

淀粉　　　　　　麦芽糖　　　　　　葡萄糖　　　　　　酒精

乙醇的结构

发酵法每生产一吨酒精，要消耗三吨以上的粮食或五吨甘薯，故成本较高。在发酵液中乙醇的含量约为 $10\% \sim 15\%$（质量分数），再经分馏，所得乙醇的质量分数最高，为 95.6%，另外还含有 4.4% 水分。因两者形成共沸混合物，不能用分馏法将含有的水除去。实验室中要制备无水乙醇（或称绝对乙醇），可将质量分数 95.6% 的乙醇先与生石灰（CaO）共热，蒸馏得到质量分数为 99.5% 的乙醇，再用镁处理微量的水，生成乙醇镁，乙醇镁与水作用生成氢氧化镁及乙醇，再经蒸馏，即得无水乙醇。工业上常利用加苯形成三元共沸物（质量分数为 74.1% 苯、18.5% 乙醇、7.4% 水），再经蒸馏得到无水乙醇。

工业上还可用离子交换树脂吸收其中少量水来制取无水乙醇。所用的离子交换树脂必须经干燥处理。

检验乙醇中是否含有水分，可加入少量无水硫酸铜，如呈现蓝色（生成 $CuSO_4 \cdot 5H_2O$）就表明有水存在。

为了防止用工业乙醇配制饮料酒类，常在乙醇中加入各种变性剂（有毒性、有臭味或有颜色的物质，如甲醇、吡啶、染料等），这种乙醇叫变性酒精。

乙醇是无色易燃的液体，具有酒的气味，沸点是 $78.5℃$，相对密度为 0.7893，能与水混溶，在工业中常用乙醇和水的容量关系即体积分数来表示它的浓度。

乙醇的用途很广，它既是重要的有机溶剂，又是有机合成原料，可用来制备乙醛、乙醚、氯仿、酯类等。医药上用作消毒剂、防腐剂。乙醇还可以与汽油配合作发动机的燃料。

（3）乙二醇（甘醇）　乙二醇是最简单和最重要的二元醇。工业上生产乙二醇是以乙烯为原料，有氯乙醇水解法和环氧乙烷水合法。目前工业上普遍采用环氧乙烷加压水合法制造乙二醇。氯乙醇水解法由于产率不高，未被广泛应用。

$$CH_2\!=\!CH_2 \xrightarrow[220\sim280℃]{O_2,\ Ag} \underset{O}{CH_2\!-\!CH_2} \xrightarrow[190\sim220℃,\ 2MPa]{+H_2O} \underset{OH\ \ \ OH}{CH_2\!-\!CH_2}$$

乙二醇是黏稠、有甜味的液体，故又叫甘醇。一般来讲，多羟基化合物都具

有甜味。乙二醇的沸点为 197℃，相对密度为 1.109，均比同碳数的一元醇高，这是因为分子中有两个羟基，分子间以氢键缔合的缘故。乙二醇可与水混溶，但不溶于乙醚，也是因为分子内增加了一个羟基的影响。

乙二醇是合成涤纶、炸药的原料。它的质量分数 50% 的水溶液凝固点为 −34℃，因此乙二醇是很好的防冻剂，用于汽车、飞机发动机。

（4）丙三醇（甘油）　丙三醇最早是从油脂水解得到。近代工业以石油热裂气中的丙烯为原料制备。目前我国广泛采用丙烯氯化法，将丙烯在高温下与氯气作用，生成 3-氯丙烯。再与氯水作用生成二氯丙醇，然后在碱作用下经环化水解而得丙三醇。

丙三醇是无色而有甜味的黏稠液体，因它的分子中含有三个羟基，极性很强，易溶于水，不溶于有机溶剂。甘油水溶液的冰点很低（例如质量分数 66.7% 的甘油水溶液的冰点为 −46.5℃），同时具有很大的吸湿性能，能吸收空气中的水分。

多元醇具有较大的酸性，这种酸性虽然不能用通常的酸碱指示剂来检验，但是它们能与金属氢氧化物发生类似的中和作用，生成类似于盐的产物。例如，甘油与氢氧化铜作用生成甘油铜。

$$\begin{array}{l} CH_2OH \\ | \\ CHOH \\ | \\ CH_2OH \end{array} + Cu\begin{array}{l} OH \\ \\ OH \end{array} \longrightarrow \begin{array}{l} CH_2O \\ | \quad\diagdown \\ CHO \quad Cu \\ | \quad\diagup \\ CH_2OH \end{array} + 2H_2O$$

甘油铜溶于水，水溶液呈鲜艳的蓝色。利用这一特性可用来鉴定具有 1,2-二醇结构的多元醇。一元醇无此类反应，所以也可用来区别一元醇和多元醇。

甘油的用途很广泛。它的最大用途是与浓硝酸（在浓硫酸存在的条件下）作用，制造三硝酸甘油酯，即硝化甘油。

$$\begin{array}{l} CH_2OH \\ | \\ CHOH \\ | \\ CH_2OH \end{array} + 3HNO_3 \xrightarrow{\text{浓 } H_2SO_4} \begin{array}{l} CH_2ONO_2 \\ | \\ CHONO_2 \\ | \\ CH_2ONO_2 \end{array} + 3H_2O$$

三硝酸甘油酯

三硝酸甘油酯是一种无色透明的液体，它是很猛烈的炸药，用在爆破工程和国防上。硝酸甘油酯还有扩张冠状动脉的作用，用来治疗心绞痛。

此外，甘油还用于印刷、化妆品、皮革、烟草、食品以及纺织工业，作为甜味添加剂、防燥剂等，还可用作抗冻剂及合成树脂的原料。

（5）苯甲醇　苯甲醇也叫苄醇，它是一个最重要的、最简单的芳醇，存在于茉莉等香精油中。工业上可从氯化苄（苯氯甲烷）水解制备。

$$\langle \rangle\text{—}CH_3Cl + NaOH \xrightarrow{+H_2O} \langle \rangle\text{—}CH_3OH + NaCl$$

苯甲醇是无色液体，有轻微而愉快的香气，沸点 206℃，微溶于水，溶于乙醇、甲醇等有机溶剂。它与脂肪族伯醇性质相似，可被氧化生成苯甲醛，最后氧化成苯甲酸。苯甲醇也能生成酯，它的许多酯可用作香料，如素馨精油内就含有它。它与钠作用生成苯甲酸钠。

苯甲醇除有上述反应外，由于分子内具有苯环，故也能进行硝化和磺化等取代反应。

二、酚

1. 酚的构造、分类和命名

羟基直接连在芳环上的化合物叫做酚。按酚类分子中所含羟基的数目多少，可分为一元酚、二元酚和多元酚。苯酚是最简单的一元酚，其结构见码 10-4。酚类的命名，一般以酚作为母体。也就是在"酚"字前面加上其他取代基的位次、数目和名称及芳环的名称。

一元酚，如

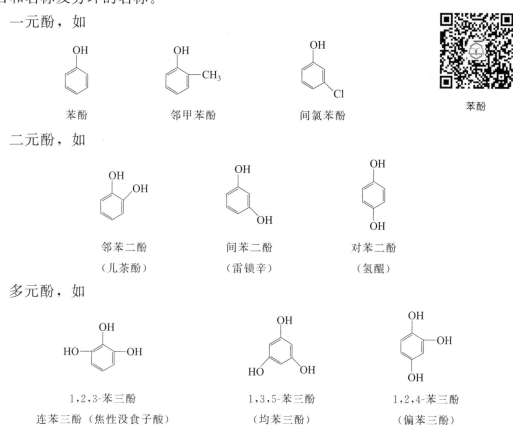

苯酚　　　　　　邻甲苯酚　　　　　间氯苯酚　　　　　　　苯酚

二元酚，如

邻苯二酚　　　　　　间苯二酚　　　　　　对苯二酚
（儿茶酚）　　　　　（雷锁辛）　　　　　（氢醌）

多元酚，如

1,2,3-苯三酚　　　　　　1,3,5-苯三酚　　　　　　1,2,4-苯三酚
连苯三酚（焦性没食子酸）　　　（均苯三酚）　　　　　（偏苯三酚）

2. 酚的物理性质

除少数烷基酚（如甲苯酚）是高沸点液体外，多数酚均是固体。由于酚的分子间也能形成氢键，所以它们的熔点和沸点都比分子量相近的烃高。苯酚在室温下微溶于水，其余的一元酚不溶于水，而溶于乙醇、乙醚等有机溶剂。多元酚随

着羟基数目的增多在水中溶解度增大。

酚类具有腐蚀性和一定的毒性，在使用时宜加注意。

3. 酚的化学性质

酚羟基的性质在某些方面与醇羟基相似，但由于酚羟基和苯环直接相连，受苯环的影响，所以在性质上与醇羟基又有一定的差别。酚的芳环由于受羟基的影响也比芳烃更容易发生取代反应。

（1）酚羟基的反应

① 酸性。酚能与氢氧化钠水溶液作用，生成可溶于水的酚钠。

$$\text{C}_6\text{H}_5{-}\text{OH} + \text{NaOH} \longrightarrow \text{C}_6\text{H}_5{-}\text{ONa} + \text{H}_2\text{O}$$

苯酚的酸性（$pK_a = 10$）比醇强，但比碳酸（$pK_{a_1} = 6.38$）弱，故不与碳酸氢钠溶液反应（即不溶于该溶液），苯酚也不能使石蕊变色，若在苯酚钠溶液中通入二氧化碳或加入其他无机酸，则可游离出苯酚。

$$\text{C}_6\text{H}_5{-}\text{ONa} + \text{CO}_2 + \text{H}_2\text{O} \longrightarrow \text{C}_6\text{H}_5{-}\text{OH} + \text{NaHCO}_3$$

该反应证明苯酚钠的碱性强于碳酸氢钠。

② 醚的生成。酚与醇相似，能够生成醚，由于酚羟基中 C—OH 键较醇中 C—OH 键牢固，所以很难直接脱水，酚醚一般用威廉姆逊合成法，即由酚钠和卤代烃作用生成。例如

$$\text{C}_6\text{H}_5{-}\text{ONa} + \text{CH}_3\text{I} \xrightarrow{\triangle} \text{C}_6\text{H}_5{-}\text{OCH}_3 + \text{NaI}$$

苯甲醚(大茴香醚)

$$\text{C}_6\text{H}_5{-}\text{ONa} + \text{C}_6\text{H}_5{-}\text{Br} \xrightarrow[\triangle]{\text{Cu粉}} \text{C}_6\text{H}_5{-}\text{O}{-}\text{C}_6\text{H}_5 + \text{NaBr}$$

二苯醚

③ 酯的生成。酚与酸进行酯化反应时，与醇不同，它是轻微的吸热反应，对平衡不利，故通常采用酸酐与酚作用制备酚酯。例如

$$\text{C}_6\text{H}_5{-}\text{OH} + (\text{CH}_3{-}\overset{\text{O}}{\overset{\|}{\text{C}}}{-})_2\text{O} \xrightarrow{\text{NaOH液}} \text{C}_6\text{H}_5{-}\text{O}{-}\overset{\text{O}}{\overset{\|}{\text{C}}}{-}\text{CH}_3 + \text{CH}_3\text{COONa}$$

乙酸苯酯

$$\text{C}_6\text{H}_5{-}\text{OH} + \text{Cl}{-}\overset{\text{O}}{\overset{\|}{\text{C}}}{-}\text{CH}_3 \xrightarrow{\text{NaOH液}} \text{C}_6\text{H}_5{-}\text{O}{-}\overset{\text{O}}{\overset{\|}{\text{C}}}{-}\text{CH}_3 + \text{HCl}$$

（2）芳环上的反应

① 卤化。苯酚与溴水在常温下即可作用，生成 2,4,6-三溴苯酚的白色沉淀。

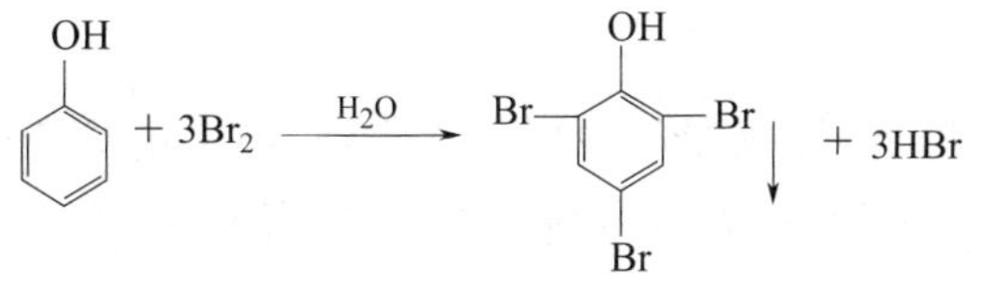

(白色)

三溴苯酚的溶解度很小，十万分之一的苯酚溶液与溴水作用也能生成三溴苯酚沉淀。因此这个反应可用于酚的定性检验和定量分析。

② 硝化反应。稀硝酸在室温即可使酚硝化，生成邻和对硝基苯酚的混合物。因酚易被硝酸氧化而有较多副产物，故产率较低。

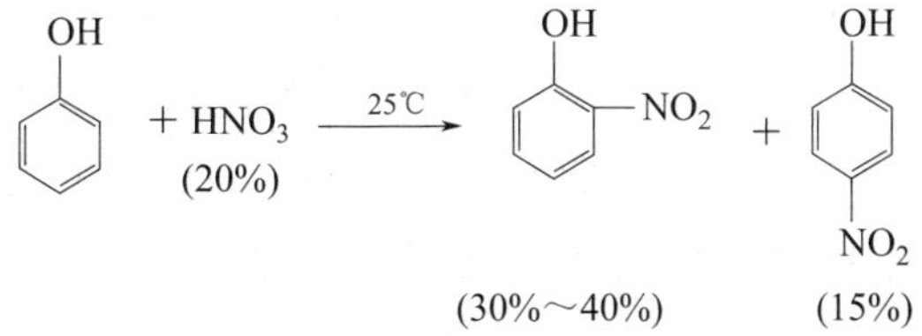

③ 磺化。酚的磺化反应，随着反应温度不同，可得到不同的产物，继续磺化可得二磺酸。二磺酸再硝化，可得 2,4,6-三硝基苯酚（俗称苦味酸），这是工业上制备苦味酸常用的方法。

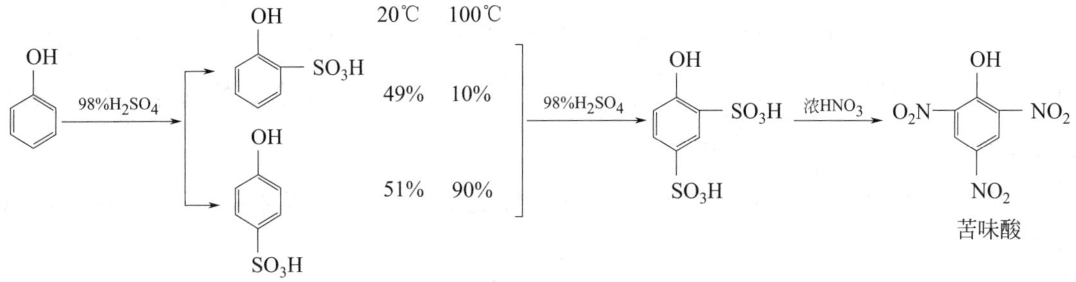

（3）氧化反应　酚类容易氧化，如苯酚能逐渐被空气中的氧氧化，颜色逐渐变深，氧化产物很复杂，这种氧化称为自动氧化。食品、石油、橡胶和塑料工业常利用某些酚的自动氧化性质，加进少量酚作抗氧化剂。苯酚被氧化剂（$K_2Cr_2O_7 + H_2SO_4$）氧化得到对苯醌。多元酚则更易氧化。

（4）与氯化铁的显色反应　大多数酚与氯化铁溶液作用能生成带颜色的配离子。不同的酚所产生的颜色不同，见表 10-1。这种特殊颜色反应，可用作酚的定性分析。

表 10-1　不同酚与氯化铁反应所显的颜色

化合物	所显颜色	化合物	所显颜色
苯酚	蓝紫色	对甲苯酚	蓝色
邻苯二酚	深绿色	1,2,4-苯三酚	蓝绿色
对苯二酚	暗绿色结晶	1,2,3-苯三酚	淡棕红色

4. 重要的酚

（1）苯酚　苯酚俗称石炭酸，为具有特殊气味的无色结晶，熔点 40.8℃，沸点 181.8℃。暴露于光和空气中易被氧化变为粉红色乃至深褐色。苯酚微溶于冷水，在 65℃ 以上时，可与水混溶，易溶于乙醇、乙醚等有机溶剂。苯酚有毒性，在医药上可作防腐剂和消毒剂。

苯酚主要来源于煤焦油，苯酚是重要的化工原料，大量用于制造酚醛树脂及其他高分子材料，也用于生产药物、染料、炸药、尼龙-66 等。

（2）甲苯酚　甲苯酚简称甲酚。它有邻、间、对三种异构体，都存在于煤焦油中，由于沸点相近，不易分离。工业上应用的往往是三种异构体未分离的粗甲酚。邻、对甲苯酚均为无色晶体，间甲苯酚为无色或淡黄色液体，有苯酚气味，是制备染料、炸药、农药、电木的原料。甲酚的杀菌力比苯酚大，可作木材、铁路枕木的防腐剂。医药上用作消毒剂，商品"来苏水"就是粗甲酚的肥皂溶液。

三、醚

1. 醚的构造、分类和命名

（1）醚的构造　醚是两个烃基通过氧原子连接起来所形成的化合物。醚也可看成是水分子中的两个氢原子都被烃基取代的产物。醚的通式为 R—O—R′、Ar—O—R 或 Ar—O—Ar′。其中 Ar 表示芳香烃基 ⬡—。醚分子中的氧基—O—也叫做醚键。

（2）醚的分类　醚一般按照醚键所连接的烃基的结构及连接方式的不同进行分类。

在醚分子中，两个烃基相同的叫单醚，两个烃基不同的叫混合醚。

单醚，如

$$CH_3—O—CH_3$$
甲醚

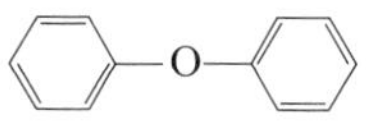

⬡—O—⬡
二苯醚

混合醚，如

$$CH_3—O—C_2H_5$$
甲乙醚

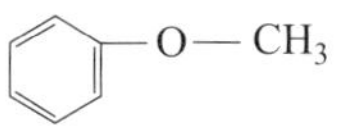

⬡—O—CH_3
苯甲醚

按醚分子中的烃基是脂肪烃基或芳香烃基，分为脂肪醚和芳香醚。两个都是脂肪烃基的叫脂肪醚。脂肪醚又有饱和醚和不饱和醚之分。例如

$$CH_3—O—CH_3$$
甲醚（饱和醚）

$$CH_3—O—CH=CH_2$$
甲乙烯醚（不饱和醚）

如有一个芳香烃基或两个都是芳香烃基，叫芳香醚。例如

二苯醚　　　　　　　　　　　　　　　　　　　　苯甲醚

醚键若与碳链形成环状结构，称为环醚。例如

环氧乙烷　　　　　　　　　　　　　　1,4-二氧六环(二噁烷)

（3）醚的命名　较简单的醚，一般都用习惯命名法，只需将氧原子所连接的两个烃基的名称，按小的在前大的在后，写在"醚"字前。芳醚则将芳烃基放在烷基之前来命名。单醚可在相同烃基名称之前加"二"字（"二"字可以省略，但不饱和烃基醚习惯保留"二"字）。例如

$$C_2H_5—O—C_2H_5 \quad 二乙醚（简称乙醚）$$
$$CH_2=CH—O—CH=CH_2 \quad 二乙烯基醚$$
$$CH_3—O—C_2H_5 \quad 甲乙醚$$

比较复杂的醚用系统命名法命名，取碳链最长的烃基作为母体，以烷氧基（RO—）作为取代基，称为"某"烷氧基（代）"某"烷。例如

$$CH_3—\overset{\displaystyle }{\underset{\displaystyle OCH_3}{CH}}—CH_2—CH_2—CH_3 \quad 2-甲氧基戊烷$$

$$CH_3—O—CH_2—CH_2—O—CH_3 \quad 1,2-甲氧基乙烷$$

2. 醚的物理性质

除甲醚和甲乙醚为气体外，一般醚在常温下是无色液体，有特殊气味。低级醚类的沸点比相同数目碳原子醇类的沸点要低。多数醚不溶解于水，而易溶于有机溶剂。由于醚不活泼，因此常用它来萃取有机物或作有机反应的溶剂。

3. 重要的醚

（1）乙醚　乙醚是最常见和最重要的醚。在工业上，乙醚是以硫酸和氧化铝为脱水剂，将乙醇脱水而制得。普通实验用的乙醚常含有微量的水和乙醇，在有机合成中使用的无水乙醚，可由普通乙醚用氯化钙处理后，再用金属钠处理，以除去所含微量的水和乙醇。这样处理后的乙醚通常叫绝对乙醚。

乙醚为易挥发的无色液体，比水轻，易燃，爆炸极限为 $1.85\%\sim36.5\%$（体积分数），操作时必须注意安全。乙醚蒸气比空气重 2.5 倍，实验中漏出的乙醚应引入水沟排出户外。乙醚的极性小，较稳定。乙醚能溶解许多有机物质，是一个良好的常用有机溶剂和萃取剂。它具有麻醉作用，在医药上可作麻醉剂。

（2）环氧乙烷　环氧乙烷在常温下是无色气体，有毒。它的沸点为 $10.7℃$，熔点为 $-111.0℃$，易液化，可与水以任意比例混合，溶于乙醇和乙醚等有机溶

剂中。环氧乙烷与空气混合形成爆炸混合物，爆炸极限是 $3.6\%\sim78\%$（体积分数），使用时应注意安全。工业上用它作原料时，常用氮气预先清洗反应釜及管线，以排除空气，做到安全操作。

环氧乙烷的化学性质特别活泼，它容易与含活泼氢的化合物反应，氧环破裂。因此，由环氧乙烷可生产一系列化工产品。

思考与练习

一、选择题

1. 要清除"无水乙醇"中的微量水，最适宜加入的物质是（　　）。

　　A. 无水氯化钙　　　B. 无水硫酸镁　　　C. 金属钠　　　　　D. 金属镁

2. 工业上把一定量的苯（约 8%）加入到普通乙醇中蒸馏来制取"无水乙醇"时，最先蒸出的物质是（　　）。

　　A. 乙醇　　　　　　B. 苯-水　　　　　C. 乙醇-水　　　　D. 苯-水-乙醇

3. 下列各组液体混合物能用分液漏斗分开的是（　　）。

　　A. 乙醇和水　　　　B. 四氯化碳和水　　C. 乙醇和苯　　　　D. 四氯化碳和苯

4. 下列醇中，最易脱水成烯烃的是（　　）。

　　A. ⌬—OH　　　　B. ⌬—CHCH₃ ∣ OH

　　C. CH₃CHCHCH₃ (OH / CH₃)　　　D. CH₃CH₂CHCH₃ ∣ OH

5. 禁止用工业酒精配制饮用酒，是因为工业酒精中含有下列物质中的（　　）。

　　A. 甲醇　　　　　　B. 乙二醇　　　　　C. 丙三醇　　　　　D. 异戊醇

6. 能与三氯化铁溶液发生显色反应的是（　　）。

　　A. 乙醇　　　　　　B. 甘油　　　　　　C. 苯酚　　　　　　D. 乙醚

7. 下列溶液中，通入过量的 CO_2 后，溶液变浑浊的是（　　）。

　　A. 苯酚钠　　　　　B. C_2H_5OH　　　　C. NaOH　　　　　D. $NaHCO_3$

二、判断题

1. 凡是由烃基和羟基组成的有机物就是醇类。　　　　　　　　　　　　　（　　）

2. 纯的液体有机物都有恒定的沸点，反过来说，沸点恒定的有机物一定是纯的液体有机物。　　　　　　　　　　　　　　　　　　　　　　　　　　　　　（　　）

3. CH_2OH（∣ CH_2OH）和 CH_3CH_2OH 都是含两个碳原子的醇，但前者比后者多含一个—OH，所以，前者比后者水溶性大。　　　　　　　　　　　　　　　　　　　　　　　（　　）

4. 丙三醇是乙二醇的同系物。　　　　　　　　　　　　　　　　　　　（　　）

5. 在甲醇、乙二醇和丙三醇中，能用新制的 $Cu(OH)_2$ 溶液鉴别的物质是丙三醇。（　　）

6. 金属钠可用来去除苯中所含的微量水，但要除去乙醇中的微量水，使用金属镁比金属钠更合适。（　　）

7. 分子中含有苯环和羟基的化合物一定是酚。（　　）

8. 环己烷中有乙醇杂质，可用水洗涤把乙醇除去。（　　）

科海拾贝

麻醉剂

我国古代著名医学家华佗发明了"麻沸散"，作为外科手术时的麻醉剂。他曾经成功地做过腹腔肿瘤切除术，肠、骨部分切除吻合术等。中药麻醉剂——"麻沸散"问世，对外科学发展起了极大的推动作用，对后世的影响是相当大的。华佗发明和使用麻醉剂，比西方医学家使用乙醚、"笑气"等麻醉剂进行手术要早 1600 年左右。因此说，华佗不仅是中国第一个，也是世界上第一个麻醉剂的研制和使用者。可惜"麻沸散"后来失传了。

在西方医学中，乙醚是最早普遍使用的一种麻醉剂。乙醚可用于各种大、小手术的全麻，既可单独使用，也可与其他药物合用，组成复合麻醉剂。由于其有易燃易爆的危险性以及空气污染等缺点，目前已被淘汰。安全性强的麻醉剂如非挥发性麻醉剂越来越多，包括苯巴比妥钠、戊巴比妥钠、硫喷妥钠等巴比妥类的衍生物，氨基甲酸乙酯和水合氯醛以及中药性麻醉剂等。每一年，新的麻醉技术都在进步，以确保更多病人熬过手术的身心创伤。

第三节　醛和酮

醛和酮都是含有羰基 $\left(\overset{\diagdown}{\diagup}C{=}O\right)$ 官能团的化合物，因此又统称为羰基化合物。醛和酮虽然都含有羰基，但两者的羰基在碳链中的位置是不同的。醛的羰基总是位于碳链的链端，而酮的羰基一定在碳链中间。

一、醛、酮的结构

羰基是碳与氧以双键结合的官能团，在醛 $\left(\text{R}-\overset{\overset{\text{O}}{\|}}{\text{C}}-\text{H}\right)$ 分子中，羰基与一个烃基和一个氢原子相连接（甲醛例外，羰基与两个氢原子相连接）。$-\overset{\overset{\text{O}}{\|}}{\text{C}}-\text{H}$ 叫做醛

基，可简写成—CHO。醛基是醛的官能团。

在酮$\left(\underset{R-\overset{\overset{\text{O}}{\|}}{}C-R'}\right)$分子中，羰基不在碳链的一端，而是与两个烃基相连接。酮分子中的羰基也叫做酮基，是酮的官能团。

二、醛、酮的分类

醛和酮都是由烃基和羰基两部分组成的，因此可根据羰基和烃基进行分类。根据分子中烃基的不同，可分为脂肪族醛（酮）、脂环族醛（酮）和芳香族醛（酮）。其中脂肪族醛（酮）又有饱和醛（酮）和不饱和醛（酮）之分。例如

CH_3CH_2CHO　　　　丙醛（饱和脂肪醛）

$CH_2=CH—CHO$　　丙烯醛（不饱和脂肪醛）

$CH_3-\overset{\overset{\text{O}}{\|}}{C}-CH_3$　　　　丙酮（饱和脂肪酮）

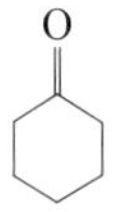

环己酮（脂环酮）

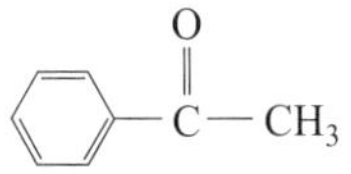

苯乙酮（芳香酮）

根据分子中所含羰基的数目，可分为一元醛（酮）和二元醛（酮）等。

一元醛、酮，如

CH_3CH_2CHO　　　　　丙醛

$CH_3-\overset{\overset{\text{O}}{\|}}{C}-C_2H_5$　　　2-丁酮

二元醛、酮，如

$OHC—CHO$　　　　乙二醛

$CH_3-\overset{\overset{\text{O}}{\|}}{C}-\overset{\overset{\text{O}}{\|}}{C}-CH_3$　　　丁二酮

一元酮中与羰基相连接的两个烃基相同时叫做单酮，如丙酮 $CH_3-\overset{\overset{\text{O}}{\|}}{C}-CH_3$；不同时叫做混酮，如 2-丁酮 $CH_3-\overset{\overset{\text{O}}{\|}}{C}-C_2H_5$。

在饱和一元醛、酮中最简单的醛为甲醛，最简单的酮为丙酮。

三、醛、酮的命名

简单的醛、酮采用习惯命名法，复杂的醛、酮则采用系统命名法。

1. 习惯命名法

醛的习惯命名法与伯醇相似，只需将醇字改为醛字即可。例如

$$CH_3-CH_2-CH_2-CH_2OH$$

正丁醇

$$CH_3-CH_2-CH_2-CHO$$

正丁醛

$$CH_3-CH-CH_2OH$$
$$\qquad\quad |$$
$$\qquad\quad CH_3$$

异丁醇

$$CH_3-CH-CHO$$
$$\qquad\quad |$$
$$\qquad\quad CH_3$$

异丁醛

酮的习惯命名法是按照羰基所连接的两个烃基的名称来命名的。例如

$$CH_3-\overset{O}{\overset{\|}{C}}-CH_2-CH_3$$

甲基乙基甲酮（简称甲乙酮）

$$CH_3-CH_2-\overset{O}{\overset{\|}{C}}-CH_2-CH_3$$

二乙基甲酮（简称二乙酮）

2. 系统命名法

选择含有羰基的最长碳链为主链，主链的编号从靠近羰基一端开始。醛基总是在链的一端，可不标明位次。酮基位于碳链之中，必须标明它的位次（当酮基的位次只有一种可能性时，位次号数可省略）。如有支链时，将支链的位次及名称写在某醛（酮）的前面。例如

$$CH_3-CHO$$

乙醛

$$CH_3-CH-CH_2-CHO$$
$$\qquad\quad |$$
$$\qquad\quad OH$$

3-羟基丁醛

环己基甲醛

$$CH_3-\overset{O}{\overset{\|}{C}}-CH_3$$

丙酮

$$CH_3-CH-\overset{O}{\overset{\|}{C}}-CH_3$$
$$\qquad\quad |$$
$$\qquad\quad CH_3$$

3-甲基丁酮

$$\overset{5}{CH_3}-\overset{4}{CH}-\overset{3}{CH_2}-\overset{2}{\overset{O}{\overset{\|}{C}}}-\overset{1}{CH_3}$$
$$\qquad |$$
$$\qquad Br$$

4-溴-2-戊酮

$$-CH_2-\overset{O}{\overset{\|}{C}}-CH_3$$

环己基-2-丙酮

四、醛、酮的物理性质

1. 物态

室温下除甲醛是气体外，十二个碳原子以下的醛、酮都是液体，高级醛、酮是固体。低级醛带刺鼻气味，中级醛（$C_8 \sim C_{13}$）具有果香味，常用于香料工业。中级酮有花香气味。

2. 沸点

醛、酮羰基的极性较强，但分子间不能形成氢键，所以它们的沸点比分子量

相近的醇低，而比分子量相近的烃类高。

3. 溶解性

低级的醛、酮易溶于水，甲醛、乙醛、丙酮都能与水混溶，这是由于醛、酮可以与水形成氢键。其他醛、酮在水中的溶解度随碳原子数增加而递减，C_6 以上的醛、酮基本上不溶于水。醛、酮都溶于苯、醚、四氯化碳等有机溶剂。

4. 相对密度

脂肪醛和脂肪酮的相对密度小于 1，比水轻；芳醛和芳酮的相对密度大于 1，比水重。某些常见的醛、酮的物理常数见表 10-2。

表 10-2 某些常见的醛、酮的物理常数

名称	熔点/℃	沸点/℃	相对密度	溶解度/(g/100g 水)
甲醛	−92	−19.5	0.815	55
乙醛	−123	21	0.781	溶
丙醛	−81	48.8	0.807	20
丁醛	−99	74.7	0.817	4
乙二醛	15	50.4	1.14	溶
丙烯醛	−87.5	53	0.841	溶
苯甲醛	−26	179	1.046	0.33
丙酮	−95	56	0.792	溶
丁酮	−86	79.6	0.805	35.3
环己酮	−16.4	156	0.942	微溶
苯乙酮	19.7	202	1.026	微溶

五、醛、酮的化学性质

醛和酮分子中都含有活泼的羰基，因此它们具有许多相似的化学性质。但醛的羰基上连接一个烃基和一个氢原子，而酮的羰基上连接两个烃基，故两者性质也存在一定的差异。一般反应中，醛比酮更活泼。酮类中又以甲基酮比较活泼。某些反应，醛能发生，而酮则不能发生。现举例加以说明。

醛比酮容易被氧化。一些弱氧化剂，甚至空气中的氧就能使醛氧化，生成含碳原子数相同的羧酸。酮在强氧化剂（如重铬酸钾加浓硫酸）作用下才能发生氧化反应。利用醛、酮氧化性能的不同，在实验室可以选择适当的氧化剂来鉴别醛、酮。常用来鉴别醛、酮的弱氧化剂是托伦试剂（硝酸银的氨溶液）和斐林试剂（以酒石酸盐作为配合剂的碱性氢氧化铜溶液）。

（1）银镜反应　在硝酸银溶液中滴入氨水，开始生成氧化银沉淀，继续滴加氨水直到沉淀消失为止，生成银氨配合物，呈现的无色透明溶液称为托伦试剂。它可使醛氧化，本身被还原而析出金属银。

$$RCHO+2[Ag(NH_3)_2]OH \xrightarrow[\triangle]{(水浴)} R-\overset{\overset{\displaystyle O}{\|}}{C}-ONH_4 +3NH_3+2Ag\downarrow+H_2O$$

羧酸铵

如果反应器壁非常干净，当银析出时，就能很均匀地附在器壁上形成光亮的银镜。因此这个反应称银镜反应。工业上，常利用葡萄糖代替乙醛进行银镜反应，在玻璃制品上镀银，如热水瓶胆、镜子等。

（2）与斐林试剂反应 斐林试剂是由硫酸铜与酒石酸钾钠的碱溶液等体积混合而成的蓝色溶液。其中酒石酸钾钠的作用是使铜离子形成配合物而不致在碱性溶液中生成氢氧化铜沉淀。起氧化作用的是二价铜离子。斐林试剂与醛作用时，醛分子被氧化成羧酸（在碱性溶液中得到的是羧酸盐），二价铜离子则被还原成红色的氧化亚铜沉淀。

$$RCHO+2Cu^{2+}+NaOH+H_2O \xrightarrow{\triangle} R-\overset{\|}{C}-OONa+Cu_2O\downarrow+4H^+$$

甲醛的还原能力较强，在反应时间较长时，可将二价铜离子还原成紫红色的金属铜。如果反应器是干净的，析出的铜附着在容器的内壁，形成铜镜，所以又称铜镜反应。常利用此反应鉴别甲醛和其他醛。

$$H-\overset{\overset{\displaystyle O}{\|}}{C}-H +Cu^{2+}+NaOH \xrightarrow{\triangle} H-\overset{\overset{\displaystyle O}{\|}}{C}-ONa +Cu\downarrow+2H^+$$

酮与上述两种弱氧化剂不发生反应，因此，在实验室里，常用托伦试剂和斐林试剂来鉴别醛和酮。这两种试剂也不能氧化 C＝C 双键和 C≡C 三键，可用作—CHO 基的选择性氧化剂。例如，要从 α,β-不饱和醛氧化成 α,β-不饱和羧酸时，为了避免碳碳双键被氧化破裂，即可用托伦试剂作为氧化剂。

$$R-CH＝CH-CHO \xrightarrow{Ag(NH_3)_2OH} R-CH＝CH-COOH$$

酮虽不被上述两种氧化剂氧化，但可被强氧化剂（如高锰酸钾、硝酸等）氧化，而且在羰基与 α 碳原子之间发生碳碳键的断裂，生成多种低级羧酸的混合物，因此没有制备意义。

（3）与品红试剂的反应 品红是一种红色染料，将品红的盐酸盐溶于水，呈粉红色，通入二氧化硫气体，使溶液的颜色褪去，这种无色的溶液叫做品红试剂，亦称希夫试剂。醛与希夫试剂发生加成反应，使溶液呈现紫红色，这个反应非常灵敏。酮在同样条件下则无此现象。因此，这个反应是鉴别醛和酮较为简便的方法。

在甲醛与希夫试剂生成的紫红色溶液中，若加几滴浓硫酸，紫红色仍不消失，而其他醛在相同的情况下紫红色消失，可借此性质鉴别甲醛与其他醛类。

六、重要的醛、酮

1. 甲醛

甲醛又称蚁醛，是最简单和最重要的醛，目前工业上制备甲醛主要采用甲醇氧化法。将甲醇蒸气和空气混合后，在较高的温度下，通过银或铜催化剂，甲醇被氧化成甲醛。

$$2CH_3OH + O_2 \xrightarrow[450\sim600℃]{Ag} 2HCHO + 2H_2O$$

此法的工业产品是 37%～40%（质量分数）的甲醛水溶液，并含有 5%～7%的甲醇。

我国用天然气中的甲烷为原料，一氧化氮作催化剂，在 600℃ 和常压下，控制氧气，制得甲醛。

$$CH_4 + O_2 \xrightarrow[600℃]{NO} HCHO + H_2O$$

此方法原料便宜易得，有发展前途，但目前操作复杂，产率甚低，有待进一步改进。

常温时，甲醛为无色、具有强烈刺激气味的气体，沸点 −21℃，蒸气与空气能形成爆炸性混合物，爆炸极限 7%～73%（体积分数），易溶于水。含质量分数为 37%～40%甲醛、8%甲醇的水溶液（作稳定剂）叫做"福尔马林"，常用作杀菌剂和生物标本的防腐剂。甲醛容易氧化，极易聚合，其浓溶液（质量分数为 60%左右）在室温下长期放置就能自动聚合成三分子的环状聚合物。

甲醛在水中与水加成，生成甲醛的水合物甲二醇。甲醛与甲二醇成平衡状态存在。

$$HCHO + H_2O \rightleftharpoons HOCH_2OH$$

甲醛水溶液储存较久会生成白色固体，此白色固体是多聚甲醛，浓缩甲醛水溶液也可得多聚甲醛。这是甲二醇分子间脱水而成的链状聚合物。

多聚甲醛分子中的聚合度约为 8～100，小于 12 的产物能溶于水、丙酮及乙醚，大于 12 的产物则不溶于水。多聚甲醛加热到 180～200℃ 时，又重新分解出甲醛，呈气态。由于这种性质，多聚甲醛可以用作仓库熏蒸剂，进行消毒杀菌。

以纯度很高的甲醛为原料，用三氟化硼乙醚配合物为催化剂，在石油醚中进行聚合，可得到聚合度约为 500～5000 高分子量的聚甲醛。它是 20 世纪 60 年代出现的性能优异的工程塑料，具有较高的机械强度和化学稳定性，可以代替某些金属，用于制造轴承、齿轮、滑轮等。

甲醛与氨作用生成（环）六亚甲基四胺 $[(CH_2)_6N_4]$，商品名为乌洛托品。乌洛托品为无色晶体，熔点 263℃，易溶于水，具有甜味，在医药上用作利尿剂及尿道消毒剂，还用作橡胶硫化的促进剂，又是制造烈性炸药三亚甲基三硝胺的原料。

甲醛在工业上有广泛用途，大量的甲醛用于制造酚醛树脂、脲醛树脂、合成纤维（维尼纶）及季戊四醇等。

2. 乙醛

工业上用乙炔水合法、乙醇氧化法和乙烯直接氧化法生产乙醛。

将乙炔通入含硫酸汞的稀硫酸溶液中，可得到乙醛。

$$CH \equiv CH + H_2O \xrightarrow[95\sim105℃]{HgSO_4, H_2SO_4} CH_3CHO$$

将乙醇蒸气和空气混合，在 500℃ 下，通过银催化剂，乙醇被空气氧化得到乙醛。

$$2CH_3CH_2OH + O_2 \xrightarrow[500℃]{Ag} 2CH_3CHO + 2H_2O$$

随着石油化学工业的发展，乙烯已成为合成乙醛的主要原料，将乙烯和空气（或氧气）通过氯化钯和氯化铜的水溶液，乙烯被氧化生成乙醛。

$$2CH_2 = CH_2 + O_2 \xrightarrow[100℃]{PdCl_2\text{-}CuCl_2} 2CH_3CHO$$

此反应原料易得，最大的缺点是催化剂较贵及对设备的腐蚀。

乙醛是无色、有刺激性气味、极易挥发的液体，沸点 20.8℃，可溶于水、乙醇和乙醚。易燃烧，蒸气与空气能形成爆炸性的混合物，爆炸极限 4%～57%（体积分数）。乙醛具有醛的各种典型性质，它也易于聚合。常温时，在少量硫酸存在下，乙醛即聚合成三聚乙醛。

三聚乙醛是无色液体，沸点 124℃，微溶于水。三聚乙醛是一个环醚，分子中没有醛基，所以，三聚乙醛不具有醛的性质。若加入少量硫酸，蒸馏三聚乙醛，则解聚生成乙醛。三聚乙醛是乙醛的保存形式，便于贮存和运输。

乙醛在工业上大量用于合成乙酸、三氯乙醛、丁醇、季戊四醇等有机产品。

3. 丙酮

丙酮的制备方法很多，可用玉米或蜂蜜发酵制备，可通过异丙苯氧化法生产苯酚的同时得到丙酮，还可以用丙烯催化氧化直接得到丙酮，反应如下。

$$2CH_3-CH=CH_2 + O_2 \xrightarrow[90\sim120℃]{PdCl_2\text{-}CuCl_2} 2CH_3-\overset{\displaystyle O}{\overset{\|}{C}}-CH_3$$

常温下，丙酮是无色易燃液体，沸点 56℃，有微香气味，可与水、乙醇、乙醚等混溶，易燃烧，蒸气与空气能形成爆炸性混合物，爆炸极限 2.55%～12.8%（体积分数）。丙酮具有酮的典型性质。

丙酮是一种优良的溶剂，广泛用于油漆、电影胶片、化学纤维等生产中，它又是重要的有机合成原料，用来制备有机玻璃、卤仿、环氧树脂等。

4. 苯甲醛

苯甲醛是无色油状液体，有苦杏仁味，俗名杏仁油。沸点179℃，微溶于水，溶于乙醇、乙醚等有机溶剂。它是有机合成原料，用于制备染料、香料、药物等。

思考与练习

一、选择题

1. 下列化合物在适当条件下既能与托伦试剂反应又能与氢气发生加成反应的是（　　）。

　A. 乙烯　　　　　　B. 丙酮　　　　　　C. 丙醛　　　　　　D. 甘油

2. 下列不能用于区别醛、酮的试剂是（　　）。

　A. 2,4-二硝基苯肼　B. 托伦试剂　　　　C. 品红试剂　　　　D. 斐林试剂

3. 下列物质中既有氧化性又有还原性的是（　　）。

　A. 乙醇　　　　　　B. 乙醚　　　　　　C. 乙醛　　　　　　D. 溴乙烷

4. 能与水混溶的物质是（　　）。

　A. 丙醛　　　　　　B. 丙烷　　　　　　C. 丙醚　　　　　　D. 丙酮

5. 洗涤做过银镜反应的试管应用（　　）。

　A. 30％的氨水　　　B. 醛溶液　　　　　C. 稀硝酸并加热　　D. 烧碱溶液

二、判断题

1. 醛和酮催化加氢还原可生成醇。　　　　　　　　　　　　　　　　　（　　）

2. 酮不能被高锰酸钾氧化。　　　　　　　　　　　　　　　　　　　　（　　）

3. 斐林试剂能将醛氧化，并有红色氧化亚铜沉淀析出。　　　　　　　　（　　）

4. 银镜反应是醛基（—CHO）的特有反应。　　　　　　　　　　　　　（　　）

5. 酮羰基和溴水、氢气都能发生加成反应。　　　　　　　　　　　　　（　　）

三、计算题

某有机物组成的质量分数是含碳62.1％、氢10.3％、氧27.6％，它的蒸气密度是氢气的29倍，并能与银氨溶液发生银镜反应，写出该有机物的分子式、结构式和名称。

四、讨论题

查阅资料，小组讨论有哪些方法可以鉴别丙醛、丙酮和丙醇。

科海拾贝

甲醛的危害

在家庭房屋装修中，人们会广泛接触到甲醛这种物质。现在使用的装饰材料，普遍用了甲醛溶液浸泡来防腐，所以家装完成后，随着各种家具、装饰材

料的干燥过程，大量的甲醛就释放出来，严重污染室内空气，威胁家人的健康。专家提醒，人们在家装完成后，应打开所有门窗通风，在二至三月后方可入住。即便如此，还不能完全避免残留的甲醛等有害物质的伤害。市场上出现了一些号称能清除甲醛的产品，其实，该物质的工作原理仅仅是在家具或装饰材料上形成一层涂膜，暂时将甲醛等有害物质封闭在释放源中而隐藏起来，最多叫"表面封闭剂"，而非"分解剂"，一旦这层涂膜出现问题，甲醛等有害物质又会释放出来，成为家庭室内污染的"定时炸弹"。甲醛是很难通过分解而彻底处理掉的，通常较简便的方法就是稀释。

第四节　羧　酸

一、羧酸的结构、分类和命名

1. 羧酸的结构

羧酸的官能团是羧基$\left(\begin{array}{c} O \\ \| \\ -C-OH \end{array}\right)$，是由一个羰基$\left(\begin{array}{c} \diagdown \\ C=O \\ \diagup \end{array}\right)$和一个羟基（—OH）组成的基团。除甲酸（H—COOH）以外，羧酸可被视为烃分子中的氢原子被羧基取代的产物。常用通式 R—COOH 表示。由于羧酸分子中羰基和羟基发生了相互影响，使羰基不具有普通羰基的典型性质，羟基也不具有醇的典型性质，而是具有一定的特性。

*2. 羧酸的分类

根据羧酸分子中所含烃基种类的不同分为脂肪酸、脂环酸、芳香酸；根据烃基是否饱和分为饱和羧酸和不饱和羧酸；根据羧酸分子中所含羧基的数目分为一元羧酸和多元羧酸。二元及二元以上的羧酸统称为多元羧酸。

例如 CH_3COOH（醋酸）　　　　　$CH_2=CHCOOH$（丙烯酸）

*3. 羧酸的命名

羧酸的命名法一般分为两种：俗名和系统命名法。

（1）俗名　俗名往往由最初来源得名，例如甲酸最初得自蚂蚁，称为蚁酸。乙酸最初得自食醋，称为醋酸。许多羧酸的俗名在实际工作中用得很多，要多加记忆。

（2）系统命名法　对脂肪羧酸选择含有羧基在内的最长碳链为主链。若含有不饱和键，则要选择含有不饱和键以及羧基在内的最长碳链为主链，从羧基碳原

子开始编号，写名称时要注明取代基和不饱和键的位次，根据主链碳原子的数目称为"某酸"或"某烯酸"。例如

$$CH_2 = CHCOOH$$
2-丙烯酸

对于脂环酸，一般将羧酸作为母体，将碳环作为取代基。

对于芳香羧酸一般以苯甲酸为母体，如果结构复杂，则把芳环作为取代基。

对于二元羧酸，选择含两个羧基的最长碳链为主链，根据主链碳原子个数为"某二酸"，脂环族和芳香族二元羧酸要注明两个羧基的位次。如

$$HOOC(CH_2)_4COOH \qquad 己二酸$$

二、羧酸的物理性质

1. 物态

$C_1 \sim C_3$ 的饱和一元羧酸是具有强烈酸味和刺激性的无色透明液体，$C_4 \sim C_9$ 的羧酸是具有腐败臭味的油状液体，C_{10} 以上为白色蜡状固体，脂肪族二元羧酸以及芳香羧酸都是结晶固体。

2. 溶解性

一元低级羧酸可与水混溶，其溶解度比相应分子量的醇更大，但随分子量增大，其溶解性逐渐降低。C_{10} 以上已不溶于水，但都易溶于乙醇、乙醚、氯仿等有机溶剂。二元羧酸较相同碳原子数的一元羧酸在水中的溶解度大，芳香族羧酸一般难溶于水。

3. 沸点

羧酸的沸点比相应分子量的醇的沸点高，如甲酸沸点 $100℃$，和它相应分子量的乙醇为 $78℃$。

4. 熔点

饱和一元羧酸的沸点和熔点变化都是随碳原子数增加而升高，但熔点变化有特殊规律，呈锯齿状上升，含偶数碳原子的羧酸比相邻两个奇数碳原子的熔点高。

5. 相对密度

饱和一元羧酸的相对密度随碳原子数增加而降低，只有甲酸、乙酸的相对密度大于 1，其他饱和一元羧酸相对密度都小于 1。二元羧酸和芳香酸的相对密度都大于 1。

三、羧酸的化学性质

羧酸的化学反应主要发生在羧基和受羧基影响变得较活泼的 α 氢原子上，羧

基是由羟基和羰基组成的，而羟基和羰基表现出不同的特性。主要有以下几种类型情况可能发生：

1. 酸性（O—H 键断裂）

羧酸具有明显的酸性，在水溶液中能离解出 H^+，并使蓝色石蕊试纸变红。

$$R—COOH \underset{}{\overset{H_2O}{\rightleftharpoons}} R—COO^- + H^+$$

大多数一元羧酸的 pK_a 在 $3.5 \sim 5$ 之间，比碳酸（$pK_a = 6.38$）酸性强，能与碱中和生成羧酸盐和水及二氧化碳。

$$RCOOH + NaOH \longrightarrow RCOONa + H_2O$$

$$2RCOOH + Na_2CO_3 \longrightarrow 2RCOONa + H_2O + CO_2 \uparrow$$

$$RCOOH + NaHCO_3 \longrightarrow RCOONa + H_2O + CO_2 \uparrow$$

生成的羧酸盐与强无机酸作用，则又转化为羧酸。

$$RCOONa + HCl \longrightarrow RCOOH + NaCl$$

常用羧酸的这种性质来进行羧酸与醇、酚的鉴别、分离、回收和提纯。

2. 羟基的取代反应（C—O 键断裂）

羧酸通过不同的试剂，可使羧基中的羟基被卤素原子、酰氧基、烷氧基和氨基取代，生成酰卤、酸酐、酯和酰胺，生成的这四类化合物均为羧酸的衍生物。这类反应在有机合成中起重要作用。

（1）生成酰卤　羧酸与三氯化磷（PCl_3）、五氯化磷（PCl_5）、亚硫酰氯（$SOCl_2$）等作用时，分子中的羟基被卤原子取代生成酰卤。

$$3RCOOH + PCl_3 \longrightarrow 3RCOCl + H_3PO_3$$

$$RCOOH + PCl_5 \longrightarrow RCOCl + POCl_3 + HCl$$

由于酰氯非常活泼，而且易水解，所以含无机副产物，不能用水除去，只能用蒸馏法分离。在实际制备酰氯时，常用亚硫酰氯作为试剂，因为反应生成的二氧化硫、氯化氢都是气体，容易与酰氯分离，而且产率高，故实用性较高。例如

$$RCOOH + SOCl_2 \longrightarrow RCOCl + SO_2 \uparrow + HCl$$

（2）生成酸酐　羧酸（甲酸除外）在脱水剂（五氧化二磷、乙酸酐等）的存在下加热，发生分子间脱水生成酸酐。例如

$$RCO—OH + H—OOCR' \xrightarrow[\text{或 } (CH_3CO)_2O]{P_2O_5} RCOOCOR' + H_2O$$

一些二元酸不需要脱水剂，加热后可进行分子内脱水生成酸酐。例如，邻苯二甲酸加热（$196 \sim 199℃$）发生分子内脱水，生成邻苯二甲酸酐。

（3）生成酯　在强酸（如浓 H_2SO_4、HCl 等）催化作用下，羧酸和醇发生分子间脱水生成酯，称为酯化反应。酯化反应是可逆反应，通常需要强酸催化加热进行，反应较慢。为了提高产率，使平衡向酯化方向移动，常采用增加反应物

的用量，或加入除水剂，使平衡向右移动。

$$RCO-OH + H-OR' \xrightarrow{H^+} RCOOR' + H_2O$$

酸的反应活性：$HCOOH > CH_3COOH > RCH_2COOH > R_2CHCOOH > R_3CCOOH$

醇的反应活性：$CH_3OH > 1°ROH > 2°ROH > 3°ROH$

（4）生成酰胺　羧酸与氨反应，先生成铵盐，然后加热脱水生成酰胺。例如

$$\underset{\text{羧酸}}{RCOOH} + NH_3 \longrightarrow \underset{\text{羧酸铵盐}}{RCOONH_4} \xrightarrow{\text{加热}} \underset{\text{酰胺}}{RCONH_2} + H_2O$$

羧酸与芳胺作用可直接生成酰胺。

3. 脱羧反应（C—C 键断裂）

羧酸脱去二氧化碳的反应，叫脱羧反应。羧酸的碱金属盐与碱石灰（NaOH+CaO）共熔，发生脱羧反应，生成少一个碳原子的烷烃，这个反应副反应较多，且产率低，只适用于低级羧酸盐。例如，实验室制甲烷的反应。

$$CH_3COONa + NaOH \xrightarrow{CaO} CH_4 \uparrow + Na_2CO_3$$

若羧酸或其盐分子中的 α 碳原子上连有较强吸电子基时羧基不稳定，受热易脱羧。例如

$$Cl_3CCOOH \xrightarrow{100\sim150℃} CHCl_3 + CO_2 \uparrow$$

$$Cl_3COONa \xrightarrow[H_2O]{50℃} CHCl_3 + NaHCO_3$$

一些二元羧酸加热时也易脱羧。

$$HOOC-CH_2-COOH \xrightarrow{\triangle} CH_3COOH + CO_2$$

另外羧酸还能发生 α 氢原子的取代反应（C—H 键断裂）和还原反应（C＝O 键断裂）。

四、重要的羧酸

1. 甲酸

甲酸俗称蚁酸，是无色有刺激气味的液体，相对密度 1.22，熔点 8.6℃，折射率 1.3714，沸点 100.4℃，酸性较强（$pK_a = 3.77$），有腐蚀性，能刺激皮肤起泡，溶于水、乙醇、乙醚和甘油。

工业上是利用一氧化碳和氢氧化钠溶液在高温高压作用下首先生成甲酸钠，然后再用浓硫酸酸化把甲酸蒸馏出来。

$$CO + NaOH \xrightarrow[0.6\sim1MPa]{210℃} HCOONa \xrightarrow{\text{浓}\ H_2SO_4} HCOOH$$

甲酸的结构比较特殊，分子中含羧基和醛基，是唯一能和烯烃进行加成反应的羧酸。

$$醋基 \longleftarrow H-\overset{\overset{\textstyle O}{\|}}{C}-OH \longrightarrow 羧基$$

甲酸的分子结构决定了它既有羧酸的性质又有醛的性质。甲酸具有较强的酸性、还原性，甲酸不仅可被强氧化剂氧化成二氧化碳和水，还可被弱氧化剂托伦试剂、斐林试剂氧化生成银镜和铜镜。银镜和铜镜反应可用于甲酸的鉴别。

$$HCOOH \xrightarrow{KMnO_4} CO_2 + H_2O$$

$$HCOOH + 2[Ag(NH_3)_2]OH \longrightarrow 2Ag\downarrow + (NH_4)_2CO_3 + 2NH_3 + H_2O$$

甲酸也较容易发生脱水、脱羧反应，如甲酸与浓硫酸等脱水剂共热分解成 CO 和 H_2O，这是实验室制备 CO 的方法。

$$HCOOH \xrightarrow[60\sim80℃]{\text{浓}\ H_2SO_4} CO + H_2O$$

若加热到 160℃ 以上可脱羧，生成 CO_2 和 H_2。

$$HCOOH \xrightarrow{160℃} CO_2 + H_2$$

甲酸在工业上用作还原剂和橡胶的凝聚剂，也用来合成酯和某些染料，另外因其还具有杀菌能力，可作为消毒剂和防腐剂等。

2. 乙酸

乙酸俗名醋酸，是食醋的主要成分，普通食醋约含 3%～5% 乙酸。乙酸为无色有刺激性气味液体，熔点 16.6℃。纯的无水乙酸是无色的吸湿性固体，故也称为冰醋酸。乙酸与水能按任意比例混溶，也能溶于其他溶剂中。

工业上主要采用乙醛氧化法生产乙酸。

$$CH_3CHO + \frac{1}{2}O_2 \xrightarrow[70\sim80℃,\ 0.2\sim0.3MPa]{\text{催化剂}} CH_3COOH$$

乙酸是重要的化工原料，可以合成许多有机物，例如醋酸纤维、乙酐、乙酸乙酯等，是化纤、染料、香料、塑料、制药等工业上不可缺少的原料。乙酸还具有一定的杀菌能力。

3. 苯甲酸

苯甲酸是一种芳香酸类有机化合物，也是最简单的芳香酸。苯甲酸以酯的形式存在于天然树脂与安息香胶内，最初由安息香胶制得，故称安息香酸。工业上主要采用甲苯氧化法和甲苯氯代水解法制备。

苯甲酸是白色晶体，熔点122℃，沸点249℃，相对密度1.2659，微溶于水，易溶于有机溶剂，能升华。苯甲酸无味、低毒，具有抑菌、防腐作用。苯甲酸钠盐是食品和药液中常用的防腐剂，也可用于合成香料、染料、药物等。

4. 乙二酸

乙二酸常以钾盐或钠盐的形式存在于植物的细胞中，俗称草酸，是最简单的二元羧酸。

工业上是用甲酸钠迅速加热至360℃以上，脱氢生成草酸钠。草酸钠再经铅化（或钙化）、酸化、结晶和脱水干燥等工序，得到成品草酸。

草酸是无色透明晶体，常见的草酸晶体含有两个结晶水，熔点101.5℃。当加热到100～150℃左右时，失去结晶水，生成无水草酸，其熔点为189.5℃。草酸能溶于水和乙醇中，有一定毒性。

草酸具有较强的酸性（$pK_a = 1.46$），是二元羧酸中酸性最强的一种，而且酸性远比甲酸（$pK_a = 3.77$）和乙酸（$pK_a = 4.76$）强。这是由于两个羧基直接相连，一个羧基对另一个羧基有吸电子诱导效应。

除具有酸的通性外，草酸还有其特性，如还原性、脱水性、脱羧性和与金属配合等。特别是利用其还原性，在定量分析中用以标定高锰酸钾溶液的浓度。

$$5HOOCCOOH + 2KMnO_4 + 3H_2SO_4 \longrightarrow K_2SO_4 + 2MnSO_4 + 10CO_2 + 8H_2O$$

草酸还可作为漂白剂、媒染剂。

 思考与练习

一、选择题

1. 下列物质的溶液，pH值最大的是（　　）。

　　A. 甲酸　　　　　　B. 乙酸　　　　　　C. 草酸　　　　　　D. 碳酸

2. 下列物质属于多元羧酸的是（　　）。

　　A. 草酸　　　　　　B. 软脂酸　　　　　C. 苯甲酸　　　　　D. 丙烯酸

3. 下列物质属于纯物质的是（　　）。

　　A. 食醋　　　　　　B. 福尔马林　　　　C. 乙酸甲酯　　　　D. 油脂

4. 既有酸性、氧化性，又有还原性的物质是（　　）。

　　A. 盐酸　　　　　　B. 硫酸　　　　　　C. 甲酸　　　　　　D. 乙酸

5. 下列有机物中，含有四种官能团的是（　　）。

　　A. 甲醛　　　　　　B. 乙醛　　　　　　C. 甲酸　　　　　　D. 乙酸

二、判断题

1. 凡是能与托伦试剂作用产生银镜的化合物都含有醛基，属于醛类。　　　　　　（　　）

2. 一元羧酸的通式是R—COOH，式中的R只能是脂肪烃基。　　　　　　　　　（　　）

三、用化学方法区别下列各组化合物。

1. 乙醇　乙醛　乙酸　　2. 甲酸　乙酸　乙二酸

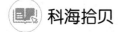 科海拾贝

苯甲酸和苯甲酸钠

苯甲酸和苯甲酸钠又称安息香酸和安息香酸钠，系白色结晶。苯甲酸微溶于水，易溶于酒精；苯甲酸钠易溶于水。苯甲酸对人体较安全，是我国允许使用的两种国家标准的有机防腐剂之一。苯甲酸抑菌机理是，它的分子能抑制微生物细胞呼吸酶系统活性，特别是对乙酰辅酶缩合反应有很强的抑制作用。在高酸性食品中杀菌效力为微碱性食品的 100 倍，苯甲酸以未被解离的分子态才有防腐效果，苯甲酸对酵母菌影响大于霉菌，而对细菌效力较弱。允许用量为酱油、醋、果汁类、果酱类、罐头，最大用量 1.0g/kg；葡萄酒、果子酒、琼脂软糖，最大用量 0.8g/kg；果子汽酒，0.4g/kg；低盐酱菜、面酱、蜜饯类、山楂类、果味露最大用量 0.5g/kg（以上均以苯甲酸计，1g 钠盐相当于 0.847g 苯甲酸）。

第十一章
人类重要的营养物质

 学习目标

1. 熟悉糖类的分类及组成，能够说出不同种类的糖具备的营养生理功能，复述其重要性质。

2. 能够复述蛋白质的组成、营养生理功能和重要性质。

3. 能够复述油脂的组成及它们的营养生理功能，熟悉其重要性质。

4. 逐步学会合理营养和平衡膳食。

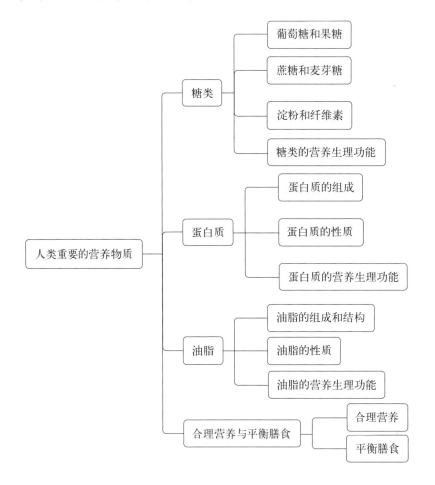

人类为了维持身体的健康，从事生产和日常生活，必须摄取足够的食物。食物主要由糖类、蛋白质、油脂、无机盐、水等物质构成（表 11-1），通常称为营养素。它们是维持人体的物质构成和生理机能不可缺少的要素，是生命活动的物质基础。它们在人体内和通过呼吸系统吸入人体的氧气一起，经过复杂的化学变化，转化为生命活动所需的能量和构成人体的物质。

表 11-1　人体内主要物质的含量

化合物	蛋白质	脂肪	糖类	水	无机盐	其他
占人体的质量分数/%	15～18	10～15	1～2	55～67	3～4	1

糖类、蛋白质和油脂都是天然的有机物，在自然界分布很广，是人类的主要食物。同时，它们也是重要的工业原料，广泛用于纺织、日用、药物及化工产品等。

第一节　糖　类

糖类是由 C、H、O 三种元素构成的一类有机化合物，由于绝大多数糖的化学式中 H、O 元素的个数比为 2∶1，因此，人们习惯将糖称为碳水化合物，以通式 $C_m(H_2O)_n$ 表示。

常见的碳水化合物有葡萄糖、果糖、蔗糖、淀粉、纤维素等，它们主要存在于植物体中，约占植物固体物质的 80%，是绿色植物光合作用的主要产物，也是人类的主要食物之一，是生物体进行新陈代谢不可缺少的能源。同时，它们又是许多工业部门，如纺织、造纸、食品、发酵等工业的重要原料。

糖类可以分为单糖、低聚糖和多糖几类。单糖不能水解成更简单的糖，如葡萄糖和果糖；低聚糖能够水解，一分子低聚糖水解后可以生成两个或两个以上分子的单糖，二糖是重要且最常见的低聚糖，分子式为 $C_{12}H_{22}O_{11}$，例如蔗糖和麦芽糖；多糖也能够水解，可用通式 $(C_6H_{10}O_5)_n$ 表示，一分子多糖可以产生很多分子的单糖。

本节我们一起来学习单糖、二糖及多糖中具代表性的几种。

一、葡萄糖和果糖

葡萄糖和果糖都是单糖，两者互为同分异构体。它们的分子式为 $C_6H_{12}O_6$。

葡萄糖是白色晶体，有甜味，能够溶于水。它广泛存在于自然界中，在成熟的葡萄及其他有甜味的果实的汁液中含量很丰富。在人体及动物体内也含有葡萄糖，存在于血液中的葡萄糖在医学上称为血糖。

在葡萄糖的分子中含有醛基，其结构简式为

$$CH_2OH—CHOH—CHOH—CHOH—CHOH—CHO$$

它是一种多羟基醛。葡萄糖跟其他的醛一样，具有还原性，能够发生银镜反应。

葡萄糖是一种重要的营养物质，它在人体组织中发生氧化反应，放出热量，以维持人体生命活动所需要的能量。1mol 葡萄糖完全氧化，能够放出 2804kJ 的热量。

$$C_6H_{12}O_6 + 6O_2 \longrightarrow 6CO_2 + 6H_2O$$

淀粉等食用糖类在人体内能够转化为葡萄糖，葡萄糖可以不经过消化过程而直接被人体吸收利用，在医学上通过静脉注射葡萄糖溶液的方式来迅速补充营养。葡萄糖在工业上用于制镜工业、糖果制造业及医药工业。

果糖存在于水果和蜂蜜中，是一种白色晶体，易溶于水。它是一种最甜的糖，具有供给热能、补充体液及营养全身的作用。果糖可用作食物、营养剂和防腐剂。它在人体内极易转变为葡萄糖，在食品工业中也可作为调味剂。

果糖的结构简式为

$$CH_2OH—CHOH—CHOH—CHOH—\overset{\displaystyle O}{\overset{\|}{C}}—CH_2OH$$

果糖为一种多羟基酮，分子中有酮基，没有醛基。但在碱性条件下，可以转变为醛基，具有还原性，能够发生银镜反应。

二、蔗糖和麦芽糖

蔗糖和麦芽糖都是二糖，两者互为同分异构体，它们的分子式为 $C_{12}H_{22}O_{11}$。

蔗糖为无色晶体，溶于水。蔗糖存在于不少植物体内，如北方的甜菜、南方的甘蔗；生活中所用的白糖、红糖、冰糖的主要成分都是蔗糖。蔗糖是生活中重要的甜味食品。

蔗糖分子中不含有醛基，不能够发生银镜反应，但蔗糖水解后生成葡萄糖和果糖，水解产物能够发生银镜反应。水解的反应方程式为

$$\underset{\text{蔗糖}}{C_{12}H_{22}O_{11}} + H_2O \xrightarrow[\triangle]{\text{催化剂}} \underset{\text{葡萄糖}}{C_6H_{12}O_6} + \underset{\text{果糖}}{C_6H_{12}O_6}$$

蔗糖水解为单糖的过程称为转化过程，生成的混合单糖称为转化糖。因为转化糖含有一半果糖，所以转化糖比原来的蔗糖更甜。

蔗糖是人类日常生活中不可缺少的食用糖，除食用外，还可用于制柠檬酸、焦糖、转化糖、透明肥皂等，也用于药物防腐剂、药片赋形剂等。

在大麦的芽中通常含有淀粉酶，工业上通常就是用麦芽使淀粉水解的，麦芽

糖由此得名。唾液中含有淀粉酶，可使淀粉水解为麦芽糖，所以细嚼淀粉食物（米饭、馒头）后常有甜味感就是这个原因。麦芽糖为白色晶体或晶体粉末，甜度约为蔗糖的 40%，相对密度为 1.540，溶点为 $102\sim103℃$，溶于水，微溶于乙醇，溶于乙醚，具有旋光性，是右旋糖（＋130.4°）。麦芽糖分子中含有醛基，能与托伦试剂和斐林试剂反应，是还原糖。在无机酸或酶的催化作用下，发生水解反应，生成两分子葡萄糖。

麦芽糖水解生成葡萄糖反应方程式为

$$C_{12}H_{22}O_{11} + H_2O \xrightarrow[\triangle]{催化剂} 2C_6H_{12}O_6$$

麦芽糖　　　　　　　　　　　葡萄糖

麦芽糖可用含淀粉较多的农产品如大米、玉米、薯类等作为原料，在淀粉酶的作用下，发生水解反应而生成。通常食用的饴糖（如高粱饴），其主要成分就是麦芽糖。

三、淀粉和纤维素

淀粉和纤维素是最重要的多糖，它们的通式都是 $(C_6H_{10}O_5)_n$，但分子中所含的单糖单元的数目 n 不同，两者的结构也不相同。

淀粉是植物体内储藏的营养，是人类食物的重要成分，是一种白色的无定形粉末，相对密度为 $1.499\sim1.513$。其大量存在于植物的种子、块根和茎中，谷类植物中含有大量淀粉，例如大米中约含淀粉 62%～82%，小麦约含 57%～75%。

淀粉中含有几百个到几千个单糖单元，淀粉的分子量很大，从几万到几十万，属于天然有机高分子化合物。淀粉是白色、无气味、无味道的粉末状物质，不溶于冷水，也不溶于一般的有机溶剂，性质比较稳定。淀粉溶液遇碘单质显示蓝色，反应灵敏而且特效，化学上常用此法检验淀粉或碘单质。

淀粉除食用外，工业上还用于生产糊精、麦芽糖、葡萄糖和酒精等。

纤维素是自然界中分布最广的一种多糖。它存在于一切植物体内，是构成植物细胞壁的主要成分。棉花、木材及亚麻等，其主要成分都是纤维素。竹子、麦秆、稻草、野草、芦苇中也含有较多的纤维素。

纤维素是一种复杂的多糖，它的分子中大约含有几千个单糖单元，分子量约为几十万至几百万。纤维素也是一种天然有机高分子化合物。

纤维素是白色、无气味、无味道具有纤维状结构的物质，不溶于水，也不溶于一般的有机溶剂，性质比较稳定。

纤维素可以发生水解，但比淀粉要困难得多，一般要在浓酸中或用稀酸在一定压力下长时间加热进行，水解的最终产物为葡萄糖。

纤维素的用途十分广泛，棉麻纤维大量用于纺织工业，一些富含纤维素的物质如木材、稻草、麦秆、芦苇和甘蔗渣等可用来造纸。此外，纤维素用来制造纤维素硝酸酯、纤维素乙酸酯和黏胶纤维。纤维素硝酸酯用于制无烟火药、喷漆和赛璐珞等；纤维素乙酸酯不易着火，可以用于制作电影胶片的片基以及眼镜的镜架；黏胶纤维可用于人造丝、人造棉和制玻璃纸。

人体内由于缺乏纤维素酶，不能够消化纤维素。但纤维素通过食物进入人体后，能够促进消化液的分泌，刺激肠道蠕动，帮助及时带走肠道内有害物质。纤维素对便秘、痔疮和糖尿病也有预防和治疗作用，经常吃含纤维素多的食物，会使大便通畅。因此，纤维素是我们食物中不可缺少的组成部分。食草动物如马、牛、羊等消化道中能分泌纤维素酶，使纤维素水解成葡萄糖，所以纤维素是食草动物的主要营养物质。

科学家向人们提出忠告，如果经常吃豆类植物，包括青豆、豌豆、小扁豆，以及土豆、玉米和水果，大量食用五谷杂粮，如麦类和保麸面粉等含纤维素的物质，对心脏病、肥胖症、慢性便秘、痔疮等有预防作用。不过，对于有肠胃溃疡的人，还是少吃纤维素食物为好。

四、糖类的营养生理功能

许多人对糖类的营养存在误解，如认为多吃糖会得糖尿病等。不可否认，糖尿病患者因为体内代谢系统无法正常进行糖代谢，故不宜吃高糖食品。但是糖尿病的病因却并非真的来自于糖类，更多的还是因为遗传、肥胖和其他因素导致人体胰岛素分泌不足或胰腺对血糖的敏感性降低，从而造成高血糖等一系列症状。

对于正常人来说，糖类是一种不可缺少的营养物质。糖是供给人体能量的三种营养素中最经济的一种。我国人民膳食中总热量的 60% ~70%（有的地方甚至可达 80%），都是由糖类供给的。葡萄糖是取得能量的基本形式，每克葡萄糖在体内氧化可产生热能 17kJ，虽比等量脂肪所产生的热能低一些，但淀粉类食物来源广、价格廉、耐贮存，利用效率明显优于脂肪和蛋白质。葡萄糖在体内氧化较其他生热营养素放出热能快，氧化产物、二氧化碳和水也易于排出，富含糖的食品价格一般比较经济，食后不会引起油腻感。糖类所产生的热，一部分用来作为人体活动的能量，另一部分用来维持体温。

单糖如葡萄糖对于体弱的病患者来说是最主要、最快捷的营养来源，因此，医生可以为无法进食的病人静脉注射葡萄糖营养液。糖类食物可提高人体的血糖水平，并向肌肉供能。多糖食物能够向脉搏率达到每分钟120～150次的中等运动程度的运动员提供直接的能量。糖类还可使身体更有效地利用蛋白质，并有助于保持体内适宜的酸碱平衡。

糖类是构成机体组织的一种重要物质，参与许多生理过程。所有神经组织、细胞和体液中都有糖类。此外，糖在体内充足时，机体首先利用糖供给热能。体内脂肪代谢需要有足够的糖来促进氧化，糖量不足时，脂肪氧化不完全，容易产生酮体堆积，从而发生酸中毒。所以糖具有辅助脂肪的氧化抗生酮的作用。糖对蛋白质在体内的代谢也很重要，膳食中的糖原充足，对蛋白质在体内的消耗就能起节约和保护作用。肝脏糖原还可以帮助肝脏解毒，膳食纤维能促进胃肠蠕动和消化腺的分泌，有助于正常的消化和排便，减少细菌及其毒素对肠壁的刺激，有利于预防痔疮、大肠癌等疾病。

 思考与练习

一、选择题

1. 下列各组物质中，属于同分异构体的是（   ）。

    A. 葡萄糖和蔗糖   B. 蔗糖和麦芽糖   C. 淀粉和纤维素   D. 黏胶纤维和火棉

2. 下列物质属于还原性糖的是（   ）。

    A. 葡萄糖   B. 蔗糖   C. 淀粉   D. 纤维素

3. 下列关于淀粉和纤维素的叙述，不正确的是（   ）。

    A. 它们的通式都是 $(C_6H_{10}O_5)_n$，互为同分异构体

    B. 它们都是混合物

    C. 它们都能够发生水解，且最终产物都是葡萄糖

    D. 它们都是天然高分子化合物

4. 在下列选项中，不能够发生银镜反应的是（   ）；在硫酸的催化作用下，不能够发生水解的是（   ）。

    A. 葡萄糖   B. 蔗糖   C. 麦芽糖

5. 属于非还原糖的是（   ）。

    A. 葡萄糖   B. 果糖   C. 蔗糖   D. 麦芽糖

6. 水解后能生成两分子葡萄糖的化合物是（   ）。

    A. 蔗糖   B. 淀粉   C. 麦芽糖   D. 纤维素

7. 在葡萄糖结构中含有（   ）。

    A. 五个羟基和一个羧基   B. 五个醛基和一个羟基

    C. 五个羟基和一个醛基   D. 五个羟基和一个酮基

8. 下列物质属于低聚糖的是（   ）。

    A. 葡萄糖   B. 淀粉   C. 果糖   D. 蔗糖

9. 对于麦芽糖和蔗糖的正确说法是（   ）。

    A. 都具有还原性   B. 互为同分异构体

    C. 都能水解生成相同的物质   D. 具有相同的甜味

10. 对葡萄糖和果糖的正确说法是（   ）。

    A. 具有相同的分子结构   B. 都是多羟基醛

C. 甜味相同   D. 都不能水解

二、判断题

1. 葡萄糖能发生银镜反应，说明它具有醛的性质，分子中含有醛基官能团。   （   ）
2. 果糖的碱溶液能发生银镜反应，所以说果糖分子中含有醛基。   （   ）
3. 麦芽糖和蔗糖是同分异构体，它们水解后的产物都是葡萄糖。   （   ）
4. 淀粉和纤维素的分子式都是 $(C_6H_{10}O_5)_n$，所以二者是同分异构体。   （   ）

三、问答题

以淀粉为原料生产葡萄糖的水解过程中，用什么方法来检验淀粉已经开始水解？用什么方法检验淀粉已经水解完全？

📖 **科海拾贝**

为什么牛可以吃草，人却不能吃草？

对于大多数动物来说，纤维素难以消化，吃后就随粪便排掉了。然而，牛却能把纤维素分解成糖，产生能量。它们靠的是一种叫做"纤维素酶"的生物催化剂。牛消化道里本来也是没有纤维素酶的，而寄生在牛的消化道里的一些微生物有纤维素酶，正是它们把牛吃的草分解消化变成营养素。

如果剖开牛的消化器官会发现一个特殊的腔室，叫"瘤胃"，它是一个活的微生物工厂，平均每立方厘米的内容物中有150亿～200亿个微生物，正是它们把草料里的纤维素分解成淀粉和糖，供养自身，而且微生物能迅速繁殖生长，陆续进入牛的蜂巢胃、重瓣胃、皱胃和肠道，然后又被牛消化掉。这样，微生物本身所含的葡萄糖、氨基酸、脂肪酸以及各种营养物质，就被机体吸收了。没有微生物，牛是消化不了草料的。人的肠道里缺乏这类微生物，胃肠道的结构也不同，所以，人类吃再多的蔬菜，只是为了吸收蔬菜中含量很少的糖类、蛋白质和脂肪。人体肠道里的纤维素永远变不成可吸收的糖。

第二节　蛋白质

蛋白质是生命的物质基础，生命是蛋白质的存在形式，没有蛋白质就没有生命。蛋白质是组成细胞的基本物质，存在于一切生物体内。它约占人体除去水分后剩余质量的一半。许多植物，如花生、大豆、小麦、稻谷等的种子里也含有丰富的蛋白质。

一、蛋白质的组成

蛋白质是一类非常复杂的有机化合物，主要由碳、氢、氧、氮、硫等元素组成，在一些蛋白质中还含有微量的磷、铁、锰、锌和碘等元素。蛋白质的分子量很大，属于天然有机高分子化合物。

蛋白质在酸、碱或酶的作用下能够发生水解，最终水解产物为 α-氨基酸（氨基—NH_2 连接在与羧基—COOH 相连的碳原子上），下面是几种 α-氨基酸。

甘氨酸　$H_2N—CH_2COOH$　（中性氨基酸）

谷氨酸　$HOOC—(CH_2)_2—CH—COOH$　（酸性氨基酸）
$$\underset{NH_2}{|}$$

赖氨酸　$H_2N—(CH_2)_4—CH—COOH$　（碱性氨基酸）
$$\underset{NH_2}{|}$$

蛋白质可以看成是由许多的 α-氨基酸通过肽键（ $—\overset{\displaystyle O}{\overset{\|}{C}}—NH—$ ）连接而成的长链高分子，这种长链称为肽链。

$$—NH—\underset{R}{\overset{}{CH}}—\overset{\displaystyle O}{\overset{\|}{C}}—NH—\underset{R}{\overset{}{CH}}—\overset{\displaystyle O}{\overset{\|}{C}}—$$

肽链

不同的蛋白质，分子中肽链的数目不同，氨基酸的排列顺序也不同，因此，它们的性质是千差万别的。

二、蛋白质的性质

蛋白质的性质相差较大，有的可以溶于水，如蛋清蛋白；有的难溶于水，如丝、毛等。蛋白质除了能够水解成氨基酸外，还具有如下的性质。

1. 盐析——分离提纯蛋白质

少量的盐如 $NaCl$、Na_2SO_4、$(NH_4)_2SO_4$，可以促进蛋白质的溶解（图 11-1），而在盐的浓溶液中，蛋白质会凝聚析出，称为盐析。盐析后的蛋白质还能够溶解在水中，不影响蛋白质的性质。因此，利用盐析可以分离、提纯蛋白质。

2. 变性

蛋白质在受到加热等一些作用时，会发生凝结，凝结后的蛋白质既不能溶于水，也失去了蛋白质的生理活性。能够使蛋白质发生变性的条件有加热、紫外线、X 射线、强酸、强碱、铅铜汞等重金属盐类、甲醛、酒精、苯甲酸等。

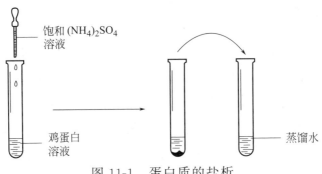

图 11-1 蛋白质的盐析

蛋白质的变性有很多实际的应用。

① 杀菌消毒。医院里用酒精、高温蒸煮、紫外线等方法杀菌消毒；农业上用波尔多液（生石灰、硫酸铜和水的混合物）来消灭病虫害；生物实验室用福尔马林保存动物标本等，这些都是利用蛋白质变性来实现的。

② 重金属解毒。当人误食重金属盐类时，可以喝大量的含有蛋白质的物质，如牛奶、蛋清、豆浆等，这里的蛋白质能够跟重金属盐类形成不溶于水的化合物而排出体外，这样可以减轻重金属盐类对肠胃黏膜的危害，起到缓解毒性的作用。

③ 腌制食品。在食品加工中，腌制松花蛋、加工豆制品等，就是利用了蛋白质变性的原理。

根据造成蛋白质变性的因素，要注意防止蛋白质的变性。如保存种子时，要防止因变性而失去发芽能力；疫苗制剂、免疫血清等蛋白质产品在储存、运输和使用过程中也要注意防止变性。延缓和抑制蛋白质变性，对于人类保持青春、防止衰老也有特殊意义。

3. 显色反应——蛋白质的检验

蛋白质遇到浓硝酸显黄色，称为蛋白黄反应。在实验中，皮肤上沾上浓硝酸会变黄，就是这个缘故。蛋白质还能够与其他试剂发生显色反应，如与硫酸铜的碱性溶液显红紫色等。蛋白质的显色反应可用于检验蛋白质。

蛋白质在灼烧时，具有烧焦羽毛的臭味。

三、蛋白质的营养生理功能

蛋白质是人类必需的营养物质。成年人每天大约要摄取 $60\sim80g$ 的蛋白质，才能够满足生理需要，保证身体健康。人们从食物中摄取蛋白质，经过胃液中的胃蛋白酶和胰腺分泌的胰液中的胰蛋白酶作用，水解生成氨基酸。氨基酸被人体吸收后，在体内被重新合成为人体所需的蛋白质。人体内各组织中的蛋白质也在不断分解，最后生成尿素排出体外。

蛋白质是人体的细胞、组织和器官的重要组成部分，比如人的肌肉、内脏都含有很多的蛋白质。蛋白质可以运输物质，体内许多物质都要通过血液运输，比如血里的血红蛋白可以运输氧气到达全身。蛋白质还可以作催化剂，参与人体的生化反应，比如胰腺产生的胰蛋白酶，可以催化食物中的蛋白质分解从而吸收。由蛋白质组成的酶在食品工业、医药领域和农业领域中有着广泛的用途。蛋白质还具有营养功能，可以分解产生能量供人体使用。蛋白质还具有免疫功能，比如抗体就是蛋白质，抗体可以保护人体免受感染。此外，蛋白质还可以维持体内的酸碱平衡和渗透压的稳定、交流信息等。

动物的毛和蚕丝的成分都是蛋白质，它们是重要的纺织原料。动物的皮经过化学药物鞣制后，其中所含的蛋白质转变为不溶于水、不易腐烂的物质，可以加工成柔软坚韧的皮革。

将动物的皮、骨、蹄等经过熬煮提取出的蛋白质又称为动物胶或明胶，可以用作胶黏剂。无色透明的动物胶叫白明胶，可以用来制造照相胶卷和感光纸。阿胶是用驴皮熬制的，是一种药材，具有补血补气的功效。

酪素是从牛奶中凝结出来的蛋白质，是一种食品。酪素还能够跟甲醛合成酪素塑料，用来制造纽扣、梳子等生活用品。

 思考与练习

一、选择题

1. 要想使蛋白质从水中析出，又不改变它的性质，应加入（   ）。

    A. 饱和的 Na_2SO_4 溶液   B. 浓硫酸

    C. 甲醛溶液   D. $CuSO_4$ 溶液

2. 下列物质不属于天然高分子化合物的是（   ）。

    A. 淀粉   B. 塑料   C. 蛋白质   D. 纤维素

3. 蛋白质水解的最终产物是（   ）。

    A. 各种不同氨基酸   B. 各种单糖

    C. 二氧化碳和水   D. 各种羧酸

4. 在豆浆中加入石膏，使蛋白质从溶液中析出的作用叫（   ）。

    A. 变性作用   B. 盐析作用   C. 酯化作用   D. 沉淀作用

5. 能解除重金属盐中毒的措施为（   ）。

    A. 喝大量开水   B. 喝少量的食盐水

    C. 喝大量豆浆   D. 喝大量的葡萄糖水溶液

6. 能把淀粉溶液和蛋白质溶液区分开来的方法是（   ）。

    A. 各取少许分别加入几滴碘酒

    B. 各取少许分别加入几滴石蕊

C. 各取少许分别加入几滴酚酞

D. 各取少许分别加入几滴淀粉碘化钾溶液

7. 蓝矾能使人畜中毒，原因是蛋白质发生了（　　　）。

    A. 盐析   B. 水解   C. 变性   D. 变色

二、问答题

1. 为什么用煮沸的方法可以消毒？为什么硫酸铜和氯化汞溶液能杀菌？

2. 误服重金属盐后，为什么可以服用大量牛乳、蛋清或豆浆解毒？

3. 哪些因素能够使蛋白质变性？误服重金属的盐后，如何解毒？

 科海拾贝

卤水点豆腐

在传统的豆腐制作工艺中，将豆腐的形成过程称为卤水点豆腐，就是在研磨好的豆浆中加入卤水，豆浆就会凝固形成豆腐。那么，卤水是什么？卤水是指含有氯化镁、硫酸钙、氯化钠等电解质的溶液。为什么卤水能够将豆浆凝固成豆腐呢？

随着胶体化学的发展，人们认识到豆腐的形成是一种胶体聚沉现象。将黄豆浸泡、磨浆、除渣、加热后得到豆浆。豆浆是一种富含蛋白质颗粒的胶体，人们喝的牛奶也是一种胶体，是胶体就会出现聚沉现象。蛋白质粒子是一种胶体粒子，它们有很大的表面，它们的表面基团解离后会带电，然后会从溶液中选择性吸附一些反离子，在表面形成一个离子层，当两个蛋白质粒子互相靠近时，两个离子层重叠就会产生静电斥力，使蛋白质粒子互相分开。加入电解质，会破坏蛋白质粒子表面的离子层，破坏蛋白质粒子之间的斥力作用，蛋白质粒子就会聚集沉淀。所以在制作豆腐的过程中需要加入卤水，让豆浆中的蛋白质粒子互相聚集沉淀。

第三节　油　脂

油脂也是保持人体健康所需的主要营养物质，要通过食物摄取。

一、油脂的组成和结构

油脂是油和脂肪的简称。它存在于动植物体内。天然油脂中大多数是高级脂肪酸的甘油酯的混合物。

油脂的结构可以表示为

$$
\begin{array}{l}
CH_2O-\overset{\displaystyle O}{\overset{\|}{C}}-R \\[4pt]
CHO-\overset{\displaystyle O}{\overset{\|}{C}}-R' \\[4pt]
CH_2O-\overset{\displaystyle O}{\overset{\|}{C}}-R''
\end{array}
$$

其中 R、R′、R″为含有奇数个碳原子的直链烃基，可以相同，也可以不同；可以是饱和烃基，也可以是不饱和烃基。

二、油脂的性质

纯净的油脂是无色、无臭、无味的。但是有的油脂，尤其是植物油，会带有香味或特殊的气味，并且有色。这是天然油脂中往往溶有维生素和色素之故。油脂比水轻，相对密度在 $0.9 \sim 0.95$ 之间。难溶于水，易溶于有机溶剂，如热乙醇、乙醚、石油醚、氯仿、四氯化碳和苯等，可以利用这些溶剂从动植物组织中提取油脂。因为油脂是混合物，所以没有恒定的熔点和沸点。

油脂具有酯的一般性质，如能够发生水解，也有一些特有的性质。

1. 油脂的水解

油脂在酸性条件下能够发生水解，生成甘油和相应的高级脂肪酸。这是工业上制取甘油和脂肪酸的主要方法。

油脂在碱性条件下的水解反应又称为皂化反应。皂化反应是一个放热反应。工业上就是利用皂化反应来制取肥皂的。习惯上，将 1g 油脂碱水解所消耗的氢氧化钾毫克数定义为皂化值。也可以利用它计算油脂的分子量。

$$
\begin{array}{l}
CH_2O-\overset{\displaystyle O}{\overset{\|}{C}}-R \\[4pt]
CHO-\overset{\displaystyle O}{\overset{\|}{C}}-R' \quad +\ 3NaOH \xrightarrow{\triangle} \\[4pt]
CH_2O-\overset{\displaystyle O}{\overset{\|}{C}}-R''
\end{array}
\quad
\begin{array}{l}
CH_2OH \\
CHOH \\
CH_2OH
\end{array}
\quad + \quad
\begin{array}{l}
RCOONa \\
R'COONa \\
R''COONa
\end{array}
$$

　　　动物油脂　　　　　　　　　　　甘油　　高级脂肪酸钠盐（肥皂）

R 基可能不同，但生成的 R—COONa 都可以做肥皂。常见的 R—有：$C_{17}H_{33}$—（8-十七碳烯），R—COOH 为软脂酸；$C_{15}H_{31}$—（正十五烷基），R—COOH 为油酸；$C_{17}H_{35}$—（正十七烷基），R—COOH 为硬脂酸。肥皂分子一端由许多碳和氢所组成的长链，称为亲油端；另一端则为亲水性的原子团，称为亲水端。使用肥皂时，油污被亲油端吸附着，再由亲水端牵入水中，达到洗净效果。

2. 油脂的硬化

油脂的硬化也叫油脂的氢化，指的是液态的油和氢发生加成反应，生成脂肪的过程。油脂中如果含有较多的不饱和脂肪酸，则以液态存在。液态油在催化剂（金属镍）的作用下，在加热、加压时，可以和氢气发生加成反应，使油脂的饱和程度提高，得到固态的油脂。食品工业利用油脂的硬化原理来生产人造奶油。

3. 油脂的干化

有些油脂涂成薄层后，能够很快结成薄膜，这种性质称为油脂的干化。如桐油由于不饱和程度大，油的干化程度也大，桐油可用于木器的防腐处理。

4. 油脂的酸败（氧化）

油脂长时间暴露在空气中会发生氧化作用或水解作用，而产生酸臭和"哈喇味"。这种现象称为油脂的酸败。受热、光照、含有水、接触空气、含有重金属离子以及滋生微生物等因素，都会加快油脂的酸败。因此，存放油脂时要注意避光、干燥、低温，不能用金属容器储存。油脂酸败的产物有毒性和刺激性，因此酸败的油脂不能食用或药用。

三、油脂的营养生理功能

油脂普遍存在于动植物体内的脂肪组织中，是动植物储藏和供给能量的主要物质之一。油脂在生物体中承担着极为重要的生理功能，人体中的脂肪是一种维持生命活动的备用能源，一般成人体内储存的脂肪约占体重的10%～20%，当人摄取的食物较少时，食物的能量不足以供给机体消耗的能量，就要消耗体内的脂肪来满足机体的需要。这就是减少进食量，加大活动量会造成体重下降的原因。脂肪在人体内还有另外一些重要的作用，如溶解维生素、保护内脏器官免受震动和撞击以及御寒等，因此，进食一定量的油脂对于身体是有好处的。

油脂在工业上主要用于制造肥皂、护肤品和润滑油等。

 思考与练习

一、选择题

1. 下列属于高分子化合物的是（　　）。

    A. 纤维素　　　B. 麦芽糖　　　　　C. 油脂　　　　　　D. 蔗糖

2. 下列不属于油脂的性质的是（　　）。

    A. 水解　　　　B. 干化　　　　　　C. 氧化　　　　　　D. 还原

3. 油脂的硬化属于（　　　　）。

    A. 加成反应　　　　B. 酯化反应　　　　C. 氧化反应　　　　D. 水解反应

二、判断题

1. 油脂是混合物。   （　　　）

2. 从化学成分上来讲油脂都是高级脂肪酸与甘油形成的酯。   （　　　）

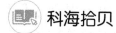 科海拾贝

科学用油　健康生活

    油脂是膳食能量的重要来源之一，也为人体提供了必需脂肪酸和维生素 E 等营养素，是人们日常生活及生长发育不能缺少的一部分。但油脂摄入过多也会给健康带来危害。油脂摄入过多会造成摄入的能量过剩，供大于求。多余的能量会以脂肪的形式储存在体内，导致超重肥胖。肥胖本身就是一种疾病，还是高血压、冠心病、糖尿病、癌症等慢性疾病的危险因素。除能量过剩的危害外，油脂里的反式脂肪酸也会增加心血管疾病的风险，这是一个独立的危险因素。

    2012 年我国居民营养与健康状况调查结果显示，我国居民每人每天平均脂肪摄入量为 80g（占总能量摄入的 33.1%），食用油摄入量为 42.1g；调查还发现，我国 80% 的家庭都存在食用油量超标的问题。《中国居民膳食指南（2016）》指出，对于成年人脂肪提供能量应占总能量的 30% 以下，每天烹调油摄入量为 25～30g。

    烹调油是我国居民食用油脂摄入的主体，那么，我们在日常生活中应怎样健康减油呢？为大家介绍几个小窍门：

    定量用油，将全家每天应该食用的烹调油倒入某一量具，炒菜用油均从这一量具内取用，不要超量，慢慢养成习惯；少用煎炸的方法，多用蒸、煮、炖、焖、水滑、熘、拌等方法；不吃或少吃油炸食品；少吃加工食品；选择加工食品时，注意看食品包装上的营养标签；常在家吃饭，少在外就餐或点外卖或吃快餐。

第四节　合理营养与平衡膳食

一、合理营养

    合理营养就是使人体的营养生理卫生需求与人体通过膳食摄入的各种营养物

质之间保持平衡。从广义上说，合理营养是健康长寿的保证。

食物是营养素的"载体"，人体所需的营养素必须通过食物获得。一方面，每一类营养素都有其特殊的生理功能，都是不可缺少和不可替代的。人体对每一类营养素都有一个最佳的需要量，同时，各类营养素又是在互相配合、互相影响下对人体发挥生理功能的，所以人体所需的各类营养素之间又有一个最佳的配合量。另一方面，各类食物中所含的营养成分是多种多样、千差万别的。人体需求的全部营养素，只有通过食用不同类的食物才能获得，任何一种单一食物都不可能满足人体对各类营养素的全部需要。

二、平衡膳食

平衡膳食是达到合理营养的手段，合理营养需要通过平衡膳食的各个具体措施来实现。平衡膳食就是为人体提供足够数量的热能和适当比例的各类营养素，以保持人体新陈代谢的供需平衡，并通过合理的原料选择和烹调、合理编制食谱和膳食制度，使膳食感官性状良好、品种多样化，并符合食品营养卫生标准，以适合人体的心理和生理需求，达到合理营养的目的。平衡膳食的具体措施包括食品原料的选择、膳食的调配和食谱的编制、合理的食品烹调加工等几方面。其中平衡是膳食的核心和关键。根据食物营养素的特点，现代平衡膳食的组成，必须包括以下四个方面的食物。

1. 谷类、薯类和杂粮

统称粮食，粮食是供给碳水化合物的主要来源，也含有蛋白质，虽含量不高，但因食用量大，所以也是蛋白质的主要来源，约占人体所需要蛋白质的半数。粮食中还含有 B 族维生素和无机盐。一个人一天吃多少粮食，应根据热能需要来决定，它与年龄、劳动强度等均相关。从事中等体力劳动的成年人，每天需要粮食 $500\sim600g$，占膳食总质量的 51%。

2. 动物类和豆类

如猪、牛、羊、兔、鸡、鸭、鹅、水产类、蛋类、奶类及豆制品等。这类食物主要供给蛋白质，而且是生理价值高的优质蛋白质，以弥补主食中蛋白质供应之不足。从事中等体力劳动的成年人，动物肉类和蛋、奶、豆类在膳食中的比重应为 6%。

3. 蔬菜类和水果类

在一个营养平衡的膳食结构里，新鲜蔬菜是必不可少的，否则就不能满足人体对维生素、食物纤维和无机盐的需要。蔬果类在膳食中所占的比重应为 41%。

4. 油脂类

主要是烹调用油。烹调油在膳食中一是增加食物的香味，二是补充部分热能并供给必需的脂肪酸，还可以促进脂溶性维生素的吸收。一般烹调用油以多用植物油为好，当然也要兼顾各种脂肪酸的比例。烹调用油每天每人约需 25g，占膳食总量的 2%。

我国政府非常重视人民的体质和健康状况。在发展食品生产供给方面，不断调整生产计划，改进品种，提高质量。我国从 20 世纪 50 年代到 21 世纪的今天，曾出现过几次膳食构成演变，国民的身体健康状况发生了巨大的变化，最明显的是新一代比上一代身材高了、体质更强健了、头脑更聪明了，而且平均寿命也从新中国成立初的 35 岁提高到 78 岁。这与膳食营养不断得到提高是密不可分的。

 科海拾贝

维生素

维生素，也叫做维他命，是另一种重要的营养物质。与糖类和脂类不同的是它不是直接供应能量的营养物质，与蛋白质不同的是它不是生命的基本单位，而且最关键的一点在于它无法通过人体自身合成。

从化学角度看维生素是一种有机化合物，在天然的食物中含量很少，但这些极微小的量对人体来说却是必需的。当人体缺乏维生素时，会出现各种维生素缺乏症。比如坏血病、脚气病（不是俗称的真菌感染所引起的"脚气"）等。说明这些有机化合物在生命活动中有着重要的作用。

维生素对于生命的重要作用主要是参与体内的各种代谢过程和生化反应途径，参与和促进蛋白质、脂肪、糖的合成利用。许多维生素还是多种酶的辅酶的重要成分，所谓的维生素缺乏症就是因为缺乏维生素时，酶的合成就会受阻，使人体的代谢过程发生紊乱，从而引发身体疾病。轻者症状不明显，但会降低身体的抵抗力和工作效率，重者会出现出血、脚气、夜盲等各种典型症状，甚至导致死亡。维生素对人类生命的重要性是不容置疑的。几种重要维生素的功效如下。

维生素 A：防止夜盲症和视力减退，有助于对多种眼疾的治疗（维生素 A 可促进眼内感光色素的形成）；有抗呼吸系统感染作用；有助于免疫系统功能正常；有助于对肺气肿、甲状腺机能亢进症的治疗。

维生素 B_1：促进成长，帮助消化。

维生素 B_2：促进发育和细胞的再生；增强视力。

维生素 B_5：有助于伤口痊愈；可制造抗体抵抗传染病。

维生素 B_6：能适当消化、吸收蛋白质和脂肪。

维生素 C：参与体内氧化还原反应，具有抗癌作用；可辅助普通感冒治疗；预防坏血病。

维生素 D：提高肌体对钙、磷的吸收，促进生长和骨骼钙化。

维生素 E：有效地阻止食物和消化道内脂肪酸的酸败，是极好的自由基清除剂、有效抗衰老营养素；提高肌体免疫力；预防心血管病。

第十二章
学 生 实 验

 学习目标

1. 通过实验操作能够说出相应仪器、试剂、物品的性能、使用方法及注意事项。

2. 能够熟练操作化学仪器，准确配制相应试剂。

3. 能够安全操作，树立安全和环保意识。

实验一　卤素及其化合物的性质

一、实验目的

1. 了解卤素的氧化性和卤离子的还原性，特别是氯的强氧化性。

2. 掌握 Cl^-、Br^-、I^- 的鉴定。

3. 了解碘的溶解及碘与淀粉的作用。

二、仪器及试剂

仪器：试管 8 支、酒精灯。

试剂：0.1mol/L KBr 溶液，CCl_4，氯水，溴水，碘水，0.1mol/L $Na_2S_2O_3$，氢硫酸、0.1mol/L KI 溶液，KI、KBr、NaCl、MnO_2 固体，浓硫酸，醋酸铅试纸，碘化钾淀粉试纸，浓氨水，氯仿，酒精，固体碘，0.1mol/L $AgNO_3$。

三、实验步骤

1. 卤素的氧化性

（1）卤素的置换次序　取三支试管，分别进行下列试验。

① 在一支试管中加入 1 滴 0.1mol/L KBr 和 10 滴四氯化碳，再加 2 滴氯水，边加边振荡。观察四氯化碳液层的颜色变化，写出反应式。

② 在第二支试管中加入 1 滴 0.1mol/L KI 溶液和 10 滴四氯化碳。再加 2 滴溴水，边加边振荡。观察四氯化碳液层的颜色变化，写出反应式。

③ 在第三支试管中加入 1 滴 0.1mol/L KI 溶液和 10 滴四氯化碳。再加 2 滴氯水，边加边振荡。观察四氯化碳液层的颜色变化，写出反应式。

从以上实验结果，说明卤素之间的置换次序，比较卤素的氧化性大小。

（2）碘的氧化性　取两支试管，各加碘水 10～15 滴，然后分别再滴加 0.1mol/L $Na_2S_2O_3$、氢硫酸溶液，观察每一支试管里所发生的现象，写出反应式。

（3）氯水对溴、碘离子的混合液的反应　取试管一支，加入 1mL 0.1mol/L KBr 和 1～2 滴 0.1mol/L KI 溶液，再加 0.5mL 四氯化碳。然后滴加氯水，同时振荡试管，仔细观察四氯化碳层先后出现不同颜色的现象，写出反应式。

2. 卤素离子的还原性

取四支试管分别进行如下实验。

① 在盛有少量碘化钾固体的试管中，加入 1mL 浓硫酸，观察反应产物的颜色和状态。把湿润的醋酸铅试纸移近试管口，会发生什么变化？此气体是什么？写出反应式。

② 在盛有少量溴化钾固体的试管中，加入 1mL 浓硫酸，观察反应产物的颜色和状态。把湿润的碘化钾试纸移近试管口，会发生什么变化？此气体是什么？写出反应式。

③ 在盛有少量 NaCl 固体的试管中，加入 1mL 浓硫酸，观察反应产物的颜色和状态。用玻璃棒蘸一点浓氨水，移近试管口，会发生什么变化？此气体是什么？写出反应式。

④ 在盛有少量固体 NaCl 和 MnO_2 的试管中，加入 1mL 浓硫酸，稍微加热，观察反应产物的颜色和状态。从气体的颜色和气味来判断反应产物。写出反应式。

从以上四个实验的结果，说明 I^-、Br^-、Cl^- 还原性的大小。

3. 碘的溶解及碘与淀粉的作用

取四支试管，各加入少量固体碘，分别加水、酒精、氯仿、碘化钾溶液 1mL，振荡后观察溶解情况。

再取两支试管各加入淀粉溶液 1mL，在一支试管中加入碘液 1 滴，在另一支试管中加入碘化钾溶液 1 滴，振荡后，比较两支试管中溶液的颜色变化，说明什么问题？

4. Cl⁻、Br⁻、I⁻ 的鉴定

取三支试管，分别加入 0.1mol/L KCl、KBr、KI 溶液各 1mL，然后再各加 0.1mol/L AgNO₃ 溶液 3～4 滴，观察析出沉淀的颜色，写出离子反应式。

四、思考题

1. 按卤素的氧化性强弱排出次序。
2. 按卤素离子的还原性强弱排出次序。
3. 如何鉴定 Cl⁻、Br⁻、I⁻？
4. 溴水、碘水在水中和四氯化碳中的颜色各是什么？

实验二　硫的化合物的性质

一、实验目的

1. 了解硫化氢的制备，掌握硫化氢的性质。
2. 掌握硫酸的主要性质及 S^{2-}、SO_3^{2-}、$S_2O_3^{2-}$ 的鉴定方法。

二、仪器及试剂

仪器：大试管 1 支、试管 8 支、玻璃棒、蒸发皿、坩埚夹等。

试剂：FeS，稀硫酸（1＋5），0.1mol/L 的可溶性 Cu^{2+}、Pb^{2+}、Cd^{2+}、Sb^{2+}、As^{2+}、Fe^{2+} 和 Zn^{2+} 盐溶液，氢硫酸、浓硫酸。

三、实验步骤

1. 硫化氢的制备和性质

在大试管中放入少量的硫化亚铁固体，并注入 3～5mL 稀硫酸（1＋5），然后用带有导管的塞子塞好。观察 H_2S 的产生（注意气味），写出反应式。

① H_2S 气体的可燃性。当剧烈反应产生硫化氢时，在导管中将 H_2S 气体点燃（一定在反应剧烈时，否则管内有空气，点燃时会引起爆炸）。观察 H_2S 气体燃烧的蓝色火焰，并发现有刺激臭味，写出反应式。

用坩埚夹夹持蒸发皿，将蒸发皿底放在 H_2S 火焰上，不久，可以看到蒸发皿的底部生成一薄层黄色的硫（不完全燃烧），写出反应式。

② 难溶硫化物的生成和颜色。按表 12-1 将所需 0.1mol/L 的盐溶液分别加入七支试管中，各 2～3mL，然后再在所有的试管中各加入 2～3mL 氢硫酸（或

硫化铵溶液）。观察生成硫化物的颜色，写出反应式。

表 12-1　硫化物的颜色

编号	1	2	3	4	5	6	7
离子	Cu^{2+}	Pb^{2+}	Cd^{2+}	Sb^{2+}	As^{2+}	Fe^{2+}	Zn^{2+}
产物	CuS	PbS	CdS	SbS	AsS	FeS	ZnS
颜色	黑	黑	黄	橙	黄	暗绿	白

2. 浓硫酸的性质

① 浓硫酸的氧化性。取 2 支试管分别加入木炭和硫黄各一小块，然后都加入浓硫酸，观察现象，并写出反应式。

② 浓硫酸的脱水性。用玻璃棒蘸取浓硫酸，在纸上写字，然后在石棉网上用酒精灯烘烤，会出现什么现象？为什么？

3. S^{2-}、SO_3^{2-}、$S_2O_3^{2-}$ 的鉴定

① S^{2-} 的鉴定。根据硫化物的颜色，鉴定 S^{2-} 的存在。取一支试管，加入含有 S^{2-} 的微酸性溶液 2mL，加入 $AgNO_3$ 产生棕黑色 Ag_2S 沉淀，证明 S^{2-} 的存在。

② SO_3^{2-} 的鉴定。根据 SO_3^{2-} 与 Ba^{2+} 生成难溶于水的白色沉淀 $BaSO_3$ 能溶于盐酸的性质，并区别于 $BaSO_4$。但这一方法一般不可靠，因为在 SO_3^{2-} 中难免含有 SO_4^{2-}。因此，通常用酸来分解亚硫酸盐，放出 SO_2 气体，利用 SO_2 可使 $KMnO_4$ 溶液还原褪色来鉴定 SO_3^{2-} 的存在，反应式如下。

$$SO_3^{2-}+2H^+ \longrightarrow SO_2\uparrow + H_2O$$

$$2KMnO_4+5SO_2+2H_2O \longrightarrow 2MnSO_4+K_2SO_4+2H_2SO_4$$

步骤：取少量试液于试管中，加入盐酸，当发现有气体生成时立刻将气体用导管导入酸性的 $KMnO_4$ 溶液中，溶液的紫色消失，证明 SO_3^{2-} 的存在。

③ $S_2O_3^{2-}$ 的鉴定。根据 $S_2O_3^{2-}$ 与 Ag^+ 反应生成白色 $Ag_2S_2O_3$ 沉淀，且 $Ag_2S_2O_3$ 能迅速分解为 H_2SO_4 和 Ag_2S 沉淀，同时沉淀的颜色从白色经黄色、棕色最后变为黑色。

步骤：取少量试液于试管中，加入过量的 $AgNO_3$ 溶液，若见到开始有白色沉淀，并经过黄色、棕色，最后变为黑色（Ag_2S），证明 $S_2O_3^{2-}$ 的存在。

四、思考题

1. 如何鉴定 S^{2-}、SO_3^{2-}、$S_2O_3^{2-}$？

2. 点燃 H_2S 气体时应注意什么？

实验三　硝酸盐的性质

一、实验目的

了解硝酸盐的受热分解规律。

二、仪器及试剂

仪器：试管 4 支、酒精灯、木炭、试管夹。

试剂：固体 KNO_3、$Cu(NO_3)_2$、$AgNO_3$。

三、实验步骤

1. 取三支干燥的试管，分别加入少量固体 KNO_3、$Cu(NO_3)_2$、$AgNO_3$，并用酒精灯加热，观察反应现象，注意产物的状态和颜色，比较三者耐热的程度，写出反应式。

2. 取一支试管，加入少量固体 KNO_3，用试管夹夹住试管，放在酒精灯上加热熔化，当开始出现气体时，急速将一小块烧红的木炭投入试管中，观察反应现象，写出反应式。

四、思考题

试写出固体硝酸钠、硝酸铅、硝酸汞受热分解时的化学反应方程式。

实验四　白磷的自燃

一、实验目的

了解白磷在空气中可以自燃的性质。

二、仪器及试剂

仪器：试管、坩埚夹。

试剂：白磷、CS_2、滤纸。

三、实验步骤

取麦粒大小的一块白磷，用滤纸吸干其表面的水分，投入装有 CS_2（大约

2～3mL）的试管中，轻轻摇动，使其溶解，然后用坩埚夹夹起一条滤纸，浸入试管的溶液中，取出在空气中（如室内温度低，可用吹风机吹）观察自燃现象。

四、思考题

1. 为什么在做白磷的自燃实验时，必须用滤纸将白磷表面的水分吸干？
2. 用红磷代替白磷做本实验，效果如何？为什么？
3. 用普通的白纸代替滤纸做本实验，效果如何？为什么？

实验五　钠、钾及其化合物的性质

一、实验目的

1. 认识碱金属及其化合物的性质。
2. 学习用焰色反应检测碱金属离子。

二、仪器及试剂

仪器：试管、烧杯、镊子、小刀、玻璃片、药匙、铝箔、滤纸、铁架台、铂丝、蓝色钴玻璃片、木条、酒精灯、导管、橡胶塞。

试剂：金属钠、过氧化钠、碳酸钠、碳酸氢钠、碳酸钾、氯化锂、氯化钡、氯化钙、石灰水、盐酸、酚酞。

三、实验步骤

1. 金属钠的性质

① 用镊子取出一小块金属钠，用滤纸把煤油擦干。把钠放在玻璃片上，用小刀切下绿豆大小的一块钠，观察新切开钠断面的颜色及其在空气中颜色的变化，写出反应的化学方程式。

② 用镊子把切下的钠放入一个预先盛有水的小烧杯里，迅速用玻璃片将烧杯盖好。观察发生的现象。

③ 重新切一小块钠，用刺有小孔的铝箔包好，放在如图 12-1 所示的试管里。等收集的气体满试管时，把试管移近酒精灯点燃，观察发生的现象，说明生成了什么气体？

向烧杯中滴几滴酚酞试液，观察发生的现象，写出反应的化学方程式。

2. 过氧化钠的氧化性

在一支小试管中加入一小匙过氧化钠，观察过氧化钠的颜色。向试管里加3mL水，用带火星的木条检验产生的气体，说明生成了什么物质？写出反应的化学方程式。

3. 碳酸氢钠的性质

在一个干燥的试管中加入适量的碳酸氢钠粉末，按图 12-2 安装好。加热碳酸氢钠，观察实验现象，写出反应的化学方程式。

图 12-1　钠与水起反应

图 12-2　碳酸氢钠的分解

4. 焰色反应

① 把铂丝洗干净，烧热，蘸一些碳酸钠溶液或粉末，放在酒精灯上灼烧，观察火焰的颜色。

② 把铂丝洗干净，烧热，蘸一些碳酸钾溶液或粉末，放在酒精灯上灼烧，隔着蓝色钴玻璃观察火焰的颜色。

③ 把铂丝洗干净，烧热，蘸一些碳酸钠和碳酸钾的混合溶液或粉末，放在酒精灯上灼烧，观察火焰的颜色，再隔着蓝色钴玻璃观察火焰的颜色。

④ 把铂丝洗干净，烧热，蘸一些氯化锂溶液或粉末，放在酒精灯上灼烧，观察火焰的颜色。

⑤ 把铂丝洗干净，烧热，蘸一些氯化钡溶液或粉末，放在酒精灯上灼烧，观察火焰的颜色。

⑥ 把铂丝洗干净，烧热，蘸一些氯化钙溶液或粉末，放在酒精灯上灼烧，观察火焰的颜色。

四、思考题

1. 由本实验总结金属钠、钾及其化合物的性质。

2. 举例说明焰色反应在生活中的应用。

实验六　铝、铁、铜及其化合物的性质

一、实验目的

1. 认识铝、铁、铜及其化合物的性质。
2. 掌握 Cu^{2+}、Fe^{2+}、Fe^{3+} 的定性检测方法。

二、仪器及试剂

仪器：试管、试管夹、酒精灯。

试剂：稀盐酸、稀硫酸、浓硫酸、氨水、氢氧化钠溶液、铝片、铜片、铁片、氯化铝溶液、氯化铜溶液、氯化亚铁溶液、氯化铁溶液、硫氰化钾溶液、铁氰化钾溶液、亚铁氰化钾溶液。

三、实验步骤

1. 铝及其化合物的性质

① 铝与酸的反应。在一支试管中加入一小块铝片，然后向里面加入 2～3mL 稀盐酸，加热，观察发生的现象，写出反应的化学方程式。

② 铝与碱的反应。在一支试管中加入一小块铝片，然后向里面加入 2～3mL 氢氧化钠溶液，稍加热，观察发生的现象，写出反应的化学方程式。

③ 氢氧化铝的两性。

a. 氢氧化铝的生成。在两支试管中分别加入 3mL 的氯化铝溶液，然后分别向里面加入氢氧化钠溶液和氨水，直至产生大量沉淀为止。写出反应的化学方程式。

b. 氢氧化铝与酸和碱的反应。取出两个盛有氢氧化铝沉淀的试管，分别加入稀盐酸和氢氧化钠溶液，振荡，观察发生的现象。写出反应的化学方程式和离子方程式。

2. 铁、铜及其化合物的性质

① 取两支试管，各加入一小块铁片，然后分别加入 2～3mL 稀盐酸（或稀硫酸）和氢氧化钠溶液，观察两支试管的反应情况，写出反应的化学方程式。

② 取三支试管，分别加入一小块铜片，然后分别加入 2～3mL 稀硫酸、稀硝酸和浓硝酸，加热，观察三支试管是否发生反应。发生反应的写出反应的化学方程式。

③ 取三支试管，分别加入氯化亚铁溶液、氯化铁溶液和氯化铜溶液，然后

向里面滴加氢氧化钠溶液，观察生成沉淀的颜色。再向里面滴加过量氢氧化钠溶液，观察沉淀是否溶解。溶解的，写出反应的化学方程式。

3. Cu^{2+}、Fe^{2+}、Fe^{3+} 的鉴定

① 取少量氯化铜溶液于试管中，向里面滴入几滴氨水溶液，观察生成沉淀的颜色。然后再向里面滴入过量的氨水溶液，观察沉淀是否溶解。写出反应的化学方程式。

② 取两支试管，分别加入少量氯化亚铁和氯化铁溶液，然后再分别加入几滴硫氰化钾溶液，振荡，观察并比较两支试管中发生的现象。

③ 取两支试管，分别加入少量氯化亚铁和氯化铁溶液，然后再分别加入 2 滴盐酸酸化，再各滴加几滴铁氰化钾 $[K_3Fe(CN)_6]$ 溶液，振荡，观察并比较两支试管中发生的现象。

④ 取两支试管，分别加入少量的氯化亚铁和氯化铁溶液，然后再分别加入 2 滴盐酸酸化，并各滴加几滴亚铁氰化钾 $[K_4Fe(CN)_6]$ 溶液，振荡，观察并比较两支试管中发生的现象。

四、思考题

通过本实验总结金属铝、铁、铜及其化合物的性质。

实验七　高锰酸钾的氧化性

一、实验目的

了解高锰酸钾在不同介质中的氧化性。

二、仪器及试剂

仪器：石棉网、研钵、滴管、玻璃棒、药匙。

试剂：$KMnO_4$ 固体、蔗糖、1mol/L H_2SO_4、0.01mol/L $KMnO_4$、0.1mol/L Na_2SO_3、6mol/L NaOH。

三、实验步骤

1. 高锰酸钾的强氧化性

将 $KMnO_4$ 和蔗糖各半匙，分别用两个研钵研成粉末，在纸上混合均匀，然后将此混合物堆放在石棉网上（圆锥形），在顶端开一个小浅坑，并滴加一滴水，

此时立即引起燃烧，产生白色烟雾，反应方程式为

$$12KMnO_4 + C_{12}H_{22}O_{11} \longrightarrow 6K_2CO_3 + 6Mn_2O_3 + 6CO_2 + 11H_2O$$

2. 高锰酸钾在不同介质中的氧化性

① $KMnO_4$ 在酸性介质中的氧化性。取一支试管，加入 0.5mL 0.1mol/L Na_2SO_3 溶液和 1mol/L H_2SO_4 溶液 0.5mL，再加入 0.01mol/L $KMnO_4$ 溶液，观察反应，注意产物的颜色和状态，写出反应式。

② $KMnO_4$ 在中性介质中的氧化性。取一支试管，加入 0.5mL 蒸馏水代替 1mol/L H_2SO_4，进行同上的实验，观察反应现象，注意反应的颜色和状态，写出反应式。

③ $KMnO_4$ 在碱性介质中的氧化性。取一支试管，用 6mol/L NaOH 溶液代替 1mol/L H_2SO_4 溶液，进行同上的实验，观察反应现象，注意反应产物的颜色和状态，写出反应式。

四、思考题

通过本实验写出高锰酸钾在不同介质中的化学反应方程式。

实验八　影响化学反应速率的因素

一、实验目的

通过实验加深反应物浓度、反应温度和催化剂对化学反应速率影响的理解。

二、仪器及试剂

仪器：秒表，温度计（100℃），100mL、400mL 烧杯各 2 个，500mL 量筒 2 支。

试剂：固体 MnO_2、0.05mol/L KIO_3 溶液（配制方法：称取 10.7g 分析纯 KIO_3 晶体溶于 1L 水中）、0.05mol/L $NaHSO_3$（配制方法：称取 5.2g 分析纯 $NaHSO_3$ 和 5g 可溶性淀粉，配制成 1L 溶液。配制时先用少量水将 5g 淀粉调成浆状，然后倒入 100～200mL 沸水中煮沸，冷却后再加入 $NaHSO_3$ 溶液，然后加水稀释到 1L）、0.01mol/L $FeCl_3$ 溶液、0.03mol/L KCNS 溶液、质量分数为 3% 的 H_2O_2。

三、实验步骤

1. 浓度对反应速率的影响（需要两人合作）

碘酸钾（KIO_3）可氧化亚硫酸氢钠，本身被还原，其反应方程式为

$$2KIO_3 + 5NaHSO_3 \longrightarrow Na_2SO_4 + 3NaHSO_4 + K_2SO_4 + I_2 + H_2O$$

反应中生成的碘可使淀粉变为蓝色。如果在溶液中预先加入淀粉指示剂，则淀粉变蓝所需时间的长短，即可用来说明反应速率的快慢。

用 50mL 量筒准确量取 10mL NaHSO₃ 和 35mL 水，倒入 100mL 小烧杯中，搅拌均匀。用另一支 50mL 量筒准确量取 5mL 0.05mol/L KIO₃ 溶液。准备好秒表和玻璃棒，将量筒中的 KIO₃ 溶液迅速倒入盛有 NaHSO₃ 溶液的烧杯中，立刻看秒表计时并加以搅拌，记录溶液变蓝所需的时间，并填入表 12-2 中。用同样的方法依次按表 12-2 中的实验号数进行。

表 12-2　浓度对反应速率的影响

实验号数	NaHSO₃ 的体积/mL	H₂O 的体积/mL	溶液变蓝的时间/s
1	10	35	
2	10	30	
3	10	25	
4	10	20	
5	10	15	

根据上述实验数据，说明反应物浓度对反应速率的影响。

2. 温度对反应速率的影响（需要两人合作）

在一只小烧杯中加入 10mL NaHSO₃ 和 35mL 水，用量筒量取 5mL KIO₃ 溶液加入一试管中，将小烧杯和试管同时放在热水浴中，加热到比室温高 10℃ 左右，拿出，将 KIO₃ 溶液倒入 NaHSO₃ 溶液中，立刻看表计时，记录淀粉变蓝的时间，并填入表 12-3 中。

表 12-3　温度对反应速率的影响

实验号数	NaHSO₃ 的体积/mL	H₂O 的体积/mL	KIO₃ 的体积/mL	实验温度 /℃	淀粉 变蓝时间/s

水浴可用 400mL 烧杯加水，用小火加热，控制温度高出测定温度约 10℃，不宜过高。

如果在室温 30℃ 以上做本实验时，用冰浴代替热水浴，温度要比室温低 10℃ 左右，记录淀粉变蓝的时间并与室温时淀粉变蓝时间作比较。

根据上述实验数据，说明温度对反应速率的影响。

3. 催化剂对反应速率的影响

H₂O₂ 溶液在常温下能分解而放出氧气，但分解很慢，如果加入催化剂（如二氧化锰、活性炭等），则反应速率立刻加快。

在试管中加入 3mL 质量分数为 3% 的 H_2O_2 溶液，观察是否有气泡发生。用角匙的小端加入少量 MnO_2，观察气泡发生的情况，试证明放出的气体是氧气。

四、思考题

1. 反应物的浓度和反应温度都能加快化学反应速率，二者的区别是什么？
2. 催化剂对化学反应速率有何影响？

实验九　一般溶液的配制

一、实验目的

1. 学会按物质的量浓度配制溶液的方法。
2. 初步学会使用容量瓶。

二、仪器及试剂

仪器：量筒、托盘天平、250mL 容量瓶、玻璃棒、药匙、胶头滴管。
试剂：氯化钠、浓盐酸（质量分数为 37.5%，密度为 $1.19g/cm^3$）。

三、实验步骤

1. 配制 250mL 0.1mol/L 的氯化钠溶液

① 计算溶质的量。计算出配制 250mL 0.1mol/L 的氯化钠溶液所需氯化钠的质量。

② 称取氯化钠。在托盘天平上称取所需的氯化钠，然后加入小烧杯中。

③ 配制溶液。向小烧杯中加入约 30mL 的水，用玻璃棒搅拌使之溶解，然后注入容量瓶中，将烧杯洗涤 2～3 次，洗涤液注入容量瓶内。然后继续往容量瓶中小心加水，至液面接近刻度 2～3cm 处，然后用胶头滴管加水，使溶液凹液面恰好与刻度线相切。把容量瓶盖紧、振荡、摇匀、静置。这样就得到 0.1mol/L 的氯化钠溶液。

2. 配制 250mL 0.1mol/L 的盐酸溶液

① 计算溶质的量。根据浓盐酸（质量分数为 37.5%，密度为 $1.19g/cm^3$），计算配制 250mL 0.1mol/L 的盐酸溶液所需浓盐酸的体积。

② 量取浓盐酸。用量筒量取所需的浓盐酸，沿玻璃棒倒入烧杯中，加水约30mL，搅拌，使之混合均匀。

③ 配制溶液。把已冷却的盐酸沿玻璃棒注入容量瓶，然后按配制氯化钠的方法配制 0.1mol/L 的盐酸溶液。

实验完毕，将配成的溶液倒入指定的容器中。

四、思考题

1. 如何配制 0.1％的甲基橙指示剂溶液？

2. 如何配制 0.1％的酚酞指示剂溶液？

实验十　离子反应及盐类的水解

一、实验目的

1. 通过离子反应，熟悉 NH_4^+、Fe^{2+}、Fe^{3+}、SO_4^{2-} 和 Cl^- 等的特性反应，并以此进行检测。

2. 了解各种类型的盐水解后其溶液的酸、碱性。

二、仪器及试剂

仪器：半微量试管、玻璃棒、试管、大烧杯。

试剂：石蕊试纸，6mol/L NaOH 溶液，1mol/L H_2SO_4 溶液，2mol/L HCl 溶液，$BaCl_2$ 溶液，$Ca(OH)_2$ 溶液，$AgNO_3$ 溶液，KCNS 溶液，10％ $K_3[Fe(CN)_6]$ 溶液，NaCl、NaAc、NH_4Cl 固体，NH_4^+、Fe^{2+}、Fe^{3+}、SO_4^{2-}、CO_3^{2-}、Cl^- 试液（2mg/mL），pH 试纸。

三、实验步骤

1. 离子反应

① NH_4^+ 离子反应。

$$NH_4^+ + OH^- \longrightarrow NH_3\uparrow + H_2O$$

取 NH_4^+ 试剂 2 滴于半微量试管中，加 6mol/L NaOH 2 滴，立即在试管口上放置一张用蒸馏水湿润过的红色试纸（不要与碱接触），然后放在盛有热水的大烧杯中加热，试纸变蓝，表明 NH_4^+ 存在。

② Fe^{2+} 离子反应。

$$3Fe^{2+}+2K_3[Fe(CN)_6]\longrightarrow Fe_3[Fe(CN)_6]_2\downarrow +6K^+$$
$$\text{(滕氏蓝)}$$

取一滴 Fe^{2+} 于半微量试管中，加 2mol/L HCl 酸化，加 $K_3[Fe(CN)_6]$ 溶液 1 滴，出现深蓝色沉淀，表明 Fe^{2+} 存在。

③ Fe^{3+} 离子反应。

$$Fe^{3+}+3KCNS\Longleftrightarrow Fe(CNS)_3+3K^+$$
$$\text{(深红色)}$$

取 Fe^{3+} 试液于半微量试管中，加 2mol/L HCl 和 KCNS 溶液各一滴，生成深红色溶液，表明 Fe^{3+} 存在。

④ SO_4^{2-} 离子反应。

$$Ba^{2+}+SO_4^{2-}\longrightarrow BaSO_4\downarrow$$
$$\text{(白色)}$$

取 SO_4^{2-} 试液 2 滴于半微量试管中，滴加 $BaCl_2$ 溶液，生成白色沉淀。再加 2 滴 2mol/L HCl 溶液，沉淀不消失，表明 SO_4^{2-} 存在。

⑤ CO_3^{2-} 离子反应。

$$CO_3^{2-}+2H^+\longrightarrow CO_2\uparrow +H_2O$$
$$CO_2+Ca(OH)_2\longrightarrow CaCO_3\downarrow +H_2O$$

取 CO_3^{2-} 试液于半微量试管中，滴加 1mol/L H_2SO_4 5 滴，迅速将装有毛细管的塞子塞住试管口，毛细管尖端悬有 1 滴新制的 $Ca(OH)_2$ 饱和溶液，若 $Ca(OH)_2$ 液滴浑浊，表示有 CO_3^{2-} 存在［如果不明显，可将试液增量，移至试管中反应，将生成的 CO_2 气体直接导入 $Ca(OH)_2$ 的澄清溶液中，观察］。

⑥ Cl^- 离子反应。

$$Cl^-+Ag^+\longrightarrow AgCl\downarrow$$
$$\text{(白色)}$$

取 Cl^- 试液 2 滴于半微量试管中，加入 $AgNO_3$ 溶液 2 滴，生成白色沉淀（沉淀不溶于硝酸），表明 Cl^- 存在。

2. 盐的水解

NaCl 是强酸强碱盐，它的水溶液显中性；NaAc 是强碱弱酸盐，它的水溶液显碱性；NH_4Cl 是强酸弱碱盐，它的水溶液显酸性。

在三支试管中，各加入 10～15mL 蒸馏水，再分别加入少量 NaCl、NaAc、NH_4Cl 固体，搅拌，使这些固体溶解，用 pH 试纸检测它们的 pH。

四、思考题

1. 现有 $(NH_4)SO_4$、$AgNO_3$ 和 KCl 三种物质，试分别鉴定。

2. 硫酸钠、碳酸钠、溴化铵、醋酸铵溶液各显何性？为什么？

实验十一　乙烯、乙炔的制备和性质

一、实验目的

1. 掌握乙烯、乙炔的实验室制法。
2. 认识乙烯、乙炔的主要化学性质，熟悉鉴别方法。

二、仪器及试剂

仪器：试管、酒精灯、铁架台、蒸馏瓶、温度计、滴液漏斗、导气管。

试剂：浓硫酸、酒精、饱和食盐水、高锰酸钾溶液、氢氧化钠溶液、溴水、硝酸银氨水溶液、氯化亚铜氨水溶液。

三、实验步骤

1. 乙烯的制备和性质

① 在 50mL 的蒸馏瓶中倒入 5mL 95％的酒精，然后，一边摇动一边缓缓加入 15mL 浓硫酸，再放入少量碎瓷片（防止加热时发生暴沸）。用带有温度计的塞子塞住瓶口，使温度计的水银球没入混合液中。将蒸馏瓶在铁架台上固定并置于石棉网上，蒸馏瓶的支管与盛有 10％氢氧化钠溶液的洗气装置相连，如图 12-3 所示。

用小火慢慢加热蒸馏瓶中的混合液，当温度升高到 160℃时，调整火焰的高度，使液体的温度保持在 160～180℃之间。

② 将生成的乙烯气体通入盛有溴水的试管中，观察溶液是否褪色。写出反应的化学方程式。

③ 将生成的乙烯气体通入高锰酸钾溶液中，观察溶液是否褪色。写出反应的化学方程式。

④ 用排水法收集乙烯气体，当收满试管后，用手按住管口。从水中取出试管，管口向下，接近火焰，放开手指，点燃乙烯。观察乙烯燃烧时火焰的颜色。

实验结束时，先去掉洗气装置，再移去酒精灯，以免碱液倒流回蒸馏瓶内发生事故。

2. 乙炔的制备和性质

① 在干燥的 100mL 蒸馏瓶中，放入 5～6g 小块碳化钙，瓶口通过单孔塞安装一个 50mL 滴液漏斗，将漏斗的活塞关紧。将蒸馏瓶固定在铁架台上，蒸馏瓶

支管与尖嘴导气管相连，如图 12-4 所示。

把饱和食盐水倒入滴液漏斗中，然后开启活塞将饱和食盐水慢慢滴入蒸馏瓶中，不要一次滴入太多，以控制乙炔产生的速率。

② 将生成的乙炔气体通入盛溴水的试管中，观察溶液是否变色。写出反应的化学方程式。

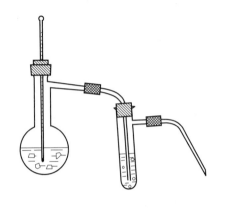　　　　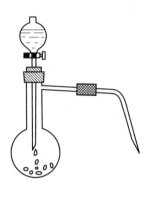

图 12-3　乙烯的制备　　　　图 12-4　乙炔的制备

③ 将生成的乙炔气体通入盛高锰酸钾的试管中，观察溶液是否变色。写出反应的化学方程式。

④ 将生成的乙炔气体通入盛硝酸银氨水溶液的试管中，观察溶液是否变色。写出反应的化学方程式。

⑤ 将生成的乙炔气体通入盛有氯化亚铜氨水溶液的试管中，观察溶液是否变色。写出反应的化学方程式。

⑥ 在蒸馏瓶的尖嘴口点燃乙炔，观察发生的现象（点火时注意气流要充分，点燃时间不要太长，以免火焰延烧入蒸馏瓶中引起爆炸）。

实验完毕，将乙炔银和乙炔亚铜回收到指定的地方。

四、思考题

1. 根据实验现象，综合比较甲烷、乙烯、乙炔的化学性质。
2. 用化学方法鉴别甲烷、乙烯、乙炔，并写出有关的反应方程式。

实验十二　苯及其同系物的性质

一、实验目的

1. 认识苯及其同系物的性质。

2. 掌握鉴别苯及其同系物的方法。

二、仪器及试剂

仪器：试管、酒精灯、铁三脚架、试管夹、烧杯。

试剂：苯、甲苯、植物油、0.5％高锰酸钾溶液、稀硫酸溶液、3％的溴水、四氯化碳、浓硫酸、浓硝酸、蓝色石蕊试纸、铁屑。

三、实验步骤

1. 溶解性

在两支试管中分别加入苯和甲苯各 2mL，然后各加入适量的植物油和蒸馏水，振荡，观察苯和甲苯在油和水中的溶解性。

2. 氧化反应

在两支试管中分别加入苯和甲苯各 2mL，然后各滴入几滴高锰酸钾溶液和稀硫酸溶液。振荡（必要时可在水浴中加热），观察比较两支试管的变化情况。

3. 与溴的作用

① 在两支试管中，分别加入苯和甲苯各 2mL，然后分别滴加几滴四氯化碳溶液，在试管口各放一条润湿的蓝色石蕊试纸并用软木塞塞紧。将两支试管放在强日光灯下照几分钟，观察并比较两支试管中的现象。

② 在试管中加入 1mL 苯，加入几滴溴水，再加入一小角匙新刨的铁屑，振荡，反应即开始，同时产生气体。将润湿的蓝色石蕊试纸置于试管口上，观察试纸是否变色。

当反应变慢时，用小火微微加热试管，使反应趋于完全。将试管中的液体倒入盛有水的烧杯中，有浅黄色的油珠沉于杯底。

4. 硝化反应

在干燥的大试管中加入 2mL 浓硝酸，再加入 2mL 浓硫酸，充分混合后用冷水浴冷却到室温。然后在振荡下慢慢加入 1mL 苯，振荡试管，使它们混合均匀，并在 50～60℃的水浴中加热 10min。将反应液倾入盛有大量水的烧杯中，硝基苯呈黄色油状液体，沉于烧杯底部。同时，可以闻到一股苦杏仁的气味。

实验完后，将得到的硝基苯回收在指定的容器中，并做妥善处理。

四、思考题

通过本实验总结苯的物理和化学性质，并写出有关的方程式。

实验十三　乙醇、乙醛和乙酸的性质

一、实验目的

认识乙醇、乙醛和乙酸的重要性质。

二、仪器及试剂

仪器：试管、酒精灯、试管夹、烧杯。

试剂：金属钠、乙醇、铜丝、乙醛稀溶液、10％氢氧化钠溶液、2％硝酸银溶液、2％氨水、品红试液、浓硫酸、2％硫酸铜溶液、冰醋酸、0.5％高锰酸钾溶液、试纸。

三、实验步骤

1. 乙醇的性质

① 乙醇与金属钠反应。在干燥的试管中，加入 1mL 无水乙醇，再投入一颗黄豆大小的金属钠，反应立即剧烈地发生，放出很多气体，当反应稍缓时，按住试管口片刻，用点燃的火柴接近管口，试管内的氢气燃烧发出爆鸣声。

② 乙醇的氧化。在试管里加入 1mL 乙醇，把一端弯成螺旋状的铜丝放在酒精灯火焰上加热，使铜丝表面产生一层黑色的氧化铜，立即把它插入盛有乙醇的试管中，这样反复操作几次，注意闻产生的乙醛的气味，观察铜丝表面的变化。写出反应的化学方程式。

2. 乙醛的性质

① 与品红试液的反应。在试管中加入 1mL 品红试液，再滴入几滴乙醛溶液，振荡后观察溶液颜色的变化，然后再加入 1mL 浓硫酸，观察溶液的颜色有无变化，为什么？

② 银镜反应。在洁净的试管中加入 2mL 2％硝酸银溶液，再滴加几滴氨水，边滴加边振荡，直到生成的沉淀刚好溶解为止。然后沿试管壁滴加 2～3 滴乙醛稀溶液，把试管放在盛有热水的烧杯里，静置几分钟，观察试管内壁有什么现象发生。解释这一现象，并写出反应的化学方程式。

③ 乙醛的氧化。在试管中注入 10％的氢氧化钠溶液 2mL，滴入几滴 2％硫酸铜溶液 4～5 滴，振荡，然后加入 0.5mL 乙醛溶液，加热到沸腾，观察有什么现象发生。写出反应的化学方程式。

3. 乙酸的性质

① 乙酸的酸性。在一支试管中，加入 5 滴冰醋酸，再加入 1mL 水，振荡使其溶解，然后用洁净的玻璃棒蘸取溶液，润湿 pH 试纸，对比标准比色卡，测定冰醋酸的酸性。

② 乙酸的氧化。在试管中加入 1mL 的冰醋酸，再加入 2mL 的水配成溶液，然后加入酸化的 0.5％高锰酸钾溶液 2mL，小心加热到沸腾，观察试管中有什么变化。

四、思考题

通过本实验总结乙醇、乙醛和乙酸的化学性质，并写出有关的方程式。

【趣味实验一】

喷 雾 作 画

一、实验原理

$FeCl_3$ 溶液遇到硫氰化钾（KSCN）溶液显血红色，遇到亚铁氰化钾($K_4[Fe(CN)_6]$)溶液显蓝色，遇到铁氰化钾($K_3[Fe(CN)_6]$)溶液显绿色，遇苯酚显紫色。$FeCl_3$ 溶液喷在白纸上显黄色。

二、实验用品

白纸、毛笔、喷雾器、木架、摁钉。

$FeCl_3$ 溶液、硫氰化钾溶液、亚铁氰化钾浓溶液、铁氰化钾浓溶液、苯酚浓溶液。

三、实验步骤

1. 用毛笔分别蘸取硫氰化钾溶液、亚铁氰化钾浓溶液、铁氰化钾浓溶液、苯酚浓溶液在白纸上绘画。

2. 把纸晾干，钉在木架上。

3. 用装有 $FeCl_3$ 溶液的喷雾器在绘有图画的白纸上喷上 $FeCl_3$ 溶液。这样就制得精美的图画。

在木器或竹器上刻花（字）就可采用此法。

【趣味实验二】

消字灵的制作

日常写作中，如教师写教案、作家写文章、学生记笔记等，常出现一些写错或需要修改字的情况，涂涂改改会显得很零乱。特别是有些写错的地方不想把痕迹留在原稿上，用橡皮擦也擦不掉。怎么办呢？用"消字灵"将原来的字迹消除是最理想的方法。那么，让我们自己动手制作"消字灵"吧！

在此之前，我们先准备好草酸、蒸馏水、高锰酸钾、浓盐酸、漂白粉。

先配甲液（草酸溶液）。用药匙取少量草酸晶体，放入烧杯或锥形瓶中，加蒸馏水使之溶解。然后将此溶液倒入一只滴瓶中，标签注明甲液。

再配制乙液（氯水或漂白粉溶液）。

氯水的配制：将一药匙高锰酸钾晶体加入烧瓶中，然后再向烧瓶中加入浓盐酸，将烧瓶塞和导管连接好，固定在铁架台的石棉网上，用酒精灯加热。导管导入装有蒸馏水的锥形瓶中，片刻后将锥形瓶中新制成的氯水装入滴瓶中，标签注明乙液。

漂白粉溶液的配制：如果没有条件制备氯水，可以用漂白粉溶液代替。配制漂白粉溶液比较简单。用药匙将漂白粉加入到烧杯中，然后加蒸馏水溶解。漂白粉的溶解度较小，因此配制的溶液有些浑浊。将此液倒入滴瓶中，标签注明乙液。

这样，消字灵就制成了。去字迹时，先用甲液滴在字迹上，然后再将乙液滴上一滴，字迹会立即消失。晾干后再将新的字迹写上去。

习题答案

第一章　化学基本概念与基本计算

第一节　无机物

一、1. C　2. A　3. D

4. 属于单质的有　　　　（He、Hg、Cl_2）

属于金属单质的有　　　（Hg）

属于酸的有　　　　　　（$HClO_3$、HF）

属于含氧酸的有　　　　（$HClO_3$）

属于碱的有　　　　　　（$Ca(OH)_2$）

属于盐的有　　　　　　（K_2SO_4、$Ca(H_2PO_4)_2$、$Mg_2(OH)_2CO_3$、$KAl(SO_4)_2$）

属于酸式盐的有　　　　（$Ca(H_2PO_4)_2$）

属于碱式盐的有　　　　（$Mg_2(OH)_2CO_3$）

属于复盐的有　　　　　（$KAl(SO_4)_2$）

属于氧化物的有　　　　（CuO、SO_3、Al_2O_3、CO）

属于酸性氧化物的有（SO_3）

属于碱性氧化物的有（CuO）

属于两性氧化物的有（Al_2O_3）

二、1. ×　2. ×　3. √　4. ×　5. ×

第二节　无机化学反应的基本类型

一、1. C　2. G　3. D　4. B　5. BCEG

第三节　物质的量

一、1. C　2. D　3. A　4. C　5. A　6. A　7. B　8. B　9. A　10. D

11. D　12. C　13. A　14. D　15. D　16. D　17. B

二、1. √　2. ×　3. ×　4. √　5. √　6. √　7. √　8. √　9. ×

10. ×　11. ×　12. ×

三、1. 32g/mol

2. 计算填空

体积(标准状态下)	质　量	物质的量
44.8L CO_2	88g	2mol
22.4L	28g N_2	1mol
67.2L	6g	3mol H_2

第四节　化学反应方程式

1. 2mol，245g

2. 44g/mol

3. 22g，0.5mol

4. 97.8%

5. 98.9%

* 6. 0.84kg

第二章　重要元素及其化合物

第一节　概述

1. 元素在地壳中的含量（称为丰度）较高的为（原子百分数）O（48.6%）、Si（26.3%）、Al（8.3%）、Fe（4.75%）、Ca（3.45%）、Na（2.74%）、K（2.47%）、Mg（2.0%）、Ti（0.56%）、H（0.14%）。

2. 言之有理即可。（例如：海洋中的元素大多数以离子形式存在于海水中；也有些沉积在海底，如太平洋的锰结核矿就多达数千亿吨。大气中的主要成分是 N_2、O_2 和稀有气体，其中 N_2 多达 3.8648×10^6 亿吨，所以大气层也是元素资源的一个巨大的宝库。）

3. 我国储量较大的矿产元素有稀土、Ti、Li、W、Sn、Sb，其探明储量居世界第一。铁、锰、铜、铝等大宗矿产后备储量不足，铬、钾盐严重短缺。

4. 按性质分为三类：非金属元素、金属元素和准金属元素。

在化学上将元素分为普通元素和稀有元素。

5. 通常稀有元素分为如下几类：

轻稀有元素：锂（Li）、铷（Rb）、铯（Cs）、铍（Be）；

分散性稀有元素：镓（Ga）、铟（In）、铊（Tl）、硒（Se）、碲（Te）；

高熔点稀有元素：钛（Ti）、锆（Zr）、铪（Hf）、钒（V）、铌（Nb）、钽（Ta）、钼（Mo）、钨（W）；

铂系元素：钌（Ru）、铑（Rh）、钯（Pd）、锇（Os）、铱（I_r）、铂（Pt）；

稀土元素：钪（Sc）、钇（Y）镧系元素；

放射性稀有元素：锕系元素、钫（Fr）、镭（Ra）、锝（Tc）、钋（Po）、砹（At）等；

稀有气体：氦（He）、氖（Ne）、氩（Ar）、氪（Kr）、氙（Xe）、氡（Rn）。

6. 元素在自然界中的存在形态主要有单质（游离态）和化合物（化合态）。

第二节　非金属元素及其化合物

一、1. C　2. BD　3. A　4. A　5. A　6. C　7. CD　8. B　9. D　10. A　11. D　12. C　13. C　14. AB

二、1. ×　2. ×　3. √　4. √　5. √　6. √　7. ×　8. ×　9. √　10. ×

三、1. 局部用水冲洗，其实是稀释了浓硫酸，稀硫酸和铁腐蚀会产生氢气，氢气聚集在被腐蚀的铁器材料中，切割时遇火爆炸。

2. I_2 是非极性分子，故难溶于极性溶剂水。I_2 易溶于 KI 溶液是因为发生了反应

$$I_2 + I^- =\!\!= I_3^-$$

3. 氯气先和碘化钾作用生成碘单质（I_2）和氯化钾。碘与淀粉反应，呈蓝色。

$$Cl_2 + 2KI =\!\!= I_2 + 2KCl$$

I_2 继续被氯气氧化而褪色

$$I_2 + 5Cl_2 + 6H_2O =\!\!= 2HIO_3 + 10HCl$$

4. 略

四、1. $Al^{3+} + 3NH_3 \cdot H_2O(过量) \longrightarrow Al(OH)_3 + 3NH_4^+$

2. $Sn^{2+} + I_2 \longrightarrow Sn^{4+} + 2I^-$

3. $Cr_2O_7^{2-} + 3H_2O_2 + 8H^+ =\!\!= 2Cr^{3+} + 3O_2 \uparrow + 7H_2O$

4. $2MnO_4^- + 5H_2O_2 + 6H^+ \longrightarrow 2Mn^{2+} + 5O_2 \uparrow + 8H_2O$

5. $2KClO_3 \xrightarrow[\triangle]{MnO_2} 2KCl + 3O_2 \uparrow$

6. $Cu + 4HNO_3(浓) \longrightarrow Cu(NO_3)_2 + 2NO_2 \uparrow + 2H_2O$

7. $3Cu + 8HNO_3(稀) \longrightarrow 3Cu(NO_3)_2 + 2NO \uparrow + 4H_2O$

8. $2CO_2 + 2H_2O + Na_2SiO_3 \longrightarrow 2NaHCO_3 + H_2SiO_3 \downarrow$

9. $I_2 + 5Cl_2 + 6H_2O \longrightarrow 2HIO_3 + 10HCl$

10. $CS_2 + 2Cl_2 \longrightarrow CCl_4 + 2S$

第三节　金属元素及其化合物

一、1. C　2. D　3. A　4. B　5. A　6. C　7. B　8. C　9. B　10. B　11. B　12. A
13. A

二、1. √　2. √　3. ×　4. ×　5. ×　6. ×　7. √　8. √　9. ×　10. √

三、1. 简单说，就是因为浓硝酸能使 Al 钝化。

Al_2O_3 是致密的氧化膜，覆盖在 Al 表面，阻碍了内层 Al 与 HNO_3 接触。

2. 方法一：分别取少量三种物质分装入三支试管，分别进行加热，产生的气体能使澄清石灰水变浑浊的为 $NaHCO_3$，没有此现象的为 Na_2CO_3 和 NaCl；另取少许未知物质分装入两支试管，然后滴加盐酸，产生气体的为 Na_2CO_3，没有气体产生的为 NaCl。

方法二：用上述加热的方法先检验出 $NaHCO_3$，取未知物质配成溶液，分别滴加 $CaCl_2$ 溶液，产生白色沉淀的试管内的物质为 Na_2CO_3；未出现沉淀的试管内的物质为 NaCl。

方法三：取三种物质少许分装入三支试管，加蒸馏水配成溶液，然后向试管内分别滴加 $CaCl_2$ 溶液，产生白色沉淀的试管内的物质为 Na_2CO_3；再向其余两试管中滴加盐酸，有气体产生的试管内物质为 $NaHCO_3$，无此现象的为 NaCl。

方法四：取三种物质少许分装入三支试管，加蒸馏水配成溶液，然后向试管内逐滴加入稀盐酸，立即产生气体的试管内的物质为 $NaHCO_3$；当稀盐酸滴加到一定量后有气体产生的试管内的物质为 Na_2CO_3；无气体产生的试管内的物质为 NaCl。

3. Fe^{2+} 被氧化：

$$3Fe^{2+} + 4H^+ + NO_3^- \longrightarrow 3Fe^{3+} + NO\uparrow + 2H_2O$$

Fe^{2+} 被还原：

$$Zn + Fe^{2+} \longrightarrow Zn^{2+} + Fe$$

4. Fe^{3+} 和 Sn^{2+} 可以；SiO_3^{2-} 和 NH_4^+ 不能，会发生双水解：

$$NH_4^+ + H_2O \longrightarrow NH_3 \cdot H_2O + H^+ \ ; 2H^+ + SiO_3^{2-} \longrightarrow H_2SiO_3\downarrow$$

5. $AgCl, Al(OH)_3, CaCO_3, Na^+$

$$Ag^+ + Cl^- \longrightarrow AgCl\downarrow$$

$$Al^{3+} + 3NH_3 \cdot H_2O \longrightarrow Al(OH)_3\downarrow + 3NH_4^+$$

$$Ca^{2+} + CO_3^{2-} \longrightarrow CaCO_3\downarrow$$

四、1. $2Na_2O_2 + 2CO_2 \longrightarrow 2Na_2CO_3 + O_2$

2. $Cr_2O_7^{2-} + 6I^- + 14H^+ \longrightarrow 2Cr^{3+} + 3I_2 + 7H_2O$

3. $2Fe^{3+} + H_2S \longrightarrow 2Fe^{2+} + S\downarrow + 2H^+$

4. $Cu(OH)_2 + 2HCl \longrightarrow CuCl_2 + 2H_2O$

5. $Hg_2Cl_2 + SnCl_2 \longrightarrow 2Hg + SnCl_4$

6. $Al^{3+} + 4NaOH（过量）\longrightarrow NaAlO_2 + 2H_2O + 3Na^+$

7. $2Pb(NO_3)_2 \xrightarrow{\triangle} 2PbO + 4NO_2\uparrow + O_2\uparrow$

8. $MnO_2 + H_2O_2 + 2H^+ \longrightarrow 2H_2O + Mn^{2+} + O_2\uparrow$

9. $2Hg_2O \xrightarrow{光照} 4Hg + O_2\uparrow$

10. $KIO_3 + 5KI + 3H_2SO_4 \longrightarrow 3K_2SO_4 + 3I_2\downarrow + 3H_2O$

第四节　生命元素

1. 略，言之有理即可。（如：到目前为止认为有 17 种：Zn、Cu、Co、Cr、Mn、Mo、Fe、I、Se、Ni、Sn、F、Si、V、As、B、Br。微量元素中 7 种为非金属元素，10 种为金属元素。）

2. 略，言之有理即可。（例如：O 主要以 H_2O、O_2 及有机物形式存在，分布在生命体内任何部位。氧主要参与人体多种氧化过程，释放能量供人体利用。N 是蛋白质、氨基酸等有机化合物的主要成分，分布在生命体内任何部位。）

3. 略，言之有理即可。（例如：Fe 是细胞色素、血红蛋白和许多含铁酶类的成分，与氧气的运输以及与多物质代谢有关。植物缺铁会引起白化病。Zn 有助于人体细胞分裂，促进生长发育、大脑发育和性成熟等。）

4. 不是的。研究结果如下：硒的生理需要量为 $40\mu g/d$，硒的界限中毒量为 $800\mu g/d$，由此建议推荐膳食硒供给量范围为 $50\sim250\mu g/d$，最高硒安全摄入量为 $400\mu g/d$。以上数据已为 FAO、WHO、IAEA 三个国际组织所采用。

5. 略，言之有理即可。（例如：铁是合成血红细胞的重要材料，血红细胞主要负责氧气和二氧化碳的转运。血红细胞是有寿命的，这就需要骨髓不断合成新的血红细胞来满足身体需要。缺铁人体会出现头晕、精力下降、易疲倦、记忆力减退等贫血症状。严重贫血可引起明显的免疫力下降、心肌缺血等健康问题。人体所需的铁为二价铁，也称亚铁，富含铁的食物有牛羊猪肉的瘦肉组织、动物的血液、肝脏等。植物所含的铁主要是三价铁，需要经过胃酸转化才能被人体吸收，并且受植物中植酸、草酸、纤维素的影响，吸收率只有 1% ～3%。建议通过肉类制品来补血，另外，维生素 C 有促进铁吸收的作用，可以同时吃一些维生素 C 含量较高的食品。）

6. 略，言之有理即可。〔例如：很多重金属元素（如 Cd、Hg、Pb、As 等）是有害的，它们在体内积累干扰体内的代谢活动，对健康产生不良影响，引起病变。铅及其化合物均有毒，危害造血系统、心血管、神经系统和肾脏，特别是危害儿童的智力发育，甚至会引起痴呆。汞及大部分化合物均有毒，主要是积蓄性慢性中毒，主要危害中枢神经系统和肾脏。镉可以抑制体内多种酶的活性并且易与磷结合而排挤钙，引起骨质软化和骨头疼痛等。]

第三章　物质结构与元素周期律

第一节　原子结构与同位素

一、1. B　2. D　3. B　4. B　5. B
二、1. ×　2. ×　3. ×　4. ×　5. ×　6. ×　7. √　8. ×
三、

符号	质子数	中子数	质量数	电子数	核电荷数
$^{39}_{19}K$	19	20	39	19	19
Al^{3+}	13	14	27	10	13
S^{2-}	16	16	32	18	16
^{13}C	6	7	13	6	6

第二节　元素周期律与元素周期表

一、1. C　2. C　3. B　4. B　5. C　6. A
二、1. ×　2. √　3. ×　4. ×　5. ×　6. ×　7. ×
三、1.

元素符号	原子序数	最外层电子数	周期	族	最高正化合价	最高价氧化物	最高价氧化物的水化物	负化合价
Cl	17	7	3	ⅦA	+7	Cl_2O_7	$HClO_4$	−1
Al	13	3	3	ⅢA	+3	Al_2O_3	$Al(OH)_3$	0
C	6	4	2	ⅣA	+4	CO_2	H_2CO_3	−4
P	15	5	3	ⅤA	+5	P_2O_5	H_3PO_4	−3
S	16	6	3	ⅥA	+6	SO_3	H_2SO_4	−2

2. （1）NaOH 碱性更强

（2）$Ba(OH)_2$ 碱性更强

（3）$HClO_4$ 酸性更强

（4）HNO_3 酸性更强

第三节　化学键

一、1. C　2. C

二、1. 略

    2.（1）Na_2O　离子键　（2）Cl_2　共价键　（3）H_2S　共价键

    （4）KCl　离子键　（5）Na　金属键

    3. 不对，只要含有离子键，就是离子化合物，所以离子化合物也可以含有共价键。比如氢氧化钠NaOH，氢原子、氧原子之间是共价键，氢氧根、钠离子之间是离子键，它是离子化合物。

第四章　化学反应速率与化学平衡

第一节　化学反应速率

一、C

二、1. √　2. ×　3. ×

三、1. 通过降温的办法来降低食物分子的运动，反应速率变慢，使其腐败的过程变得缓慢，从而达到延长食品的保质期的作用。

    2. 没有，因为这个反应没有气体的参与。

    3. 因为同浓度的硫酸和盐酸，硫酸是二元酸，氢离子浓度更大，锌粒是与氢离子发生反应，浓度大的反应速率快。

四、此段时间内 N_2O_5 的平均反应速率：

$$0.15/100=1.5\times10^{-3}\,mol/(L\cdot s)$$

第二节　化学平衡

一、1. BCD　2. A　3. B　4. A　5. C

二、1. ×　2. √　3. √　4. ×　5. ×　6. ×　7. √　8. ×

三、略

四、$K=0.00183$

第五章　溶液

第一节　溶液和胶体

一、1. D　2. B　3. A　4. C　5. D　6. D　7. B　8. C　9. B

二、1. ×　2. ×　3. √　4. √　5. ×　6. √　7. ×　8. √　9. √

三、略

第二节　溶液的浓度

一、1. A　2. D　3. B　4. A　5. B　6. C　7. A　8. D　9. D

二、1. ×　2. √　3. ×　4. √　5. √　6. ×　7. ×　8. √

三、1. $m(H_2SO_4) = (50 \times 98\%)/20\% = 245(g)$

　　根据质量守恒得需加水 $m(H_2O) = 245 - 50 \times 98\% = 196(g)$

　　2. $H_2SO_4 \sim 2NaOH$

　　　　1mol　　　2mol

　　　$n(H_2SO_4)$　　　$n(NaOH)$

　　$c(H_2SO_4) \times 25.00mL$　　　$0.09026mol/L \times 24.93mL$

　　$c(H_2SO_4) = 0.09026mol/L \times 24.93mL \times 1mol/(25.00mL \times 2mol) = 0.04500mol/L$

　　3. 设加 x mL 水

$$0.5540 \times 100 = 0.5 \times (x + 100)$$

$$x = 55.40/0.5 - 100 = 10.8(mL)$$

第三节　一般溶液的制备

一、1. C　2. B　3. D　4. A　5. B

二、1. ×　2. √　3. ×　4. √　5. √　6. √

三、略

第四节　电解质溶液

一、1. A、D　2. A　3. D　4. D　5. B　6. C　7. D　8. C　9. C

二、1. ×　2. ×　3. ×　4. ×　5. √　6. ×　7. ×　8. ×

三、略

第五节　离子反应

一、1. C　2. C　3. D　4. B　5. D　6. B　7. A　8. C　9. A

二、1. √　2. ×　3. √　4. ×　5. √　6. √　7. ×

三、略

四、1. $CaCO_3 + 2H^+ \longrightarrow Ca^{2+} + CO_2\uparrow + H_2O$

　　2. $Mg + 2H^+ \longrightarrow Mg^{2+} + H_2\uparrow$

　　3. $Ba^{2+} + SO_4^{2-} \longrightarrow BaSO_4\downarrow$

4. $Cl^- + Ag^+ \longrightarrow AgCl\downarrow$

5. $Zn + Cu^{2+} \longrightarrow Cu + Zn^{2+}$

6. $Fe^{3+} + 3OH^- \longrightarrow Fe(OH)_3\downarrow$

五、1. 稀硫酸，生成白色沉淀的是 $Ba(OH)_2$，产生气体的是 Na_2CO_3，无明显现象的是 NaOH。

与 NaOH 反应：$2NaOH + H_2SO_4 \longrightarrow Na_2SO_4 + 2H_2O$

$$OH^- + H^+ \longrightarrow H_2O$$

与 Na_2CO_3 反应：$Na_2CO_3 + H_2SO_4 \longrightarrow Na_2SO_4 + CO_2\uparrow + H_2O$

$$CO_3^{2-} + 2H^+ \longrightarrow CO_2\uparrow + H_2O$$

与 $Ba(OH)_2$ 反应：$Ba(OH)_2 + H_2SO_4 \longrightarrow BaSO_4\downarrow + 2H_2O$

$$Ba^{2+} + 2OH^- + 2H^+ + SO_4^{2-} \longrightarrow BaSO_4\downarrow + 2H_2O$$

2. 加入 $CuSO_4$ 试剂

（1）鉴别 K_2S：加入 $CuSO_4$ 试剂，如果溶液产生黑色沉淀，则表明原溶液中含有硫化物离子（S^{2-}）。离子反应方程式为：

$$Cu^{2+} + S^{2-} \longrightarrow CuS\downarrow$$

（2）鉴别 KOH：加入 $CuSO_4$ 试剂，如果溶液产生蓝色沉淀，则表明原溶液中含有 OH^-。离子反应方程式为：

$$Cu^{2+} + 2OH^- \longrightarrow Cu(OH)_2\downarrow$$

（3）鉴别 KNO_3：加入 $CuSO_4$ 试剂，溶液变蓝，无反应发生。

（4）鉴别 $BaCl_2$：加入 $CuSO_4$ 试剂，如果溶液出现白色沉淀，则表明原溶液中含有硫酸根离子（SO_4^{2-}）。离子反应方程式为：

$$Ba^{2+} + SO_4^{2-} \longrightarrow BaSO_4\downarrow$$

注意，进行这些试剂的鉴别实验时要注意操作安全和正确性。

第六节　水的电离与溶液的 pH

一、1. A　2. B　3. C　4. A　5. C　6. C　7. D　8. B　9. B　10. B

二、1. √　2. ×　3. ×　4. √　5. ×　6. ×　7. √　8. √　9. ×　10. √

三、1.（1）$pH = -lg[H^+] = -lg(5.0 \times 10^{-2}) = 2 - lg5 = 1.3$

（2）$pOH = -lg[OH^-] = -lg(5.0 \times 10^{-2}) = 2 - lg5 = 1.3$

$pH = 14 - pOH = 14 - 1.3 = 12.7$

（3）$[H^+] = 10^{-4.5}$

2. $n(OH^-) = 0.4g/(40g/mol) = 0.010mol$

$c(OH^-) = 0.01mol/L$

常温下 $c(H^+) = K_w/c(OH^-) = 10^{-14}/0.01 = 10^{-12}$

$$\mathrm{pH}=-\lg[\mathrm{H^+}]=-\lg10^{-12}=12$$

3. $[\mathrm{H^+}]=\sqrt{K_a c_{酸}}=\sqrt{1.8\times10^{-5}\times0.1}=1.34\times10^{-3}$

$$\mathrm{pH}=-\lg[\mathrm{H^+}]=-\lg1.34\times10^{-3}=3-\lg1.34=2.87$$

4. $\mathrm{pH(B)}=-\lg[\mathrm{H^+}]=-\lg(1.0\times10^{-3})=3$

$$\mathrm{pOH(C)}=-\lg[\mathrm{OH^-}]=-\lg(1.0\times10^{-2})=2$$

$$\mathrm{pH}=14-\mathrm{pOH}=14-2=12$$

B 酸性最强

第七节　盐类的水解

一、1. A，C，BD　2. A　3. A　4. C　5. A　6. A　7. D　8. C

二、1. √　2. ×　3. ×　4. ×

三、1. NH_4Cl 和 KF 可以发生水解

$$NH_4^+ + H_2O \rightleftharpoons NH_3 \cdot H_2O + H^+$$

$$F^- + H_2O \rightleftharpoons HF + OH^-$$

2. KOH，$KHCO_3$，NH_4Cl，$KHSO_4$，H_2SO_4

3. 铜离子在溶液中能够发生水解生成难溶的氢氧化铜：

$$Cu^{2+} + 2H_2O \rightleftharpoons Cu(OH)_2 + 2H^+$$

盐的水解是吸热反应，用热水溶解硫酸铜时，温度较高，促进了硫酸铜的水解，使溶液浑浊。配制硫酸铜溶液时，可加入一定量的硫酸，抑制硫酸铜的水解。

第六章　氧化还原反应与电化学

第一节　概述

一、1. B.　2. B　3. B　4. D，C　5. C　6. A

二、1. √　2. √　3. ×　4. ×　5. ×　6. ×

三、1. $\overset{+4}{N_2}\overset{-2}{O_4}$、$\overset{-3}{N}\overset{+1}{H_3} \cdot H_2O$、$\overset{-2}{Mg_2}\overset{+2}{P_2}\overset{-2}{O_7}$、$\overset{0}{P_4}$、$\overset{+1}{Na_2}\overset{+2}{S_2}\overset{-2}{O_3}$、$\overset{+1}{K_2}\overset{+\frac{5}{2}}{S_4}\overset{-2}{O_6}$

2.（1）被氧化的元素 Cl，被还原的元素 Mn；氧化剂 MnO_2，还原剂 HCl；氧化产物 Cl_2，还原产物 $MnCl_2$。

（2）被氧化的元素 Zn；被还原的元素 H；氧化剂 HCl，还原剂 Zn；氧化产物 $ZnCl_2$，还原产物 H_2。

四、略

第二节　氧化还原反应方程式的配平

一、1. C　2. D　3. B

二、1. 10，3，3，5，1

2. 1，6，7，1，4，3，7

3. 3，20，8，12，20

4. 5，2，8，10，2，6，8

5. 1，6，5，1，3，1，5

6. 2，1，2，2，1，1

7. 2，5，3，2，6，3

8. 1，2，1，1，1，2

三、1. 通常采用氧化数升降法配平。

2.（1）氧化剂中元素氧化数降低的总数与还原剂中元素氧化数升高的总数相等。

（2）方程式两边各种元素的原子总数相等。

第三节　电极电势

一、1. B　2. B　3. A　4. A　5. B　6. B

二、1. √　2. √　3. √　4. ×　5. √　6. ×　7. √

三、略

四、1.（1）向右进行

（2）向右进行

2.（1）0.2858V（2）1.4784V（3）1.3936V（4）0.8894V

3. 0.742V

第四节　电解

一、1. A　2. CD　3. D　4. C　5. A　6. A

二、1. ×　2. ×　3. √　4. ×　5. ×　6. ×

三、略

四、1. 0.28L　2. 氯气606.8g　氢气17.1g

五、略

六、
$$2CuSO_4 + 2H_2O \xrightarrow{\text{电解}} 2H_2SO_4 + 2Cu + O_2\uparrow$$

阳极反应式：　$4OH^- - 4e^- \longrightarrow 2H_2O + O_2\uparrow$

阴极反应式：　$Cu^{2+} + 2e^- \longrightarrow Cu$

第五节　金属的腐蚀与防护

一、1. A　2. C　3. A　4. A

二、1. √　2. ×　3. ×　4. √

三、略

第七章　沉淀反应

第一节　沉淀溶解平衡与溶度积常数

一、1. D　2. A　3. D　4. C

二、1. ×　2. √　3. √　4. √　5. ×

三、1.（1）CaC_2O_4（s）$\Longrightarrow Ca^{2+}+C_2O_4^{2-}$

$K_{sp}(CaC_2O_4)=[Ca^{2+}][C_2O_4^{2-}]$

（2）PbI_2（s）$\Longrightarrow Pb^{2+}+2I^-$

$K_{sp}(PbI_2)=[Pb^{2+}][I^-]^2$

（3）Ag_3PO_4（s）$\Longrightarrow 3Ag^++PO_4^{3-}$

$K_{sp}(Ag_3PO_4)=[Ag^+]^3[PO_4^{3-}]$

2. 略

四、1. $K_{sp}(CaSO_4)=9.75\times10^{-6}$

2.

$$S[Zn(OH)_2]=\sqrt[3]{\frac{K_{sp}}{4}}=\sqrt[3]{\frac{1.8\times10^{-14}}{4}}=1.7\times10^{-5}(mol/L)$$

3.

（1）$K_{sp}(CaF_2)=[Ca^{2+}][F^-]^2=S(2S)^2=4S^3=4\times(1.46\times10^{-10})^3=$ 1.24×10^{-29}

（2）$K_{sp}(PbCl_2)=[Pb^{2+}][Cl^-]^2=S(2S)^2=4S^3=4\times(5.7\times10^{-3})^3=$ 7.4×10^{-7}

第二节　溶度积规则及其应用

一、1. C　2. C　3. C

二、1. ×　2. ×　3. ×　4. √　5. √

三、1. $Q_i=[Mg^{2+}][OH^-]^2=0.025\times(0.05\times1.78\times10^{-5})^2=1.98\times10^{-14}$

$Q_i < K_{sp}$

无 $Mg(OH)_2$ 沉淀生成。

2.

$$c(NaCl) = \frac{c(AgNO_3)V(AgNO_3)}{V(NaCl)} = \frac{0.1023 \times 27.00 \times 10^{-3}}{20.00 \times 10^{-3}} = 0.1381(mol/L)$$

$$\rho(NaCl) = c(NaCl)M(NaCl) = 0.1381 \times 58.5 = 8.0789(g/L)$$

3. 略

4. 略

第三节　溶度积在分析化学中的应用

一、1. A　2. B　3. C　4. A

二、1. ×　2. √　3. ×　4. ×　5. ×　6. ×

三、略

四、1. $PbCrO_4$ 因溶度积较小先沉淀，可完全分离。

2. Ag^+ 沉淀所需 CrO_4^{2-} 的最小浓度为

$$c(CrO_4^{2-}) = \frac{1.1 \times 10^{-12}}{0.10^2} = 1.1 \times 10^{-10}(mol/L)$$

依次计算 Pb^{2+}、Ba^{2+}、Sr^{2+} 沉淀所需 CrO_4^{2-} 的最小浓度

Pb^{2+}：　　$c(CrO_4^{2-}) = \dfrac{2.8 \times 10^{-13}}{0.10} = 2.8 \times 10^{-12}(mol/L)$

Ba^{2+}：　　$c(CrO_4^{2-}) = \dfrac{1.2 \times 10^{-10}}{0.10} = 1.2 \times 10^{-9}(mol/L)$

Sr^{2+}：　　$c(CrO_4^{2-}) = \dfrac{2.2 \times 10^{-5}}{0.10} = 2.2 \times 10^{-4}(mol/L)$

所需 CrO_4^{2-} 浓度越小，越先沉淀，则它们开始沉淀的先后顺序为

$$PbCrO_4 \longrightarrow Ag_2CrO_4 \longrightarrow BaCrO_4 \longrightarrow SrCrO_4$$

第八章　配合物

一、1. B　2. D

二、略

三、1. （1）$K_2[PtCl_6]$

　　　（2）$[Cu(NH_3)_4](NO_3)_2$

(3) $Na_3[Ag(S_2O_3)_2]$

(4) $Ca[Hg(NCS)_4]$

(5) $K_2[Ni(CN)_4]$

2. $[Cu(NH_3)_4]^{2+}$ $[Cu(CN)_4]^{2-}$

$[Cu(NH_3)_4]SO_4$ $K_2[Cu(CN)_4]$

3. $[Pt(NH_3)_6]Cl_4$ 四氯化六氨合铂（Ⅳ）

$[Pt(NH_3)_3Cl_3]Cl$ 一氯化三氯·三氨合铂（Ⅳ）

4.

配合物	中心离子	配位体	配位数	配离子电荷数	名称
$[Ag(NH_3)_2]Cl$	Ag	NH_3	2	+1	氯化二氨合银（Ⅰ）
$[Co(NH_3)_2]Cl_3$	Co	NH_3	2	+3	三氯化二氨合钴（Ⅲ）
$K_3[AlF_6]$	Al	F^-	6	-3	六氟合铝（Ⅲ）酸钾
$Na_2[HgI_4]$	Hg	I^-	4	-2	四碘合汞（Ⅱ）酸钠
$K_3[Cu(CN)_4]$	Cu	CN^-	4	-3	四氰合亚铜（Ⅰ）酸钾
$K_4[Fe(CN)_6]$	Fe	CN^-	6	-4	六氰合亚铁（Ⅱ）酸钾

四、$[Cu(NH_3)_2Cl_2]SO_4$

第九章　烃

第一节　有机化学概述

一、1. ×　2. ×　3. ×　4. √　5. √

二、略

第二节　烷烃

一、1. √　2. ×　3. √　4. ×　5. √

二、1. 2,4-二甲基戊烷　 2. 2,4-二甲基己烷

3. 3-甲基-5,5-二甲基辛烷　 4. 2-甲基丁烷

三、略

第三节　烯烃

一、1. D　2. C

二、3,6-二甲基-1,3-庚二烯　 3-甲基-4-己烯-1-炔

三、

$$CH_2\!=\!\underset{\underset{CH_3}{|}}{\overset{\overset{CH_3}{|}}{C}}\!-\!CH\!-\!CH_3$$

四、1. CH_3CH_2Cl　　2. CH_3CH_2OH

五、C_2H_4

第四节　炔烃

一、1. CD　2. B　3. C　4. D　5. D

二、

$$CH_3CH_2\underset{\underset{CH_3}{|}}{C}HC\!\equiv\!CH$$

三、1. $CH\!\equiv\!CH$　　2. $CH_2\!=\!CH\!-\!CN$　　3. $CH_2\!=\!CH\!-\!C\!\equiv\!CH$

四、实验室制取甲烷的方法：

$$CH_3COONa + NaOH \xrightarrow[\triangle]{CaO} CH_4 \uparrow + Na_2CO_3$$

实验室制取乙烯的方法：

$$CH_3CH_2OH \xrightarrow[\text{浓 } H_2SO_4]{170℃} CH_2\!=\!CH_2 \uparrow + H_2O$$

实验室制取乙炔的方法：

$$CaO + C \xrightarrow{2200\sim2300℃} \underset{Ca}{\overset{|}{C}}\!\equiv\!\underset{Ca}{\overset{|}{C}} + CO$$

$$\underset{Ca}{\overset{|}{C}}\!\equiv\!\underset{Ca}{\overset{|}{C}} + H_2O \longrightarrow CH\!\equiv\!CH + Ca(OH)_2$$

鉴别甲烷、乙烯、乙炔的方法很多，可以用燃烧法，或者将三者分别通入 Br_2 的 CCl_4 溶液（或高锰酸钾酸性溶液），褪色的为乙烯或乙炔，不褪色的是甲烷；再将二者分别通入硝酸银的氨溶液，有白色沉淀产生的为乙炔，无现象的是乙烯。

五、略

第五节　芳香烃

一、1. A　2. D　3. BD

二、1. ×　2. ×　3. √

三、1. 　2. 　3.

四、略

第十章 烃的重要衍生物

第一节 卤代烃

一、1. D　2. B　3. D
二、1. ×　2. ×　3. ×　4. √
三、略

第二节 醇、酚、醚

一、1. D　2. D　3. B　4. C　5. A　6. C　7. A
二、1. ×　2. ×　3. √　4. ×　5. ×　6. √　7. ×　8. √

第三节 醛和酮

一、1. C　2. A　3. C　4. D　5. C
二、1. √　2. ×　3. √　4. √　5. ×
三、分子式：C_3H_6O　结构式：CH_3CH_2CHO　名称：丙醛
四、略

第四节 羧酸

、1. D　2. A　3. C　4. A　5. C
二、1. ×　2. ×
三、略

第十一章 人类重要的营养物质

第一节 糖类

一、1. B　2. A　3. A　4. B，A　5. C　6. C　7. C　8. D　9. B　10. D
二、1. √　2. ×　3. ×　4. √
三、略

第二节　蛋白质

一、1. A　2. B　3. A　4. B　5. C　6. D　7. C

二、略

第三节　油脂

一、1. A　2. D　3. A

二、1. √　2. √

第十二章　学生实验

略

附录

表一　国际单位制（SI）基本单位

量的名称	单位名称	单位符号	量的名称	单位名称	单位符号
长度	米	m	热力学温度	开[尔文]	K
质量	千克[公斤]	kg	物质的量	摩[尔]	mol
时间	秒	s	发光强度	坎[德拉]	cd
电流	安[培]	A			

表二　用于构成十进制倍数和分数单位的词头

所表示的因数	词头名称	词头符号	所表示的因数	词头名称	词头符号
10^{18}	艾[可萨]	E	10^{-1}	分	d
10^{15}	拍[它]	P	10^{-2}	厘	c
10^{12}	太[拉]	T	10^{-3}	毫	m
10^{9}	吉[咖]	G	10^{-6}	微	μ
10^{6}	兆	M	10^{-9}	纳[诺]	n
10^{3}	千	k	10^{-12}	皮[可]	p
10^{2}	百	h	10^{-15}	飞[母托]	f
10^{1}	十	da	10^{-18}	阿[托]	a

表三　强酸、强碱、氨溶液的质量分数与密度（ρ）和物质的量浓度（c）的关系

质量分数 /%	H_2SO_4 ρ	c	HNO_3 ρ	c	HCl ρ	c	KOH ρ	c	$NaOH$ ρ	c	NH_3 溶液 ρ	c
	g/cm³	mol/L	g/cm³	mol/L	g/cm³	mol/L	g/cm³	mol/L	g/cm³	mol/L	g/cm³	mol/L
2	1.013		1.011		1.009		1.016		1.023		0.992	
4	1.027		1.022		1.019		1.033		1.046		0.983	
6	1.040		1.033		1.029		1.048		1.069		0.973	
8	1.055		1.044		1.039		1.065		1.092		0.967	
10	1.069	1.1	1.056	1.7	1.049	2.9	1.082	1.9	1.115	2.8	0.960	5.6
12	1.083		1.068		1.059		1.110		1.137		0.953	
14	1.098		1.080		1.069		1.118		1.159		0.946	
16	1.112		1.093		1.079		1.137		1.181		0.939	
18	1.127		1.106		1.089		1.156		1.213		0.932	
20	1.143	2.3	1.119	3.6	1.100	6	1.176	4.2	1.225	6.1	0.926	10.9
22	1.158		1.132		1.110		1.196		1.247		0.919	

质量分数/%	H₂SO₄ ρ g/cm³	c mol/L	HNO₃ ρ g/cm³	c mol/L	HCl ρ g/cm³	c mol/L	KOH ρ g/cm³	c mol/L	NaOH ρ g/cm³	c mol/L	NH₃溶液 ρ g/cm³	c mol/L
24	1.178		1.145		0.121		1.217		1.268		0.913	12.9
26	1.190		1.158		1.132		1.240		1.289		0.908	13.9
28	1.205		1.171		1.142		1.263		1.310		0.903	
30	1.224	3.7	1.184	5.6	1.152	9.5	1.268	6.8	1.332	10	0.898	15.8
32	1.238		1.198		1.163		1.310		1.352		0.893	
34	1.255		1.211		1.173		1.334		1.374		0.889	
36	1.273		1.225		1.183	11.7	1.358		1.395		0.884	18.7
38	1.290		1.238		1.194	12.4	1.384		1.416			
40	1.307	5.3	1.251	7.9			1.411	10.1	1.437	14.4		
42	1.324		1.264				1.437		1.458			
44	1.342		1.277				1.460		1.478			
46	1.361		1.290				1.485		1.499			
48	1.380		1.303				1.511		1.519			
50	1.399	7.1	1.316	10.4			1.533	13.7	1.540	19.3		
52	1.419		1.328				1.564		1.560			
54	1.439		1.340				1.590		1.580			
56	1.460		1.351				1.616	16.1	1.601			
58	1.482		1.362						1.622			
60	1.503	9.2	1.373	13.3					1.643	24.6		
62	1.525		1.384									
64	1.547		1.394									
66	1.571		1.403	14.6								
68	1.594		1.412	15.2								
70	1.617	11.6	1.421	15.8								
72	1.640		1.429									
74	1.664		1.437									
76	1.687		1.445									
78	1.710		1.453									
80	1.732		1.460	18.5								
82	1.755		1.467									
84	1.776		1.474									
86	1.793		1.480									
88	1.808		1.486									
90	1.819	16.7	1.491	23.1								
92	1.830		1.496									
94	1.837		1.500									
96	1.840		1.504									
98	1.841	18.4	1.510									
100	1.854		1.522	24								

表四 弱酸、弱碱在水中的解离常数（25℃）

弱 酸	化 学 式	$K^{\ominus}$	$pK^{\ominus}$
砷酸	H_3AsO_4	$6.3 \times 10^{-3} (K_{a_1})$	2.20
		$1.0 \times 10^{-7} (K_{a_2})$	7.00
		$3.2 \times 10^{-12} (K_{a_3})$	11.50
亚砷酸	$HAsO_2$	6.3×10^{-10}	9.22
硼酸	H_3BO_3	$5.8 \times 10^{-10} (K_{a_1})$	9.24
碳酸	$H_2CO_3(CO_2 + H_2O)$	$4.2 \times 10^{-7} (K_{a_1})$	6.38
		$5.6 \times 10^{-11} (K_{a_2})$	10.25
氢氰酸	HCN	6.2×10^{-10}	9.21
铬酸	H_2CrO_4、$HCrO_4^-$	$1.8 \times 10^{-1} (K_{a_1})$	0.74
		$3.2 \times 10^{-7} (K_{a_2})$	6.50
氢氟酸	HF	6.6×10^{-4}	3.18
亚硝酸	HNO_2	5.1×10^{-4}	3.29
磷酸	H_3PO_4	$7.6 \times 10^{-3} (K_{a_1})$	2.12
		$6.3 \times 10^{-8} (K_{a_2})$	7.20
		$4.4 \times 10^{-13} (K_{a_3})$	12.36
焦磷酸	$H_4P_2O_7$	$3.0 \times 10^{-2} (K_{a_1})$	1.52
		$4.4 \times 10^{-3} (K_{a_2})$	2.36
		$2.5 \times 10^{-7} (K_{a_3})$	6.60
		$5.6 \times 10^{-10} (K_{a_4})$	9.25
亚磷酸	H_3PO_3	$5.0 \times 10^{-2} (K_{a_1})$	1.30
		$2.5 \times 10^{-7} (K_{a_2})$	6.60
氢硫酸	H_2S	$1.3 \times 10^{-7} (K_{a_1})$	6.68
		$7.1 \times 10^{-15} (K_{a_2})$	14.15
亚硫酸	$H_2SO_3(SO_2 + H_2O)$	$1.3 \times 10^{-2} (K_{a_1})$	1.90
		$6.3 \times 10^{-8} (K_{a_2})$	7.20
偏硅酸	H_2SiO_3	$1.7 \times 10^{-10} (K_{a_1})$	9.77
		$1.6 \times 10^{-12} (K_{a_2})$	11.80
甲酸	HCOOH	1.8×10^{-4}	3.74
乙酸	CH_3COOH	1.8×10^{-5}	4.74
一氯乙酸	$CH_2ClCOOH$	1.4×10^{-3}	2.86
二氯乙酸	$CHCl_2COOH$	5.0×10^{-2}	1.30
三氯乙酸	CCl_3COOH	0.23	0.64
氨基乙酸盐	$^+NH_3CH_2COOH$	$4.5 \times 10^{-3} (K_{a_1})$	2.35
	$^+NH_3CH_2COO^-$	$2.5 \times 10^{-10} (K_{a2})$	9.60
抗坏血酸	（结构式）	$5.0 \times 10^{-5} (K_{a_1})$	4.30
		$1.5 \times 10^{-10} (K_{a_2})$	9.82
乳酸	$CH_3CHOHCOOH$	1.4×10^{-4}	3.86
苯甲酸	C_6H_5COOH	6.2×10^{-5}	4.21
草酸	$H_2C_2O_4$	$5.9 \times 10^{-2} (K_{a_1})$	1.22
		$6.4 \times 10^{-5} (K_{a_2})$	4.19
d-酒石酸	CH(OH)COOH | CH(OH)COOH	$9.1 \times 10^{-4} (K_{a_1})$	3.04
		$4.3 \times 10^{-5} (K_{a_2})$	4.37

弱 酸	化 学 式	$K^{\ominus}$	$pK^{\ominus}$
邻苯二甲酸	苯环-COOH, -COOH	$1.1\times10^{-3}(K_{a_1})$	2.95
		$3.9\times10^{-6}(K_{a_2})$	5.41
柠檬酸	CH_2COOH	$7.4\times10^{-4}(K_{a_1})$	3.13
	$C(OH)COOH$	$1.7\times10^{-5}(K_{a_2})$	4.77
	CH_2COOH	$4.0\times10^{-7}(K_{a_3})$	6.40
苯酚	C_6H_5OH	1.1×10^{-10}	9.95
乙二胺四乙酸	$H_6\text{-EDTA}^{2+}$	$0.1(K_{a_1})$	1.0
	$H_5\text{-EDTA}^{+}$	$3.0\times10^{-2}(K_{a_2})$	1.6
	$H_4\text{-EDTA}$	$1.0\times10^{-2}(K_{a_3})$	2.0
	$H_3\text{-EDTA}^{-}$	$2.1\times10^{-3}(K_{a_4})$	2.67
	$H_2\text{-EDTA}^{2-}$	$6.9\times10^{-7}(K_{a_5})$	6.16
	$H\text{-EDTA}^{3-}$	$5.5\times10^{-11}(K_{a_6})$	10.26
氨水	$NH_3\cdot H_2O$	1.8×10^{-5}	4.74
联氨	$NH_2\text{—}NH_2$	$3.0\times10^{-5}(K_{b_1})$	4.52
		$7.6\times10^{-15}(K_{b_2})$	14.12
羟氨	NH_2OH	9.1×10^{-9}	8.04
甲胺	CH_3NH_2	4.2×10^{-4}	3.38
乙胺	$C_2H_5NH_2$	5.6×10^{-4}	3.25
二甲胺	$(CH_3)_2NH$	1.2×10^{-4}	3.93
二乙胺	$(C_2H_5)_2NH$	1.3×10^{-3}	2.89
乙醇胺	$HOCH_2NH_2$	3.2×10^{-5}	4.50
三乙醇胺	$(HOCH_2)_3N$	5.8×10^{-7}	6.24
六亚甲基四胺	$(CH_2)_6N_4$	1.4×10^{-19}	18.85
乙二胺	$NH_2CH_2CH_2NH_2$	$10^{-4}(K_{b_1})$	4.00
		$10^{-7}(K_{b_2})$	7.00
吡啶	吡啶环 N	3.2×10^{-12}	11.49

表五 难溶化合物的溶度积常数（18～25℃）

难溶化合物	$K_{sp}^{\ominus}$	$pK_{sp}^{\ominus}$	难溶化合物	$K_{sp}^{\ominus}$	$pK_{sp}^{\ominus}$
Ag_3AsO_4	1×10^{-22}	22.0	Ag_3PO_4	1.4×10^{-18}	17.85
$AgBr$	5.0×10^{-13}	12.30	Ag_2SO_4	1.4×10^{-5}	4.85
Ag_2CO_3	8.1×10^{-12}	11.09	Ag_2S	2×10^{-40}	39.70
$AgCl$	1.8×10^{-10}	9.75	$AgSCN$	1.0×10^{-12}	12.00
Ag_2CrO_4	2.0×10^{-12}	11.71	$Al(OH)_3$ 无定形	1.3×10^{-33}	32.9
$AgCN$	1.2×10^{-15}	14.92	$As_2S_3$①	2.1×10^{-22}	21.68
$AgOH$	2.0×10^{-8}	7.71	$BaCO_3$	5.1×10^{-9}	8.29
AgI	9.3×10^{-17}	16.03	$BaCrO_4$	1.2×10^{-10}	9.93
$Ag_2C_2O_4$	3.5×10^{-11}	10.46	BaF_2	1×10^{-6}	6.0

难溶化合物	$K_{sp}^{\ominus}$	$pK_{sp}^{\ominus}$	难溶化合物	$K_{sp}^{\ominus}$	$pK_{sp}^{\ominus}$
$BaC_2O_4 \cdot H_2O$	2.3×10^{-8}	7.64	Hg_2CO_3	8.9×10^{-17}	16.05
$BaSO_4$	1.1×10^{-10}	9.96	Hg_2Cl_2	1.3×10^{-18}	17.88
$Bi(OH)_3$	4×10^{-31}	30.4	$Hg_2(OH)_2$	2×10^{-24}	23.7
$BiOOH^{②}$	4×10^{-10}	9.4	Hg_2I_2	4.5×10^{-20}	19.35
BiI_3	8.1×10^{-19}	18.09	Hg_2SO_4	7.4×10^{-7}	6.13
$BiOCl$	1.8×10^{-31}	30.75	Hg_2S	1×10^{-47}	47.0
Bi_2S_3	1×10^{-97}	97.0	$HgOH$	3.0×10^{-26}	25.52
$CaCO_3$	2.9×10^{-29}	8.54	HgS 红色	4×10^{-53}	52.4
CaF_2	2.7×10^{-11}	10.57	HgS 黑色	2×10^{-52}	51.7
$CaC_2O_4 \cdot H_2O$	2.0×10^{-9}	8.70	$MgNH_4PO_4$	2×10^{-13}	12.7
$Ca_3(PO_4)_2$	2.0×10^{-20}	19.70	$MgCO_3$	3.5×10^{-8}	7.46
$CaSO_4$	9.1×10^{-6}	5.04	MgF_2	6.4×10^{-9}	8.19
$CaWO_4$	8.7×10^{-9}	8.06	$Mg(OH)_2$	1.8×10^{-11}	10.74
$CdCO_3$	5.2×10^{-12}	11.28	$MnCO_3$	1.8×10^{-11}	10.74
$Cd_2[Fe(CN)_6]$	3.2×10^{-17}	16.49	$Mn(OH)_2$	1.9×10^{-13}	12.27
$Cd(OH)_2$ 新析出	2.5×10^{-14}	13.60	MnS 无定形	2×10^{-10}	9.7
$CdC_2O_4 \cdot 3H_2O$	9.1×10^{-18}	17.04	MnS 晶形	2×10^{-13}	12.7
CdS	8×10^{-27}	26.1	$NiCO_3$	6.6×10^{-9}	8.18
$CoCO_3$	1.4×10^{-13}	12.84	$Ni(OH)_2$ 新析出	2×10^{-15}	14.7
$Co_2[Fe(CN)_6]$	1.8×10^{-15}	14.74	$Ni_3(PO_4)_2$	5×10^{-31}	30.3
$Co(OH)_2$ 新析出	2×10^{-15}	14.7	$\alpha\text{-}NiS$	3×10^{-19}	18.5
$Co(OH)_3$	2×10^{-44}	43.7	$\beta\text{-}NiS$	1×10^{-24}	24.0
$Co[Hg(SCN)_4]$	1.5×10^{-8}	7.82	$\gamma\text{-}NiS$	2×10^{-26}	25.7
$\alpha\text{-}CoS$	4×10^{-21}	20.4	$PbCO_3$	7.4×10^{-14}	13.13
$\beta\text{-}CoS$	2×10^{-25}	24.7	$PbCl_2$	1.6×10^{-5}	4.79
$Co_3(PO_4)_2$	2×10^{-34}	33.70	$PbClF$	2.4×10^{-9}	8.62
$Cr(OH)_3$	6×10^{-31}	30.2	$PbCrO_4$	2.8×10^{-13}	12.55
$CuBr$	5.2×10^{-9}	8.28	PbF_2	2.7×10^{-8}	7.57
$CuCl$	1.2×10^{-8}	7.92	$Pb(OH)_2$	1.2×10^{-15}	14.93
$CuCN$	3.2×10^{-20}	19.49	PbI_2	7.1×10^{-9}	8.15
CuI	1.1×10^{-12}	11.96	$PbMoO_4$	1×10^{-13}	13.0
$CuOH$	1×10^{-14}	14.0	$Pb_3(PO_4)_2$	8.0×10^{-43}	42.10
Cu_2S	2×10^{-48}	47.7	$PbSO_4$	1.6×10^{-8}	7.79
$CuSCN$	4.8×10^{-15}	14.32	PbS	8×10^{-28}	27.9
$CuCO_3$	1.4×10^{-10}	9.86	$Pb(OH)_4$	3×10^{-66}	65.5
$Cu(OH)_2$	2.2×10^{-20}	19.66	$Sb(OH)_3$	4×10^{-42}	41.4
CuS	6×10^{-36}	35.2	Sb_2S_3	2×10^{-93}	92.8
$FeCO_3$	3.2×10^{-11}	10.50	$Sn(OH)_2$	1.4×10^{-28}	27.85
$Fe(OH)_2$	8×10^{-16}	15.1	SnS	1×10^{-25}	25.0
FeS	6×10^{-18}	17.2	$Sn(OH)_4$	1×10^{-56}	56.0
$Fe(OH)_3$	4×10^{-38}	37.4	SnS_2	2×10^{-27}	26.7
$FePO_4$	1.3×10^{-22}	21.89	$SrCO_3$	1.1×10^{-10}	9.96
$Hg_2Br_2^{③}$	5.8×10^{-23}	22.24	$SrCrO_4$	2.2×10^{-5}	4.56

难溶化合物	$K_{sp}^{\ominus}$	$pK_{sp}^{\ominus}$	难溶化合物	$K_{sp}^{\ominus}$	$pK_{sp}^{\ominus}$
SrF_2	2.4×10^{-9}	8.61	$ZnCO_3$	1.4×10^{-11}	10.84
$SrC_2O_4 \cdot H_2O$	1.6×10^{-7}	6.80	$Zn_2[Fe(CN)_6]$	4.1×10^{-16}	15.39
$Sr_3(PO_4)_2$	1.1×10^{-28}	27.39	$Zn(OH)_2$	1.2×10^{-17}	16.92
$SrSO_4$	3.2×10^{-7}	6.49	$Zn_3(PO_4)_2$	9.1×10^{-33}	32.04
$Ti(OH)_3$	1×10^{-40}	40.0	ZnS	2×10^{-22}	21.7
$TiO(OH)_2^{④}$	1×10^{-29}	29.0			

① 为下列平衡的平衡常数

$As_2S_3 + 4H_2O \longrightarrow 2HAsO_2 + 3H_2S$

② $BiOOH$ $K_{sp} = [BiO^+][OH^-]$

③ $(Hg_2)_m X_n$ $K_{sp} = [Hg_2^{2+}][X^{-2m/n}]$

④ $TiO(OH)_2$ $K_{sp} = [TiO^{2+}][OH^-]^2$

表六　常见化合物的摩尔质量 M　　　单位：g/mol

化合物	摩尔质量	化合物	摩尔质量	化合物	摩尔质量
Ag_3AsO_4	462.52	$BiOCl$	260.43	$CuCl$	99.00
$AgBr$	187.77	CO_2	44.01	$CuCl_2$	135.45
$AgCl$	143.32	CaO	56.08	$CuCl_2 \cdot 2H_2O$	170.48
$AgCN$	133.89	$CaCO_3$	100.09	$CuSCN$	121.62
$AgSCN$	165.95	CaC_2O_4	128.10	CuI	190.45
Ag_2CrO_4	331.73	$CaCl_2$	110.99	$Cu(NO_3)_2$	187.56
AgI	234.77	$CaCl_2 \cdot 6H_2O$	219.08	$Cu(NO_3)_2 \cdot 3H_2O$	241.60
$AgNO_3$	169.87	$Ca(NO_3)_2 \cdot 4H_2O$	236.15	CuO	79.55
$AlCl_3$	133.34	$Ca(OH)_2$	74.10	Cu_2O	143.09
$AlCl_3 \cdot 6H_2O$	241.43	$Ca_3(PO_4)_2$	310.18	$CuSO_4$	159.60
$Al(NO_3)_3$	213.00	$CaSO_4$	136.14	$CuSO_4 \cdot 5H_2O$	249.68
$Al(NO_3)_3 \cdot 9H_2O$	375.13	$CdCO_3$	172.42	CuS	95.61
Al_2O_3	101.96	$CdCl_2$	183.32	$FeCl_2$	126.75
$Al(OH)_3$	78.00	CdS	144.47	$FeCl_2 \cdot 4H_2O$	198.81
$Al_2(SO_4)_3$	342.14	$Ce(SO_4)_3$	332.24	$FeCl_3$	162.21
$Al_2(SO_4)_3 \cdot 18H_2O$	666.41	$Ce(SO_4)_3 \cdot 4H_2O$	404.30	$FeCl_3 \cdot 6H_2O$	270.30
As_2O_3	197.84	$CoCl_2$	129.84	$FeNH_4(SO_4)_2 \cdot 12H_2O$	482.18
As_2O_5	229.84	$CoCl_2 \cdot 6H_2O$	237.93	$Fe(NO_3)_3$	241.86
As_2S_3	246.02	$Co(NO_3)_2$	182.94	$Fe(NO_3)_3 \cdot 9H_2O$	404.00
$BaCO_3$	197.34	$Co(NO_3)_2 \cdot 6H_2O$	291.03	FeO	71.85
BaC_2O_4	225.35	CoS	90.99	Fe_2O_3	159.69
$BaCl_2$	208.35	$CoSO_4$	154.99	Fe_3O_4	231.54
$BaCl_2 \cdot 2H_2O$	244.27	$CoSO_4 \cdot 7H_2O$	281.10	$Fe(OH)_3$	106.87
$BaCrO_4$	253.32	$Co(NH_2)_2$	60.06	FeS	87.91
BaO	153.33	$CrCl_3$	158.36	Fe_2S_3	207.87
$Ba(OH)_2$	171.34	$CrCl_3 \cdot 6H_2O$	266.45	$FeSO_4$	151.91
$BaSO_4$	233.39	$Cr(NO_3)_3$	238.01	$FeSO_4 \cdot 7H_2O$	278.01
$BiCl_3$	315.34	Cr_2O_3	151.99		

化合物	摩尔质量	化合物	摩尔质量	化合物	摩尔质量
$FeSO_4 \cdot (NH_4)_2SO_4 \cdot 6H_2O$	392.13	K_3CrO_4	194.19	$(NH_4)_2C_2O_4$	124.10
		$K_2Cr_2O_7$	294.19	$(NH_4)_2C_2O_4 \cdot H_2O$	142.11
H_3AsO_3	125.94	$K_3Fe(CN)_6$	329.25	NH_4SCN	76.12
H_3AsO_4	141.94	$K_4Fe(CN)_6$	368.25	NH_4HCO_3	79.06
H_3BO_3	61.38	$KFe(SO_4)_2 \cdot 12H_2O$	503.24	NH_4NO_3	80.04
HBr	80.91	$KHC_2O_4 \cdot H_2O$	146.14	$(NH_4)_2HPO_2$	132.06
HCN	27.03	$KHC_2O_4 \cdot H_2C_2O_4 \cdot 2H_2O$	254.19	$(NH_4)_2S$	68.14
$HCOOH$	46.03			$(NH_4)_2SO_4$	132.13
CH_3COOH	60.05	$KHC_4H_4O_6$	188.18	NH_4VO_3	116.98
H_2CO_3	62.03	$KHSO_4$	136.16	Na_3AsO_3	191.89
$H_2C_2O_4$	90.04	KI	166.00	$Na_2B_4O_7$	201.22
$H_2C_2O_4 \cdot 2H_2O$	126.07	KIO_3	214.00	$Na_2B_4O_7 \cdot 10H_2O$	381.37
HCl	36.46	$KIO_3 \cdot HIO_3$	389.91	$NaBiO_3$	279.97
HF	20.01	$KMnO_4$	158.03	$NaCN$	49.01
HI	127.91	$KNaC_4H_4O_6 \cdot 4H_2O$	282.22	$NaSCN$	81.07
HIO_3	175.91	KNO_3	101.10	Na_2CO_3	105.99
HNO_3	63.01	KNO_2	85.10	$Na_2CO_3 \cdot 10H_2O$	286.14
HNO_2	47.01	K_2O	94.20	$Na_2C_2O_4$	134.00
H_2O	18.015	KOH	56.11	CH_3COONa	82.03
H_2O_2	34.02	K_2SO_4	174.25	$CH_3COONa \cdot 3H_2O$	136.08
H_3PO_4	98.00	$MgCO_3$	84.31	$NaCl$	58.44
H_2S	34.08	$MgCl_2$	95.21	$NaClO$	74.44
H_2SO_3	82.07	$MgCl_2 \cdot 6H_2O$	203.30	$NaHCO_3$	84.01
H_2SO_4	98.07	MgC_2O_4	112.33	$Na_2HPO_4 \cdot 12H_2O$	358.14
$Hg(CN)_2$	252.63	$Mg(NO_3)_2 \cdot 6H_2O$	256.41	$Na_2H_2Y \cdot 2H_2O$	372.24
$HgCl_2$	271.50	$MgNH_4PO_4$	137.32	$NaNO_2$	69.00
Hg_2Cl_2	472.09	MgO	40.30	$NaNO_3$	85.00
HgI_2	454.10	$Mg(OH)_2$	58.32	Na_2O	61.98
$Hg_2(NO_3)_2$	525.19	$Mg_2P_2O_7$	225.55	Na_2O_2	77.98
$Hg_2(NO_3)_2 \cdot 2H_2O$	561.22	$MgSO_4 \cdot 7H_2O$	246.47	$NaOH$	40.00
$Hg(NO_3)_2$	324.60	$MnCO_3$	114.95	Na_3PO_4	163.94
HgO	216.59	$MnCl_2 \cdot 4H_2O$	197.91	Na_2S	78.04
HgS	232.65	$Mn(NO_3)_2 \cdot 6H_2O$	287.04	$Na_2S \cdot 9H_2O$	240.18
$HgSO_4$	296.65	MnO	70.94	Na_2SO_3	126.04
Hg_2SO_4	497.24	MnO_2	86.94	Na_2SO_4	142.04
$KAl(SO_4)_2 \cdot 12H_2O$	474.38	MnS	87.00	$Na_2S_2O_3$	158.10
KBr	119.00	$MnSO_4$	151.00	$Na_2S_2O_3 \cdot 5H_2O$	248.17
$KBrO_3$	167.00	$MnSO_4 \cdot 4H_2O$	223.06	$NiCl_2 \cdot 6H_2O$	237.70
KCl	74.55	NO	30.10	NiO	74.70
$KClO_3$	122.55	NO_2	46.01	$Ni(NO_3)_2 \cdot 6H_2O$	290.80
$KClO_4$	138.55	NH_3	17.03	NiS	90.76
KCN	65.12	CH_3COONH_4	77.08	$NiSO_4 \cdot 7H_2O$	280.86
$KSCN$	97.18	NH_4Cl	53.49	P_2O_5	141.95
K_2CO_3	138.21	$(NH_4)_2CO_3$	96.09	$PbCO_3$	267.21

化合物	摩尔质量	化合物	摩尔质量	化合物	摩尔质量
PbC_2O_4	295.22	$SbCl_5$	299.02	$Sr(NO_3)_2 \cdot 4H_2O$	283.69
$PbCl_2$	278.11	Sb_2O_3	291.50	$SrSO_4$	183.68
$PbCrO_4$	323.19	Sb_2S_3	339.68	$UO_2(CH_3COO)_2 \cdot 2H_2O$	424.15
$Pb(CH_3COO)_2$	325.29	SiF_4	104.08	ZnO	81.38
$Pb(CH_3COO)_2 \cdot 3H_2O$	379.34	SiO_2	60.08	ZnS	97.44
PbI_2	461.01	$SnCl_2$	189.60	$ZnSO_4$	161.44
$Pb(NO_3)_2$	331.21	$SnCl_2 \cdot 2H_2O$	225.63	$ZnSO_4 \cdot 7H_2O$	287.55
PbO	223.20	$SnCl_4$	260.50	$ZnCO_3$	125.39
PbO_2	239.20	$SnCl_4 \cdot 5H_2O$	350.58	ZnC_2O_4	153.40
$Pb_3(PO_4)_2$	811.45	SnO_2	150.69	$ZnCl_2$	136.29
PbS	239.26	SnS_2	150.75	$Zn(CH_3COO)_2$	183.47
$PbSO_4$	303.26	$SrCO_3$	147.63	$Zn(CH_3COO)_2 \cdot 2H_2O$	219.50
SO_3	80.06	SrC_2O_4	175.64	$Zn(NO_3)_2$	189.39
SO_2	64.06	$SrCrO_4$	203.61	$Zn(NO_3)_2 \cdot 6H_2O$	297.48
$SbCl_3$	228.11	$Sr(NO_3)_2$	211.63		

表七　配合物的稳定常数

配合物	温度/K	$K_稳$	配合物	温度/K	$K_稳$
$[Co(NH_3)_5]^{2+}$	303	2.45×10^4	$[Ag(NCS)_2]^-$	298	2.40×10^3
$[Co(NH_3)_5]^{3+}$	303	2.29×10^{36}	$[Zn(SCN)_4]^{2-}$	303	2.0×10^1
$[Ni(NH_3)_6]^{2+}$	303	1.02×10^6	$[Cd(SCN)_4]^{2-}$	298	9.55×10^1
$[Cu(NH_3)_2]^+$	291	7.24×10^{10}	$[Hg(SCN)_4]^{2-}$	—	1.32×10^{21}
$[Cu(NH_3)_4]^{2+}$	303	1.07×10^{12}	$[Pb(SCN)_4]^{2-}$	298	7.08
$[Ag(NH_3)_2]^+$	298	1.70×10^7	$[Pb(SCN)_5]^{2-}$	298	1.70×10^4
$[Zn(NH_3)_4]^{2+}$	303	5.01×10^6	$[SeF_4]^-$	298	6.46×10^{20}
$[Cd(NH_3)_4]^{2+}$	303	1.38×10^6	$[TiOF]^-$	—	2.75×10^6
$[Hg(NH_3)_2]^{2+}$	295	2.00×10^{10}	$[CrF_3]$	298	1.51×10^{10}
$[Fe(CN)_6]^{4-}$	298	1.00×10^{24}	$[FeF_3]$	298	7.24×10^{11}
$[Fe(CN)_6]^{3-}$	298	1.00×10^{21}	$[FeF_6]^{3-}$	298	2.04×10^{14}
$[Co(CN)_6]^{4-}$		1.23×10^{10}	$[CrCl]^{2+}$	298	3.98
$[Ni(CN)_4]^{2-}$	298	1.00×10^{22}	$[ZrCl]^{3+}$	298	2.00
$[Cu(CN)_2]^-$	298	1.00×10^{24}	$[FeCl]^+$	293	2.29
$[Ag(CN)_2]^-$	298	6.31×10^{21}	$[FeCl]^{2+}$	298	3.02×10^1
$[Au(CN)_2]$	298	2.00×10^{38}	$[PbCl_4]$	298	5.01×10^{15}
$[Zn(CN)_4]^{2-}$	294	7.94×10^{16}	$[CuCl_2]$	298	5.37×10^4
$[Cd(CN)_4]^{2-}$	298	6.03×10^{18}	$[CuCl]^+$	298	2.51
$[Hg(CN)_4]^{2-}$	298	9.33×10^{38}	$[ZnCl_4]^{2-}$	室温	0.1
$[Ti(CN)_4]$	298	1.00×10^{28}	$[CdCl_4]^{2-}$	298	4.74×10^1
$[Fe(NCS)_5]^{2-}$	298	1.07×10^3	$[HgCl_4]^{2-}$	298	1.17×10^{18}
$[Co(NCS)_4]^{2-}$	293	1.82×10^2	$[SnCl_4]^{2-}$	298	3.02×10^1
$[Ni(NCS)_4]^-$	293	6.46×10^2	$[PbCl_4]^{2-}$	298	2.40×10^1
$[Cu(SCN)_3]^-$	291	1.29×10^{12}	$[BiCl_6]^{3-}$	293	3.63×10^7
$[Cu(SCN)_4]^{2-}$	291	3.31×10^4	$[FeBr]^{2+}$	298	3.98

配合物	温度/K	$K_{稳}$	配合物	温度/K	$K_{稳}$
$[CuBr_2]^-$	298	8.32×10^5	$[Fe(En)_2]^{2+}$	303	3.31×10^8
$[CuBr]^+$	298	0.93	$[Hg(En)_2]^{2+}$	298	1.51×10^{22}
$[ZnBr]^+$	298	0.25	$[Mn(En)_2]^{2+}$	303	4.57×10^6
$[AgBr_2]^-$	298	2.19×10^7	$[Ni(En)_2]^{2+}$	303	4.07×10^{18}
$[HgBr_4]^{2-}$	298	10^{21}	$[Zn(En)_2]^{2+}$	303	2.34×10^{10}
$[AgI_2]^-$	291	5.50×10^{11}	$[NaY]^{3-}$	293	4.57×10^1
$[CuI_2]^-$	298	7.08×10^8	$[LiY]^{3-}$	293	6.17×10^7
$[CdI_4]^{2-}$	298	1.26×10^5	$[AgY]^{3-}$	293	2.09×10^7
$[HgI_4]^{2-}$	298	6.76×10^{28}	$[MgY]^{2-}$	293	4.90×10^8
$[Ag(S_2O_3)_2]^{2-}$	298	2.88×10^{13}	$[CaY]^{2-}$	293	1.26×10^{11}
$[Cu(S_2O_3)_2]^{3-}$	298	1.86×10^{11}	$[SrY]^{2-}$	293	4.27×10^3
$[Cd(S_2O_3)_3]^{4-}$	298	5.89×10^4	$[BaY]^{2-}$	293	5.75×10^7
$[Cd(S_2O_3)_2]^{2-}$	298	5.50×10^4	$[MnY]^{2-}$	293	1.10×10^{14}
$[Hg(S_2O_3)_2]^{2-}$	298	2.75×10^{29}	$[FeY]^{2-}$	293	2.14×10^{14}
$[Cu(SCN_2H_4)_2]^+$	298	2.45×10^{15}	$[CoY]^{2-}$	293	2.04×10^{14}
$[Co(SCN_2H_4)_2]^{2+}$	298	3.55×10^2	$[CoY]^-$	—	36
$[Hg(SCN_2H_4)_2]^{2+}$	298	2.00×10^{36}	$[NiY]^{2-}$	293	4.17×10^{16}
$[Cu(OH)_4]^{2-}$	—	1.32×10^{16}	$[PbY]^{2-}$	298	3.16×10^{18}
$[Zn(OH)_4]^{2-}$	298	2.75×10^{16}	$[CuY]^{2-}$	293	6.31×10^{18}
$[Al(OH)_4]^-$	298	6.03×10^2	$[ZnY]^{2-}$	293	3.16×10^{14}
$[VO_2Y]^{3-}$	—	18	$[CdY]^{2-}$	293	2.88×10^{16}
$[ScY]^-$	293	1.26×10^{22}	$[HgY]^{2-}$	293	6.31×10^{21}
$[BiY]^-$	293	8.71×10^{27}	$[PbY]^{2-}$	293	1.10×10^{18}
$[AlY]^-$	293	1.35×10^{16}	$[SnY]^{2-}$	293	1.29×10^{22}
$[GaY]^-$	293	1.86×10^{26}	$[VO_2Y]^{2-}$	293	5.89×10^{18}
$[Ag(En)_2]^+$	298	2.51×10^7	$[TiOY]^{2-}$	—	2.00×10^{17}
$[Cd(En)_2]^{2+}$	303	1.05×10^{10}	$[ZrOY]^{2-}$	293	3.16×10^{29}
$[Co(En)_2]^{2+}$	303	6.61×10^{18}	$[LaY]^-$	293	3.16×10^{15}
$[Cu(En)_2]^{2+}$	303	3.98×10^{19}	$[TlY]^-$	293	3.16×10^{22}
$[Co(En)_2]^{2+}$	298	6.31×10^{10}			

表八 标准电极电位表 (25℃)

电 极 反 应		标准电位	条件电位	溶 液 成 分
氧化态	还原态	$\varphi^{\ominus}/V$	$\varphi^{\ominus\prime}/V$	
$Li^+ + e \longrightarrow Li$		-3.024		
$K^+ + e \longrightarrow K$		-2.924		
$Ba^{2+} + 2e \longrightarrow Ba$		-2.90		
$Sr^{2+} + 2e \longrightarrow Sr$		-2.89		
$Ca^{2+} + 2e \longrightarrow Ca$		-2.87		
$Na^+ + e \longrightarrow Na$		-2.714		
$Mg^{2+} + 2e \longrightarrow Mg$		-2.34		
$Sc^{3+} + 3e \longrightarrow Sc$		-2.08		

电 极 反 应		标准电位 $\varphi^{\ominus}/V$	条件电位 $\varphi^{\ominus\prime}/V$	溶 液 成 分
氧化态	还原态			
$[AlF_6]^{3+}+3e \longrightarrow Al+6F^-$		-2.07		
$Ti^{2+}+2e \longrightarrow Ti$		-1.75	0.89	$0.1mol/L\ HCl+0.9mol/L\ HClO_4$
$Be^{2+}+2e \longrightarrow Be$		-1.70		
$Al^{3+}+3e \longrightarrow Al$		-1.67		
$Zr^{4+}+4e \longrightarrow Zr$		-1.53		
$ZnS+2e \longrightarrow Zn+S^{2-}$		-1.44		
$[SiF_6]^{2-}+4e \longrightarrow Si+6F^-$		-1.2		
$[TiF_6]^{2-}+4e \longrightarrow Ti+6F^-$		-1.19		
$Mn^{2+}+2e \longrightarrow Mn$		-1.05		
$PO_4^{3-}+2H_2O+2e \longrightarrow HPO_3^{2-}+3OH^-$		-1.05		
$^*SO_4^{2-}+H_2O+2e \longrightarrow SO_3^{2-}+2OH^-$		-0.90		
$Cr^{2+}+2e \longrightarrow Cr$		-0.9		
$^*Fe(OH)_2+2e \longrightarrow Fe+2OH^-$		-0.877		
$SbS_2^-+3e \longrightarrow Sb+2S^{2-}$		-0.85		
$Zn^{2+}+2e \longrightarrow Zn$		-0.762		
$CuS+2e \longrightarrow Cu+S^{2-}$		-0.76		
$^*FeCO_3+H_2O+2e \longrightarrow Fe+2OH^-+CO_2\uparrow$		-0.755		
$Cr^{3+}+3e \longrightarrow Cr$		-0.71		
$Ag_2S+2e \longrightarrow 2Ag+S^{2-}$		-0.71		
$HgS+2e \longrightarrow Hg+S^{2-}$		-0.70		
$^*2SO_3^{2-}+3H_2O+4e \longrightarrow S_2O_3^{2-}+6OH^-$		-0.58		
$^*Fe(OH)_3+e \longrightarrow Fe(OH)_2+OH^-$		-0.56		
$PbS+H_2O+2e \longrightarrow Pb+OH^-+HS^-$		-0.56		
$S_2^{2-}+2e \longrightarrow 2S^{2-}$		-0.51		
$[Ag(CN)_3]^{2-}+e \longrightarrow Ag+3CN^-$		-0.51		
$S+2e \longrightarrow S^{2-}$		-0.508		
$2CO_2+2H^++2e \longrightarrow H_2C_2O_4$		-0.49		
$Fe^{2+}+2e \longrightarrow Fe$		-0.441		
$Cr^{3+}+e \longrightarrow Cr^{2+}$		-0.41	-0.26	饱和 $CaCl_2$
			-0.40	$5mol/L\ HCl$
			-0.37	$0.1\sim0.5mol/L\ H_2SO_4$
$Cd^{2+}+2e \longrightarrow Cd$		-0.492		
$Hg(CN)_4^{2-}+2e \longrightarrow Hg+4CN^-$		-0.37		
$Ti^{3+}+e \longrightarrow Ti^{2+}$		-0.37		
$PbSO_4+2e \longrightarrow Pb+SO_4^{2-}$		-0.355	-0.29	$1mol/L\ H_2SO_4$
$^*[Ag(CN)_2]^-+e \longrightarrow Ag+2CN^-$		-0.30		
$PtS+2H^++2e \longrightarrow Pt+H_2S$		-0.30		
$PbBr_2+2e \longrightarrow Pb+2Br^-$		-0.280		
$Co^{2+}+2e \longrightarrow Co$		-0.277		
$H_3PO_4+2H^++2e \longrightarrow H_3PO_3+H_2O$		-0.276		
$PbCl_2+2e \longrightarrow Pb+2Cl^-$		-0.268		
$V^{3+}+e \longrightarrow V^{2+}$		-0.255	-0.217	$0.1\sim1mol/L\ NH_4CNS$

续表

电极反应		标准电位 $\varphi^{\ominus}$/V	条件电位 $\varphi^{\ominus\prime}$/V	溶 液 成 分
氧化态	还原态			
$V(OH)_4^+ + 4H^+ + 5e \longrightarrow V + 4H_2O$		-0.253		
$[SnF_6]^{2-} + 4e \longrightarrow Sn + 6F^-$		-0.25		
$Ni^{2+} + 2e \longrightarrow Ni$		-0.250		
$N_2 + 5H^+ + 4e \longrightarrow N_2H_5^+$		-0.23		
$2SO_4^{2-} + 4H^+ + 2e \longrightarrow S_2O_6^{2-} + 2H_2O$		-0.22		
$Mo^{3+} + 3e \longrightarrow Mo$		-0.20		
$CuI + e \longrightarrow Cu + I^-$		-0.187		
$AgI + e \longrightarrow Ag + I^-$		-0.151	-1.37	1mol/L KI
$Sn^{2+} + 2e \longrightarrow Sn$		-0.140		
$Pb^{2+} + 2e \longrightarrow Pb$		-0.126	-0.32	1mol/L NaAc
*$CrO_4^{2-} + 4H_2O + 3e \longrightarrow Cr(OH)_3 + 5OH^-$		-0.12		
*$[Cu(NH_3)_2]^+ + e \longrightarrow Cu + 2NH_3$		-0.11		
$WO_3(晶) + 6H^+ + e \longrightarrow W^{5+} + 3H_2O$		-0.09		
*$2Cu(OH)_2 + 2e \longrightarrow Cu_2O + 2OH^- + H_2O$		-0.09		
$O_2 + H_2O + 2e \longrightarrow HO_2^- + OH^-$		-0.076		
*$MnO_2 + 2H_2O + 2e \longrightarrow Mn(OH)_2 + 2OH^-$		-0.05		
$[HgI_4]^{2-} + 2e \longrightarrow Hg + 4I^-$		-0.04		
*$AgCN + e \longrightarrow Ag + CN^-$		-0.04		
$Fe^{3+} + 3e \longrightarrow Fe$		-0.036		
$2H^+ + 2e \longrightarrow H_2$		-0.0		
$[Ag(S_2O_3)_2]^{3-} + e \longrightarrow Ag + 2S_2O_3^{2-}$		0.01		
*$NO_2^- + H_2O + 2e \longrightarrow NO^- + 2OH^-$		0.01		
$AgBr(固) + e \longrightarrow Ag + Br^-$		0.073		
$AgCNS + e \longrightarrow Ag + CNS^-$		0.09		
$HgO + H_2O + 2e \longrightarrow Hg + 2OH^-$		0.098		
*$[Co(NH_3)_6]^{3+} + e \longrightarrow [Co(NH_3)_6]^{2+}$		0.10		
$TiO^{2+} + 2H^+ + e \longrightarrow Ti^{3+} + H_2O$		0.10		
$Hg_2O + H_2O + 2e \longrightarrow 2Hg + 2OH^-$		0.123		
$S + 2H^+ + 2e \longrightarrow H_2S(气)$		0.141		
$Sn^{4+} + 2e \longrightarrow Sn^{2+}$		0.15	$+0.14$	1mol/L HCl
			$+0.13$	2mol/L HCl
$S_4O_6^{2-} + 2e \longrightarrow 2S_2O_3^{2-}$		0.17		
$CuCl_2 + 2e \longrightarrow Cu + 2Cl^-$		0.19		
$Cu^{2+} + e \longrightarrow Cu^+$		0.167	$+0.01$	1mol/L NH_3 + 1mol/L NH_4^+
			$+0.52$	1mol/L KBr
			$+0.3$	0.1mol/L 吡啶 + 0.1mol/L 吡啶盐
$SO_4^{2-} + 4H^+ + 2e \longrightarrow H_2SO_3 + H_2O$		0.20		
$2SO_4^{2-} + 4H^+ + 2e \longrightarrow S_2O_6^{2-} + 2H_2O$		0.20		
$[HgBr_4]^{2-} + 2e \longrightarrow Hg + 4Br^-$		0.20		
$AgCl(固) + e \longrightarrow Ag + Cl^-$		0.222		
$Hg_2Cl_2 + 2e \longrightarrow 2Hg + 2Cl^-$ (饱和 KCl)		0.244		

续表

电 极 反 应		标准电位 $\varphi^{\ominus}/V$	条件电位 $\varphi^{\ominus\prime}/V$	溶 液 成 分
氧化态	还原态			
$HAsO_2+3H^++3e \longrightarrow As+2H_2O$		0.247		
$IO_3^-+3H_2O+6e \longrightarrow I^-+6OH^-$		0.26		
$Hg_2Cl_2+2e \longrightarrow 2Hg+2Cl^-$ (1mol/L KCl)		0.263		
$BiO^++2H^++3e \longrightarrow Bi+H_2O$		0.32		
$^*Ag_2O+H_2O+2e \longrightarrow 2Ag+2OH^-$		0.344		
$Cu^{2+}+2e \longrightarrow Cu$		0.345		
$[Fe(CN)_6]^{3-}+e \longrightarrow [Fe(CN)_6]^{4-}$		0.36	+0.56	0.1mol/L HCl
			+0.71	1mol/L HCl
			+0.72	1mol/L HClO_4
$Ti^{3+}+e \longrightarrow Ti^{2+}$		0.37		
$^*[Ag(NH_3)_2]^++e \longrightarrow Ag+2NH_3$		0.373		
$HgCl_4^{2-}+2e \longrightarrow Hg+4Cl^-$		0.38		
$2H_2SO_3+2H^++4e \longrightarrow 3H_2O+S_2O_3^{2-}$		0.4		
$FeF_6^{3-}+e \longrightarrow Fe^{2+}+6F^-$		0.4		
$O_2+2H_2O+4e \longrightarrow 4OH^-$		0.410		
$Ag_2CrO_4+2e \longrightarrow 2Ag+CrO_4^{2-}$		0.446		
$H_2SO_3+4H^++4e \longrightarrow S+3H_2O$		0.45		
$Ag_2C_2O_4+2e \longrightarrow 2Ag+C_2O_4^{2-}$		0.47		
$Ag_2CO_3+2e \longrightarrow 2Ag+CO_3^{2-}$		0.47		
$4H_2SO_3+4H^++6e \longrightarrow S_4O_6^{2-}+6H_2O$		0.48		
$Cu^++e \longrightarrow Cu$		0.522		
$I_2(固)+2e \longrightarrow 2I^-$		0.534		
$MnO_4^-+e \longrightarrow MnO_4^{2-}$		0.54		
$MnO_4^-+2H_2O+3e \longrightarrow MnO_2+4OH^-$		0.57		
$2AgO+H_2O+2e \longrightarrow Ag_2O+2OH^-$		0.57		
$^*MnO_4^{2-}+2H_2O+2e \longrightarrow MnO_2+4OH^-$		0.58		
$H_3AsO_4+2H^++2e \longrightarrow H_3AsO_3+H_2O$		0.59		
$^*BrO_3^-+3H_2O+6e \longrightarrow Br^-+6OH^-$		0.61	+0.577	1mol/L HCl 或 HClO_4
$2HgCl_2+2e \longrightarrow Hg_2Cl_2(固)+2Cl^-$		0.63		
$^*ClO_2^-+H_2O+2e \longrightarrow ClO^-+2OH^-$		0.66		
$O_2(气)+2H^++2e \longrightarrow H_2O_2$		0.682		
$C_6H_4O_2(醌)+2H^++2e \longrightarrow C_6H_4(OH)_2$		0.699		
$[PtCl_4]^{2-}+2e \longrightarrow Pt+4Cl^-$		0.73		
$Fe^{3+}+e \longrightarrow Fe^{2+}$		0.771	+0.71	0.5mol/L HCl
			+0.64	5mol/L HCl
			+0.53	10mol/L HCl
			−0.68	10mol/L NaOH
			+0.735	1mol/L HClO_4
			+0.01	1mol/L K_2C_2O_4
				pH=5
			+0.46	2mol/L H_3PO_4
			+0.68	1mol/L H_2SO_4

附录 307

电 极 反 应		标准电位 $\varphi^{\ominus}/V$	条件电位 $\varphi^{\ominus\prime}/V$	溶 液 成 分
氧化态	还原态			
			+0.07	0.05mol/L 酒石酸钠 pH＝5～6
$Hg^{2+}+2e\longrightarrow 2Hg$		0.789		
$Ag^{+}+e\longrightarrow Ag$		0.799		
$NO_3^-+2H^++e\longrightarrow NO_2+H_2O$		0.80		
$HO_2^-+H_2O+2e\longrightarrow 3OH^-$		0.88		
$2Hg^{2+}+2e\longrightarrow Hg_2^{2+}$		0.920		
$NO_3^-+3H^++2e\longrightarrow HNO_2+H_2O$		0.94		
$NO_3^-+4H^++3e\longrightarrow NO+2H_2O$		0.96		
$HNO_2+H^++e\longrightarrow NO+H_2O$		1.00		
$NO_2+2H^++2e\longrightarrow NO+H_2O$		1.03		
$VO_4^{3-}+6H^++e\longrightarrow VO^{2+}+3H_2O$		1.031		
$Br_2(液)+2e\longrightarrow 2Br^-$		1.065		
$NO_2+H^++e\longrightarrow HNO_2$		1.07		
$IO_3^-+6H^++6e\longrightarrow I^-+3H_2O$		1.085		
$Cu^{2+}+2CN^-+e\longrightarrow Cu(CN)_2^-$		1.12		
$^*ClO_2+e\longrightarrow ClO_2^-$		1.16		
$ClO_4^-+2H^++2e\longrightarrow ClO_3^-+H_2O$		1.19		
$2IO_3^-+12H^++10e\longrightarrow I_2+6H_2O$		1.195		
$Pt^{2+}+2e\longrightarrow Pt$		约1.2		
$IO_2^-+3H^++2e\longrightarrow HIO_2+H_2O$		1.21		
$O_2+4H^++4e\longrightarrow 2H_2O$		1.229		
$MnO_2+4H^++2e\longrightarrow Mn^{2+}+2H_2O$		1.23		
$^*O_3+H_2O+2e\longrightarrow O_2+2OH^-$		1.24		
$ClO_3+H^++e\longrightarrow HClO_3$		1.275		
$2HNO_2+4H^++4e\longrightarrow N_2O+3H_2O$		1.29		
$Cl_2+2e\longrightarrow 2Cl^-$		1.36		
$2HIO+2H^++2e\longrightarrow I_2+2H_2O$		1.45		
$ClO_3^-+6H^++6e\longrightarrow Cl^-+3H_2O$		1.45		
$PbO_2+4H^++2e\longrightarrow Pb^{2+}+2H_2O$		1.455		
$Au^{3+}+3e\longrightarrow Au$		1.50		
$Cr_2O_7^{2-}+14H^++6e\longrightarrow 2Cr^{3+}+7H_2O$		1.33	+0.93	0.1mol/L HCl
			+1.00	1mol/L HCl
			+1.08	3mol/L HCl
			+0.84	0.1mol/L HClO_4
			+1.025	1mol/L HClO_4
			+0.92	0.1mol/L H_2SO_4
			+1.15	4mol/L H_2SO_4
$HO_2+H^++e\longrightarrow H_2O_2$		1.5		
$Mn^{3+}+e\longrightarrow Mn^{2+}$		1.51		
$MnO_4^-+8H^++5e\longrightarrow Mn^{2+}+4H_2O$		1.51	+1.45	1mol/L HClO_4
$2BrO_3^-+12H^++10e\longrightarrow Br_2+6H_2O$		1.52		

电 极 反 应		标准电位 $\varphi^{\ominus}$/V	条件电位 $\varphi^{\ominus\prime}$/V	溶 液 成 分
氧化态	还原态			
$2HBrO+2H^++2e \longrightarrow Br_2+2H_2O$		1.59		
$H_5IO_6+H^++2e \longrightarrow IO_3^-+3H_2O$		1.60		
$Ce^{4+}+e \longrightarrow Ce^{3+}$		1.61	+0.06	2.5mol/L K_2CO_3
			+1.28	1mol/L HCl
			+1.70	1mol/L $HClO_4$
			+1.60	1mol/L HNO_3
			+1.44	1mol/L H_2SO_4
$2HClO+2H^++2e \longrightarrow Cl_2+2H_2O$		1.63		
$HClO_2+2H^++2e \longrightarrow HClO+H_2O$		1.64		
$NiO_2+4H^++2e \longrightarrow Ni^{2+}+2H_2O$		1.68		
$Pb^{4+}+2e \longrightarrow Pb^{2+}$		1.69		
$MnO_4^-+4H^++3e \longrightarrow MnO_2（固）+2H_2O$		1.695		
$H_2O_2+2H^++2e \longrightarrow 2H_2O$		1.77		
$Co^{3+}+e \longrightarrow Co^{2+}$		1.82	+1.85	4mol/L HNO_3
			+1.82	8mol/L H_2SO_4
$NH_3+3H^++2e \longrightarrow NH_4^++H_2$		1.96		
$Ag^{2+}+e \longrightarrow Ag^+$		1.98	+2.00	4mol/L $HClO_4$
			+1.93	4mol/L HNO_3
$S_2O_8^{2-}+2e \longrightarrow 2SO_4^{2-}$		2.01		
$O_3+2H^++2e \longrightarrow O_2+H_2O$		2.07		
$F_2+2e \longrightarrow 2F^-$		2.65		
$F_2+2H^++2e \longrightarrow 2HF$		3.06		

注：本表采用还原电位。凡注有 * 号者电极反应系在碱性溶液中进行，未注者系在酸性溶液中进行。

表九　部分酸、碱和盐的溶解性（25℃）

阳离子 ＼ 阴离子	OH^-	NO_3^-	Cl^-	SO_4^{2-}	CO_3^{2-}
H^+		溶、挥	溶、挥	溶	溶、挥
NH_4^+	溶、挥	溶	溶	溶	溶
K^+	溶	溶	溶	溶	溶
Na^+	溶	溶	溶	溶	溶
Ba^{2+}	溶	溶	溶	不	不
Ca^{2+}	微	溶	溶	微	不
Mg^{2+}	不	溶	溶	溶	微
Al^{3+}	不	溶	溶	溶	—
Mn^{2+}	不	溶	溶	溶	不
Zn^{2+}	不	溶	溶	溶	不
Fe^{2+}	不	溶	溶	溶	不
Fe^{3+}	不	溶	溶	溶	—
Cu^{2+}	不	溶	溶	溶	不
Ag^+	—	溶	不	微	不

注："溶"表示那种物质可溶于水；"不"表示那种物质不溶于水；"微"表示那种物质微溶于水；"挥"表示挥发性；"—"表示那种物质不存在或遇到水就分解了。

参 考 文 献

[1] 傅献彩. 大学化学（上下册）. 2版. 北京：高等教育出版社，2019.

[2] 王泽云，范文秀，娄天军. 无机及分析化学. 北京：化学工业出版社，2005.

[3] 马荔，陈虹锦. 基础化学. 北京：化学工业出版社，2005.

[4] 刘新锦，朱亚先，高飞. 无机元素化学. 北京：科学出版社，2005.

[5] 胡伟光. 无机化学. 4版. 北京：化学工业出版社，2021.

[6] 邵学俊，董平安，魏益海. 无机化学（上下册）. 2版. 武汉：武汉大学出版社，2003.

[7] 杨宏孝. 无机化学简明教程. 天津：天津大学出版社，1997.

[8] 汪秋安. 大学化学习题精解（下册）. 北京：科学出版社，2003.

[9] 浙江大学普通化学教研组. 普通化学. 7版. 北京：高等教育出版社，2020.

[10] 大连理工大学无机化学教研室. 无机化学. 6版. 北京：高等教育出版社，2018.

[11] Shriver D F，Atkins P W，Langford C H. 无机化学. 2版. 高忆慈，史启祯，曾克慰，等译. 北京：高等教育出版社. 1997.

[12] 董敬芳. 无机化学. 4版. 北京：化学工业出版社，2007.

[13] 刘尧. 化学：基础版. 北京：高等教育出版社，2001.

[14] 张克荣. 化学. 北京：高等教育出版社，2001.

[15] 李居参. 实用化学基础. 北京：化学工业出版社，2002.

[16] 池雨芮. 无机化学. 北京：化学工业出版社，2006.

[17] 陈东旭，吴卫东. 普通化学. 3版. 北京：化学工业出版社，2018.

元素周期表

IUPAC 2013

图例说明：

- 95 — 原子序数
- Am — 元素符号（红色的为放射性元素）
- 镅 — 元素名称（注★的为人造元素）
- $5f^7 7s^2$ — 价层电子构型
- 243.06138(2)⁺ — 以 $^{12}C=12$ 为基准的原子量（注★的是半衰期最长同位素的原子量）

氧化态为单质的氧化态为0，未列入；常见的为红色

电子层：K L M N O P Q

分区颜色：s区元素、p区元素、ds区元素、稀有气体、d区元素、f区元素

原子序数	符号	名称	价层电子构型	原子量
1	H	氢	$1s^1$	1.008
2	He	氦	$1s^2$	4.002602(2)
3	Li	锂	$2s^1$	6.94
4	Be	铍	$2s^2$	9.0121831(5)
5	B	硼	$2s^2 2p^1$	10.81
6	C	碳	$2s^2 2p^2$	12.011
7	N	氮	$2s^2 2p^3$	14.007
8	O	氧	$2s^2 2p^4$	15.999
9	F	氟	$2s^2 2p^5$	18.998403163(6)
10	Ne	氖	$2s^2 2p^6$	20.1797(6)
11	Na	钠	$3s^1$	22.98976928(2)
12	Mg	镁	$3s^2$	24.305
13	Al	铝	$3s^2 3p^1$	26.9815385(7)
14	Si	硅	$3s^2 3p^2$	28.085
15	P	磷	$3s^2 3p^3$	30.973761998(5)
16	S	硫	$3s^2 3p^4$	32.06
17	Cl	氯	$3s^2 3p^5$	35.45
18	Ar	氩	$3s^2 3p^6$	39.948(1)
19	K	钾	$4s^1$	39.0983(1)
20	Ca	钙	$4s^2$	40.078(4)
21	Sc	钪	$3d^1 4s^2$	44.955908(5)
22	Ti	钛	$3d^2 4s^2$	47.867(1)
23	V	钒	$3d^3 4s^2$	50.9415(1)
24	Cr	铬	$3d^5 4s^1$	51.9961(6)
25	Mn	锰	$3d^5 4s^2$	54.938044(3)
26	Fe	铁	$3d^6 4s^2$	55.845(2)
27	Co	钴	$3d^7 4s^2$	58.933194(4)
28	Ni	镍	$3d^8 4s^2$	58.6934(4)
29	Cu	铜	$3d^{10} 4s^1$	63.546(3)
30	Zn	锌	$3d^{10} 4s^2$	65.38(2)
31	Ga	镓	$4s^2 4p^1$	69.723(1)
32	Ge	锗	$4s^2 4p^2$	72.630(8)
33	As	砷	$4s^2 4p^3$	74.921595(6)
34	Se	硒	$4s^2 4p^4$	78.971(8)
35	Br	溴	$4s^2 4p^5$	79.904
36	Kr	氪	$4s^2 4p^6$	83.798(2)
37	Rb	铷	$5s^1$	85.4678(3)
38	Sr	锶	$5s^2$	87.62(1)
39	Y	钇	$4d^1 5s^2$	88.90584(2)
40	Zr	锆	$4d^2 5s^2$	91.224(2)
41	Nb	铌	$4d^4 5s^1$	92.90637(2)
42	Mo	钼	$4d^5 5s^1$	95.95(1)
43	Tc	锝	$4d^5 5s^2$	97.90721(3)⁺
44	Ru	钌	$4d^7 5s^1$	101.07(2)
45	Rh	铑	$4d^8 5s^1$	102.90550(2)
46	Pd	钯	$4d^{10}$	106.42(1)
47	Ag	银	$4d^{10} 5s^1$	107.8682(2)
48	Cd	镉	$4d^{10} 5s^2$	112.414(4)
49	In	铟	$5s^2 5p^1$	114.818(1)
50	Sn	锡	$5s^2 5p^2$	118.710(7)
51	Sb	锑	$5s^2 5p^3$	121.760(1)
52	Te	碲	$5s^2 5p^4$	127.60(3)
53	I	碘	$5s^2 5p^5$	126.90447(3)
54	Xe	氙	$5s^2 5p^6$	131.293(6)
55	Cs	铯	$6s^1$	132.90545196(6)
56	Ba	钡	$6s^2$	137.327(7)
57	La	镧	$5d^1 6s^2$	138.90547(7)
58	Ce	铈	$4f^1 5d^1 6s^2$	140.116(1)
59	Pr	镨	$4f^3 6s^2$	140.90766(2)
60	Nd	钕	$4f^4 6s^2$	144.242(3)
61	Pm	钷	$4f^5 6s^2$	144.91276(2)⁺
62	Sm	钐	$4f^6 6s^2$	150.36(2)
63	Eu	铕	$4f^7 6s^2$	151.964(1)
64	Gd	钆	$4f^7 5d^1 6s^2$	157.25(3)
65	Tb	铽	$4f^9 6s^2$	158.92535(2)
66	Dy	镝	$4f^{10} 6s^2$	162.500(1)
67	Ho	钬	$4f^{11} 6s^2$	164.93033(2)
68	Er	铒	$4f^{12} 6s^2$	167.259(3)
69	Tm	铥	$4f^{13} 6s^2$	168.93422(2)
70	Yb	镱	$4f^{14} 6s^2$	173.045(10)
71	Lu	镥	$4f^{14} 5d^1 6s^2$	174.9668(1)
72	Hf	铪	$5d^2 6s^2$	178.49(2)
73	Ta	钽	$5d^3 6s^2$	180.94788(2)
74	W	钨	$5d^4 6s^2$	183.84(1)
75	Re	铼	$5d^5 6s^2$	186.207(1)
76	Os	锇	$5d^6 6s^2$	190.23(3)
77	Ir	铱	$5d^7 6s^2$	192.217(3)
78	Pt	铂	$5d^9 6s^1$	195.084(9)
79	Au	金	$5d^{10} 6s^1$	196.966569(5)
80	Hg	汞	$5d^{10} 6s^2$	200.592(3)
81	Tl	铊	$6s^2 6p^1$	204.38
82	Pb	铅	$6s^2 6p^2$	207.2(1)
83	Bi	铋	$6s^2 6p^3$	208.98040(1)
84	Po	钋	$6s^2 6p^4$	208.98243(2)⁺
85	At	砹	$6s^2 6p^5$	209.98715(5)⁺
86	Rn	氡	$6s^2 6p^6$	222.01758(2)⁺
87	Fr	钫	$7s^1$	223.01974(2)⁺
88	Ra	镭	$7s^2$	226.02541(2)⁺
89	Ac	锕	$6d^1 7s^2$	227.02775(2)⁺
90	Th	钍	$6d^2 7s^2$	232.0377(4)
91	Pa	镤	$5f^2 6d^1 7s^2$	231.03588(2)
92	U	铀	$5f^3 6d^1 7s^2$	238.02891(3)
93	Np	镎	$5f^4 6d^1 7s^2$	237.04817(2)⁺
94	Pu	钚	$5f^6 7s^2$	244.06421(4)⁺
95	Am	镅	$5f^7 7s^2$	243.06138(2)⁺
96	Cm	锔	$5f^7 6d^1 7s^2$	247.07035(3)⁺
97	Bk	锫	$5f^9 7s^2$	247.07031(4)⁺
98	Cf	锎	$5f^{10} 7s^2$	251.07959(3)⁺
99	Es	锿	$5f^{11} 7s^2$	252.0830(3)⁺
100	Fm	镄	$5f^{12} 7s^2$	257.09511(5)⁺
101	Md	钔	$5f^{13} 7s^2$	258.09843(3)⁺
102	No	锘	$5f^{14} 7s^2$	259.1010(7)⁺
103	Lr	铹	$5f^{14} 6d^1 7s^2$	262.110(2)⁺
104	Rf	𬬻	$6d^2 7s^2$	267.122(4)⁺
105	Db	𬭊	$6d^3 7s^2$	270.131(4)⁺
106	Sg	𬭳	$6d^4 7s^2$	269.129(3)⁺
107	Bh	𬭛	$6d^5 7s^2$	270.133(2)⁺
108	Hs	𬭶	$6d^6 7s^2$	270.134(2)⁺
109	Mt	鿏	$6d^7 7s^2$	278.156(5)⁺
110	Ds	𫟼	$6d^8 7s^2$	281.165(4)⁺
111	Rg	𬬭	$6d^9 7s^2$	281.166(6)⁺
112	Cn	鿔	$5d^{10} 7s^2$	285.177(4)⁺
113	Nh	鿭		286.182(5)⁺
114	Fl	𫓧		289.190(4)⁺
115	Mc	镆		289.194(6)⁺
116	Lv	𫟷		293.204(4)⁺
117	Ts	鿬		293.208(6)⁺
118	Og	鿫		294.214(5)⁺

★ 镧系（La~Lu，57~71）
★ 锕系（Ac~Lr，89~103）